严格依据中华人民共和国住房和城乡建设部印发的
造价工程师职业资格考试大纲编写

全新版

全国一级造价工程师职业资格考试 名师讲义

建设工程技术与计量
（安装工程）

◎ 造价工程师考试研究院 组编

主　　审：夏立明
本册主编：陈　辉 张　静

中国商业出版社

图书在版编目（CIP）数据

建设工程技术与计量．安装工程/造价工程师考试研究院组编．—北京：中国商业出版社，2023.6（2023.7 重印）
全国一级造价工程师职业资格考试名师讲义
ISBN 978-7-5208-2454-5

Ⅰ.①建… Ⅱ.①造… Ⅲ.①建筑安装—建筑造价管理—资格考试—自学参考资料 Ⅳ.①TU723.3

中国国家版本馆 CIP 数据核字（2023）第 057812 号

责任编辑：朱丽丽

中国商业出版社出版发行
（www.zgsycb.com　100053　北京广安门内报国寺 1 号）
总编室：010－63180647　　编辑室：010－63033100
发行部：010－83120835/8286
新华书店经销
三河市中晟雅豪印务有限公司印刷
★
787 毫米×1092 毫米　16 开　20.75 印张　453 千字
2023 年 6 月第 1 版　　2023 年 7 月第 2 次印刷
定价：85.00 元
★　★　★　★

一、考试概览

全国一级造价工程师职业资格考试的考试时间、考试科目、考试时长等信息见表1。

表1　全国一级造价工程师职业资格考试相关信息

考试时间		考试科目	考试时长/小时	满分/分	试题类型
每年十月的中、下旬（周六）	上午9：00—11：30	建设工程造价管理	2.5	100	客观题
	下午2：00—4：30	建设工程计价	2.5	100	客观题
每年十月的中、下旬（周日）	上午9：00—11：30	建设工程技术与计量（土木建筑工程、交通运输工程、水利工程、安装工程）	2.5	100	客观题
	下午2：00—6：00	建设工程造价案例分析（土木建筑工程、交通运输工程、水利工程、安装工程）	4	120	主观题

“建设工程技术与计量（安装工程）”科目的试卷由两大部分组成：必做部分与选做部分。其分别与考试大纲中的必考部分和选考部分相对应。

（1）必做部分试题出自第1～4章，总分为70分，分单项选择题和多项选择题两类：单项选择题共40题，每题1分；多项选择题共20题，每题1.5分。

（2）选做部分试题出自第5～6章，每章出20题，每题1.5分，为混选题（既有单项选择题又有多项选择题），考生从40题中任选20题作答。

本科目满分为100分，考生答对60分即通过考试。

二、考试分析

“建设工程技术与计量（安装工程）”科目考试细化程度逐年加大，必做部分第四章仍是重点，考查分值在30分左右；第三章考查分值在6.5分左右，但知识点集中，性价比较高；第一章、第二章考查分值在17分左右。选做部分每章考查分值为30分。

考试特点：

（1）考查原则上，没有超出大纲。

（2）考查范围上，覆盖面比较广，知识点考查全面深入到所有细节领域，更加注重考生对整体内容的把控，以及对知识内容的融会贯通。

（3）部分考点相较历年考试难度较大，比如电梯、热力设备工程、消防工程、配管配线工程等内容。

（4）考查细节上，60%以上的考点都是历年的恒重考点。偏题、难题、怪题所占分值比较低（卷面分值占比15%）。

（5）各章节分值分布较均衡。前四章考点较细，生僻考点的考查多偏重于对施工技术的理解和记忆。第五、六章考查的知识点难度较大，综合题型较多，选做部分整体难度有所提高。

三、章节框架

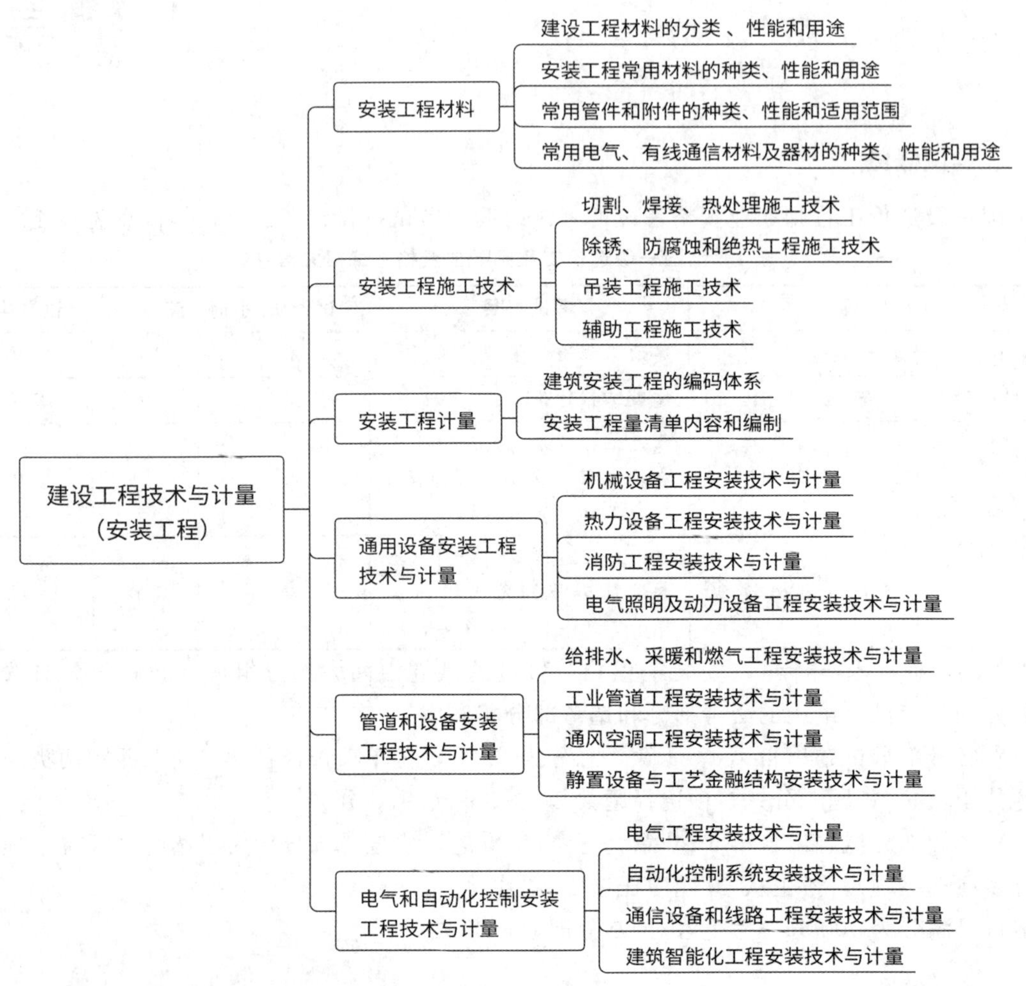

四、题型解读

通过对真题的研究分析，建设工程技术与计量（安装工程）考题大致可以分为三类，具体见表 2。

表 2　建设工程技术与计量（安装工程）考题题型分析

题型	特点	注意事项
基本题型	占比较大，考查的知识点较简单，但是综合得分率并不高，存在简单题难得分、难题不得分的现象	作答此类题，重点在于牢固掌握基础知识，抓住出题的关键点，并采用恰当的解题方法
偏题	考查的知识点较隐蔽，容易被忽视，属于难得分项，得分率较低	对于此类题，要结合自身的施工经验或者学习过程中对知识点内容的记忆程度，综合解答
综合题型	占比可达 10%左右，难度较高，属于多知识点集成题目；多偏重于对施工技术要求的考查，不易得分	注重提高对基本知识的掌握程度，以及对专业造价工程的熟悉度

五、考试预测

（一）大趋势：考试难度增加

根据历年考试分析，试卷的整体难度逐年增加，这就要求考生更加透彻地掌握知识，但是整体考试题型不会改变，只是对知识的考查更加成熟。

（二）所考查的知识点更细、更深

对历年真题进行分析可知，知识点的考查更加细致深入。一个很小的知识点可能成为一道考题，这就要求考生进行全方位学习，真正吃透每个知识点。

（三）重点知识不变

历年考试重点依然是重点，占比为60%左右，但是对于其他低频考点的考查也会增加。65%分值的题目都是复习重点内容，考生可根据往年的重难点提前进行复习，在此基础上拓宽学习范围，达到锦上添花的学习效果。

六、复习建议

“建设工程技术与计量（安装工程）”科目具有专业知识跨度大、知识点分布多且繁杂、不易记忆掌握等特点。为此，我们根据多年经验，提出以下复习建议，供考生参考。

（一）把握知识脉络体系，建立章节之间的联系

很多学生学习安装工程科目感觉力不从心，难以把握重难点。对此，本书采用了图表、对比分析等方法，帮助大家掌握知识体系，重点难点各个击破，从根本上解决难题。当复习某一具体知识点时，要清楚该知识点在知识体系中的位置（哪一章、哪一节、哪一标题下），注意平行知识点之间的比较、记忆。这样复习事半功倍，准确度更高。

（二）注意重点知识的把握

复习重点放在第一至四章，即必考的通用知识。原因有两点：①前四章必考内容考点更为密集，重点更为突出；②后两章选考内容篇幅较大，考点不集中，专业难度较大。

（三）选考部分的复习

虽然选考部分同必考部分相比，为非重点，但不复习肯定是不行的。设置选考部分是本科目考试的一个特色，考生可以在40道选考题目中，只选择自己会的、容易答的20道题目作答，而不必一一作答。复习选考部分时，考生只需掌握重点内容即可。

（四）大量做题，熟能生巧

知识的掌握离不开大量做题。“建设工程技术与计量（安装工程）”科目的复习需要从真题着手，总结分析历年知识点分布情况，做到心中有数。历年考题具有极高的代表性，尤其是安装科目考试题型及考查知识点基本固定，这就要求考生掌握每一道真题，弄懂考查的知识点，这样不仅能够知其然，还可以知其所以然。精编习题是授课老师的心血，考生应根据历年考试规律，将试题与知识点完美结合，边学边练。

不积跬步，无以至千里；不积小流，无以成江海。复习备考需要付出努力、耐心和坚持，辅以科学合理的学习方法，相信您会顺利通过一级造价工程师职业资格考试！

目录

时间管理达人 专为应试而打造

第一章 安装工程材料

本章包括建设工程材料的分类、性能和用途，安装工程常用材料的种类、性能和用途，常用管件和附件的种类、性能和适用范围，常用电气、有线通信材料及器材的种类、性能和用途四部分内容，历年考查分值在17分左右。建设工程材料包括金属、非金属和复合材料三大类，其中黑色金属、塑料是考试的重点内容，考查分值在7~9分，须在理解的基础上重点掌握。安装工程材料中塑料管、焊条分类、常用涂料须重点掌握，从历年真题考分统计来看，此部分内容考查分值有所下降，近两年考查分值在2.5分左右。常用的管件和附件中法兰、垫片、阀门、补偿器是历年考试的热点内容，考查分值在3.5~4.5分。常用电气和通信材料所占分值较少，一般为3.5分，考点分散，需要总结性学习掌握。

知识脉络

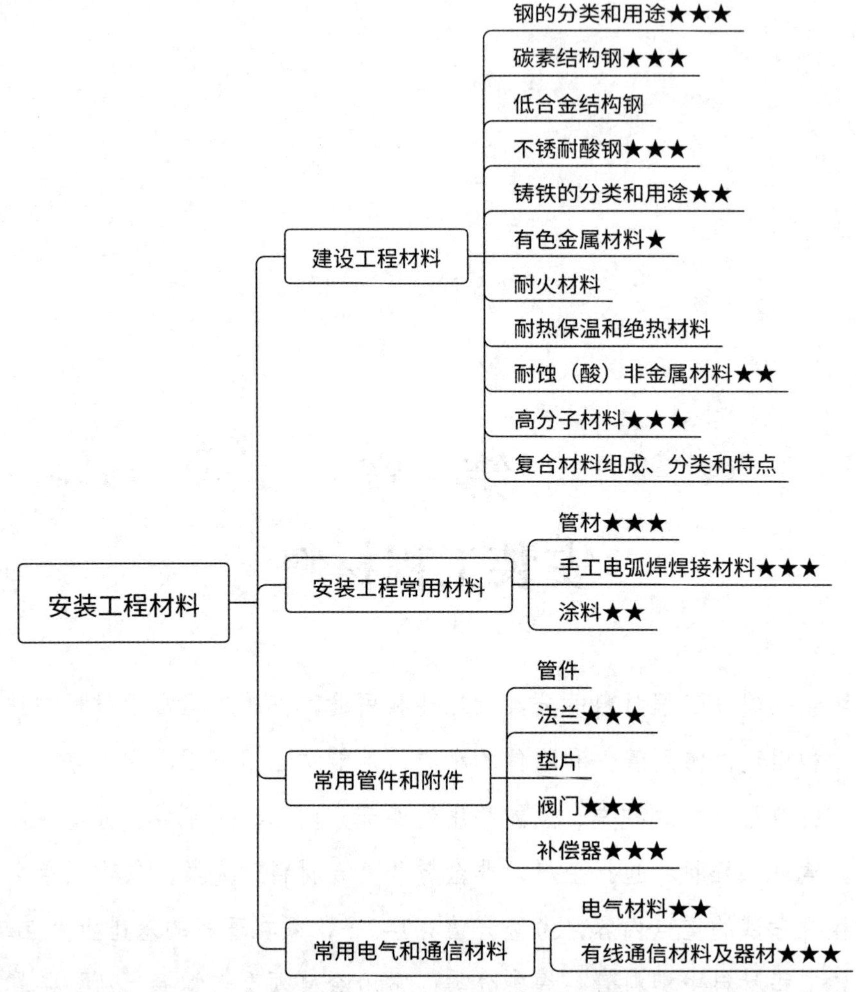

安装工程材料
建设工程材料
钢的分类和用途★★★
碳素结构钢★★★
低合金结构钢
不锈耐酸钢★★★
铸铁的分类和用途★★
有色金属材料★
耐火材料
耐热保温和绝热材料
耐蚀（酸）非金属材料★★
高分子材料★★★
复合材料组成、分类和特点
安装工程常用材料
管材★★★
手工电弧焊焊接材料★★★
涂料★★
常用管件和附件
管件
法兰★★★
垫片
阀门★★★
补偿器★★★
常用电气和通信材料
电气材料★★
有线通信材料及器材★★★

第一节　建设工程材料的分类、性能和用途

知识点 1　钢的分类和用途

黑色金属材料特性见表 1-1-1。

表 1-1-1　黑色金属材料特性

类型	内容
黑色金属（钢铁）	铁和以铁为基的合金
黑色金属分类	钢：含碳量＜2.11％（重量）的铁合金
	生铁：含碳量＞2.11％（重量）的铁合金
含碳量对钢性质的决定性影响	含碳量低，钢的强度低，但塑性大
	含碳量高，钢的强度高（当含碳量超过 1.00％时，钢材强度开始下降）、塑性小、硬度大、脆性大、不易加工
其他元素	有益元素：硅、锰。使钢材强度、硬度提高，塑性、韧性不显著降低
	有害元素：硫（热脆性）、磷（冷脆性），影响钢材的塑性和韧性（注：磷在铸铁中有益）
力学性能（抗拉强度、屈服强度、伸长率、冲击韧度、硬度）	取决于钢材的成分和金相组织
钢材成分一定时	金相组织取决于热处理。影响最大：淬火加回火

·典型例题·

1.［2022 真题·单选］当钢材成分一定时，金相组织主要取决于钢材的热处理，对钢材金相组织影响最大的热处理方式是（　　）。

A. 正火

B. 退火

C. 回火

D. 淬火加回火

［解析］钢材的力学性能（如抗拉强度、屈服强度、伸长率、冲击韧度和硬度等）取决于钢材的成分和金相组织。钢材的成分一定时，其金相组织主要取决于钢材的热处理，如退火、正火、淬火加回火等，其中淬火加回火的影响最大。

2.［2021 真题·单选］以下钢的成分均属于有害元素的是（　　）。

A. 碳、磷　　B. 硫、硅

C. 硫、磷　　D. 锰、硅

［解析］钢中主要化学元素为铁，另外还含有少量的碳、硅、锰、硫、磷、氧和氮等，这些少量元素对钢的性质影响很大。钢中碳的含量对钢的性质有决定性影响，含碳量低的钢材强度较低，但塑性大，延伸率和冲击韧性高，质地较软，易于冷加工、切削和焊接；含碳量高的

钢材强度高（当含碳量超过1.00%时，钢材强度开始下降）、塑性小、硬度大、脆性大和不易加工。硫、磷为钢材中有害元素，含量较多就会严重影响钢材的塑性和韧性，磷使钢材显著产生冷脆性，硫则使钢材产生热脆性。硅、锰等为有益元素，它们能使钢材强度、硬度提高，而塑性、韧性不显著降低。

3.［2015真题·单选］钢中含有的碳、硅、锰、硫、磷等元素对钢材性能影响正确的为（　　）。

A. 当含碳量超过1.00%时，钢材强度下降，塑性大、硬度小、易加工

B. 硫、磷含量较高时，会使钢材产生热脆性和冷脆性，但对其塑性、韧性影响不大

C. 硅、锰能够在不显著降低塑性、韧性的情况下，提高钢材的强度和硬度

D. 锰能够提高钢材的强度和硬度，而硅则会使钢材塑性、韧性显著降低

［**解析**］本题考查的是钢的分类和用途。当含碳量超过1.00%时，钢材强度开始下降，没有提及其他性能的变化，选项A错误。硫、磷为钢材中有害元素，含量较多就会严重影响钢材的塑性和韧性，磷使钢材显著产生冷脆性，硫则使钢材产生热脆性，选项B错误。硅、锰等为有益元素，它们能使钢材强度、硬度提高，而塑性、韧性不显著降低，选项D错误。

答案：1.D　2.C　3.C

知识点2　碳素结构钢

碳素结构钢分类及特性见表1-1-2。

表1-1-2　碳素结构钢分类及特性

类型	特点		
普通碳素结构钢	优点		生产工艺简单，工艺性能好（焊接、压力加工性能等）、必要的韧性、良好的塑性、价廉、易于供应，热轧后使用
	缺点		碳、磷、硫、残余元素含量控制宽，低温韧性、时效敏感性差
	分类	Q195	强度低，塑性、韧性、加工、焊接性能好，用于轧制薄板、盘条
		Q215	制作管坯、螺栓
		Q235	（常用牌号）强度适中，承载性、塑性、韧性、可焊性、可加工性好，制作钢筋、型钢和钢板用于建造房屋、桥梁
		Q275	强度、硬度高，耐磨性好；塑性、冲击韧性和可焊性差，制造轴类
优质碳素结构钢	含碳量<0.8%，与普通碳素结构钢相比：塑性、韧性高，可通过热处理强化，用于较重要的零件，应用广泛		

·典型例题·

1.［2019真题·单选］某种钢材含碳量小于0.8%，其所含的硫、磷及非金属夹杂物较少，塑性和韧性较高，广泛应用于机械制造，当含碳量较高时，具有较高的强度和硬度，主要制造弹簧和耐磨零件，此种钢材为（　　）。

A. 普通碳素结构钢

B. 优质碳素结构钢

C. 普通低合金钢

D. 优质低合金钢

［**解析**］优质碳素结构钢是含碳量小于0.8%的碳素钢，这种钢中所含的硫、磷及非金属

夹杂物比普通碳素结构钢少。与普通碳素结构钢相比，优质碳素结构钢塑性和韧性较高，可通过热处理强化，多用于较重要的零件，是广泛应用的机械制造用钢。主要用于制造弹簧和耐磨零件。碳素工具钢是基本上不加入合金化元素的高碳钢，也是工具钢中成本较低、冷热加工性良好、使用范围较广的钢种。

2.［2018 真题·单选］碳、硫、磷及其他残余元素的含量控制较宽，生产工艺简单，必要的韧性、良好的塑性以及价廉和易于大量供应，这种钢材为（　　）。

A. 普通碳素结构钢

B. 优质碳素结构钢

C. 普通低合金钢

D. 优质合金结构钢

［**解析**］普通碳素结构钢生产工艺简单，有良好工艺性能（如焊接性能、压力加工性能等）、必要的韧性、良好的塑性以及价廉和易于大量供应，通常在热轧后使用。

3.［2016 真题·单选］普通碳素结构钢的强度、硬度较高，耐磨性较好，但塑性、冲击韧性和可焊性差，此种钢材为（　　）。

A. Q235 钢　　B. Q255 钢

C. Q275 钢　　D. Q295 钢

［**解析**］本题考查的是普通碳素结构钢。Q275 钢强度和硬度较高，耐磨性较好，但塑性、冲击韧性和可焊性差。

4.［2014 真题·单选］优质碳素结构钢的塑性和韧性较高，且可以通过加工处理方法得到强化，该方法应为（　　）。

A. 热变形强化　　B. 冷变形强化

C. 热处理强化　　D. 酸洗与钝化

［**解析**］本题考查的是优质碳素结构钢。与普通碳素结构钢相比，优质碳素结构钢塑性和韧性较高，并可通过热处理强化，多用于较重要的零件，是广泛应用的机械制造用钢。

答案：1. B　2. A　3. C　4. C

知识点 3　低合金结构钢

低合金结构钢性能及特点见表 1-1-3。

表 1-1-3　低合金结构钢的性能及特点

钢种	性能及特点
低合金结构钢	（1）低合金结构钢是指合金成分总量在 5%以下的合金结构钢 （2）其含碳量与低碳钢相似，主要靠少量合金元素进行强化，改善钢材的韧性和可焊性，其强度比同等级的碳素钢高得多 （3）广泛用于压力容器、化工设备、锅炉及大型钢结构
	（1）合金元素锰、硅、钼等起到强化作用，钒和铌可细化晶粒、改善韧性 （2）分为热轧钢，正火、正火轧制钢，热机械轧制钢。其牌号分别为：热轧钢牌号为 Q355、Q390、Q420、Q460；正火、正火轧制钢牌号为 Q355N、Q390N、Q420N、Q460N；热机械轧制钢牌号为 Q355M、Q390M、Q420M、Q460M、Q500M、Q550M、Q620M、Q690M

·典型例题·

［**2012 真题·单选**］普通低合金钢除具有较高的机械强度外，其特性还有（　　）。

A. 具有较好塑性、韧性和可焊性

B. 淬火性能优于合金结构钢

C. 不适用于冷压力加工

D. 不适用于热压力加工

［**解析**］本题考查的是普通低合金钢。普通低合金钢的含碳量与低碳钢相似，主要靠少量合金元素进行强化，改善钢材的韧性和可焊性。其强度要比同等级的碳素钢高得多。广泛用于压力容器、化工设备、锅炉及大型钢结构。

答案：A

知识点 4　不锈耐酸钢（简称不锈钢）

不锈钢按使用状态的金相组织，分为铁素体（见图 1-1-1）、马氏体（见图 1-1-2）、奥氏体（见图 1-1-3）、铁素体-奥氏体、沉淀硬化型不锈钢五类。

图 1-1-1　铁素体

图 1-1-2　马氏体

图 1-1-3　奥氏体

不锈耐酸钢分类及特性见表 1-1-4。

表 1-1-4　不锈耐酸钢分类及特性

分类	特点
铁素体型不锈钢	(1) 主要合金元素：铬 (2) 高铬钢优点：耐蚀性好，硝酸、氮肥工业中应用广泛 (3) 缺点：缺口敏感性、脆性转变温度高，晶间腐蚀敏感（加热）

续表

分类	特点
马氏体型不锈钢	(1) 优点：强度、硬度、耐磨性高 (2) 缺点：焊接性差，不做焊接件 (3) 应用：弱腐蚀性、温度≤580℃环境，受力大的零件、工具
奥氏体型不锈钢	(1) 主要合金元素：铬、镍、钛、铌、钼、氮和锰 (2) 优点：韧性、耐蚀性、高温强度、抗氧化性、压力加工、焊接性能优良 (3) 缺点：屈服强度低，只能冷变形强化
铁素体-奥氏体型不锈钢	(1) 与奥氏体型不锈钢相比：屈服强度为其两倍，可焊性、韧性好 (2) 应力腐蚀、晶间腐蚀、焊接时热裂倾向小
沉淀硬化型不锈钢	(1) 优点：强度高，耐蚀性＞铁素体型不锈钢 (2) 应用：高强度、耐蚀、耐高温容器、结构和零件

·典型例题·

1. ［**2020 真题·单选**］具有较高的韧性、良好的耐蚀性、高温强度和较好的抗氧化性，以及良好的压力加工和焊接性能。但是这类钢的屈服强度低，且不能采用热处理方法强化的钢材是（　　）。

A. 马氏体型不锈钢

B. 奥氏体型不锈钢

C. 铁素体-奥氏体型不锈钢

D. 沉淀硬化型不锈钢

［**解析**］奥氏体型不锈钢中主要合金元素为铬、镍、钛、铌、钼、氮和锰等。此钢具有较高的韧性、良好的耐蚀性、高温强度和较好的抗氧化性，以及良好的压力加工和焊接性能。但是这类钢的屈服强度低，且不能采用热处理方法强化，而只能进行冷变形强化。

2. ［**2015 真题·单选**］与奥氏体型不锈钢相比，马氏体型不锈钢的优点是具有（　　）。

A. 较高的强度、硬度和耐磨性

B. 较高的韧性、良好的耐腐蚀性

C. 良好的耐腐蚀性和抗氧化性

D. 良好的压力加工和焊接性能

［**解析**］本题考查的是马氏体型不锈钢。马氏体型不锈钢具有较高的强度、硬度和耐磨性，选项 A 正确。奥氏体型不锈钢具有较高的韧性、良好的耐蚀性、较好的抗氧化性、良好的压力加工和焊接性能，选项 B、C、D 错误。

3. ［**2013 真题·单选**］为提高奥氏体型不锈钢的屈服强度，应采用的强化方法为（　　）。

A. 冷变形

B. 正火

C. 淬火

D. 酸洗与钝化

［**解析**］本题考查的是奥氏体型不锈钢。奥氏体型不锈钢中主要合金元素为铬、镍、钛、铌、钼、氮和锰等。此钢具有较高的韧性、良好的耐蚀性、高温强度和较好的抗氧化性，以及

良好的压力加工和焊接性能。但是这类钢的屈服强度低，且不能采用热处理方法强化，而只能进行冷变形强化。

4.［2021真题·多选］奥氏体型不锈钢的特点有（　　）。

A. 良好的韧性和耐蚀性

B. 高温强度较好，抗氧化性好

C. 良好的加工和焊接性

D. 可以进行热处理强化

［**解析**］奥氏体型不锈钢具有较高的韧性，良好的耐蚀性、高温强度，较好的抗氧化性，以及良好的压力加工和焊接性能。但是这类钢的屈服强度低，且不能采用热处理方法强化，而只能进行冷变形强化。

5.［2017真题·多选］铁素体-奥氏体型不锈钢和奥氏体型不锈钢相比具有的特点有（　　）。

A. 其屈服强度为奥氏体型不锈钢的两倍

B. 应力腐蚀小于奥氏体型不锈钢

C. 晶间腐蚀小于奥氏体型不锈钢

D. 焊接时的热裂倾向大于奥氏体型不锈钢

［**解析**］本题考查的是铁素体-奥氏体型不锈钢。铁素体-奥氏体型不锈钢屈服强度约为奥氏体型不锈钢的两倍，可焊性良好，韧性较高，应力腐蚀、晶间腐蚀及焊接时的热裂倾向均小于奥氏体型不锈钢。

答案：1. B　2. A　3. A　4. ABC　5. ABC

知识点5　铸铁的分类和用途

一、铸铁的特点

（1）铸铁：含碳量>2.11%的铁碳合金；碳、硅、杂质含量高，其中有益元素：硅、锰、磷（提高耐磨性）；有害元素：硫。

（2）铸铁优点：切削性能、铸造性能优良；生产设备、工艺简单，价格低。

（3）铸铁组织特点：石墨+碳含量<0.80%的钢组织。韧性、塑性决定于石墨的数量、形状、大小和分布，石墨形状影响最大。

（4）铸铁基体组织是影响铸铁硬度、抗压强度、耐磨性的主要因素。

二、铸铁的分类

（1）按碳存在形式分为：灰口铸铁、白口铸铁、麻口铸铁。

（2）灰口铸铁按照石墨的形状特征分为：普通灰铸铁（见图1-1-4，石墨呈片状）、蠕墨铸铁（见图1-1-5，石墨呈蠕虫状）、可锻铸铁（见图1-1-6，石墨呈团絮状）、球墨铸铁（见图1-1-7，石墨呈球状）。

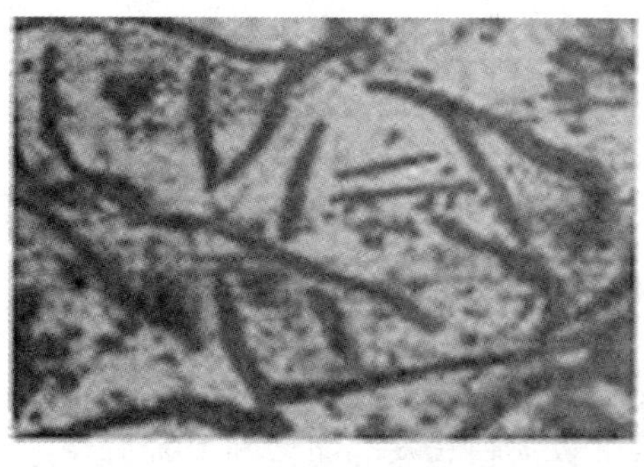

图 1-1-4　普通灰铸铁

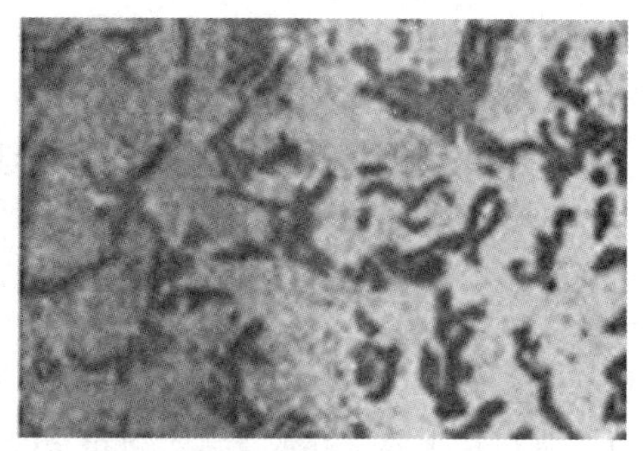

图 1-1-5　蠕墨铸铁

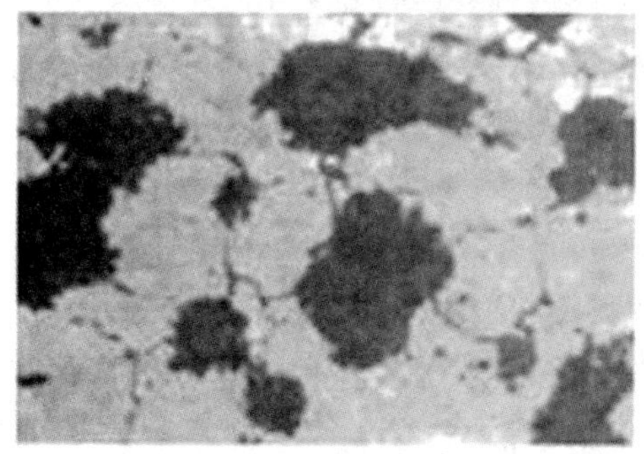

图 1-1-6　可锻铸铁

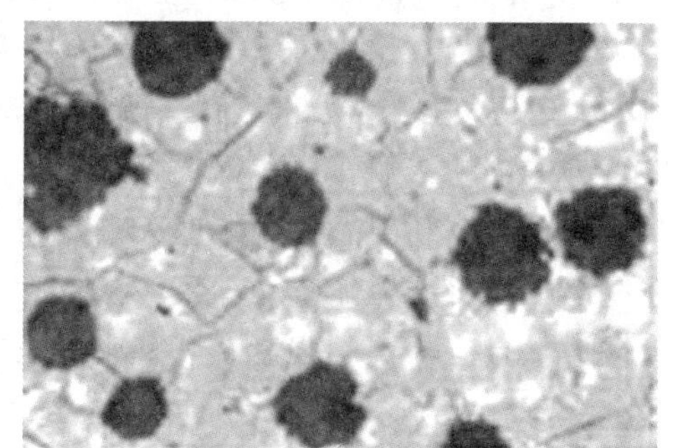

图 1-1-7　球墨铸铁

三、工程中常用铸铁的性能和特点

工程中常用铸铁的性能和特点见表 1-1-5。

表 1-1-5　工程中常用铸铁的性能和特点

类型	性能和特点
普通灰铸铁	(1) 影响组织和性能的因素：化学成分、冷却速度 (2) 碳、硅含量：碳 2.5%～4.0%、硅 1.0%～3.0% (3) 优点：价格便宜、应用非常广泛、产量高（占 80%以上）
球墨铸铁	(1) 特点：综合机械性能接近于钢，铸造性能、抗拉强度、抗疲劳强度高，成本低廉；球墨铸铁的成分要求严格，与普通灰铸铁相比，含碳量较高，通常在 4.5%～4.7%范围内变动，利于石墨球化 (2) 应用：重要零件，高层建筑室外进入室内给水的总管、室内总干管
蠕墨铸铁	(1) 优点：强度接近球墨铸铁，有一定的韧性，耐磨性、铸造性能、导热性高 (2) 应用：汽缸盖、汽缸套、钢锭模、液压阀
可锻铸铁	(1) 优点：强度、塑性、冲击韧性高，可部分代替碳钢；成本低、质量稳定、处理工艺简单（对比球墨铸铁） (2) 类别：黑心可锻铸铁、白心可锻铸铁、珠光体可锻铸铁 (3) 应用：制造形状复杂、承受冲击、振动荷载的零件，如管接头、低压阀门
其他类型：耐磨铸铁、耐热铸铁、耐蚀铸铁	

·典型例题·

1. ［2022 真题·单选］铸铁的韧性和塑性取决于某成分的数量、形状、大小和分布，该组成成分是（　　）。

A. 石墨　　　　B. 硅

C. 磷　　　　D. 锰

［解析］铸铁的组织特点是含有石墨，组织的其余部分相当于碳含量小于 0.80%钢的组

织。铸铁的韧性和塑性主要决定于石墨的数量、形状、大小和分布，其中石墨形状的影响最大。铸铁的其他性能也与石墨密切相关。

2.［2017 真题·单选］某种铸铁具有较高的强度、塑性和冲击韧性，可以部分代替碳钢，用来制作形状复杂、承受冲击和振动荷载的零件，且与其他铸铁相比，其成本低、质量稳定、处理工艺简单。此铸铁为（　　）。

A. 可锻铸铁　　B. 球墨铸铁

C. 蠕墨铸铁　　D. 片墨铸铁

［解析］本题考查的是可锻铸铁。可锻铸铁具有较高的强度、塑性和冲击韧性，可以部分代替碳钢。可锻铸铁常用来制造形状复杂、承受冲击和振动荷载的零件，如管接头和低压阀门等。与球墨铸铁相比，可锻铸铁具有成本低、质量稳定、处理工艺简单等优点。

3.［2022 真题·多选］关于可锻铸铁，下列描述正确的有（　　）。

A. 黑心可锻铸铁依靠石墨化退火来获得

B. 白心可锻铸铁利用氧化脱碳退火来制取

C. 通过淬火取得珠光体

D. 可锻铸铁具有较高的强度、塑性和冲击韧性

［解析］可锻铸铁具有较高的强度、塑性和冲击韧性，可以部分代替碳钢。这种铸铁有黑心可锻铸铁、白心可锻铸铁、珠光体可锻铸铁三种类型。黑心可锻铸铁依靠石墨化退火来获得，白心可锻铸铁利用氧化脱碳退火来制取。可锻铸铁通过退火得到珠光体基体组织结构。

4.［2019 真题·多选］球墨铸铁是应用较广泛的金属材料，属于球墨铸铁性能特点的有（　　）。

A. 综合机械性能接近钢

B. 铸造性能很好，成本低廉

C. 成分要求不严格

D. 其中的石墨呈团絮状

［解析］球墨铸铁综合机械性能接近于钢，因铸造性能很好，成本低廉，生产方便，在工业中得到了广泛的应用。球墨铸铁的成分要求比较严格，与灰铸铁相比，它的含碳量较高，通常在4.5%～4.7%范围内变动，以利于石墨球化。球墨铸铁石墨呈球状。

5.［2014 真题·多选］铸铁的基体组织是影响其性能的主要因素，受其影响的性能有（　　）。

A. 硬度　　B. 韧性和塑性

C. 抗压强度　　D. 耐磨性

［解析］本题考查的是铸铁的性能特点。铸铁的韧性和塑性主要决定于石墨的数量、形状、大小和分布，其中石墨形状的影响最大。铸铁的其他性能也与石墨密切相关。基体组织是影响铸铁硬度、抗压强度和耐磨性的主要因素。

答案：1. A　2. A　3. ABD　4. AB　5. ACD

知识点 6　有色金属材料

工程中常用有色金属的性能和特点见表 1-1-6。

表 1-1-6　工程中常用有色金属的性能和特点

种类	性能和特点
铝及其合金	(1) 铝及铝合金在采用各种强化手段后可以达到与普通低合金钢相近的强度，而且强度要比普通钢高得多 (2) 铝及铝合金在电气工程、一般机械和轻工业中都有广泛的用途 (3) 纯铝强度很低，不宜做结构材料使用
铜及其合金	(1) 铜及铜合金有优良的导电性和导热性、较好的耐蚀性和抗磁性、优良的减摩性和耐磨性、较高的强度和塑性、较高的弹性极限和疲劳极限、易加工成型和铸造各种零件 (2) 纯铜呈紫红色，常称紫铜，主要用于制作电导体及配制合金。纯铜的强度低，不宜用作结构材料
镍及其合金	(1) 镍力学性能良好，尤其塑性、韧性优良，能适应多种腐蚀环境 (2) 化学、石油、有色金属冶炼、高温、高压、高浓度或混有不纯物苛刻腐蚀环境适用 (3) 广泛应用于化工、制碱、冶金、石油等行业中的压力容器、换热器、塔器、蒸发器、搅拌器、冷凝器、反应器和储运器等。镍在许多有机酸中也较稳定，可用于制药和食品工业等
钛及其合金	(1) 钛在高温下化学活性极高。在大气中工作的钛及其合金仅在＜540℃具有良好的耐热性，可做热交换器 (2) 低温性能好 (3) 常温下钛具有极好的抗蚀性能，在大气、海水、硝酸和碱溶液等介质中十分稳定。但在任何浓度的氢氟酸中均能迅速溶解
铅及其合金	(1) 对硫酸、磷酸、亚硫酸、铬酸和氢氟酸等有良好的耐蚀性 (2) 不耐硝酸腐蚀，在盐酸中不稳定
镁及其合金	(1) 比强度和比刚度可以与合金结构钢相媲美，镁合金能承受较大的冲击、振动荷载，并有良好的机械加工性能和抛光性能 (2) 相对密度小，且强度不高；耐蚀性差、缺口敏感性大、熔铸工艺复杂

点拨：具有优良耐蚀性能：镍及其合金、钛及其合金和铅及其合金。镁及其合金耐蚀性较差。

·典型例题·

1.［2021 真题·单选］某有色金属及合金有优良的导电性和导热性、较好的耐蚀性和抗磁性、优良的耐磨性和较高的塑性、易加工成型，该有色金属是（　　）。

A. 铜及铜合金　　B. 铝及铝合金

C. 镍及镍合金　　D. 钛及钛合金

［解析］铜及铜合金有优良的导电性和导热性、较好的耐蚀性和抗磁性、优良的减摩性和耐磨性、较高的强度和塑性、较高的弹性极限和疲劳极限、易加工成型和铸造各种零件。

2.［2010 真题·单选］某合金元素力学性能良好，尤其塑性、韧性优良，能适应多种腐蚀环境，多用于制造化工容器、电气与电子部件、苛性碱处理设备、耐海水腐蚀设备和换热器等。此种合金元素为（　　）。

A. 锰　　B. 铬

C. 镍　　D. 钒

［解析］本题考查的是镍及镍合金。镍及镍合金是用于化学、石油、有色金属冶炼、高温、高压、高浓度或混有不纯物等各种苛刻腐蚀环境的比较理想的金属材料。镍力学性能良好，尤其塑性、韧性优良，能适应多种腐蚀环境。

3. ［**2020 真题·多选**］紫铜的特点包括（　　）。

A. 主要用于制作电导体　　B. 主要用于配制合金

C. 主要用于制作轴承等耐磨零件　　D. 主要用于制作抗腐蚀、抗磁零件

［**解析**］纯铜呈紫红色，常称紫铜，主要用于制作电导体及配制合金。纯铜的强度低，不宜用作结构材料。

4. ［**2015 真题·多选**］钛及钛合金具有很多优异的性能，其主要优点有（　　）。

A. 高温性能良好，可在540℃以上使用

B. 低温性能良好，可作为低温材料

C. 常温下抗海水、抗大气腐蚀

D. 常温下抗硝酸和碱溶液腐蚀

［**解析**］本题考查的是钛及钛合金。钛在高温下化学活性极高，非常容易与氧、氮和碳等元素形成稳定的化合物，所以在大气中工作的钛及钛合金只在540℃以下使用；钛具有良好的低温性能，可做低温材料；常温下钛具有极好的抗蚀性能，在大气、海水、硝酸和碱溶液等介质中十分稳定。但在任何浓度的氢氟酸中均能迅速溶解。

答案：1. A　2. C　3. AB　4. BCD

知识点 7　耐火材料

耐火材料一般包括耐火砌体材料、耐火水泥及耐火混凝土。其中，耐火砌体材料的分类及特性见表 1-1-7。

表 1-1-7　耐火砌体材料分类及特性

类型（按主要化学特性分类）		特点及举例
耐火砌体材料	酸性耐火材料	硅砖：抗酸性炉渣侵蚀，易受碱性炉渣侵蚀；软化温度很高，重复煅烧后体积不收缩，抗热震性差。用于焦炉、玻璃熔窑、酸性炼钢炉 黏土砖：抗热震性好，弱酸性耐火材料
	中性耐火材料	举例：高铝制品、铬砖、碳质制品 碳质制品优点：质轻，热膨胀系数低，耐热震性能好，导热性、高温强度高，高温下长期使用不软化；不受酸碱侵蚀，抗盐性能好，也不受金属和熔渣的润湿 缺点：在高温下易氧化，不宜在氧化气氛中使用
	碱性耐火材料	镁质制品：抗碱性渣和铁渣能力强，耐火度高

·典型例题·

［**2021 真题·单选**］某耐火材料，抗酸性炉渣侵蚀能力强，但易受碱性渣侵蚀，它的软化温度很高，重复煅烧后体积不收缩，甚至略有膨胀，但是抗热震性能差。主要用于焦炉，玻璃熔窑、酸性炼钢炉等热工设备。该耐火材料是（　　）。

A. 硅砖　　B. 镁制品　　C. 碳砖　　D. 铬砖

［**解析**］硅砖抗酸性炉渣侵蚀能力强，但易受碱性渣的侵蚀，它的软化温度很高，接近其耐火度，重复煅烧后体积不收缩，甚至略有膨胀，但是抗热震性能差。硅砖主要用于焦炉、玻璃熔窑、酸性炼钢炉等热工设备。

答案：A

知识点8 耐热保温和绝热材料

一、耐热保温材料

（一）常用的耐热保温材料

常用的耐热保温材料（耐火隔热材料）有：硅藻土、蛭石、玻璃纤维、矿渣棉、石棉及其制品。

（二）硅藻土耐火隔热保温材料

（1）特点：气孔率高、耐高温及保温性能好、密度小。可以减少热损失，降低燃料消耗，减薄炉墙厚度，降低工程造价，缩短窑炉周转时间，提高生产效率。硅藻土见图1-1-8。

（2）硅藻土砖、板：用于电力、冶金、机械、化工、石油、金属冶炼电炉和硅酸盐等工业的各种热体表面，各种高温窑炉、锅炉、炉墙中层的保温绝热部位。

（3）硅藻土管：用于各种气体、液体高温管道，高温设备的保温绝热部位。

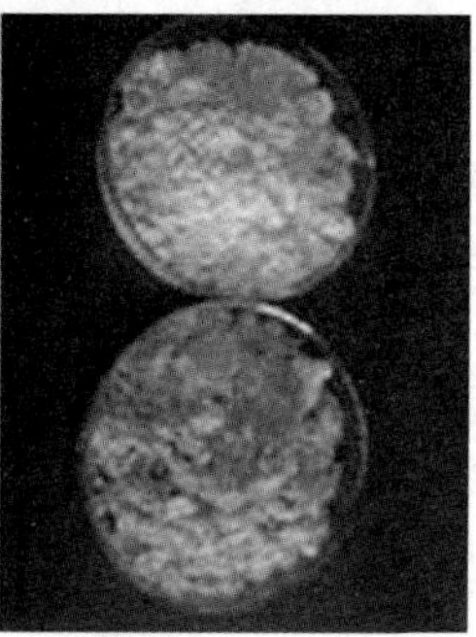

图1-1-8 硅藻土

二、绝热材料

按照绝热材料使用温度，分为高温、中温、低温绝热材料，其性能及类别见表1-1-8。

表1-1-8 绝热材料性能及类别

类型	使用温度	举例
高温绝热材料	温度＞700℃	（1）纤维质材料：硅酸铝纤维、硅纤维 （2）多孔质材料：硅藻土、蛭石加石棉、耐热黏合剂
中温绝热材料	温度在100～700℃	（1）纤维质材料：石棉、矿渣棉、玻璃纤维 （2）多孔质材料：硅酸钙、膨胀珍珠岩、蛭石、泡沫混凝土
低温绝热材料	温度＜100℃	保冷工程、保温工程

·典型例题·

1.［**2020真题·单选**］目前应用最多、最广的耐火隔热材料，具有气孔率高的特点，广泛用于电力、冶金、机械、化工、石油、金属冶炼电炉和硅酸盐等工业的各种热体表面及各种高温窑炉、锅炉、炉墙中层的保温绝热部位的材料是（　　）。

A. 硅藻土　　B. 硅酸铝耐火纤维

C. 微孔硅酸钙　　D. 矿渣棉

［**解析**］硅藻土是目前应用最多、最广的耐火隔热材料。硅藻土制成的耐火保温砖、板、管，具有气孔率高，耐高温及保温性能好，密度小等特点。采用这种材料，可以减少热损失，降低燃料消耗，减薄炉墙厚度，降低工程造价，缩短窑炉周转时间，提高生产效率。硅藻土

砖、板广泛用于电力、冶金、机械、化工、石油、金属冶炼电炉和硅酸盐等工业的各种热体表面及各种高温窑炉、锅炉、炉墙中层的保温绝热部位。硅藻土管广泛用于各种气体、液体高温管道及其他高温设备的保温绝热部位。

2. ［**2022 真题·多选**］下列属于高温用绝热材料的有（　　）。

A. 硅酸铝纤维　　B. 石棉

C. 蛭石　　D. 硅藻土

［**解析**］按照绝热材料使用温度，可分为高温、中温和低温用绝热材料。其中，高温用绝热材料使用温度可在 700℃以上。这类纤维质材料有硅酸铝纤维和硅纤维等；多孔质材料有硅藻土、蛭石加石棉和耐热黏合剂等制品。选项 B、C 属于中温用绝热材料。

3. ［**2011 真题·多选**］锅炉蒸汽管道的工作温度为 180℃，该管道外部的保温材料应选用（　　）。

A. 聚氨基甲酸酯

B. 石棉、矿渣棉

C. 多孔硅酸钙

D. 泡沫混凝土

［**解析**］本题考查的是中温用绝热材料。中温用绝热材料，使用温度在 100～700℃。中温用纤维质材料有石棉、矿渣棉和玻璃纤维等；多孔质材料有硅酸钙、膨胀珍珠岩、蛭石和泡沫混凝土等。

答案：1. A　2. AD　3. BCD

知识点 9　耐蚀（酸）非金属材料

扫码听课

常用非金属耐蚀材料有：铸石、石墨、耐酸水泥、天然耐酸石材、玻璃。

一、铸石

（1）优点：耐磨（比钢铁高十几倍至几十倍）、耐化学腐蚀（比不锈钢、橡胶、塑性材料、有色金属高十倍到几十倍）、绝缘性、抗压性能优良。

（2）缺点：脆性大、承受冲击荷载的能力低。

二、石墨

（1）高熔点（3 700℃），高温下具有高机械强度。

（2）还原性（<3 000℃）。中性介质中热稳定好，急剧变温，石墨比其他材料稳定。

（3）导热系数比碳钢的大 2 倍多，制造传热设备。

（4）化学稳定性好。在强氧化性的酸（如硝酸、铬酸、发烟硫酸和卤素）中不稳定，在熔融碱中很稳定。

（5）不透性石墨。

1）优点：导热性、温差急变性、耐腐蚀性好，易于机械加工。

2）缺点：机械强度低、价格较贵。

3）应用：热交换器、管道、管件、阀门、泵类以及衬里用的砖板。

·典型例题·

1.［2020 真题·单选］具有极优良的耐磨性、耐化学腐蚀性、绝缘性及较高的抗压性能，但脆性大、承受冲击荷载的能力低的非金属耐蚀材料为（　　）。

A. 铸石　　B. 石墨

C. 玻璃　　D. 水玻璃耐酸水泥

［**解析**］铸石具有极优良的耐磨性、耐化学腐蚀性、绝缘性及较高的抗压性能。其耐磨性能比钢铁高十几倍至几十倍。在各类酸碱设备中的应用效果，高于不锈钢、橡胶、塑性材料及其他有色金属十倍到几十倍；但脆性大、承受冲击荷载的能力低。因此，在要求耐蚀、耐磨或高温条件下，当不受冲击震动时，铸石是钢铁（包括不锈钢）的理想代用材料，不但可节约金属材料、降低成本，而且能有效地提高设备的使用寿命。

2.［典型例题·单选］在熔融的碱液中仍具有良好化学稳定性的非金属材料为（　　）。

A. 铸石　　B. 玻璃

C. 石墨　　D. 水玻璃型耐蚀石料

［**解析**］本题考查的是石墨。石墨化学稳定性好，在强氧化性的酸（如硝酸、铬酸、发烟硫酸和卤素）中不稳定，在熔融碱中很稳定。

3.［2016 真题·多选］耐蚀（酸）非金属材料的主要成分是金属氧化物、氧化硅和硅酸盐等。下列选项中，属于耐蚀（酸）非金属材料的有（　　）。

A. 铸石　　B. 石墨

C. 玻璃　　D. 陶瓷

［**解析**］本题考查的是耐蚀（酸）非金属材料的种类。常用的耐蚀（酸）非金属材料有铸石、石墨、水玻璃耐酸水泥、天然耐酸石材和玻璃等。

答案：1. A　2. C　3. ABC

知识点 10　高分子材料

扫码听课

一、高分子材料的基本性能和特点

（1）高分子材料分为天然和人工合成两大类。天然高分子材料有：蚕丝、羊毛、纤维素和橡胶、存在于生物组织中的淀粉和蛋白质等。工程上的高分子材料按机械性能和使用状态分为：塑料、橡胶、合成纤维。

（2）高分子材料的优缺点见表 1-1-9。

表 1-1-9　高分子材料的优缺点

优点	缺点
（1）质轻。密度平均为 1.45g/cm^3，约为 1/5 钢、1/2 铝的密度 （2）比强度高 （3）有良好的韧性 （4）减摩、耐磨性好 （5）电绝缘性好 （6）化学稳定性、耐腐蚀性好（酸、碱、盐、油脂） （7）导热系数小，是理想的绝热材料	（1）易老化 （2）易燃 （3）耐热性差 （4）刚度小

二、工程中常用的高分子材料

（一）塑料的组成

（1）基本材料：合成树脂。再按一定比例加入填料、增塑剂、着色剂、稳定剂等材料，经混炼、塑化，并在一定压力和温度下制成。

（2）树脂：胶结作用，把填充料等胶结成坚实整体，塑料的性质主要取决于树脂的性质。

（3）填料（填充剂）：提高塑料强度和刚度，减少常温下的蠕变（冷流）现象、提高热稳定性，降成本、增加产量，提高耐磨性、导热性、导电性及阻燃性，改善加工性能。

（4）增塑剂：提高塑料加工时的可塑性、流动性。

（二）热塑性塑料

热塑性塑料分类及特性见表 1-1-10。

表 1-1-10　热塑性塑料分类及特性

类型	特性
聚氯乙烯	（1）硬聚氯乙烯：密度小，抗拉强度较好，有良好的耐水性、耐油性和耐化学药品侵蚀的性能。制作化工、纺织等工业的废气排污排毒塔，气体、液体输送管 （2）软聚氯乙烯：常制成薄膜，用于工业包装等，但不能用来包装食品，因增塑剂或稳定剂有毒，能溶于油脂中，污染食品 （3）当 UPVC 管加工制作采用独特的绿色环保无铅配方体系时，其可以应用于给水系统
高密度聚乙烯（低压聚乙烯）	（1）优点：耐热性、耐寒性好，耐磨性、化学稳定性良好 （2）缺点：易老化 （3）用途：单口瓶、运输箱、储罐、电缆护套、压力管道等
聚丙烯	（1）优点：质轻，不吸水，介电性、化学稳定性、耐热性良好，其刚性、强度、硬度和弹性等机械性能均优于聚乙烯 （2）缺点：耐光性、低温韧性、染色性能差，易老化 （3）用途：法兰、齿轮、风扇叶轮、泵叶轮等 （4）使用温度：−30～100℃
聚四氟乙烯	（1）优点：耐高、低温性能优良，−180～260℃范围内可长期使用。几乎耐所有的化学药品，王水中煮沸无变化（$V_{HCl}:V_{HNO_3}=3:1$）。摩擦系数：0.04。介电常数、介电损耗最小的固体绝缘材料 （2）缺点：强度低、冷流性强
聚苯乙烯	（1）优点：透明度高，透光率＞90%；电绝缘性、刚性、耐化学腐蚀能力好 （2）缺点：性脆，冲击强度低，易出现应力开裂；耐热性差、不耐沸水 （3）用途：日用装潢，照明指示，绝缘材料，仪表外壳、灯罩、光学化学仪器零件、透明薄膜、电容器介质层等 （4）聚苯乙烯泡沫塑料：目前使用最多的缓冲材料。具有闭孔结构，吸水性小，有优良的抗水性；密度小，机械强度好，缓冲性能优异；加工性好，易于模塑成型；着色性好，温度适应性强，抗放射性优异。燃烧时放出苯乙烯气体污染环境
ABS 树脂	是丙烯腈、丁二烯和苯乙烯的三元共聚物，其耐腐蚀、耐高温及耐冲击性能均优于聚氯乙烯，具有“硬、韧、刚”混合特性，综合机械性能良好。易电镀、易成型，耐热、耐蚀性好，温度＜−40℃时具有一定机械强度（全优点）

（三）热固性塑料

热固性塑料包括酚醛树脂、环氧树脂、呋喃树脂、不饱和聚酯树脂四类。

（四）橡胶

（1）通常将橡胶分为天然橡胶和合成橡胶两大类。

（2）工程中常用的橡胶制品有：天然橡胶、丁基橡胶、氯丁橡胶、氟硅橡胶。

·典型例题·

1.［2017 真题·单选］ 聚四氟乙烯具有极强的耐腐蚀性，几乎耐所有的化学药品，除此之外还具有的特性为（　　）。

A. 优良的耐高温、低温性能

B. 摩擦系数高，常用于螺纹连接处的密封

C. 强度较高，塑性、韧性也较好

D. 介电常数和介电损耗大，绝缘性能优异

［解析］ 本题考查的是聚四氟乙烯的特性。聚四氟乙烯俗称塑料王，具有非常优良的耐高、低温性能，可在－180～260℃的范围内长期使用，选项 A 正确。摩擦系数极低，仅为 0.04，选项 B 错误。强度低、冷流性强，选项 C 错误。是介电常数和介电损耗最小的固体绝缘材料，选项 D 错误。

2.［2020 真题·多选］ 聚丙烯的特点有（　　）。

A. 介电性和化学稳定性良好　　B. 耐热、力学性能优良

C. 耐光性好，不易老化　　D. 低温韧性和染色性良好

［解析］ 聚丙烯具有质轻、不吸水，介电性、化学稳定性和耐热性良好，力学性能优良，但耐光性能差，易老化，低温韧性和染色性能不好。

答案：1. A　2. AB

知识点 11 复合材料组成、分类和特点

一、复合材料的组成和特点

（一）复合材料的组成

复合材料中包括基体相、增强相两大类。基体相有黏结、保护增强相并把外加荷载造成的应力传递到增强相的作用。增强相是主要的承载相，起着提高强度的作用。复合材料见图 1-1-9。

图 1-1-9　复合材料

（二）复合材料的特点

与普通材料相比，复合材料具有以下特点：

（1）高比强度和高比模量。

（2）耐疲劳性高。

（3）抗断裂能力强。

（4）减振性能好。

（5）高温性能好，抗蠕变能力强。

（6）耐腐蚀性好。

（7）较优良的减摩性、耐磨性、自润滑性和耐蚀性。

（全优点）

二、复合材料的分类

复合材料的分类见图 1-1-10。

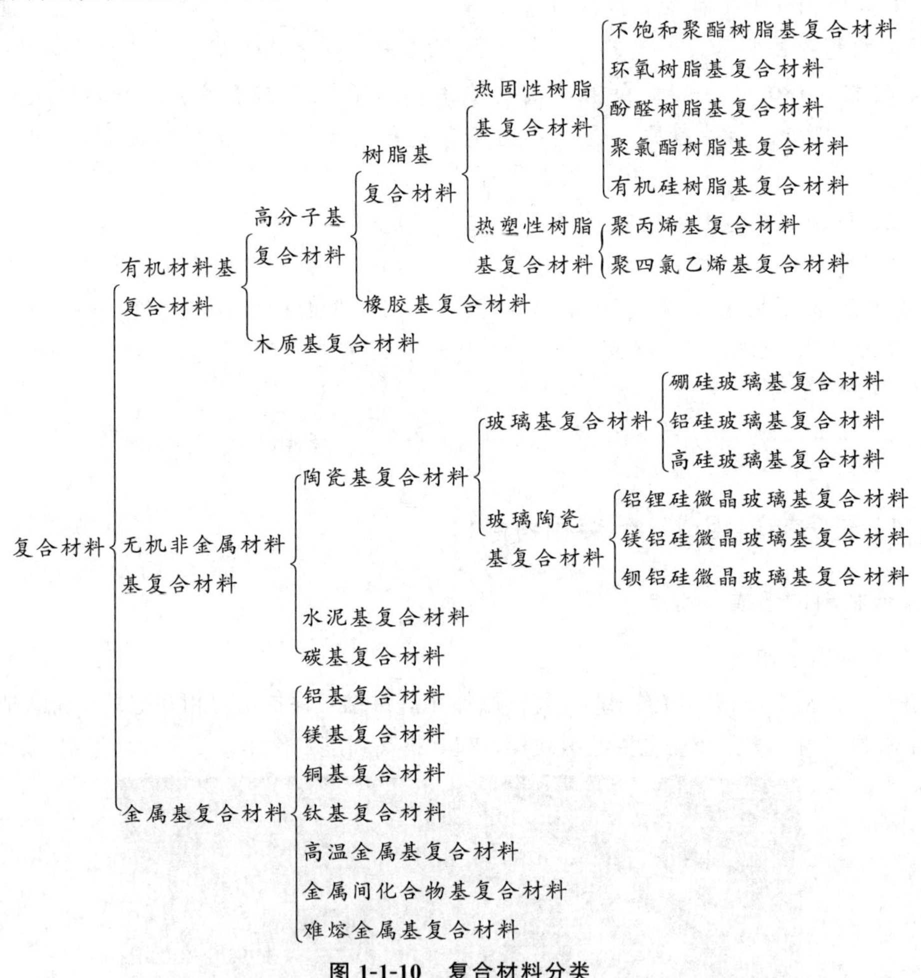

图 1-1-10　复合材料分类

三、复合材料增强体

（1）纤维增强体。

纤维增强体按其性能可分为两类，具体见表 1-1-11。

表 1-1-11　纤维增强体的类型

类型	特点	举例
高性能纤维增强体	具有超高强度、超高模量	碳纤维、芳纶、全芳香族聚酯
一般纤维增强体	强度不高，产量较大，来源较丰富	玻璃纤维、石棉纤维、矿物纤维、棉纤维、亚麻纤维和合成纤维

玻璃纤维具有成本低、不燃烧、耐热、耐化学腐蚀、拉伸强度和冲击强度高、断裂延伸率小、绝热性及绝缘性好等特点。

（2）颗粒增强体。

（3）片状增强体。

增强体见图 1-1-11。

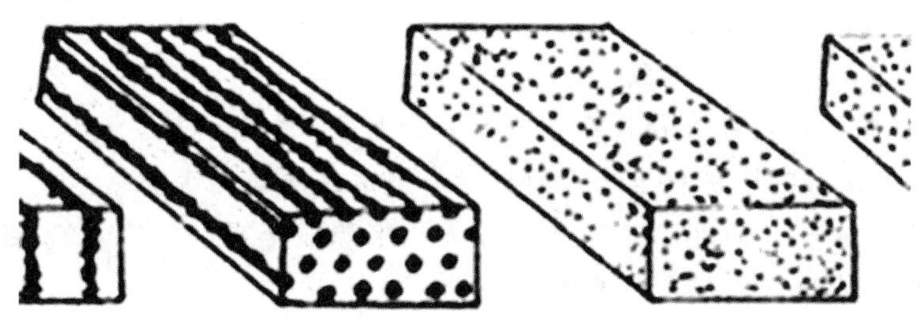

图 1-1-11　增强体

四、复合材料的应用

复合材料包括很多种，其特点及应用见表 1-1-12。

表 1-1-12　复合材料的特点及应用

类型	特点及应用
玻璃纤维增强聚酰胺复合材料	刚度、强度和减磨性好，可制造轴承、轴承架和齿轮等精密机械零件，还可以制造电工部件等
玻璃纤维增强聚丙烯复合材料	强度、耐热性和抗蠕变性能好，耐水性优良，可用来制造干燥器壳体等
碳纤维增强酚醛树脂-聚四氟乙烯复合材料	（1）常用作各种机器中的齿轮、轴承等受载磨损零件，活塞、密封圈等受摩擦件，也用作化工零件和容器等 （2）碳纤维复合材料还可用于高温技术领域、化工和热核反应装置中
石墨纤维增强铝基复合材料	用于结构材料，制作涡轮发动机的压气叶片等
合金纤维增强的镍基合金	用于制造涡轮叶片，在可承受较高工作温度的同时，还可大幅提高承载能力
颗粒增强的铝基复合材料	生产工艺简单，可以像生产一般金属零件那样进行生产，用该材料制造的发动机活塞使用寿命大幅提高
塑料-钢复合材料	在一定范围内可以代替不锈钢和木材，其性能如下： （1）化学稳定性好，耐酸、碱、油及醇类的侵蚀，耐水性也好 （2）塑料与钢材间的剥离强度≥20MPa （3）深冲加工时不剥离，冷弯 120°不分离开裂（$d=0$） （4）绝缘性能和耐磨性能良好 （5）具有低碳钢的冷加工性能 （6）在−10～60℃之间可长期使用，短时间使用可耐 120℃
塑料-青铜-钢材三层复合材料	适用于尺寸精度要求高、无油或少油润滑的轴承、垫片、球座、涡轮叶片轴承、各种机车车辆和矿山机械轴承等
塑料-铝合金	耐压、抗破裂性能好、重量轻，具有一定的弹性、耐温性能好、防紫外线、抗热老化能力强、耐腐蚀性优异，常温下不溶于任何溶剂，且隔氧、隔磁、抗静电、抗音频干扰

·典型例题·

1.［2022 真题·单选］某复合材料主要优点是生产工艺简单，可以像生产一般金属零件那样进行生产，用该材料制造的发动机活塞使用寿命大幅提高。此种材料为（　　）。

A. 塑料-钢复合材料

B. 颗粒增强的铝基复合材料

C. 合金纤维增强的镍基合金

D. 塑料-青铜-钢材三层复合材料

［**解析**］颗粒增强的铝基复合材料已在民用工业中得到应用。其主要优点是生产工艺简单，可以像生产一般金属零件那样进行生产，用该材料制造的发动机活塞使用寿命大幅提高。

2.［2021 真题·多选］强度不高，产量较大，来源较丰富的纤维，在复合材料中称为一般纤维增强体，下列属于一般纤维增强体的有（　　）。

A. 玻璃纤维　　B. 碳纤维

C. 石棉纤维　　D. 矿物纤维

［**解析**］一般纤维增强体是指强度不高，产量较大，来源较丰富的纤维，主要有玻璃纤维、石棉纤维、矿物纤维、棉纤维、亚麻纤维和合成纤维等。

3.［2019 真题·多选］按基体类型分类，属于热固性树脂基复合材料的是（　　）。

A. 聚丙烯基复合材料　　B. 橡胶基复合材料

C. 环氧树脂基复合材料　　D. 聚氨酯树脂基复合材料

［**解析**］聚丙烯复合材料属于热塑性树脂基复合材料；橡胶基复合材料属于高分子基复合材料。

4.［2015 真题·多选］由聚氯乙烯塑料与低碳钢板复合而成的塑料-钢复合材料，除能耐酸、碱、油等侵蚀外，还具有的性能包括（　　）。

A. 塑料与钢材间的剥离强度大于 200MPa

B. 深冲加工时不剥离，冷弯 120°不分离开裂

C. 绝缘性能和耐磨性能良好

D. 具有低碳钢的冷加工性能

［**解析**］本题考查的是塑料-钢复合材料的特性。其性能如下：①化学稳定性好，耐酸、碱、油及醇类的侵蚀，耐水性好；②塑料与钢材间的剥离强度≥20MPa；③深冲加工时不剥离，冷弯 120°不分离开裂（$d=0$）；④绝缘性能和耐磨性能良好；⑤具有低碳钢的冷加工性能；⑥在−10～60℃可长期使用，短时间使用可耐 120℃。

答案：1. B　2. ACD　3. CD　4. BCD

第二节　安装工程常用材料的种类、性能和用途

知识点 1　管材

一、金属管材

金属管材包括无缝钢管、焊接钢管、合金钢管、铸铁管和有色金属管。

（一）无缝钢管

无缝钢管的类型、特点及适用环境见表1-2-1。

表1-2-1　无缝钢管的类型、特点及适用环境

类型	特点及适用环境
一般无缝钢管	主要适用于高压供热系统和高层建筑的冷、热水管和蒸汽管以及各种机械零件的坯料，通常压力在0.6MPa以上的管路都应采用无缝钢管
锅炉及过热器用无缝钢管	用优质碳素钢和合金钢制造，可以耐高压和超高压。用于制造锅炉设备与高压超高压管道，也可用来输送高温、高压汽、水等介质或高温高压含氢介质
不锈钢无缝钢管	主要用于化工、石油和机械用管道的防腐蚀部位，以及输送强腐蚀性介质、低温或高温介质以及纯度要求很高的其他介质

（二）焊接钢管

焊接钢管的类型、特点及适用环境见表1-2-2。

表1-2-2　焊接钢管的类型、特点及适用环境

类型	特点及适用环境
直缝电焊钢管	主要用于输送水、暖气和煤气等低压流体和制作结构零件等
螺旋缝钢管	（1）单面螺旋缝焊管用于输送水等一般用途 （2）双面螺旋缝焊管用于输送石油和天然气等特殊用途
双层卷焊钢管	（1）具有较高的爆破强度和内表面清洁度，有良好的耐疲劳抗震性能 （2）适于冷冻设备、电热电器工业中的刹车管、燃料管、润滑油管、加热器或冷却器管等

按照《低压流体输送用焊接钢管》（GB/T 3091—2015）的规定，钢管的理论重量（钢的密度为7.85g/cm^3）计算公式为：

$$W=0.0246615\times(D-t)\times t$$

式中，W——钢管的单位长度理论重量（kg/m）；D——钢管的外径（mm）；t——钢管的壁厚（mm）。

（三）有色金属管

有色金属管的相关内容见表1-2-3。

表1-2-3　有色金属管的相关内容

类别	内容
铅及铅合金管	（1）机械性能不高、自重大，是金属管材中最重的一种 （2）耐蚀性能强，用于输送15%～65%的硫酸、二氧化硫、60%氢氟酸、浓度小于80%的醋酸，但不能输送硝酸、次氯酸、高锰酸钾和盐酸 （3）铅管最高工作温度为200℃，当温度高于140℃时，不宜在压力下使用
铜及铜合金管	导热性能良好，适用工作温度在250℃以下，多用于制造换热器、压缩机输油管、低温管道、自控仪表以及保温伴热管和氧气管道等
铝及铝合金管	（1）重量轻、不生锈，但机械强度较低，不能承受较高的压力，用于输送浓硝酸、醋酸、脂肪酸、过氧化氢等液体及硫化氢、二氧化碳气体 （2）不耐碱及含氯离子的化合物，如盐水和盐酸等介质 （3）输送的介质操作温度在200℃以下，当温度高于160℃时，不宜在压力下使用
钛及钛合金管	重量轻、强度高、耐腐蚀性强和耐低温等特点，常被用于其他管材无法胜任的工艺部位，如输送强酸（氢氟酸除外）、强碱及其他材质管道不能输送的介质，但价格昂贵，焊接难度大

（四）铸铁管

铸铁管的类别、特性及应用见表 1-2-4。

表 1-2-4 铸铁管的类别、特性及应用

类别	特性及应用
给水铸铁管	主要用于市政、工矿企业给水、输气、输油等，是给水管材的首选，具有很高的性价比
砂型离心铸铁直管	材质为灰口铸铁，适用于水及煤气等压力流体的输送
连续铸铁直管	是连续铸造的灰口铸铁管，适用于水及煤气等压力流体的输送
排水铸铁管	分为球墨铸铁管、灰口铸铁管。球墨铸铁管与灰口铸铁管相比，强度大、韧性好、管壁薄、金属用量少、能承受较高的压力
连接方法：一般采用承插式或法兰盘式接口形式。按功能分为柔性接口和刚性接口两种。柔性接口用橡胶圈密封，允许有一定限度的转角和位移，因而具有良好的抗震性和密封性，比刚性接口安装简便快速	

二、非金属管材

（一）陶瓷管

陶瓷管分为陶瓷复合管、普通陶瓷管、耐酸陶瓷管三种。其中，普通陶瓷管多用于建筑工程室外排水管道。耐酸陶瓷管是用于化工和石油工业输送酸性介质的工艺管道，以及工业中蓄电池间酸性溶液的排水管道等。耐酸陶瓷管耐腐蚀，用于输送除氢氟酸、热磷酸和强碱以外的各种浓度的无机酸和有机溶剂等介质。

（二）玻璃管

玻璃管具有表面光滑、不易挂料、输送流体时阻力小、耐磨且价格低廉，并具有保持产品高纯度和便于观察生产过程等特点。

玻璃管一般分为普通玻璃管、化工玻璃管、高硼硅玻璃管、中性玻璃管四种（仅介绍前三者）。

（1）普通玻璃管主要用于实验室试验。

（2）化工玻璃管透明、易于清洗、流动阻力小、价格低廉，但耐压力低，容易破坏，适用温度−30～130℃、温度急变不超过 80℃的场合。

（3）高硼硅玻璃管耐酸耐碱性强，抗腐蚀性能优越，热稳定性、化学稳定性和电学性能良好，故具有抗化学侵蚀性、抗热冲击性，以及机械性能优异和承受高温等特性。

（三）石墨管

石墨管热稳定性好，能导热，线膨胀系数小，不污染介质，能保证产品纯度，抗腐蚀，具有良好的耐酸性和耐碱性，主要用于高温耐腐蚀生产环境中。

（四）塑料管

塑料管的类别、特性及应用见表 1-2-5。

表 1-2-5 塑料管的类别、特性及应用

类别	特性及应用
氯化聚氯乙烯管（CPVC）	刚性高、耐腐蚀、阻燃性能好、导热性能低、热膨胀系数低、安装方便，新型输水管道（全优点）
聚乙烯管（PE）	（1）无毒、质量轻、韧性好、可盘绕，耐腐蚀，在常温下不溶于任何溶剂，低温性能、抗冲击性和耐久性均比聚氯乙烯好 （2）强度较低，一般适用于压力较低的工作环境，且耐热性能不好，不能作为热水管使用 （3）主要应用于饮用水管、雨水管、气体管道、工业耐腐蚀管道等领域

续表

类别	特性及应用
超高分子量聚乙烯管（UHMWPE）	（1）耐磨性为塑料之冠，断裂伸长率：410%～470%，管材柔性、抗冲击性能优良 （2）摩擦系数小，具有自润滑性 （3）低温冲击强度优异，热性能优异，可在－169～110℃下长期使用，适合于寒冷地区 （4）用途：输送散物料、输送浆体、冷热水、气体
交联聚乙烯管（PEX）	（1）耐温范围广（－70～110℃），耐压，化学性能稳定，抗蠕变强度高，重量轻，流体阻力小，使用寿命长（50年），无味、无毒 （2）用途：建筑冷热水管道、供暖管道、雨水管道、燃气管道
无规共聚聚丙烯管（PP－R）	（1）最轻、无毒、耐化学腐蚀，在常温下无任何溶剂能溶解、不能弯曲施工 （2）相对聚氯乙烯管、聚乙烯管：强度较高，较好的耐热性（95℃），在1.0MPa下长期（50年）使用温度可达70℃，低温脆化温度低（－15～0℃），北方地区受限 （3）用途：冷热水供应系统

三、复合材料管材

（一）玻璃钢（FRP）管

（1）具有较强的耐酸碱气体腐蚀性能、内表面光滑、坚固耐用、重量轻、输送能耗低、使用寿命50年以上、运输安装方便、维护成本低及综合造价低等诸多优势。

（2）在石油、电力、化工、造纸、城市给排水、工厂污水处理、海水淡化、煤气输送等行业广泛应用。在工业生产中，常用于输送潮湿和酸碱等腐蚀性气体的通风系统。

（二）硬聚氯乙烯/玻璃钢（UPVC/FRP）复合管

（1）具有耐腐蚀、强度高、耐温性好的优点，在温度＜80℃时耐一定压力。

（2）适用于油田、化工、机械、冶金、轻工、电力等行业。

·典型例题·

1.［2022真题·单选］根据《低压流体输送用焊接钢管》（GB/T 3091—2015）的规定，钢管的理论重量计算式为$W=0.0246615\times(D-t)\times t$，某钢管外径为108mm，壁厚为6mm，则该钢管的单位长度理论重量为（　　）kg/m。

A. 12.02　　B. 13.91　　C. 13.21　　D. 15.09

［解析］根据《低压流体输送用焊接钢管》（GB/T 3091—2015）的规定，钢管的理论重量（钢的密度为$7.85g/cm^3$）计算式为$W=0.0246615\times(D-t)\times t$。式中，$W$——钢管的单位长度理论重量（kg/m）；$D$——钢管的外径（mm）；$t$——钢管的壁厚（mm）。故该钢管的单位长度理论重量$=0.0246615\times(108-6)\times 6=15.09$（kg/m）。

2.［2020真题·单选］具有高的爆破强度和内表面清洁度，具有良好的耐疲劳抗震性，适于冷冻设备、电热电器工业中的刹车管、燃料管、润滑油管、加热器或冷却器管，此管材为（　　）。

A. 直缝电焊钢管　　B. 单面螺旋缝钢管

C. 双面螺旋缝钢管　　D. 双层卷焊钢管

［解析］双层卷焊钢管是用优质冷轧钢带经双面镀铜，纵剪分条、卷制缠绕后在还原气氛中钎焊而成，它具有高的爆破强度和内表面清洁度，有良好的耐疲劳抗震性能。双层卷焊钢管适于冷冻设备、电热电器工业中的刹车管、燃料管、润滑油管、加热器管或冷却器管等。

3.［2017真题·单选］它是最轻的热塑性塑料管材，具有较高的强度、较好的耐热性，且无毒、耐化学腐蚀，但其低温易脆化，每段长度有限，且不能弯曲施工，目前广泛用于冷热水供应系统中。此种管材为（　　）。

A. 聚乙烯管　　B. 超高分子量聚乙烯管

C. 无规共聚聚丙烯管　　D. 工程塑料管

［解析］本题考查的是无规共聚聚丙烯管的特性。无规共聚聚丙烯管（PP－R管）是最轻的热塑性塑料管，相对聚氯乙烯管、聚乙烯管来说，PP－R管具有较高的强度，较好的耐热性，最高工作温度可达95℃，在1.0MPa下长期（50年）使用温度可达70℃，另外PP－R管无毒、耐化学腐蚀，在常温下无任何溶剂能溶解，目前它被广泛地用在冷热水供应系统中。但其低温脆化温度仅为－15～0℃，在北方地区其应用受到一定限制。每段长度有限，且不能弯曲施工。

4.［2016真题·单选］与其他塑料管材相比，某塑料管材具有刚性高、耐腐蚀、阻燃性能好、导热性能低、热膨胀系数低及安装方便等特点，是现今新型的冷热水输送管道。此种管材为（　　）。

A. 交联聚乙烯管　　B. 超高分子量聚乙烯管

C. 氯化聚氯乙烯管　　D. 无规共聚聚丙烯管

［解析］本题考查的是氯化聚氯乙烯管的特性。氯化聚氯乙烯冷热水管道是现今新型的输水管道。该管与其他塑料管材相比，具有刚性高、耐腐蚀、阻燃性能好、导热性能低、热膨胀系数低及安装方便等特点。

5.［2021真题·多选］关于铝及铝合金管，下列说法正确的有（　　）。

A. 质量轻，不生锈　　B. 机械强度较低，不能承受较高压力

C. 温度高于160°C时，不宜在压力下使用　　D. 可以输送浓硝酸、醋酸和盐酸

［解析］铝及铝合金管，铝管多用于耐腐蚀性介质管道、食品卫生管道及有特殊要求的管道。铝管输送的介质操作温度在200℃以下，当温度高于160℃时，不宜在压力下使用。铝管分为纯铝管L2、L6和防锈铝合金管LF2、LF6。铝管的特点是重量轻，不生锈，但机械强度较低，不能承受较高的压力，铝管常用于输送浓硝酸、醋酸、脂肪酸、过氧化氢等液体及硫化氢、二氧化碳气体。它不耐碱及含氯离子的化合物，如盐水和盐酸等介质。

答案：1.D　2.D　3.C　4.C　5.ABC

知识点2　手工电弧焊焊接材料

一、焊条的组成

（一）组成

焊条由药皮、焊芯两部分组成，见图1-2-1。

图1-2-1　焊条

（二）药皮的作用

（1）避免焊缝夹渣、裂纹和气孔，提高焊缝的力学性能（强度、冲击值等），避免焊缝变脆。

（2）改善焊接工艺性能，使电弧稳定燃烧、飞溅少、焊缝成型好、易脱渣和熔敷效率高。

（3）药皮中加入还原剂，使氧化物还原，保证焊缝质量。

（4）药皮中加入铁合金或其他合金元素，使其过渡到焊缝金属中，弥补合金元素烧损、提高焊缝金属的力学性能。

二、焊条的分类

按焊条药皮熔化后的熔渣特性分为酸性焊条、碱性焊条。表 1-2-6 为酸、碱性焊条的优缺点对比。

表 1-2-6　酸、碱性焊条优缺点对比

类别	酸性焊条	碱性焊条
药皮成分	酸性氧化物：SiO_2、TiO_2、Fe_2O_3	碱性氧化物：大理石、萤石
脱氧性	较强的氧化性，促使合金元素氧化	脱氧性能好，合金元素烧损少，合金化效果较好
氢气孔	对铁锈、水分不敏感，焊缝很少产生由氢引起的气孔	焊件或焊条存在铁锈和水分时，容易出现氢气孔。加入萤石（直流反极性接法），具有去氢作用
力学性能	酸性熔渣脱氧不完全，不能有效地清除焊缝的硫、磷等杂质，故焊缝金属的力学性能较低	熔渣脱氧较完全，能有效地消除焊缝金属中的硫，合金元素烧损少，故焊缝金属的力学性能、抗裂性好
用途	焊接低碳钢、不太重要的碳钢结构	焊接合金钢、重要碳钢结构

三、埋弧焊焊接材料

（1）半自动埋弧焊用的焊丝较细，一般直径为 1.6mm、2mm、2.4mm。

（2）自动埋弧焊一般使用直径为 3～6mm 的焊丝，以充分发挥埋弧焊的大电流和高熔敷率的优点。

（3）对于一定的电流值可使用不同直径的焊丝。同一电流使用较小直径的焊丝时，可获得加大焊缝熔深、减小熔宽的效果。当工件装配不良时，宜选用较粗的焊丝。

（4）焊丝表面应当干净光滑，焊接时能顺利地送进，以免给焊接过程带来干扰。除不锈钢焊丝和非铁金属焊丝外，各种低碳钢和低合金钢焊丝的表面镀铜层既可起防锈作用，也可改善焊丝与导电嘴的电接触状况。

·典型例题·

1.［**2016 真题·单选**］与碱性焊条相比，酸性焊条的使用特点为（　　）。

A. 对铁锈、水分不敏感　　B. 能有效清除焊缝中的硫、磷等杂质

C. 焊缝的金属力学性能较好　　D. 焊缝中有较多由氢引起的气孔

［**解析**］本题考查的是酸性焊条的特点。选项 B、C，酸性熔渣脱氧不完全，不能有效地清除焊缝的硫、磷等杂质，故焊缝的金属力学性能较低。选项 D，酸性焊条对铁锈、水分不敏感，焊缝很少产生由氢引起的气孔。

2.［**2022 真题·多选**］下列关于焊丝材料和使用，正确的有（　　）。

A. 除不锈钢焊丝和非铁金属焊丝外，均应镀铜以防生锈并改善导电性

B. 一般使用直径 3～6mm 的焊丝，以发挥半自动埋弧焊的大电流和高熔敷率的优点

C. 同一电流，使用较小直径焊丝，可加大焊缝熔深，减小熔宽

D. 工件装配不良时，宜选用较粗焊丝

［解析］选项B错误，焊丝直径的选择根据用途而定，半自动埋弧焊用的焊丝较细，一般直径为1.6mm、2mm、2.4mm；自动埋弧焊一般使用直径3～6mm的焊丝，以充分发挥埋弧焊的大电流和高熔敷率的优点。

3. ［**2020真题·多选**］酸性焊条具有的特点为（　　）。

A. 焊接过程中产生的烟尘较少，有利于焊工健康

B. 对铁锈、水分敏感

C. 一般用于焊接低碳钢板和不重要的结构

D. 价格低、焊接可选择交流焊机

［解析］酸性焊条焊接过程中产生烟尘较少，有利于焊工健康，且价格比碱性焊条低，焊接时可选用交流焊机。酸性焊条药皮中含有多种氧化物，具有较强的氧化性，促使合金元素氧化；焊条对铁锈、水分不敏感，焊缝很少产生由氢引起的气孔。但酸性熔渣脱氧不完全，也不能有效地清除焊缝的硫、磷等杂质，故焊缝金属的力学性能较低，一般用于焊接低碳钢和不太重要的碳钢结构。

4. ［**2017真题·多选**］药皮在焊接过程中起着极为重要的作用，其主要表现有（　　）。

A. 避免焊缝中形成夹渣、裂纹、气孔，确保焊缝的力学性能

B. 弥补焊接过程中合金元素的烧损，提高焊缝的力学性能

C. 药皮中加入适量氧化剂，避免氧化物还原，以保证焊接质量

D. 改善焊接工艺性能，稳定电弧，减少飞溅，易脱渣

［解析］本题考查的是焊条的组成。药皮能使电弧燃烧稳定，焊缝质量得到提高。药皮可以弥补合金元素烧损和提高焊缝金属的力学性能。在药皮中要加入一些还原剂，使氧化物还原，以保证焊缝质量。药皮可改善焊接工艺性能，使电弧稳定燃烧、飞溅少、焊缝成型好、易脱渣和熔敷效率高。

答案：1. A　2. ACD　3. ACD　4. ABD

知识点3　涂料

扫码听课

一、涂料的基本组成

涂料的基本组成见图1-2-2。

- 涂料
  - 主要成膜物质
    - 油基漆
    - 树脂基漆
  - 次要成膜物质
    - 着色颜料
    - 防锈颜料
      - 化学性：红丹、锌铬黄、锌粉、磷酸锌
      - 物理性：铝粉、云母氧化铁、氧化锌、石墨粉
    - 体质颜料
  - 辅助成膜物质
    - 稀料
      - 溶剂
      - 稀释剂
    - 辅助材料
      - 催干剂、固化剂
      - 增塑剂、触变剂

图1-2-2　涂料的基本组成

二、常用涂料

常用涂料的类别及应用特性见表 1-2-7。

表 1-2-7　常用涂料的类别及应用特性

类别	应用特性
漆酚树脂漆	(1) 不耐阳光紫外线照射、涂料不能久置 (2) 应用：化肥、氯碱生产中（防气体腐蚀），地下防潮和防腐蚀涂料
酚醛树脂漆	(1) 电绝缘性、耐油性良好。耐 60%硫酸、盐酸、一定浓度的醋酸、磷酸、大多数盐类和有机溶剂 (2) 不耐强氧化剂和碱；漆膜较脆，与金属附着力差；使用温度为 120℃
环氧-酚醛漆	机械性能、耐碱性、耐酸、耐溶、电绝缘性良好
环氧树脂涂料	(1) 耐腐蚀性能良好，特别是耐碱性，较好的耐磨性；极好的附着力，漆膜弹性、硬度良好，收缩率低，使用温度 90～100℃ (2) 加入适量的呋喃树脂改性，可以提高使用温度。热固型环氧涂料的耐温性、耐腐蚀性比冷固型好。在无条件进行热处理时，采用冷固型涂料
过氯乙烯漆	与金属表面附着力不强
呋喃树脂漆	(1) 耐酸性、耐碱性、耐温性优良，原料来源广泛，价格低 (2) 不宜直接涂覆在金属、混凝土表面，必须用底漆
聚氨酯漆	(1) 特点：耐盐、耐酸、耐各种稀释剂，施工方便、无毒、造价低 (2) 用途：石油、化工、矿山、冶金等行业的管道、容器、设备以及混凝土构筑物表面防腐领域
环氧煤沥青	(1) 机械强度高，黏结力大，耐化学介质侵蚀，耐腐蚀，可在酸、碱、盐、水、汽油、煤油、柴油稀释剂中长期浸泡，防腐寿命＞50 年 (2) 用途：城市给水管道、煤气管道防腐处理
三聚乙烯防腐涂料	(1) 特点：机械强度、电性能、抗紫外线、抗老化、抗阳极剥离等性能良好，防腐寿命＞20年 (2) 用途：天然气、石油输配管线、市政管网、油罐、桥梁防腐
氟-46 涂料	(1) 耐强酸、强碱、强氧化剂腐蚀（高温）。耐热性、耐寒性好，防污、耐候性杰出，15～20年不重涂 (2) 用途：耐候性要求很高的桥梁、化工厂设施（美观、防锈蚀）

注：(1) 与金属附着力差（不能直接涂覆在表面）的漆料有：酚醛树脂漆、过氯乙烯漆、呋喃树脂漆。

(2) 具有耐碱性的涂料有：环氧-酚醛漆、环氧树脂涂料、呋喃树脂漆、氟-46 涂料、环氧煤沥青。

·典型例题·

1. ［**2022 真题·单选**］某漆适用于大型快速施工的需要，广泛应用在化肥、氯碱生产中，能防止工业大气如二氧化硫、氨气、氯气、氯化氢、硫化氢和氧化氮等气体腐蚀，也可作为地下防潮和防腐蚀涂料，该涂料是（　　）。

A. 漆酚树脂漆　　B. 酚醛树脂漆

C. 环氧树脂漆　　D. 呋喃树脂漆

［**解析**］漆酚树脂漆是生漆经脱水缩聚用有机溶剂稀释而成。它改变了生漆的毒性大、干燥慢、施工不便等缺点，但仍保持生漆的其他优点，适用于大型快速施工的需要，广泛应用在

化肥、氯碱生产中，能防止工业大气如二氧化硫、氨气、氯气、氯化氢、硫化氢和氧化氮等气体腐蚀，也可作为地下防潮和防腐蚀涂料，但它不耐阳光中紫外线照射，应用时应考虑到用于受阳光照射较少的部位。

2.［2017 真题·单选］酚醛树脂漆、过氯乙烯漆及呋喃树脂漆在使用中，共同的特点为（　　）。

A. 耐有机溶剂介质的腐蚀　　B. 具有良好耐碱性

C. 既耐酸又耐碱腐蚀　　D. 与金属附着力差

［**解析**］本题考查的是常用涂料的特点。酚醛树脂漆与金属附着力较差，在生产中应用受到一定限制。过氯乙烯漆与金属表面附着力不强，特别是光滑表面和有色金属表面更为突出。在漆膜没有充分干燥下往往会有漆膜揭皮现象。呋喃树脂漆存在性脆、与金属附着力差、干后会收缩等缺点，因此大部分是采用改性呋喃树脂漆。

3.［2015 真题·单选］具有良好的机械强度、抗阳极剥离等性能，广泛用于天然气和石油输配管线、市政管网、油罐、桥梁等防腐工程的涂料为（　　）。

A. 三聚乙烯防腐涂料　　B. 环氧煤沥青涂料

C. 聚氨酯涂料　　D. 漆酚树脂涂料

［**解析**］本题考查的是三聚乙烯防腐涂料的特点。三聚乙烯防腐涂料广泛用于天然气和石油输配管线、市政管网、油罐、桥梁等防腐工程。它主要由聚乙烯、炭黑、改性剂和助剂组成，经熔融混炼造粒而成，具有良好的机械强度、电性能、抗紫外线、抗老化和抗阳极剥离等性能，防腐寿命可达 20 年以上。

4.［2011 真题·单选］与酚醛树脂漆相比，环氧-酚醛漆的使用特点为（　　）。

A. 具有良好的耐碱性　　B. 能耐一定浓度酸类的腐蚀

C. 具有良好的电绝缘性　　D. 具有良好的耐油性

［**解析**］本题考查的是环氧-酚醛漆的特点。环氧-酚醛漆是热固性涂料，其漆膜兼有环氧和酚醛两者的长处，即既有环氧树脂良好的机械性能和耐碱性，又有酚醛树脂的耐酸、耐溶和电绝缘性。

5.［2010 真题·单选］某新型涂料涂层机械强度高，黏结力大，在酸、碱、盐、水、汽油、煤油、柴油等溶液和溶剂中长期浸泡无变化，防腐寿命可达 50 年以上，广泛用于城市给水管道、煤气管道的防腐处理。此种新型涂料为（　　）。

A. 聚氨酯漆　　B. 环氧煤沥青

C. 沥青耐酸漆　　D. 呋喃树脂漆

［**解析**］本题考查的是环氧煤沥青的特点。它综合了环氧树脂机械强度高、黏结力大、耐化学介质侵蚀和煤沥青耐腐蚀等优点。涂层使用温度可以在−40～150℃。在酸、碱、盐、水、汽油、煤油、柴油等一般稀释剂中长期浸泡无变化，防腐寿命可达 50 年以上。环氧煤沥青广泛用于城市给水管道、煤气管道以及炼油厂、化工厂、污水处理厂等设备、管道的防腐处理。

6.［2016 真题·多选］聚氨酯漆是一种新型涂料，其主要性能有（　　）。

A. 能够耐盐、耐酸腐蚀　　B. 能耐各种稀释剂

C. 可用于混凝土构筑物表面的涂覆　　D. 施工方便、无毒，但造价高

［**解析**］本题考查的是聚氨酯漆的特点。聚氨酯漆广泛用于石油、化工、矿山、冶金等行业的管道、容器、设备以及混凝土构筑物表面等防腐领域，具有耐盐、耐酸、耐各种稀释剂等优点，同时又具有施工方便、无毒、造价低等特点。

7. ［**典型例题·多选**］常用耐腐蚀涂料中，具有良好耐碱性能的包括（　　）。

A. 酚醛树脂漆　　B. 环氧-酚醛漆

C. 环氧树脂涂料　　D. 呋喃树脂漆

［**解析**］本题考查的是常用涂料的特点。具有耐碱性的涂料有：环氧-酚醛漆、环氧树脂涂料、呋喃树脂漆、氟-46 涂料、环氧煤沥青。

答案：1. A　2. D　3. A　4. A　5. B　6. ABC　7. BCD

第三节　常用管件和附件的种类、性能和适用范围

知识点 1　管件

一、冲压无缝弯头

采用优质碳素钢、不锈耐酸钢、低合金钢无缝钢管在特制的模具内压制成型，分 45°弯头和 90°弯头两种。冲压无缝弯头见图 1-3-1。

（a）45°弯头

（b）90°弯头

图 1-3-1　冲压无缝弯头

二、高压弯头

采用优质碳素钢或低合金钢锻造而成，根据管道连接形式，弯头两端加工成螺纹或坡口，加工精度很高。高压弯头见图 1-3-2。

图 1-3-2　高压弯头

·典型例题·

［**2014 真题·单选**］高压弯头采用锻造工艺制成，其选用材料除优质碳素钢外，还可选用（　　）。

A. 低合金钢　　B. 中合金钢　　C. 优质合金钢　　D. 高合金钢

［**解析**］高压弯头是采用优质碳素钢或低合金钢锻造而成。根据管道连接形式，弯头两端加工成螺纹或坡口，加工精度很高。

答案：A

知识点 2 法兰

一、按连接方式分类

法兰连接见图 1-3-3，法兰连接侧切图见图 1-3-4。

图 1-3-3 法兰连接

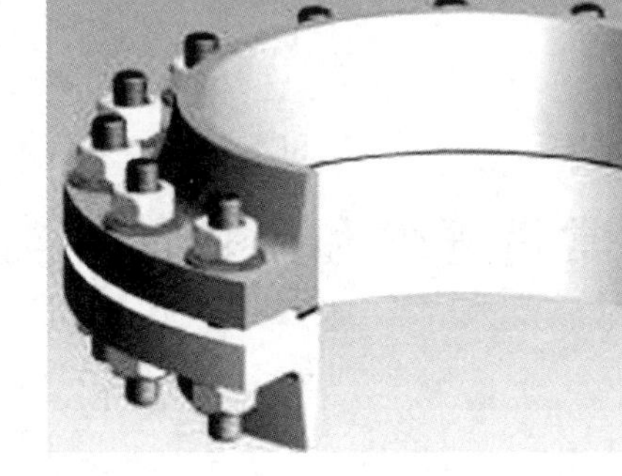

图 1-3-4 法兰连接侧切图

法兰按照连接方式分为整体法兰、平焊法兰、对焊法兰、松套法兰、螺纹法兰，见图 1-3-5。

(a) 整体法兰

(b) 平焊法兰

(c) 对焊法兰

(d) 松套法兰

(e) 螺纹法兰

图 1-3-5 法兰

法兰的类型、特点及应用见表 1-3-1。

表 1-3-1 法兰的类型、特点及应用

法兰类型	特点	应用
整体法兰	与管道和设备制成一体，作为设备的一部分	—
平焊法兰	焊接装配时易对中，价格便宜，应用广泛	适用于压力等级低，压力波动、振动及震荡均不严重的管道
对焊法兰（高颈法兰）	法兰强度增加	适用于工况比较苛刻，应力变化反复，压力、温度大幅度波动，高温、高压及零下低温的管道

续表

法兰类型	特点	应用
松套法兰（活套法兰）	（1）分为：焊环活套法兰、翻边活套法兰、对焊活套法兰 （2）法兰附属元件与管子材料一致，法兰材料（Q235、Q255）可与管子材料不同 （3）法兰不接触介质，易对中螺栓孔，在大口径管道上易于安装，耐压不高	（1）多用于铜、铝等有色金属及不锈钢管道 （2）适用于需要频繁拆卸的地方、输送腐蚀性介质、低压的管道的连接
螺纹法兰	非焊接法兰，安装、维修方便	适用于不允许焊接的场合。但在温度＞260℃和＜－45℃时，建议不用

二、按密封面形式分类

管法兰密封面形式分为全平面（FF）、突面（RF）、凹凸面（MF）、榫槽面（TG）、O形圈面（OSG）、环连接面（RJ），见图1-3-6。

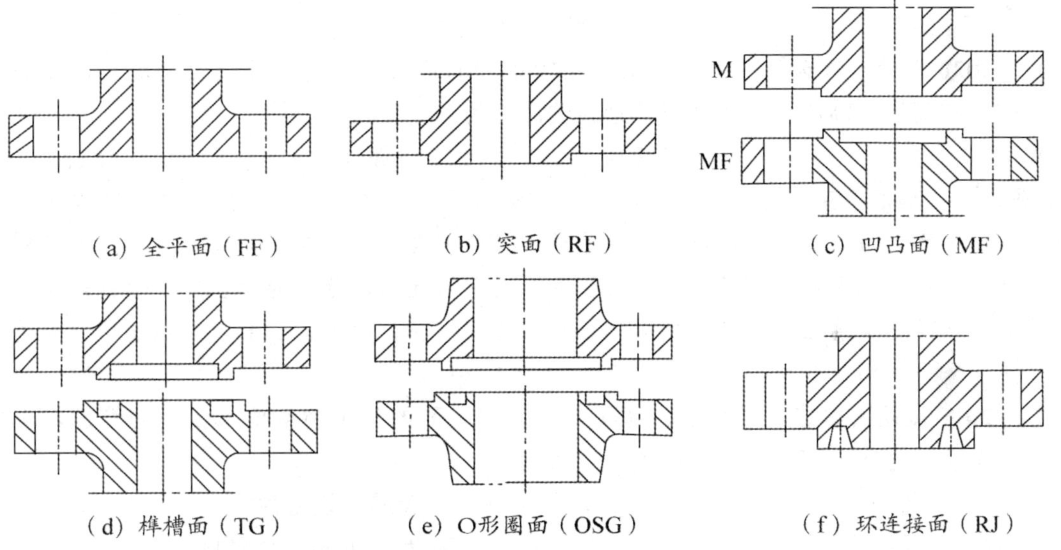

（a）全平面（FF）　（b）突面（RF）　（c）凹凸面（MF）

（d）榫槽面（TG）　（e）O形圈面（OSG）　（f）环连接面（RJ）

图1-3-6　管法兰密封面形式

榫槽面型法兰、凹凸面型法兰实物图见图1-3-7。

（a）榫槽面型法兰

（b）凹凸面型法兰

图1-3-7　法兰实物图

法兰的类型、特点及应用见表1-3-2。

表1-3-2　法兰的类型、特点及应用

法兰类型	特点	应用
凹凸面型	（1）安装时便于对中，防止垫片被挤出 （2）垫片宽度大，需较大压紧力	适用于压力稍高的场合

续表

法兰类型	特点	应用
榫槽面型	（1）垫片受力均匀，密封可靠 （2）垫片很少受介质冲刷、腐蚀 （3）法兰造价高。榫面容易损坏，拆装、运输过程中应注意	适用于易燃、易爆、有毒介质、压力较高的重要密封
O形圈面型	（1）自封作用 （2）截面尺寸小、重量轻，耗材少，使用简单，安装、拆卸方便 （3）密封能力良好，压力使用范围宽，静密封工作压力＞100MPa，适用温度：－60～200℃	满足多种介质的使用要求
环连接面型	（1）窄面法兰 （2）密封面专门与金属八角形（椭圆形）实体金属垫片配合，实现密封连接。金属环垫选用：依据各种金属的固有特性 （3）密封面的密封性能好，对安装要求不严格	适合于高温、高压工况，但密封面的加工精度较高

·典型例题·

1.［2020 真题·单选］主要用于工况比较苛刻的场合，应力变化反复的场合，压力、温度波动较大和高温、高压及零下低温的管道的法兰为（　　）。

A. 平焊法兰　　B. 整体法兰　　C. 对焊法兰　　D. 松套法兰

［解析］对焊法兰又称为高颈法兰，它与其他法兰不同之处在于从法兰与管道焊接处到法兰盘有一段长而倾斜的高颈，此段高颈的壁厚沿高度方向逐渐过渡到管壁厚度，改善了应力的不连续性，因而增加了法兰强度。对焊法兰主要用于工况比较苛刻的场合，如管道热膨胀或其他荷载而使法兰处受的应力较大，或应力变化反复的场合；压力、温度大幅度波动的管道和高温、高压及零下低温的管道。

2.［2017 真题·单选］对高温、高压工况，密封面的加工精度要求较高的管道，应采用环连接面型法兰连接，其配合使用的垫片应为（　　）。

A. O形密封圈　　B. 金属缠绕垫片

C. 齿形金属垫片　　D. 八角形实体金属垫片

［解析］本题考查环连接面型法兰的特点。环连接面密封的法兰，其密封面专门与用金属材料加工成截面形状为八角形或椭圆形的实体金属垫片配合，实现密封连接。密封性能好，对安装要求也不太严格，适合于高温、高压工况，但密封面的加工精度较高。

3.［2016 真题·单选］法兰密封面形式为O形圈面型，其使用特点为（　　）。

A. O形密封圈是非挤压型密封

B. O形圈截面尺寸较小，消耗材料少

C. 结构简单，不需要相配合的凸面和槽面的密封面

D. 密封性能良好，但压力使用范围较窄

［解析］本题考查O形圈面型法兰的特点。选项A错误，O形密封圈是一种挤压型密封。选项C错误，O形圈面型具有相配合的凸面和槽面的密封面。选项D错误，O形圈的截面尺寸都很小、质量轻，消耗材料少，且使用简单，安装、拆卸方便，更为突出的优点还在于O形圈具有良好的密封能力，压力使用范围很宽。

4.［2022 真题·多选］下列关于松套法兰的说法，正确的有（　　）。

A. 大口径管道上易于安装

B. 适用于管道不需要频繁拆卸以供清洗和检查的地方

C. 可用于输送腐蚀性介质的管道

D. 适用于中高压管道的连接

［**解析**］松套法兰的优点是法兰可以旋转，易于对中螺栓孔，在大口径管道上易于安装，也适用于管道需要频繁拆卸以供清洗和检查的地方。其法兰附属元件材料与管道材料一致，而法兰材料可与管道材料不同（法兰的材料多为Q235、Q255碳素钢），因此比较适合于输送腐蚀性介质的管道。但松套法兰耐压不高，一般仅适用于低压管道的连接。

5.［2014真题·多选］按法兰密封面形式分类，环连接面型法兰的连接特点有（　　）。

A. 不需与金属垫片配合使用　　B. 适用于高温、高压的工况

C. 密封面加工精度要求较高　　D. 安装要求不太严格

［**解析**］本题考查环连接面型法兰的特点。环连接面型法兰专门与用金属材料加工成形状为八角形或椭圆形的实体金属垫片配合，实现密封连接。由于金属环垫可以依据各种金属的固有特性来选用。因而这种密封面的密封性能好，对安装要求也不太严格，适合于高温、高压工况，但密封面的加工精度较高。

答案：1. C　2. D　3. B　4. AC　5. BCD

知识点3　垫片

一、非金属垫片

非金属垫片质地柔软、耐腐蚀、价格便宜，但耐温和耐压性能差。多用于常温和中温的中低压容器或管道的法兰密封。

非金属垫片包括橡胶垫片、石棉垫片、石棉橡胶垫片、柔性石墨垫片和塑料垫片等。这里仅介绍橡胶垫片、石棉垫片和塑料垫片。

（1）橡胶垫片。具有组织致密质地柔软、回弹性好、容易剪切成各种形状且价格便宜等特点。但它不耐高压，容易在矿物油中溶解和膨胀且耐腐蚀性较差，在高温下容易老化失去回弹性。常用于输送低压水、低浓度酸和碱等介质的管道法兰连接。

（2）石棉垫片。石棉耐热、耐碱性好，抗拉强度高，但耐酸性能较差。石棉垫片正常使用温度在550℃以下。

（3）塑料垫片。聚四氟乙烯垫片的耐腐蚀性、耐热性、耐寒性和耐油性优于其他塑料垫片，不易老化、不燃烧、吸水性近乎为零。接触面平整光滑，对金属法兰不黏附。除受熔融碱金属以及含氟元素气体侵蚀外，它能耐多种酸、碱、盐、油脂类溶液介质的腐蚀。其使用温度一般小于200℃，但不能用于压力较高的场合。

二、半金属垫片

半金属垫片主要有金属包覆垫片、金属缠绕垫片、金属波纹复合垫片、金属齿形复合垫片等，这里重点介绍金属缠绕垫片的特性和应用。

（1）金属缠绕垫片的特性：压缩、回弹性能好；多道密封、自紧功能；对法兰压紧面的表面缺陷不敏感，不粘接法兰密封面，容易对中，拆卸便捷。

（2）金属缠绕垫片的应用：高温、低压、高真空、冲击振动等循环交变的各种苛刻环境，石化工艺管道应用广泛。

金属缠绕垫片见图 1-3-8。

图 1-3-8　金属缠绕垫片

三、金属垫片

（1）在高温、高压、载荷循环频繁等苛刻条件下，各种金属材料是密封垫片的首选材料。

（2）金属垫片包括平形金属垫片、波形金属垫片、齿形金属垫片、环形金属垫片。这里详细介绍环形金属垫片的特点：

1）八角形或椭圆形实体金属垫片，具有径向自紧密封作用。

2）与法兰梯槽的内外侧面接触，并通过压紧而形成密封。

3）应用：环连接面型法兰连接，根据材料不同，最高使用温度为 800℃。

环形金属垫片见图 1-3-9。

（a）八角形环形垫片

（b）椭圆形环形垫片

图 1-3-9　环形金属垫片

·典型例题·

1.［2014 真题·单选］具有径向自紧密封作用，靠与法兰梯槽的内外侧面接触，并通过压紧而形成密封的垫片为（　　）。

A. 金属缠绕式垫片　　　　B. 金属环形垫片

C. 齿形垫片　　　　D. 金属带螺旋复合垫片

［**解析**］本题考查环形金属垫片的特点。金属环形垫片是用金属材料加工成截面为八角形或椭圆形的实体金属垫片，具有径向自紧密封作用。金属环形垫片主要应用于环连接面型法兰连接，金属环形垫片是靠与法兰梯槽的内外侧面（主要是外侧面）接触，并通过压紧而形成密封的。

2.［2019 真题·多选］金属缠绕垫片是由金属带和非金属带螺旋复合绕制而成的一种半金属平垫片，其具有的特点有（　　）。

A. 压缩、回弹性能好　　　　B. 具有多道密封但无自紧功能

C. 对法兰压紧面的表面缺陷不太敏感　　　　D. 容易对中，拆卸方便

［**解析**］金属缠绕式垫片是由金属带和非金属带螺旋复合绕制而成的一种半金属平垫片。其特性是压缩、回弹性能好，具有多道密封和一定的自紧功能，对于法兰压紧面的表面缺陷不太敏感，不粘接法兰密封面，容易对中，因而拆卸便捷。能在高温、低压、高真空、冲击振动等循环交变的各种苛刻条件下，保持其优良的密封性能。在石油化工工艺管道上被广泛采用。

答案：1. B　2. ACD

知识点 4　阀门

扫码听课

阀门按其动作特点分为两大类，即驱动阀门和自动阀门，见图 1-3-10。

阀门按动作特点分类
- 驱动阀门：截止阀、节流阀（针型阀）、闸阀、旋塞阀
- 自动阀门：止回阀、安全阀、浮球阀、减压阀、跑风阀、疏水阀

图 1-3-10　阀门按动作特点分类

一、截止阀

截止阀见图 1-3-11。

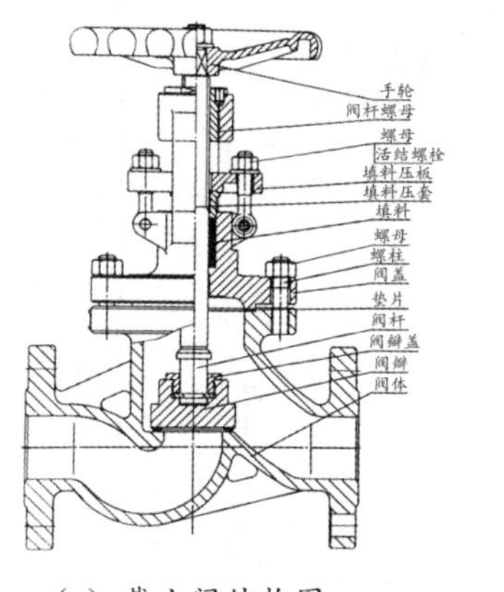

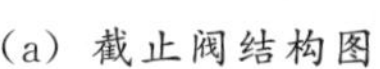
（a）截止阀结构图

（b）截止阀直观图

图 1-3-11　截止阀

（1）特点：结构简单，制造、维修方便，流量可调节，流动阻力大；安装时低进高出，不能反装。

（2）应用：热水供应、高压蒸汽管路，不适用于带颗粒、黏性较大的介质。

二、闸阀

闸阀见图 1-3-12。

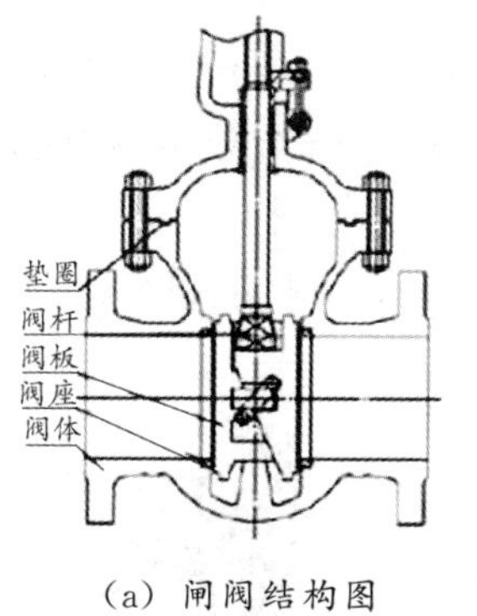

（a）闸阀结构图

（b）闸阀直观图

图 1-3-12　闸阀

（1）优点：闸阀和截止阀相比，开启和关闭时省力，水流阻力较小，阀体比较短，当闸阀完全开启时，其阀板不受流动介质的冲刷磨损。闸阀无安装方向，但不宜单侧受压，否则不易开启。

（2）缺点：严密性较差；不完全开启时，水流阻力较大。

（3）应用：闸阀一般只作为截断装置，用于完全开启或完全关闭的管路中，而不宜用于需要调节大小和启闭频繁的管路上。主要用在一些大口径管道上。

三、止回阀

根据结构不同，止回阀可分为升降式和旋启式，见图 1-3-13。

(a) 止回阀直观图

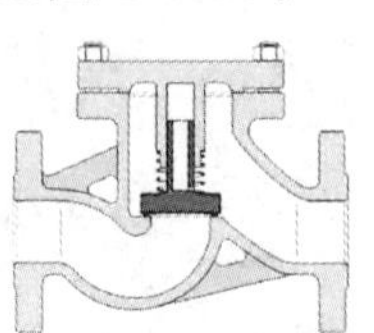

(b) 升降式止回阀

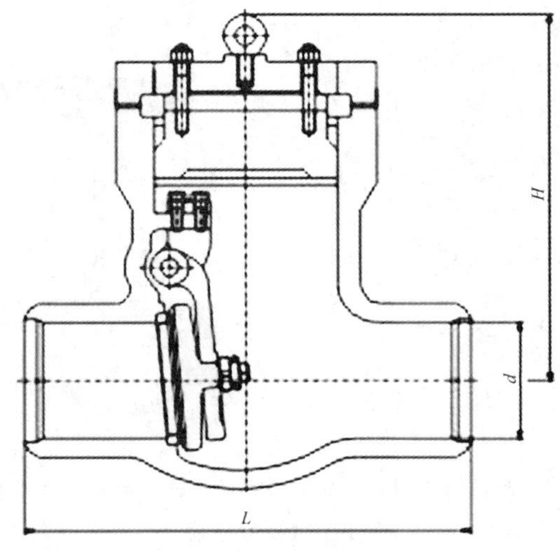

(c) 旋启式止回阀

图 1-3-13 止回阀

(1) 根据结构不同分为升降式（水平管道）、旋启式（水平和垂直管道）。

(2) 特点：只许介质向一个方向流通，阻止逆向流动（单向性）。

(3) 应用：适用于清洁介质，对于带固体颗粒、黏性较大的介质不适用。

四、蝶阀

(1) 特点：结构简单、体积小、重量轻，旋转 90°即可快速启闭，通过阀门产生的压力降很小，流量控制特性较好。蝶阀完全开启时，介质流经阀体的阻力为蝶板厚度。蝶阀见图1-3-14。

(2) 应用：适合安装在大口径管道上。在石油、煤气、化工、水处理、热电站的冷却水系统应用广泛。

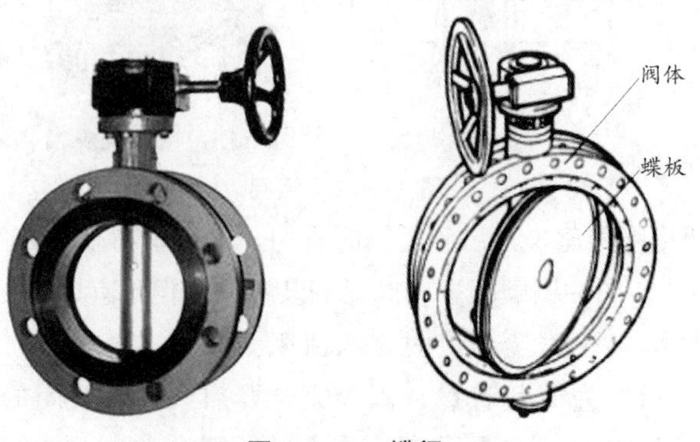

图 1-3-14 蝶阀

五、球阀

球阀的启闭件为一个球体，利用球体绕阀杆的轴线旋转 90°实现开启和关闭的目的。球阀在管道上主要用于切断、分配和改变介质流动方向，设计成 V 形开口的球阀还具有良好的流量调节功能。

（1）特点：结构紧凑、密封性能好、结构简单、体积较小、重量轻、材料耗用少；安装尺寸小、驱动力矩小；操作简便、易实现快速启闭、维修方便。三片式球阀见图 1-3-15。

（2）应用：适用于水、溶剂、酸和天然气等工作介质；适用于工作条件恶劣，含纤维、微小固体颗料等介质。

注意：只有球阀适用于含固体颗粒介质环境。

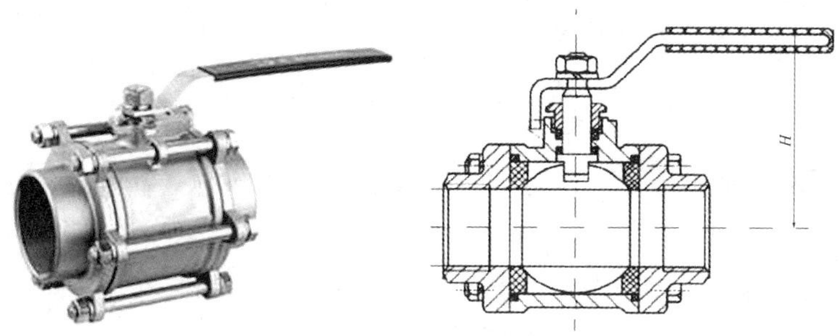

图 1-3-15　三片式球阀

六、安全阀

（1）安全阀分为弹簧式、杠杆式两种，见图 1-3-16。

（2）选用安全阀的主要参数：排泄量。

（3）排泄量决定安全阀的阀座口径和阀瓣开启高度。

（a）弹簧式安全阀

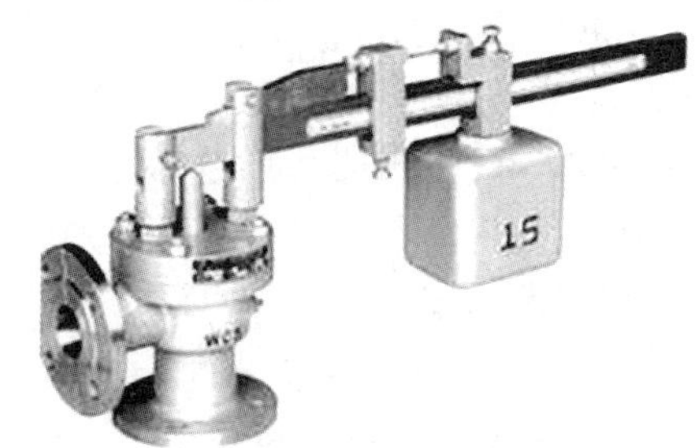

（b）杠杆式安全阀

图 1-3-16　安全阀

·典型例题·

1.［2022 真题·单选］阀门的种类有很多，按其动作特点分为两大类，即驱动阀门和自动阀门。下列属于驱动阀门的是（　　）。

A. 止回阀　　B. 节流阀　　C. 跑风阀　　D. 安全阀

［解析］驱动阀门是用手操纵或其他动力操纵的阀门。如截止阀、节流阀（针型阀）、闸阀、旋塞阀等均属于这类阀门。自动阀门是借助于介质本身的流量、压力或温度参数发生变化而自行动作的阀门。如止回阀、安全阀、浮球阀、减压阀、跑风阀和疏水器等均属于自动阀门。

2.［2021 真题·单选］主要用于大口径管道上，在开启和关闭时省力，水流阻力较小，其缺点是严密性较差；一般只作为截断装置。不宜用于需要调节大小和启闭频繁的管路上，该阀门是（　　）。

A. 闸阀　　B. 球阀

C. 截止阀　　D. 蝶阀

［解析］闸阀在开启和关闭时省力，水流阻力较小，阀体比较短，当闸阀完全开启时，其阀板不受流动介质的冲刷磨损。但由于闸板与阀座之间密封面易受磨损，其缺点是严密性较差；另外，在不完全开启时，水流阻力较大。因此闸阀一般只作为截断装置，即用于完全开启或完全关闭的管路中，而不宜用于需要调节大小和启闭频繁的管路上。

3.［2017 真题·单选］某阀门结构简单、体积小、重量轻，仅由少数几个零件组成，操作简单，阀门处于全开位置时，阀板厚度是介质流经阀体的唯一阻力，阀门所产生的压力降很小，具有较好的流量控制特性。该阀门应为（　　）。

A. 截止阀　　B. 蝶阀

C. 旋塞阀　　D. 闸阀

［解析］本题考查蝶阀的特点。蝶阀适合安装在大口径管道上。蝶阀结构简单、体积小、重量轻，只由少数几个零件组成，只需旋转90°即可快速启闭，操作简单，同时具有良好的流体控制特性。蝶阀处于完全开启位置时，蝶板厚度是介质流经阀体时唯一的阻力，通过该阀门所产生的压力降很小，具有较好的流量控制特性。

4.［2016 真题·单选］球阀是近年来发展最快的阀门品种之一，其主要特点为（　　）。

A. 密封性能好，但结构复杂　　B. 启闭慢、维修不方便

C. 不能用于输送氧气、过氧化氢等介质　　D. 适用于含纤维、微小固体颗粒的介质

［解析］本题考查球阀的特点。球阀具有结构紧凑、密封性能好、结构简单、体积较小、重量轻、材料耗用少、安装尺寸小、驱动力矩小、操作简便、易实现快速启闭和维修方便等特点。适用于水、溶剂、酸和天然气等一般工作介质，而且还适用于工作条件恶劣的介质，如氧气、过氧化氢、甲烷和乙烯等，且特别适用于含纤维、微小固体颗料等介质。

5.［2020 真题·多选］截止阀的特点包括（　　）。

A. 结构简单，严密性差　　B. 改变流体方向，水流阻力大

C. 低进高出，方向不能装反　　D. 不适用于带颗粒、黏性大的流体

［解析］截止阀主要用于热水供应及蒸汽管路中，结构简单，严密性较高，制造和维修方便，阻力比较大。流体经过截止阀时要改变流向，因此水流阻力较大，所以安装时要注意流体“低进高出”，方向不能装反。选用特点：结构比闸阀简单，制造、维修方便，也可以调节流量，应用广泛。但流动阻力大，为防止堵塞和磨损，不适用于带颗粒和黏性较大的介质。

答案：1. B　2. A　3. B　4. D　5. BCD

知识点5　补偿器

扫码听课

一、自然补偿器

（1）自然补偿器分L形、Z形两种。

（2）缺点：管道变形时产生横向位移，补偿的管段小。

二、人工补偿器

人工补偿器利用管道补偿器来吸收热能产生的变形，常用的有方形补偿器、填料式补偿器、波形补偿器、球形补偿器。常用补偿器的特点及应用见表 1-3-3。

表 1-3-3　常用补偿器的特点及应用

类型	特点及应用	外观
方形补偿器	(1) 优点：制造方便、补偿能力大、轴向推力小、维修方便、运行可靠 (2) 缺点：占地面积较大	
填料式补偿器	(1) 优点：安装方便、占地面积小、流体阻力较小、补偿能力大 (2) 缺点：轴向推力大，易漏水漏气，需经常检修、更换填料 (3) 用途：安装方形补偿器时空间不够的场合	
波形补偿器	(1) 优点：结构紧凑，只发生轴向变形，与方形补偿器相比占据空间位置小 (2) 缺点：制造困难、耐压低、补偿能力小、轴向推力大。波形管的外形尺寸、壁厚、管径大小影响补偿能力 (3) 用途：热力管道上管径较大、压力较低的场合	
球形补偿器	(1) 优点：①成对使用；②补偿能力大，流体阻力、变形应力、对固定支座的作用力小 (2) 用途：①热力管道中，补偿热膨胀，其补偿能力为一般补偿器的 5～10 倍；②冶金设备的汽化冷却系统中，作万向接头；③建筑物管道中，防止因地基产生不均匀下沉或震动对管道产生的破坏	
总结	补偿能力大：方形补偿器、填料式补偿器、球形补偿器 轴向推力大：填料式补偿器、波形补偿器	

·典型例题·

1. ［2015 真题 · 单选］某补偿器优点是制造方便、补偿能力大、轴向推力小、维修方便、运行可靠；缺点是占地面积较大。此种补偿器为（　　）。

A. 填料补偿器　　B. 波形补偿器

C. 球形补偿器　　D. 方形补偿器

［解析］本题考查方形补偿器的特点。方形补偿器优点是制造方便、补偿能力大、轴向推

力小、维修方便、运行可靠，缺点是占地面积较大。

2.［2014真题·单选］ 在热力管道敷设中，补偿器的结构紧凑、占据空间位置小、只发生轴向变形，且轴向推力大、补偿能力小、制造困难，仅适用于管径较大、压力较低的场合。此种补偿器为（　　）。

A. 套筒式补偿器　　B. 填料式补偿器

C. 波形补偿器　　D. 球形补偿器

［解析］ 本题考查波形补偿器的特点。在热力管道上，波形补偿器只用于管径较大、压力较低的场合。它的优点是结构紧凑，只发生轴向变形，与方形补偿器相比占据空间位置小。缺点是制造比较困难、耐压低、补偿能力小、轴向推力大。它的补偿能力与波形管的外形尺寸、壁厚、管径大小有关。

3.［2011真题·单选］ 与填料式补偿器相比，方形补偿器的特点为（　　）。

A. 补偿能力大　　B. 流体阻力小

C. 轴向推力小　　D. 运行可靠性差

［解析］ 本题考查方形补偿器的特点。方形补偿器由管子弯制或由弯头组焊而成，利用刚性较小的回折管挠性变形来补偿两端直管部分的热伸长量。其优点是制造方便、补偿能力大、轴向推力小、维修方便、运行可靠，缺点是占地面积较大。

4.［2021真题·多选］ 关于球形补偿器的特点，下列说法正确的有（　　）。

A. 补偿能力大　　B. 流体阻力和变形应力小

C. 可以单台使用补偿能力小　　D. 可以作万向接头使用

［解析］ 球形补偿器主要依靠球体的角位移来吸收或补偿管道一个或多个方向上横向位移，该补偿器应成对使用，单台使用没有补偿能力，但它可作管道万向接头使用。球形补偿器具有补偿能力大，流体阻力和变形应力小，且对固定支座的作用力小等特点。球形补偿器用于热力管道中，补偿热膨胀，其补偿能力为一般补偿器的5～10倍；用于冶金设备（如高炉、转炉、电炉、加热炉等）的汽化冷却系统中，可作万向接头用；用于建筑物的各种管道中，可防止因地基产生不均匀下沉或震动等意外原因对管道产生的破坏。

5.［2016真题·多选］ 填料式补偿器主要由带底脚的套筒、插管和填料函三部分组成，其主要特点有（　　）。

A. 安装方便，占地面积小　　B. 填料使用寿命长，无须经常更换

C. 流体阻力小，补偿能力较大　　D. 轴向推力大，易漏水漏气

［解析］ 本题考查填料式补偿器的特点。填料式补偿器安装方便，占地面积小，流体阻力较小，补偿能力较大。缺点是轴向推力大，易漏水漏气，需经常检修和更换填料。如管道变形有横向位移时，易造成填料圈卡住。这种补偿器主要用在安装方形补偿器时空间不够的场合。

6.［2010真题·多选］ 在热力管道上，波形补偿器的使用特点包括（　　）。

A. 只适用于管径较大的场合

B. 适用于压力较高（大于0.6MPa）的场合

C. 补偿能力较小

D. 轴向推力较大

［解析］ 本题考查波形补偿器的特点。在热力管道上，波形补偿器只用于管径较大、压力较低的场合。它的优点是结构紧凑，只发生轴向变形，与方形补偿器相比占据空间位置小。缺点是制造比较困难、耐压低、补偿能力小、轴向推力大。它的补偿能力与波形管的外形尺寸、

壁厚、管径大小有关。

答案：1. D　2. C　3. C　4. ABD　5. ACD　6. ACD

第四节　常用电气、有线通信材料及器材的种类、性能和用途

知识点 1　电气材料

一、导线

（一）导线特点及应用

导线的特点及应用见表 1-4-1。

表 1-4-1　导线的特点及应用

类型	特点	应用
裸导线	没有绝缘层的导线，包括铜线、铝线、铝绞线、铜绞线、钢芯铝绞线和各种型线	（1）铜绞线用于电流密度较大、化学腐蚀严重的地区 （2）铝绞线用于挡距小的架空线路 （3）钢芯铝绞线用于大挡距架空线路 （4）防腐钢芯铝绞线适用于沿海、咸水湖、含盐质沙土区及工业污染区等输配电线路 （5）扩径钢芯铝绞线适用于高海拔、超高压、有无线电干扰地区输电线路 （6）依据《建筑电气与智能化通用规范》（GB 55024—2022），民用建筑红线内的室外供配电路线不应采用架空线敷设方式
绝缘导线	组成：导电线芯、绝缘层、保护层	电气设备、照明装置、电工仪表、输配电线路的连接

（二）绝缘导线选用

绝缘导线的类型、特点及应用见表 1-4-2。

表 1-4-2　绝缘导线的类型、特点及应用

绝缘导线类型	特点及应用
铜芯电线	相较于铝芯电线： （1）电阻率、电压损失、能耗低，导电性能好，载流量大 （2）强度、抗疲劳、稳定性高，能够适应高温环境，耐腐蚀性好 （3）发热温度低，运行安全 （4）在民用建筑的下列场合也应选用铜芯导体：火灾时需要维持正常工作的场所；移动式用电设备或有剧烈振动的场所；对铝有腐蚀的场所；易燃、易爆场所；有特殊规定的其他场所
铝芯电线	价格低廉、重量轻，能生成氧化膜在空气中防止进一步氧化。适用于中压室外架空线路
塑料绝缘电线（BV 型）	（1）绝缘性能良好，价格较低，可替代橡皮绝缘线 （2）不耐高温，绝缘容易老化，不宜在室外敷设
RV 型、RX 型铜芯软线	主要用在需柔性连接的可动部位（吊灯用软线）
铜芯低烟无卤阻燃交联聚烯烃绝缘电线	在火灾时低烟、低毒、不含卤素，适宜于高层建筑内照明及动力分支线路使用

二、电力电缆

（一）电缆型号表示方法

（1）电缆型号的内容包含有用途类别、绝缘材料、导体材料、铠装保护层等。电缆型号表示方法见表 1-4-3。

表 1-4-3 电缆型号表示方法

类别	导体	绝缘	内护套	特征
电力电缆（省略不表示） K：控制电缆 P：信号电缆 YT：电梯电缆 U：矿用电缆 Y：移动式软缆 H：室内电话缆 UZ：电钻电缆 DC：电气化车辆用电缆	T：铜（可省略） L：铝线	V：聚氯乙烯 Y：聚乙烯 YJ：交联聚乙烯 X：天然橡胶 （X）D：丁基橡胶 （X）E：乙丙橡胶 Z：油浸纸 E：乙丙胶	V：聚氯乙烯护套 Y：聚乙烯护套 Q：铅护套 L：铝护套 H：橡胶护套 （H）P：非燃性 HF：氯丁胶 VF：复合物 HD：耐寒橡胶	D：不滴油 F：分相 CY：充油 P：屏蔽 C：滤尘用或重型 G：高压

（2）电缆如有外护层时，在表示型号的汉语拼音字母后面用两个阿拉伯数字来表示外护层的结构。前一个数字表示铠装层结构，后一个数字表示外被层结构类型。电缆通用外护层型号数字含义见表 1-4-4。

表 1-4-4 电缆通用外护层型号数字含义

第一个数字		第二个数字	
代号	铠装层类型	代号	外被层类型
0	无	0	无
1	钢带	1	纤维线包
2	双钢带	2	聚氯乙烯护套
3	细圆钢丝	3	聚乙烯护套
4	粗圆钢丝	4	—

（3）衍生电缆：阻燃电缆、耐火电缆、低烟无卤/低烟低卤电缆、防白蚁/老鼠电缆、耐油/耐寒/耐温/耐磨电缆、预分支电缆等，在电缆代号前加字母表示。表示方法举例：ZR-YJ（L）V_{22}-3×120-10-300 表示铜（铝）芯交联聚乙烯绝缘、聚氯乙烯护套、双钢带铠装、三芯、120mm^2、电压 10kV、长度为 300m 的阻燃电力电缆。

NH-VV_{22}（3×25+1×16）表示铜芯、聚氯乙烯绝缘和护套、双钢带铠装、三芯 25mm^2、一芯 16mm^{2}的耐火电力电缆。

（二）电缆选择的一般原则

（1）电力电缆的导体材料可采用铜导体、铝或铝合金导体。对于涉及人身安全的重要回路（如消防、保安电源回路等），为确保供电的安全可靠，应采用铜导体电缆。电压等级 1kV 以上的电缆不宜选用铝合金导体。

（2）低压电缆宜选用交联聚乙烯或聚氯乙烯挤塑绝缘类型，当环境保护有要求时，不得选用聚氯乙烯绝缘或聚氯乙烯外护层电缆。

（3）高压交流电缆宜选用交联聚乙烯绝缘电缆，也可选用自容式充油电缆。

（4）高压直流输电电缆可选用不滴流浸渍纸绝缘、自容式充油类型和适用高压直流电缆的交联聚乙烯绝缘类型，不宜选用普通交联聚乙烯绝缘类型。

(5) 移动式电气设备等经常弯曲移动或有较高柔软性要求的回路应选用橡皮绝缘、橡皮外护层等电缆。

(6) 放射性作用场所的电缆，选用交联聚乙烯或乙丙橡皮绝缘、聚氯乙烯或氯丁橡皮外护层等耐射线辐照强度的电缆。

(7) 60℃以上高温场所应按经受高温及其持续时间和绝缘类型要求，选用耐热聚氯乙烯、交联聚乙烯或乙丙橡皮绝缘等耐热型电缆；100℃以上高温环境宜选用矿物绝缘电缆。高温场所不宜选用普通聚氯乙烯绝缘电缆。

(8) 年最低温度在零下15℃以下应按低温条件和绝缘类型要求，选用交联聚乙烯、聚乙烯、耐寒橡皮绝缘电缆。低温环境不宜选用聚氯乙烯绝缘电缆。

(9) 在人员密集场所或有低毒性要求的场所，应选用交联聚乙烯或乙丙橡皮等无卤绝缘、无卤外护层电缆，不应选用聚氯乙烯绝缘、聚氯乙烯外护层电缆。

(10) 在潮湿、含化学腐蚀环境或易受水浸泡的电缆，其金属套、加强层、铠装上应有聚乙烯外护层，水中电缆的粗钢丝铠装应有挤塑外护层。

(11) 在地下客运、商业设施等安全性要求高且鼠害严重的场所，空气中固定敷设电缆时，塑料绝缘电缆应具有金属包带或钢带铠装。

(12) 直埋敷设的电缆承受较大压力或有机械损伤危险时，应具有加强层或钢带铠装。

(13) 保护管中敷设的电缆应具有挤塑外护层。

(14) 地铁工程中的地下电力电缆和数据通信线缆、城市综合管廊工程中的电力电缆应采用燃烧性能不低于 B_1 级的电缆或阻燃型电线。

(三) 几种常用电缆

几种常用电缆的类型、特点及应用见表1-4-5。

表1-4-5 几种常用电缆的类型、特点及应用

电缆类型	特点及应用
VV (VLV) 型	(1) 用于室内的电缆槽盒、线槽、穿管敷设的电缆有VV (VLV)、ZR-VV (ZR-VLV)、GZR-VV (GZR-VLV)、GDL-VV、NH-VV等 (2) 用于室外的电缆直埋、电缆沟敷设、隧道内敷设、穿管敷设的电缆有 VV_{22} (VLV_{22})、VV_{22}-TP (VLV_{22}-TP)、NH-VV_{22} 等
YJV (YJLV) 型	(1) 铜（铝）芯交联聚乙烯绝缘电力电缆 (2) 大幅提高电缆耐热性和使用寿命，电场分布均匀，没有切向应力，耐高温(90℃)；与聚氯乙烯绝缘电力电缆截面相等时载流量大，重量轻，接头制作简便，无敷设高差限制 (3) 适用于高层建筑
橡皮绝缘电力电缆	柔软、可移动，用于经常需要变动敷设位置的场合
矿物绝缘电缆	(1) 适用于工业、民用、国防及其他恶劣环境（高温、腐蚀、核辐射、防爆） (2) 适用于工业、民用建筑的消防系统、救生系统等必须确保人身和财产安全的场合
预制分支电缆	(1) 优点：供电可靠、安装方便、占建筑面积小、故障率低、价格便宜、免维修维护 (2) 广泛应用于高中层建筑、住宅楼、商厦、宾馆、医院的电气竖井内垂直供电，也适用于隧道、机场、桥梁、公路等额定电压0.6/1kV配电线路中
穿刺分支电缆	接头完全绝缘，耐用、耐扭曲；防震、防水、防腐蚀老化；安装简便可靠，可以在现场带电安装。不需使用终端箱、分线箱，而且主干电缆从10～120mm²，分支电缆从10～95mm²任意组合选用

（四）常用控制电缆

部分常用控制电缆型号、名称及适用范围见表 1-4-6。

表 1-4-6　部分常用控制电缆型号、名称及适用范围

型号	名称	适用范围
KVV（KYJV）	铜芯聚氯乙烯（交联聚乙烯）绝缘聚氯乙烯护套控制电缆	适用于室内、电缆沟、管道等固定场合
KVVP（KYJVP）	铜芯聚氯乙烯（交联聚乙烯）绝缘聚氯乙烯护套纺织屏蔽控制电缆	适用于室内、电缆沟、管道等要求屏蔽的固定场合
KVVP2（KYJVP2）	铜芯聚氯乙烯（交联聚乙烯）绝缘聚氯乙烯护套铜带屏蔽控制电缆	
KVV22（KYJV22）	铜芯聚氯乙烯（交联聚乙烯）绝缘聚氯乙烯护套钢带铠装控制电缆	适用于室内、电缆沟、管道、直埋等承受较大机械外力的固定场合
KVVP2-22（KYJVP2-22）	铜芯聚氯乙烯（交联聚乙烯）绝缘聚乙烯护套铜带屏蔽钢带铠装控制电缆	
KVV32（KYJV32）	铜芯聚氯乙烯（交联聚乙烯）绝缘聚氯乙烯护套钢丝铠装控制电缆	适用于高落差地区，能承受机械外力和相当的机械拉力

·典型例题·

1. ［**2022 真题·单选**］具有较高的机械强度，导电性能良好，适用于大档距架空线路敷设的是（　　）。

A. 铝绞线　　B. 铜绞线

C. 钢芯铝绞线　　D. 扩径钢芯铝绞线

［**解析**］在架空配电线路中，铜绞线因其具有优良的导线性能和较高的机械强度，且耐腐蚀性强，一般应用于电流密度较大或化学腐蚀较严重的地区；铝绞线的导电性能和机械强度不及铜导线，一般应用于档距比较小的架空线路；钢芯铝绞线具有较高的机械强度，导电性能良好，适用于大档距架空线路敷设；防腐钢芯铝绞线适用于沿海、咸水湖、含盐质砂土区及工业污染区等输配电线路；扩径钢芯铝绞线适用于高海拔、超高压、有无线电干扰地区输电线路。

2. ［**2021 真题·单选**］根据《民用建筑电气设计标准》（GB 51348—2019），下列宜选用铝芯电线的情况是（　　）。

A. 火灾时需要维持正常工作场所

B. 移动式用电设备或有剧烈振动场所

C. 中压室外架空线路

D. 导线截面积 $10mm^2$ 及以下线路

［**解析**］铝芯电线有价格低廉、重量轻等优势，此外铝芯在空气中能很快生成一层氧化膜，防止电线后续进一步氧化，适用于中压室外架空线路。

3. ［**2020 真题·单选**］适用于 1kV 及以下室外直埋敷设的电缆型号为（　　）。

A. YJV　　B. BTTZ　　C. VV　　D. VV_{22}

［**解析**］常用于室外的电缆直埋、电缆沟敷设、隧道内敷设、穿管敷设，额定电压 0.6/1kV 的该型电缆及其衍生电缆有 VV_{22}（VLV_{22}）、VV_{22}-TP（VLV_{22}-TP）、NH-VV_{22} 等。

答案：1. C　2. C　3. D

知识点 2　有线通信材料及器材

一、通信光缆

（1）光缆传输电视信号具有传输损耗小、频带宽、传输容量大、频率特性好、抗干扰能力强、安全可靠等优点。

（2）按光在光纤中的传输模式分多模光纤和单模光纤，见图 1-4-1。

（a）多模光纤　（b）单模光纤

图 1-4-1　光纤

（3）多模光纤和单模光纤的性能对比见表 1-4-7。

表 1-4-7　多模光纤和单模光纤的性能对比

类别	优点	缺点
多模光纤	芯线粗，耦合光能量、发散角度大，对光源要求低，能用发光二极管（LED）作光源，性价比高	传输频带窄，传输距离近（几千米）
单模光纤	模间色散很小，传输频带宽，适用于远程通信	芯线细，耦合光能量较小，光纤与光源以及光纤与光纤之间的接口比多模光纤难；只能与激光二极管（LD）光源配合使用；传输设备贵

二、双绞线（双绞电缆）

扭绞目的：使对外的电磁辐射和遭受外部的电磁干扰减少到最小。双绞线见图 1-4-2。

图 1-4-2　双绞线

三、同轴电缆

电缆的芯线越粗，其损耗越小。长距离传输多采用内导体粗的电缆，见图 1-4-3。同轴电缆的损耗与工作频率的平方根成正比。电缆的衰减与温度有关，随着温度增高，其衰减值也增大。目前有两种广泛使用的同轴电缆，一种是 50Ω 电缆，用于数字传输，由于多用于基带传输，也叫基带同轴电缆；另一种是 75Ω 电缆，用于模拟传输，也叫宽带同轴电缆。

图 1-4-3　同轴电缆

·典型例题·

1. ［2015 真题 · 单选］双绞线是由两根绝缘的导体扭绞封装而成，其扭绞的目的为（　　）。

A. 将对外的电磁辐射和外部的电磁干扰减到最小

B. 将对外的电磁辐射和外部的电感干扰减到最小

C. 将对外的电磁辐射和外部的频率干扰减到最小

D. 将对外的电感辐射和外部的电感干扰减到最小

［解析］本题考查双绞线的作用。双绞线是由两根绝缘的导体扭绞封装在一个绝缘外套中而形成的一种传输介质，扭绞的目的是使对外的电磁辐射和遭受外部的电磁干扰减少到最小。

2. ［2019 真题 · 多选］同轴电缆具有的特点有（　　）。

A. 随着温度升高，衰减值减少

B. 损耗与工作频率的平方根成正比

C. 50Ω 电缆多用于数字传输

D. 75Ω 电缆多用于模拟传输

［解析］同轴电缆的芯线越粗，其损耗越小。长距离传输多采用内导体粗的电缆。同轴电缆的损耗与工作频率的平方根成正比。电缆的衰减与温度有关，随着温度增高，其衰减值也增大。目前有两种广泛使用的同轴电缆，一种是 50Ω 电缆，用于数字传输，由于多用于基带传输，也叫基带同轴电缆；另一种是 75Ω 电缆，用于模拟传输，也叫宽带同轴电缆。

3. ［2017 真题 · 多选］单模光纤的缺点是芯线细，耦合光能量较小，接口时比较难，但其优点也较多，包括（　　）。

A. 传输设备较便宜，性价比较高

B. 模间色散很小，传输频带宽

C. 适用于远程通信

D. 可与光谱较宽的 LED 配合使用

［解析］本题考查单模光纤的特点。单模光纤的优点是其模间色散很小，传输频带宽，适用于远程通信，每公里带宽可达 10GHz。缺点是芯线细，耦合光能量较小，光纤与光源以及光纤与光纤之间的接口比多模光纤难；单模光纤只能与激光二极管（LD）光源配合使用，而不能与发散角度较大、光谱较宽的发光二极管（LED）配合使用。所以单模光纤的传输设备较贵。

答案：1. A　2. BCD　3. BC

同步强化训练

一、单项选择题（每题的备选项中，只有1个最符合题意）

1. 钢中某元素含量高时，钢材的强度高，而塑性小、硬度大、性脆和不易加工，此种元素为（　　）。

A. 碳　　B. 氢

C. 磷　　D. 硫

2. 某种钢材，其塑性和韧性较高，可通过热处理强化，多用于制作较重要的、荷载较大的机械零件，是广泛应用的机械制造用钢。此种钢材为（　　）。

A. 普通碳素结构钢　　B. 优质碳素结构钢

C. 普通低合金钢　　D. 奥氏体型不锈钢

3. 具有较高的强度、硬度和耐磨性，通常用于弱腐蚀性介质环境中，如海水、淡水和水蒸气中；以及使用温度≤580℃的环境中，通常也可作为受力较大的零件和工具的制作材料，但由于此钢焊接性能不好，故一般不用作焊接件的不锈钢为（　　）。

A. 铁素体型不锈钢　　B. 奥氏体型不锈钢

C. 马氏体型不锈钢　　D. 铁素体–奥氏体型不锈钢

4. 铸铁中有害的元素为（　　）。

A. 氢　　B. 硫

C. 磷　　D. 硅

5. 铸铁按照石墨的形状特征分类，普通灰铸铁中石墨呈（　　）。

A. 片状　　B. 蠕虫状

C. 团絮状　　D. 球状

6. 力学性能良好，尤其塑性、韧性优良，能适应多种腐蚀环境，多用于食品加工设备、化学品装运容器、电气与电子部件、处理苛性碱设备、耐海水腐蚀设备和换热器，也常用于制作接触浓 $CaCl_2$ 溶液的冷冻机零件，以及发电厂给水加热器管的合金为（　　）。

A. 钛及钛合金　　B. 铅及铅合金

C. 镁及镁合金　　D. 镍及镍合金

7. 主要用于焦炉、玻璃熔窑、酸性炼钢炉等热工设备，软化温度很高，接近其耐火度，重复煅烧后体积不收缩，甚至略有膨胀，但是抗热震性差的耐火制品为（　　）。

A. 硅砖制品　　B. 碳质制品

C. 黏土砖制品　　D. 镁质制品

8. 在要求耐蚀、耐磨或高温条件下，当不受冲击震动时，选用的非金属材料为（　　）。

A. 蛭石　　B. 铸石

C. 石墨　　D. 玻璃

9. 石墨具有良好的化学稳定性，甚至在（　　）中也很稳定。

A. 硝酸　　B. 铬酸

C. 熔融的碱　　D. 发烟硫酸

10. 特点是无毒、耐化学腐蚀，在常温下无任何溶剂能溶解，是最轻的热塑性塑料管，具有较高的强度，较好的耐热性，最高工作温度可达95℃，目前它被广泛地用在冷热水供应系统中，但其低温脆化温度仅为－15～0℃，在北方地区其应用受到一定限制，这种非金属管材是（　　）。

A. 超高分子量聚乙烯管

B. 聚乙烯管（PE 管）

C. 交联聚乙烯管（PEX 管）

D. 无规共聚聚丙烯管（PP－R 管）

11. 特别适用于对耐候性要求很高的桥梁或化工厂设施的新型涂料是（　　）。

A. 聚氨酯漆　　B. 环氧煤沥青

C. 三聚乙烯防腐涂料　　D. 氟-46 涂料

12. 垫片很少受介质的冲刷和腐蚀，适用于易燃、易爆、有毒介质及压力较高的重要密封的法兰是（　　）。

A. 环连接面型　　B. 突面型

C. 凹凸面型　　D. 榫槽面型

13. 压缩、回弹性能好，具有多道密封和一定自紧功能，对法兰压紧面的表面缺陷不敏感，易对中，拆卸方便，能在高温、低压、高真空、冲击振动等场合使用的平垫片为（　　）。

A. 橡胶石棉垫片　　B. 金属缠绕式垫片

C. 齿形垫片　　D. 金属环形垫片

14. 密封性能较好，使用周期长，常用于凹凸式密封面法兰的连接，缺点是在每次更换垫片时，都要对两法兰密封面进行加工，因而费时费力，这种垫片是（　　）。

A. 橡胶垫片　　B. 橡胶石棉垫片

C. 齿形垫片　　D. 金属环形垫片

15. 不仅在石油、煤气、化工、水处理等一般工业上得到广泛应用，而且还应用于热电站的冷却水系统，结构简单、体积小、重量轻，只由少数几个零件组成，操作简单，且有良好的流量控制特性，适合安装在大口径管道上的阀门是（　　）。

A. 截止阀　　B. 闸阀

C. 止回阀　　D. 蝶阀

16. 自然补偿的管段不能很大，是因为管道变形时会产生（　　）。

A. 纵向断裂　　B. 横向断裂

C. 纵向位移　　D. 横向位移

17. 成对使用，单台使用没有补偿能力，但它可作管道万向接头使用的补偿器是（　　）。

A. 方形补偿器　　B. 填料式补偿器

C. 波形补偿器　　D. 球形补偿器

18. 在火灾发生时能维持一段时间的正常供电，主要使用在应急电源至用户消防设备、火灾报警设备等供电回路的电缆类型为（　　）。

A. 阻燃电缆　　B. 耐寒电缆

C. 耐火电缆　　D. 耐高温电缆

19. 使用酸性焊条焊接时，对其药皮作用表述正确的为（　　）。

A. 药皮中含有多种氧化物，能有效去除硫、磷等杂质

B. 药皮中的大理石能产生 CO_2，可减少合金元素烧损

C. 药皮中的萤石会使电弧更加稳定

D. 能有效去除氢离子，减少氢气产生的气孔

二、多项选择题（每题的备选项中，有 2 个或 2 个以上符合题意，至少有 1 个错项）

1. 下列关于沉淀硬化型不锈钢叙述正确的有（ ）。
   A. 突出优点是经沉淀硬化热处理以后具有高的强度
   B. 耐蚀性较铁素体型不锈钢差
   C. 主要用于制造高强度的容器、结构和零件
   D. 也可用作高温零件

2. 镁及镁合金的主要特性有（ ）。
   A. 密度小、化学活性强、强度低　　B. 能承受较大的冲击、振动荷载
   C. 耐蚀性良好　　D. 缺口敏感性小

3. 某热力管道的介质工作温度为 800℃，为了节能及安全，其外设计有保温层，该保温层宜选用的材料有（ ）。
   A. 硅藻土　　B. 矿渣棉
   C. 硅酸铝纤维　　D. 泡沫混凝土

4. 下列关于聚四氟乙烯叙述正确的有（ ）。
   A. 具有非常优良的耐高、低温性能　　B. 摩擦系数极低
   C. 电性能较差　　D. 强度低、冷流性强

5. 下列关于碱性焊条的叙述正确的有（ ）。
   A. 脱氧性能不好　　B. 焊缝金属合金化效果较好
   C. 合金元素烧损少　　D. 焊缝的力学性能较好

6. 下列关于对焊法兰叙述正确的有（ ）。
   A. 法兰强度高
   B. 用于管道热膨胀或其他载荷而使法兰处受的应力较大
   C. 不适用于低温的管道
   D. 适用于应力变化反复的场合

7. 下列关于松套法兰叙述正确的有（ ）。
   A. 多用于铜、铝等有色金属及不锈钢管道上
   B. 法兰本身不接触介质
   C. 适用于管道需要频繁拆卸以供清洗和检查的地方
   D. 适用于高压管道的连接

8. 下列关于闸阀的特征与用途，叙述正确的有（ ）。
   A. 和截止阀相比，在开启和关闭闸阀时省力，水流阻力较小
   B. 用于启闭频繁的管路上
   C. 用于完全开启或完全关闭的管路中
   D. 适合安装在各种口径的管道上

参考答案及解析

一、单项选择题

1. ［答案］A

［解析］钢中主要化学元素为铁，另外还含有少量的碳、硅、锰、硫、磷、氧和氮等，这些少量元素对钢的性质影响很大。钢中碳的含量对钢的性质有决定性影响，含碳量低的钢材强度较低，但塑性大、延伸率和冲击韧性高、质地较软，易于冷加工、

切削和焊接；含碳量高的钢材强度高（当含碳量超过 1.00% 时，钢材强度开始下降）、塑性小、硬度大、脆性大和不易加工。

2. ［答案］B

［解析］优质碳素结构钢是含碳量小于 0.8% 的碳素钢，这种钢中所含的硫、磷及非金属夹杂物比普通碳素结构钢少。与普通碳素结构钢相比，优质碳素结构钢塑性和韧性较高，并可通过热处理强化，多用于较重要的零件，是广泛应用的机械制造用钢。

3. ［答案］C

［解析］本题的考点是不锈钢的种类和特性。马氏体型不锈钢具有较高的强度、硬度和耐磨性，通常用于弱腐蚀性介质环境中，如海水、淡水和水蒸气中；以及使用温度≤580℃的环境中，通常也可作为受力较大的零件和工具的制作材料，但由于此钢焊接性能不好，故一般不用作焊接件。

4. ［答案］B

［解析］铸铁是铁碳合金的一种，与钢相比，其成分特点是碳、硅含量高，杂质含量也较高。但是，杂质在钢和铸铁中的作用完全不同，如磷在耐磨铸铁中是提高其耐磨性的主要合金元素，锰、硅都是铸铁中的重要元素，唯一有害的元素是硫。

5. ［答案］A

［解析］按照石墨的形状特征，灰口铸铁可分为普通灰铸铁（石墨呈片状）、蠕墨铸铁（石墨呈蠕虫状）、可锻铸铁（石墨呈团絮状）和球墨铸铁（石墨呈球状）四大类。

6. ［答案］D

［解析］镍及镍合金。镍及镍合金是用于化学、石油、有色金属冶炼、高温、高压、高浓度或混有不纯物等各种苛刻腐蚀环境的比较理想的金属材料。由于镍的标准电势大于铁，可获得耐蚀性优异的镍基耐蚀合金。镍力学性能良好，尤其塑性、韧性优良，能适应多种腐蚀环境。多用于食品加工设备、化学品装运容器、电气与电子部件、处理苛性碱设备、耐海水腐蚀设备和换热器，如化工设备中的阀门、泵、轴、夹具和紧固件，也常用于制作接触浓 $CaCl_2$ 溶液的冷冻机零件，以及发电厂给水加热器的管子等。

7. ［答案］A

［解析］酸性耐火材料。硅砖和黏土砖为代表。硅砖抗酸性炉渣侵蚀能力强，但易受碱性渣的侵蚀，它的软化温度很高，接近其耐火度，重复煅烧后体积不收缩，甚至略有膨胀，但是抗热震性差。硅砖主要用于焦炉、玻璃熔窑、酸性炼钢炉等热工设备。黏土砖中含 30%～46% 的氧化铝，它以耐火黏土为主要原料，耐火度 1 580～1 770℃，抗热震性好，属于弱酸性耐火材料。

8. ［答案］B

［解析］铸石具有极优良的耐磨性、耐化学腐蚀性、绝缘性及较高的抗压性能。其耐磨性能比钢铁高十几倍至几十倍。在各类酸碱设备中的应用效果，高于不锈钢、橡胶、塑性材料及其他有色金属十倍到几十倍；但脆性大、承受冲击荷载的能力低。因此，在要求耐蚀、耐磨或高温条件下，当不受冲击震动时，铸石是钢铁（包括不锈钢）的理想代用材料，不但可节约金属材料、降低成本，而且能有效地提高设备的使用寿命。

9. ［答案］C

［解析］石墨具有良好的化学稳定性。人造石墨材料的耐腐蚀性能良好，除了强氧化性的酸（如硝酸、铬酸、发烟硫酸和卤素）之外，在所有的化学介质中都很稳定，甚至在熔融的碱中也很稳定。

10. ［答案］D

［解析］无规共聚聚丙烯管（PP－R 管）是最轻的热塑性塑料管，相对聚氯乙烯管、聚乙烯管来说，PP－R 管具有较高的强度，较好的耐热性，最高工作温度可达 95℃，在 1.0MPa 下长期（50 年）使用温度可达 70℃，另外 PP－R 管无毒、耐化学腐蚀，在常温下无任何溶剂能溶解，目前

它被广泛地用在冷热水供应系统中。但其低温脆化温度仅为−15～0℃，在北方地区其应用受到一定限制。

11. [答案] D

[解析] 氟-46涂料具有优良的耐腐蚀性能，对强酸、强碱及强氧化剂，即使在高温下也不发生任何作用。耐寒性很好，具有杰出的防污和耐候性，因此可维持15～20年不用重涂。故特别适用于对耐候性要求很高的桥梁或化工厂设施，在赋予被涂物美观的外表的同时，避免基材的锈蚀。

12. [答案] D

[解析] 本题的考点是按密封面类型划分的法兰的特点和用途。榫槽面型是具有相配合的榫面和槽面的密封面，垫片放在槽内，由于受槽的阻挡，不会被挤出。垫片比较窄，因而压紧垫片所需的螺栓力也就相应较小。即使应用于压力较高之处，螺栓尺寸也不致过大。安装时易对中。垫片受力均匀，故密封可靠。垫片很少受介质的冲刷和腐蚀。适用于易燃、易爆、有毒介质及压力较高的重要密封。但更换垫片困难，法兰造价较高。

13. [答案] B

[解析] 金属缠绕式垫片特性：压缩、回弹性能好；具有多道密封和一定的自紧功能；对于法兰压紧面的表面缺陷不太敏感，不粘接法兰密封面，容易对中，因而拆卸便捷；能在高温、低压、高真空、冲击振动等循环交变的各种苛刻条件下，保持其优良的密封性能。

14. [答案] C

[解析] 齿形垫片是利用同心圆的齿形密纹与法兰密封面相接触，构成多道密封环，因此密封性能较好，使用周期长。常用于凹凸式密封面法兰的连接。缺点是在每次更换垫片时，都要对两法兰密封面进行加工，因而费时费力。另外，垫片使用后容易在法兰密封面上留下压痕，故一般用于较少拆卸的部位。

15. [答案] D

[解析] 本题的考点是阀门。蝶阀不仅在石油、煤气、化工、水处理等一般工业上得到广泛应用，而且还应用于热电站的冷却水系统。蝶阀结构简单、体积小、重量轻，只由少数几个零件组成。而且只需旋转90°即可快速启闭，操作简单，同时具有良好的流体控制特性。蝶阀处于完全开启位置时，碟板厚度是介质流经阀体时唯一的阻力，通过该阀门所产生的压力降很小，具有较好的流量控制特性。蝶阀适合安装在大口径管道上。

16. [答案] D

[解析] 自然补偿是利用管路几何形状所具有的弹性来吸收热变形，其缺点是管道变形时会产生横向位移，而且补偿的管段不能很大。

17. [答案] D

[解析] 球形补偿器主要依靠球体的角位移来吸收或补偿管道一个或多个方向上横向位移，该补偿器应成对使用，单台使用没有补偿能力，但它可作管道万向接头使用。球形补偿器具有补偿能力大，流体阻力和变形应力小，且对固定支座的作用力小等特点。

18. [答案] C

[解析] 耐火电缆在结构上带有特殊耐火层，与一般电缆相比，具有优异的耐火耐热性能，适用于高层及安全性能要求高的场所的消防设施。耐火电缆与阻燃电缆的主要区别是耐火电缆在火灾发生时能维持一段时间的正常供电，而阻燃电缆不具备这个特性。耐火电缆主要使用在应急电源至用户消防设备、火灾报警设备、通风排烟设备、疏散指示灯、紧急电源插座、紧急用电梯等供电回路。

19. [答案] D

[解析] 酸性焊条药皮中含有多种氧化物，具有较强的氧化性，促使合金元素氧化；同时电弧气中的氧电离后形成负离子与氢离子有很强的亲和力，生成氢氧根离子，从而防止氢离子溶入液态金属里，所以这

类焊条对铁锈、水分不敏感，焊缝很少产生由氢引起的气孔。但酸性熔渣脱氧不完全，也不能有效地清除焊缝的硫、磷等杂质，故焊缝金属的力学性能较低，一般用于焊接低碳钢和不太重要的碳钢结构。

二、多项选择题

1. ［答案］ACD

［解析］这类钢的突出优点是经沉淀硬化热处理以后具有高的强度，耐蚀性优于铁素体型不锈钢。它主要用于制造高强度和耐蚀的容器、结构和零件，也可用作高温零件。

2. ［答案］AB

［解析］镁及镁合金的主要特性是密度小、化学活性强、强度低。但纯镁一般不能用于结构材料。虽然镁合金相对密度小，且强度不高，但它的比强度和比刚度却可以与合金结构钢相媲美，镁合金能承受较大的冲击、振动荷载，并有良好的机械加工性能和抛光性能。其缺点是耐蚀性较差、缺口敏感性大及熔铸工艺复杂。

3. ［答案］AC

［解析］高温用绝热材料，使用温度可在700℃以上。这类纤维质材料有硅酸铝纤维和硅纤维等；多孔质材料有硅藻土、蛭石加石棉和耐热黏合剂等制品。中温用绝热材料，使用温度在100～700℃。中温用纤维质材料有石棉、矿渣棉和玻璃纤维等；多孔质材料有硅酸钙、膨胀珍珠岩、蛭石和泡沫混凝土等。

4. ［答案］ABD

［解析］聚四氟乙烯俗称塑料王，它是由四氟乙烯用悬浮法或分散法聚合而成，具有非常优良的耐高、低温性能，可在－180～260℃的范围内长期使用。几乎耐所有的化学药品，在侵蚀性极强的王水中煮沸也不起变化，摩擦系数极低，仅为0.04。聚四氟乙烯不吸水、电性能优异，是目前介电常数和介电损耗最小的固体绝缘材料。缺点是强度低、冷流性强。主要用于制作减摩密封零件、化工耐蚀零件、热交换器、管、棒、板制品和各种零件，以及高频或潮湿条件下的绝缘材料；分散法聚四氟乙烯可制成薄壁管、细棒、异型材、电线和电缆包覆层。

5. ［答案］BCD

［解析］本题的考点是碱性焊条的特点和用途。碱性焊条由于脱氧性能好，能有效消除焊缝金属中的硫，合金元素烧损少，焊缝金属合金化效果较好，焊缝力学性能和抗裂性均较好，但当焊件和焊条存在水分时，焊缝中容易出现氢气孔。

6. ［答案］ABD

［解析］对焊法兰又称为高颈法兰。它与其他法兰不同之处在于从法兰与管子焊接处到法兰盘有一段长而倾斜的高颈，此段高颈的壁厚沿高度方向逐渐过渡到管壁厚度，改善了应力的不连续性，因而增加了法兰强度。对焊法兰主要用于工况比较苛刻的场合，如管道热膨胀或其他载荷而使法兰处受的应力较大，或应力变化反复的场合；压力、温度大幅度波动的管道和高温、高压及零下低温的管道。

7. ［答案］ABC

［解析］松套法兰俗称活套法兰，分为焊环活套法兰、翻边活套法兰和对焊活套法兰，多用于铜、铝等有色金属及不锈钢管道上。松套法兰的连接实际也是通过焊接实现的，只是这种法兰是松套在已与管子焊接在一起的附属元件上，然后通过连接螺栓将附属元件和垫片压紧以实现密封，法兰（即松套）本身不接触介质。这种法兰连接的优点是法兰可以旋转，易于对中螺栓孔，在大口径管道上易于安装，也适用于管道需要频繁拆卸以供清洗和检查的地方。其法兰附属元件材料与管子材料一致，而法兰材料可与管子材料不同（法兰的材料多为Q235、Q255碳素钢），因此比较适合于输送腐蚀性介质的管道。但松套法兰耐压不高，一般仅适用于低压管道的连接。

8. ［答案］AC

［解析］闸阀和截止阀相比，在开启和关闭

闸阀时省力，水流阻力较小，阀体比较短，当闸阀完全开启时，其阀板不受流动介质的冲刷磨损。但由于闸板与阀座之间密封面易受磨损，闸阀的缺点是严密性较差；另外，在不完全开启时，水流阻力仍然较大。因此闸阀一般只作为截断装置，即用于完全开启或完全关闭的管路中，而不宜用于需要调节大小和启闭频繁的管路上。闸阀无安装方向，但不宜单侧受压，否则不易开启。适合安装在大口径管道上。

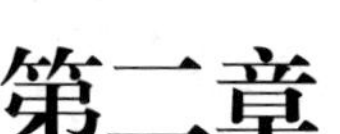

第二章 安装工程施工技术

本章包括切割、焊接、热处理施工技术，除锈、防腐蚀和绝热工程施工技术，吊装工程施工技术，辅助工程施工技术四部分内容，历年考查分值在16分左右。切割和焊接考查分值在6.5分左右，切割技术、焊接技术、无损检测、焊后热处理是考试的重点内容。除锈、防腐蚀和绝热工程考查分值在3.5分左右，吊装工程考查分值在2分左右，考查分值有所下降。辅助工程考查分值在3.5分左右，考点较分散，油清洗、管道气压试验为重点内容。

知识脉络

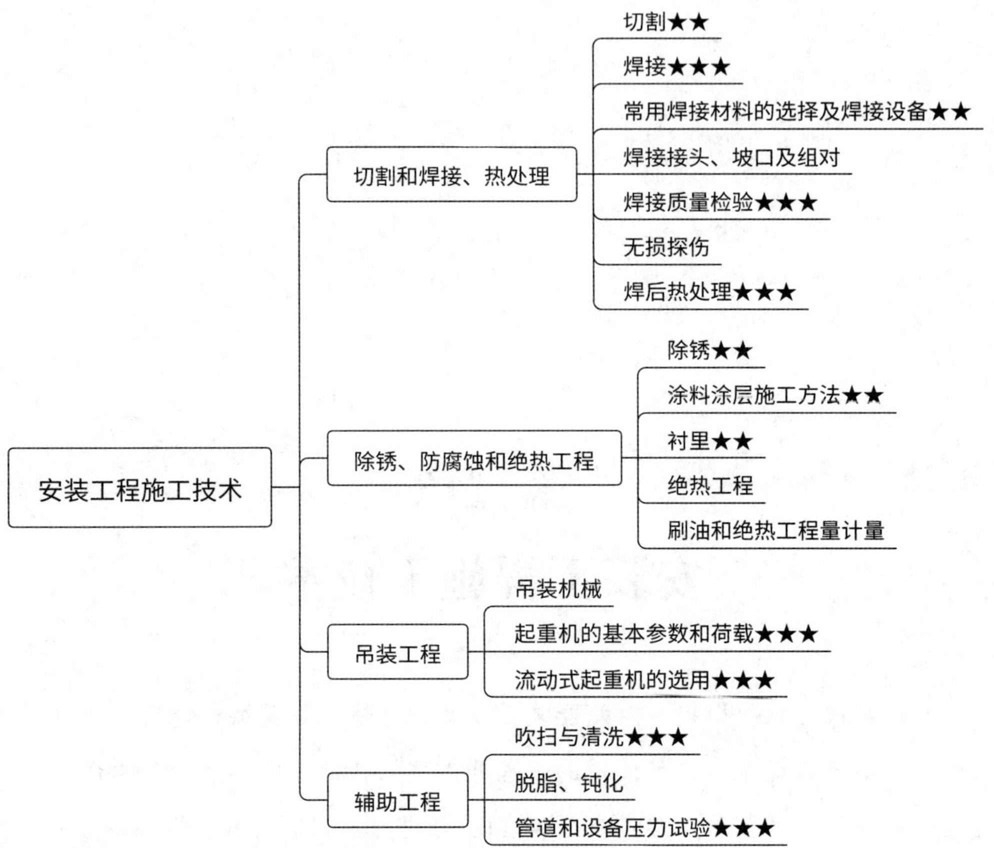

安装工程施工技术
切割和焊接、热处理
切割★★
焊接★★★
常用焊接材料的选择及焊接设备★★
焊接接头、坡口及组对
焊接质量检验★★★
无损探伤
焊后热处理★★★
除锈、防腐蚀和绝热工程
除锈★★
涂料涂层施工方法★★
衬里★★
绝热工程
刷油和绝热工程量计量
吊装工程
吊装机械
起重机的基本参数和荷载★★★
流动式起重机的选用★★★
辅助工程
吹扫与清洗★★★
脱脂、钝化
管道和设备压力试验★★★

第一节 切割、焊接、热处理施工技术

知识点1 切割

一、机械切割

常用切割机械有：剪板机、弓锯床、螺纹钢筋切断机、砂轮切割机、电动割管套丝机。其性能及特点见表2-1-1。

表 2-1-1 切割机械的性能及特点

切割机械	性能及特点
剪板机（见图 2-1-1）	（1）刀具：运动的上刀片和固定的下刀片 （2）特点：对各种厚度的金属板材施加剪切力，属于锻压机械，用于金属板材
弓锯床（见图 2-1-2）	（1）刀具：锯条刀具，利用装有锯条的弓锯做往复运动 （2）特点：结构简单，体积小，但效率较低
螺纹钢筋切断机（见图 2-1-3）	（1）特点：重量轻、耗能少、工作可靠、效率高 （2）适用：房屋建筑、桥梁、隧道、电站、大型水利等工程中对钢筋的定长切断
砂轮切割机（见图 2-1-4）	（1）刀具：平形薄片砂轮切割金属的工具 （2）特点：生产效率、加工精度低，安全稳定性较差
电动割管套丝机（见图 2-1-5）	（1）特点：设有正反转装置，加工管螺纹轻松便捷，降低劳动强度 （2）适用：加工管道外螺纹，主要加工＜DN150 的钢管管螺纹

图 2-1-1 剪板机

图 2-1-2 弓锯床

图 2-1-3 螺纹钢筋切断机

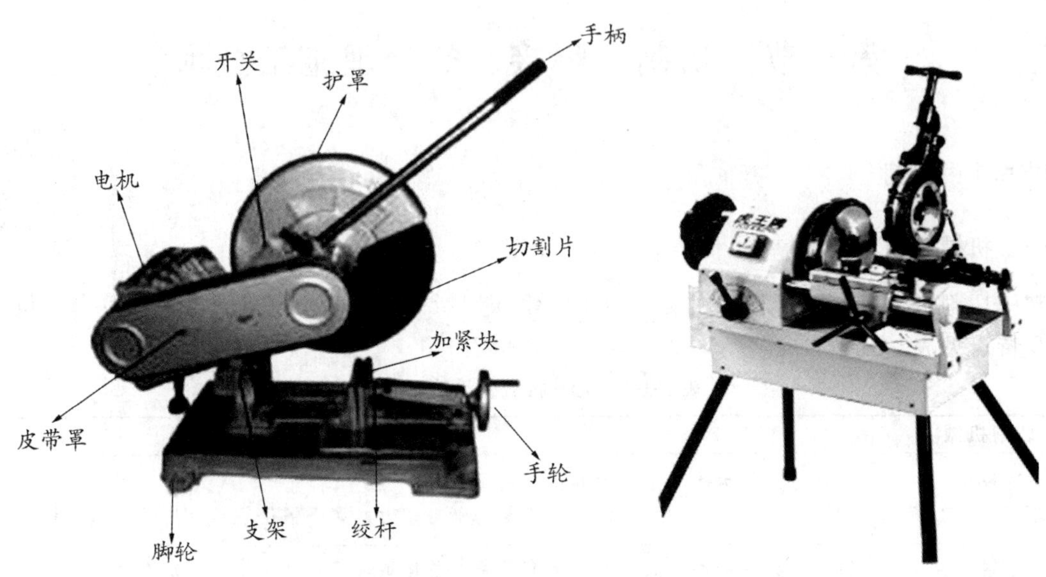

图 2-1-4　砂轮切割机　　图 2-1-5　电动割管套丝机

二、火焰切割

利用可燃气体在氧气中剧烈燃烧及被切割金属燃烧产生的热量连续切割。按使用燃气种类分为氧-乙炔火焰切割（气割）、氧-丙烷火焰切割、氧-天然气火焰切割和氧-氢火焰切割。

（一）气割金属

气割见图 2-1-6，气枪见图 2-1-7。

图 2-1-6　气割

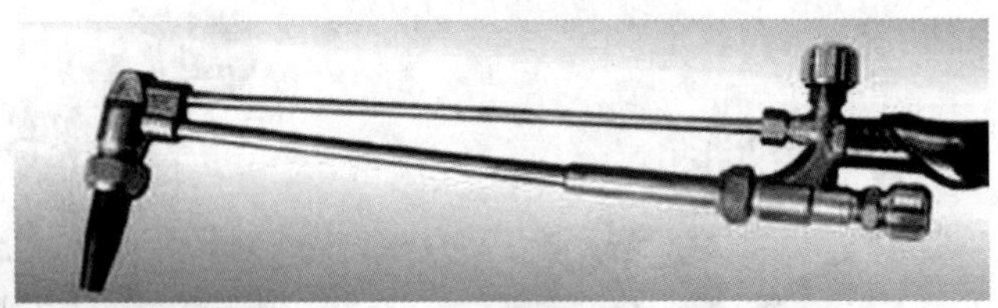

图 2-1-7　气枪

（1）火焰切割过程：预热→燃烧→吹渣。

（2）符合下列条件的金属才能进行气割：

1）金属在氧气中的燃烧点低于熔点。

2）金属燃烧生成氧化物的熔点低于金属熔点，且流动性好。

3）金属燃烧是放热反应，金属导热性低。

（3）符合上述气割条件的金属有：纯铁、低碳钢、中碳钢、低合金钢、钛。

（4）不能应用气割的金属材料有：铸铁、不锈钢、铝和铜，这些材料可用等离子弧切割。

（二）氧-丙烷火焰切割

氧-丙烷火焰切割见图 2-1-8。

图 2-1-8　氧-丙烷火焰切割

（1）氧-丙烷火焰切割与氧-乙炔火焰切割相比具有以下优点：

1）丙烷点火温度（580℃）＞乙炔点火温度（305℃），丙烷爆炸范围比乙炔窄，故氧-丙烷火焰切割安全性高。

2）丙烷容易制取，成本低廉，易于液化、灌装，环境污染小。

3）氧-丙烷火焰温度适中，选用合理的切割参数切割时，切割面上缘无明显的烧塌现象，下缘不挂渣。切割面粗糙度好。

（2）氧-丙烷火焰切割缺点：火焰温度低，切割预热时间长，氧气消耗量高，但总切割成本低。

（三）氧-氢火焰切割

（1）成本较低。

（2）安全性好。

（3）环保。

（四）氧熔剂切割

此切割方法烟尘少，切断面无杂质，主要用于切割较厚的不锈钢型材和铸造冒口。

氧熔剂切割虽然设备比较复杂，但在没有等离子弧切割设备的场合，是切割一些难切割材料（如不锈钢、耐热钢等）快速和经济的切割方法。

三、电弧切割

电弧切割的原理及应用见表 2-1-2。

表 2-1-2　电弧切割的原理及应用

类别	原理	应用
等离子弧切割（见图 2-1-9）	利用高速、高温和高能的等离子气流来加热和熔化（和蒸发）被切割材料，并借高速等离子的动量排除熔融金属以形成切口的一种加工方法	（1）可切割不锈钢、高合金钢、铸铁、铝、铜、钨、钼和陶瓷、水泥、耐火材料等（金属、非金属） （2）能量高度集中，能量密度大，切割速度快，切割面光洁、热变形小、几乎没有热影响区
碳弧气割（见图 2-1-10）	利用碳极电弧高温，把金属局部加热到熔化状态，用压缩空气把熔化金属吹掉	（1）可在金属上加工沟槽 （2）加工焊缝坡口，特别适用于开 U 形坡口 （3）不能切割不锈钢

图 2-1-9　等离子弧切割

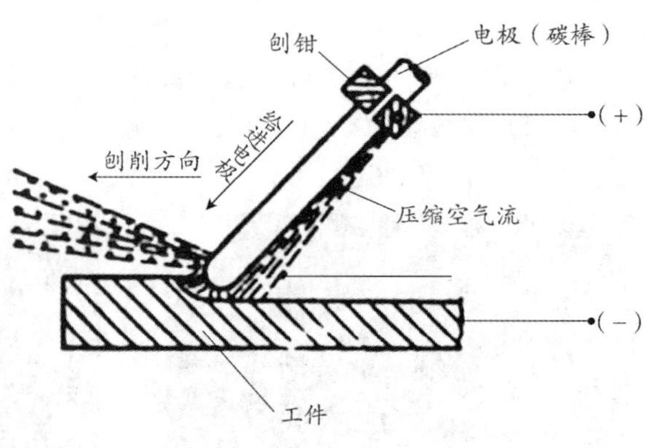

图 2-1-10　碳弧气割

四、激光切割

激光切割见图 2-1-11。

图 2-1-11　激光切割

主要特点：

（1）无接触切割，切口宽度小（0.1mm）、切割精度高、速度快，热影响区很小，工件几乎不变形。

（2）可切割多种材料（金属、非金属、金属基和非金属基复合材料、皮革、木材、纤维等）。

（3）只能切割中、小厚度的板材和管材。

（4）设备费用高，一次性投资大。

五、水刀切割

水刀切割属于冷切割，没有热效应。工作过程中无高温、无明火、无静电发生，杜绝了发生火灾危险的可能。

水刀切割的特点：可以对任何材料进行任意曲线的一次性切割加工；切口质量优异，表面平滑，不存在任何毛刺和氧化残迹，切口不需要二次加工；安全、环保、速度较快、效率较高，广泛应用于陶瓷、石材、玻璃、金属、复合材料、化工等行业。

·典型例题·

1.［2020 真题·多选］切割不锈钢工具钢应选择的切割方式有（　　）。

A. 氧-乙炔切割

B. 氧-丙烷切割

C. 氧熔剂切割

D. 等离子弧切割

［解析］氧熔剂切割和等离子弧切割可以切割不锈钢。

2.［2017 真题·多选］与氧-乙炔火焰切割相比，氧-丙烷火焰切割的特点有（　　）。

A. 火焰温度较高，切割时间短，效率高

B. 点火温度高，切割的安全性大大提高

C. 无明显烧塌，下缘不挂渣，切割面粗糙性好

D. 氧气消耗量高，但总切割成本较低

［解析］本题考查氧-丙烷火焰切割的特点。氧-丙烷火焰切割的缺点是火焰温度比较低，切割预热时间略长，氧气的消耗量亦高于氧-乙炔火焰切割，但总的切割成本远低于氧-乙炔火焰切割，选项 A 错误、选项 D 正确。丙烷的点火温度为 580℃，大大高于乙炔气的点火温度（305℃），且丙烷在氧气或空气中的爆炸范围比乙炔窄，故氧-丙烷火焰切割的安全性大大高于氧-乙炔火焰切割，选项 B 正确。氧-丙烷火焰温度适中，选用合理的切割参数切割时，切割面上缘无明显的烧塌现象，下缘不挂渣，切割面的粗糙度优于氧-乙炔火焰切割，选项 C 正确。

答案：1. CD　2. BCD

知识点 2　焊接

一、焊接的分类

焊接方法的分类见图 2-1-12。

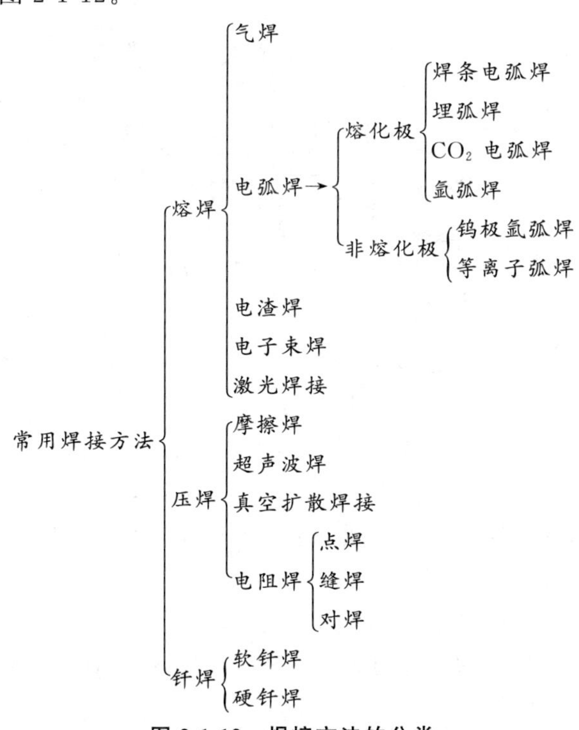

图 2-1-12　焊接方法的分类

二、焊接的特点

目前，气焊主要用于薄钢板（厚度 0.5～3mm）、铜及铜合金的焊接和铸铁的补焊等。气焊见图 2-1-13。

图 2-1-13　气焊

气焊优缺点见表 2-1-3。

表 2-1-3　气焊优缺点

优点	缺点
(1) 设备简单、费用低、移动方便、使用灵活 (2) 通用性强，对铸铁及某些有色金属的焊接适应性强 (3) 无须电源，可在无电源场合、野外工作	(1) 生产效率较低。气焊火焰温度低，加热速度慢 (2) 焊接后工件变形和热影响区较大，焊接变形大 (3) 焊接质量不易保证 (4) 较难实现自动化

(一) 手工焊条电弧焊

电弧焊原理见图 2-1-14。

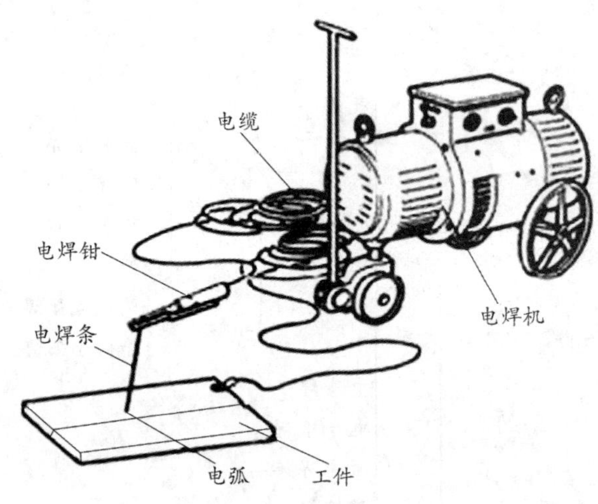

图 2-1-14　电弧焊原理

(1) 优点：

1) 操作灵活，可以在任何有电源的地方进行维修及安装中短缝的焊接作业。特别适用于机械难以达到的部位的焊接。

2) 使用方便、简单、投资少。

3) 应用范围广。可以焊接多种金属材料，如碳钢、不锈钢、铸铁、铜、铝、镍及合金。适用于各种厚度、结构形状的焊接。

总结：灵活、简单、方便、经济、应用广。

(2) 缺点：

1) 焊接生产效率低。(最根本缺点)

2) 劳动条件差。(强度大、有危害)

3）焊接质量不稳定。（影响因素：焊工）

（3）应用：平焊、立焊、横焊和仰焊多位置焊接。

（二）埋弧焊

埋弧焊原理见图 2-1-15，焊剂及焊丝见图 2-1-16，埋弧焊现场应用见图 2-1-17。

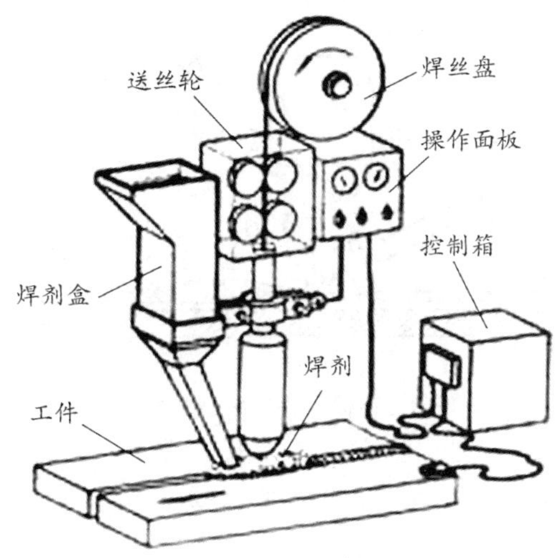

图 2-1-15　埋弧焊原理

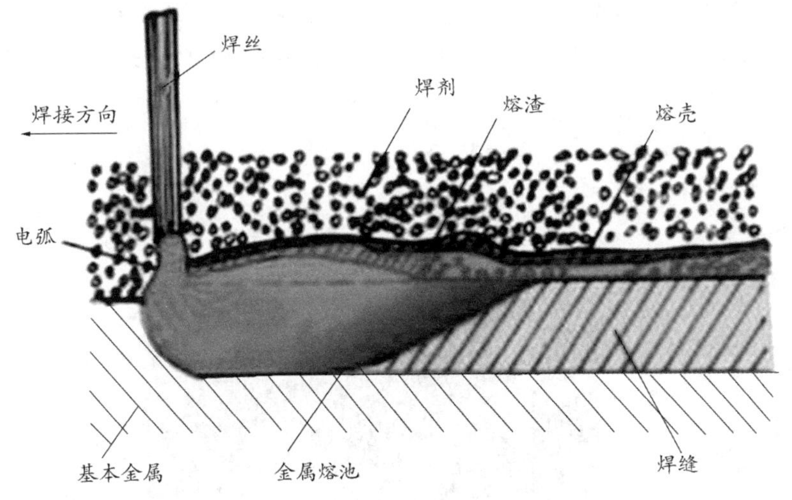

图 2-1-16　焊剂及焊丝

图 2-1-17　埋弧焊现场应用

（1）优点：

1）热效率高，熔深大，坡口小，金属填充量小。

2）焊接速度快。

3）焊接质量好，减少气孔、裂纹等缺陷。

4）在有风环境中，保护效果好。

（2）缺点：

1）只适用于水平位置焊缝、长焊缝焊接，且不能焊接空间位置受限的焊缝。

2）不能焊接铝、钛等氧化性强的金属及其合金。

3）容易焊偏。

4）不适合焊接厚度小于 1mm 的薄板。

（三）气体保护焊（气电焊）

（1）钨极惰性气体保护焊（TIG焊）原理见图2-1-18。

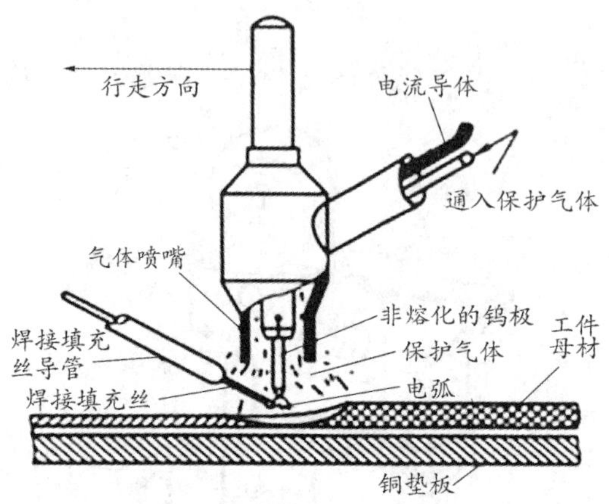

图 2-1-18　钨极惰性气体保护焊原理

1）优点：钨极不熔化、焊接过程稳定、易实现自动化、保护效果好、焊缝质量高。

2）缺点：①熔深浅，熔敷速度小，生产率低；②不适宜野外作业；③惰性气体（氩气、氦气）贵，生产成本高。

3）应用：①薄金属板、打底焊，适用于所有金属；②化学活泼性较强的有色金属、不锈钢、耐热钢、各种合金；③某些黑色和有色金属的厚壁重要构件（如压力容器及管道）。

（2）熔化极气体保护焊（MIG焊）原理见图2-1-19，熔化极气体保护焊现场应用见图2-1-20。

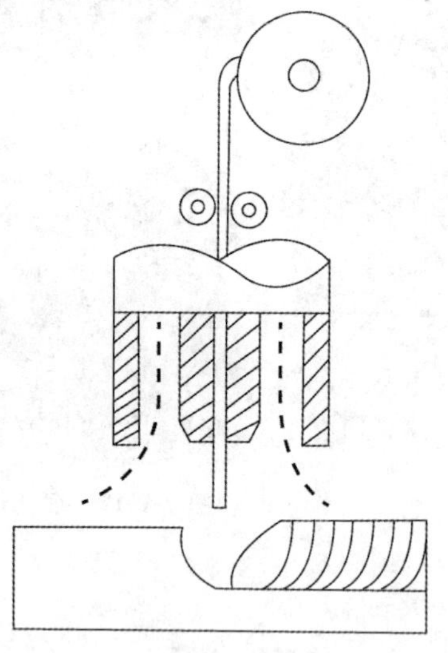

图 2-1-19　熔化极气体保护焊原理

图 2-1-20　熔化极气体保护焊现场应用

1）优点：①焊接速度快，熔敷效率、劳动生产率高；②可直流反接，焊接铝、镁等金属时有良好的阴极雾化作用，可有效去除氧化膜，提高接头的焊接质量；③不采用钨极，成本比TIG焊低。（全优点）

2）应用：尤其适合于焊接有色金属、不锈钢、耐热钢、碳钢、合金钢等材料。

（3）CO_2气体保护焊。

1）优点：①生产效率高；②焊接变形小、焊接质量高；③焊缝抗裂性能高，焊缝低氢、含氮量少；④低成本；⑤明弧焊，可见性好，操作简便。

2）缺点：①飞溅大，焊缝成型差；②抗风能力差；③交流电源难焊接，焊接设备复杂。

3）应用：①全位置焊接；②不能焊接容易氧化的有色金属。

（四）等离子弧焊

等离子弧焊原理见图 2-1-21，等离子弧焊机见图 2-1-22。

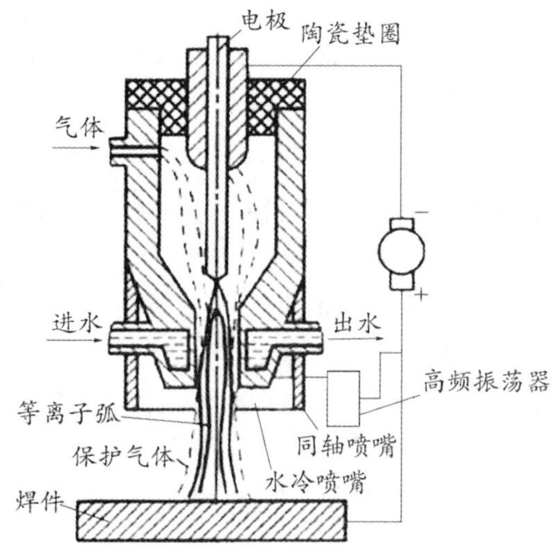

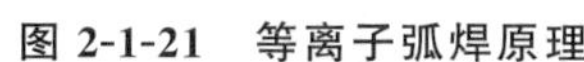
图 2-1-21　等离子弧焊原理

图 2-1-22　等离子弧焊机

（1）是一种不熔化极电弧焊。

（2）优点：等离子弧能量集中、温度高，焊接速度快，生产率高。焊缝致密、成型美观。

（3）缺点：设备复杂、气体耗量大，费用高，适宜在室内焊接。

（4）应用：穿透能力强，一次行程完成＜8mm 直边对接接头单面焊双面成型的焊缝。电弧挺直度、方向性好，可焊接薄壁结构（如＜1mm 金属箔）。

（五）电渣焊

电渣焊的优点：焊接效率高，比埋弧焊高 2～5 倍，焊接时坡口准备简单，生产率高。电渣焊的局限性：由于焊接熔池大，加热和冷却缓慢，热影响区宽、显微组织粗大、韧性差，因此焊接以后一般需要进行正火处理；电渣焊总是以立焊位置进行，不能平焊。电渣焊主要应用于 30mm 以上的厚件，可与铸造及锻压相结合生产组合件，以解决铸、锻能力的不足，因此特别适用于重型机械制造业，如轧钢机、水轮机、水压机及其他大型锻压机械。电渣焊可进行大面积堆焊和补焊。

（六）激光焊

激光焊应用：

（1）可焊多种金属、合金、异种金属、某些非金属材料，如各种碳钢、铜、铝、银、钼、镍、钨及异种金属以及陶瓷、玻璃、塑料等。

（2）特别适用于焊接微型、精密、排列非常密集、对热敏感性强的工件。

（七）电子束焊

常用的电子束焊有高真空电子束焊、低真空电子束焊和非真空电子束焊。电子束焊与电弧焊相比，主要优点有：

（1）能量密度大，热量集中，热效率高，热影响区小，焊缝窄而深，焊接变形极小。

（2）在真空环境下焊接，金属不与气相物质作用，接头强度高。

（3）电子束焊点半径可调节范围大，控制灵活，适应性强，既可焊接 0.05mm 的薄件，也可焊接 200～700mm 的厚板。

电子束焊的缺点有：

（1）设备复杂，成本高。

（2）焊件尺寸受真空室限制，装配精度要求高。

（3）焊接辅助时间长，生产率低。

电子束焊主要用于要求高质量产品的焊接，特别适合焊接一些难熔金属、活性金属或高纯度金属以及热敏感性强的金属，但不适于大批量产品焊接。

·典型例题·

1.［2017 真题·单选］用熔化极氩气气体保护焊焊接铝、镁等金属，为有效去除氧化膜，提高接头焊接质量，应采取（　　）。

A. 交流电源反接法　　B. 交流电源正接法

C. 直流电源反接法　　D. 直流电源正接法

［解析］本题考查熔化极气体保护焊（MIG 焊）的特点。MIG 焊可直流反接，焊接铝、镁等金属时有良好的阴极雾化作用，可有效去除氧化膜，提高了接头的焊接质量。

2.［2016 真题·单选］点焊、缝焊和对焊是某种压力焊的三个基本类型，这种压力焊是（　　）。

A. 电渣压力焊　　B. 电阻焊

C. 摩擦焊　　D. 超声波焊

［解析］本题考查电阻焊的类别。电阻焊有三种基本类型，即点焊、缝焊和对焊。

3.［2012 真题·单选］与熔化极气体保护焊相比，钨极氩弧焊所不同的特点是（　　）。

A. 可进行各种位置的焊接　　B. 可焊接化学活泼性强的有色金属

C. 可焊接有特殊性能的不锈钢　　D. 熔深浅，熔敷速度小

［解析］本题考查钨极惰性气体保护焊的特点。熔化极气体保护焊的特点：①和 TIG 焊一样，它几乎可以焊接所有的金属，尤其适合于焊接有色金属、不锈钢、耐热钢、碳钢、合金钢等材料；②焊接速度较快，熔敷效率较高，劳动生产率高；③MIG 焊可直流反接，焊接铝、镁等金属时有良好的阴极雾化作用，可有效去除氧化膜，提高了接头的焊接质量；④不采用钨极，成本比 TIG 焊低。钨极惰性气体保护焊可焊接化学活泼性强的有色金属、不锈钢、耐热钢等和各种合金，其缺点有：①熔深浅，熔敷速度小，生产率较低；②只适用于薄板（6mm 以下）及超薄板材料的焊接；③气体保护幕易受周围气流的干扰，不适宜野外作业；④惰性气体（氩气、氦气）较贵，生产成本较高。两者对比，选项 D 正确。

4.［2021 真题·多选］埋弧焊的优点有（　　）。

A. 效率高，熔深小　　B. 速度快，质量好

C. 适合于水平位置长焊缝的焊接　　D. 适用于小于 1mm 厚的薄板

［解析］埋弧焊的主要优点有：①热效率较高，熔深大，工件的坡口可较小（一般不开坡口单面一次熔深可达 20mm），减少了填充金属量；②焊接速度高，当焊接厚度为 8～10mm 的钢板时，单丝埋弧焊速度可达 50～80cm/min；③焊接质量好，焊剂的存在不仅能隔开熔化金属与空气的接触，而且使熔池金属较慢地凝固，减少了焊缝中产生气孔、裂纹等缺陷的可能性；④在有风的环境中焊接时，埋弧焊的保护效果胜过其他焊接方法。埋弧焊的缺点有：①由于采用颗粒状焊剂，这种焊接方法一般只适用于水平位置焊缝焊接；②由于焊接材料的局限，主要用于焊接各种钢板，堆焊耐磨耐蚀合金或用于焊接镍基合金，铜合金也较好，不能焊接

铝、钛等氧化性强的金属及其合金；③由于不能直接观察电弧与坡口的相对位置，容易焊偏；④只适于长焊缝的焊接，且不能焊接空间位置受限的焊缝；⑤不适合焊接厚度小于1mm的薄板。

5. [**2014真题·多选**] 与等离子弧焊相比，钨极惰性气体保护焊的主要缺点有（　　）。

A. 仅适用于薄板及超薄板材的焊接　　B. 熔深浅，熔敷速度小，生产率较低

C. 是一种不熔化极的电弧焊　　D. 不适宜野外作业

[**解析**] 本题考查钨极惰性气体保护焊的特点。钨极惰性气体保护焊的缺点有：①熔深浅，熔敷速度小，生产率较低；②只适用于薄板（6mm以下）及超薄板材料的焊接；③气体保护幕易受周围气流的干扰，不适宜野外作业；④惰性气体（氩气、氦气）较贵，生产成本较高。等离子弧焊属于不熔化极电弧焊。

答案：1. C　2. B　3. D　4. BC　5. ABD

知识点3 常用焊接材料的选择及焊接设备

一、焊条选用原则

（1）焊条见图2-1-23。

图 2-1-23 焊条

（2）焊条的选用需要综合考虑钢材特性、焊件特点等因素，具体选用原则见表2-1-4。

表 2-1-4 焊条选用原则

钢材特性及其他因素	焊条类别
非合金钢和低合金钢	选用熔敷金属抗拉强度≥母材的焊条
合金结构钢	选用合金成分与母材相近或相同的焊条
焊接结构刚性大、接头应力高、焊缝易产生裂纹	选用比母材强度低一级的焊条
母材中碳、硫、磷含量偏高，焊缝中易产生裂纹	选用低氢型焊条（碱性焊条）
承受动载荷和冲击载荷的焊件	选用低氢型焊条
结构形状复杂、刚性大的厚大焊件	选用低氢型焊条、超低氢型焊条和高韧性焊条
受力不大、焊接部位难以清理的焊件	选用酸性焊条
接触腐蚀性介质的焊件	选用不锈钢或其他耐蚀性焊条
保障焊工的身体健康	尽量采用酸性焊条

二、焊接参数选择

电弧焊的焊接参数主要有焊条直径、焊接电流、电弧电压、电源种类及极性选择等，具体见表2-1-5。

表 2-1-5 电弧焊的焊接参数

参数	内容
焊条直径	在不影响焊接质量的前提下，为了提高劳动生产率，一般倾向于选择大直径的焊条
焊接电流	含合金元素较多的合金钢焊条，一般电阻较大，热膨胀系数大，焊接过程中电流大，焊条易发红，造成药皮过早脱落，影响焊接质量，而且合金元素烧损多，因此焊接电流相应减小
电弧电压	（1）焊接过程中要求电弧长度小于或等于焊条直径，即短弧焊 （2）使用酸性焊条焊接时，有时将电弧稍微拉长进行焊接，即所谓长弧焊
电源种类	直流电源电弧稳定，飞溅小，焊接质量好，一般用在重要的焊接结构或厚板大刚度结构的焊接上。在其他情况下，首先考虑用交流焊机，因为交流焊机构造简单，造价低，使用维护也较直流焊机方便
极性选择	使用碱性焊条或薄板的焊接，采用直流反接；而酸性焊条或厚大工件的焊接，通常选用正接

·典型例题·

1.［**2022 真题·多选**］下列对于焊条选用的说法，正确的有（　　）。

A. 在焊接结构刚性大、接头应力高、焊缝易产生裂纹的不利情况下，应考虑选用比母材强度低一级的焊条

B. 对承受动荷载和冲击荷载的焊件，除满足强度要求外，主要应保证焊缝金属具有较高的塑性和韧性，可选用塑性和韧性指标较高的高氢型焊条

C. 当焊件的焊接部位不能翻转时，应选用适用于全位置焊接的焊条

D. 为了保障焊工的身体健康，在允许的情况下应尽量采用酸性焊条

［**解析**］选项 B 错误，对承受动荷载和冲击荷载的焊件，除满足强度要求外，主要应保证焊缝金属具有较高的塑性和韧性，可选用塑性和韧性指标较高的低氢型焊条。

2.［**2020 真题·多选**］关于焊接参数选择正确的有（　　）。

A. 含合金元素较多的合金钢焊条，焊接电流大

B. 酸性焊条焊接时，应该使用短弧

C. 焊接重要的焊接结构或厚板大刚度结构应选择直流电

D. 碱性焊条或薄板的焊接，应选择直流反接

［**解析**］本题考查焊条的选用。含合金元素较多的合金钢焊条，一般电阻较大，热膨胀系数大，焊接过程中电流大，焊条易发红，造成药皮过早脱落，影响焊接质量，而且合金元素烧损多，因此焊接电流相应减小，选项 A 错误。在使用酸性焊条焊接时，为了预热待焊部位或降低熔池温度，有时将电弧稍微拉长进行焊接，即所谓长弧焊，选项 B 错误。直流电源，电弧稳定，飞溅小，焊接质量好，一般用在重要的焊接结构或厚板大刚度结构的焊接上，选项 C 正确。碱性焊条或薄板的焊接，采用直流反接；而酸性焊条，通常选用正接，选项 D 正确。

答案：1. ACD　2. CD

知识点 4 焊接接头、坡口及组对

一、焊接接头的分类

（1）按焊接方法不同，焊接接头分为熔焊接头、压焊接头、钎焊接头。

（2）根据接头构造形式不同，焊接接头分为：对接接头、T 形（十字）接头、搭接接头、

角接接头和端接接头，见图 2-1-24。

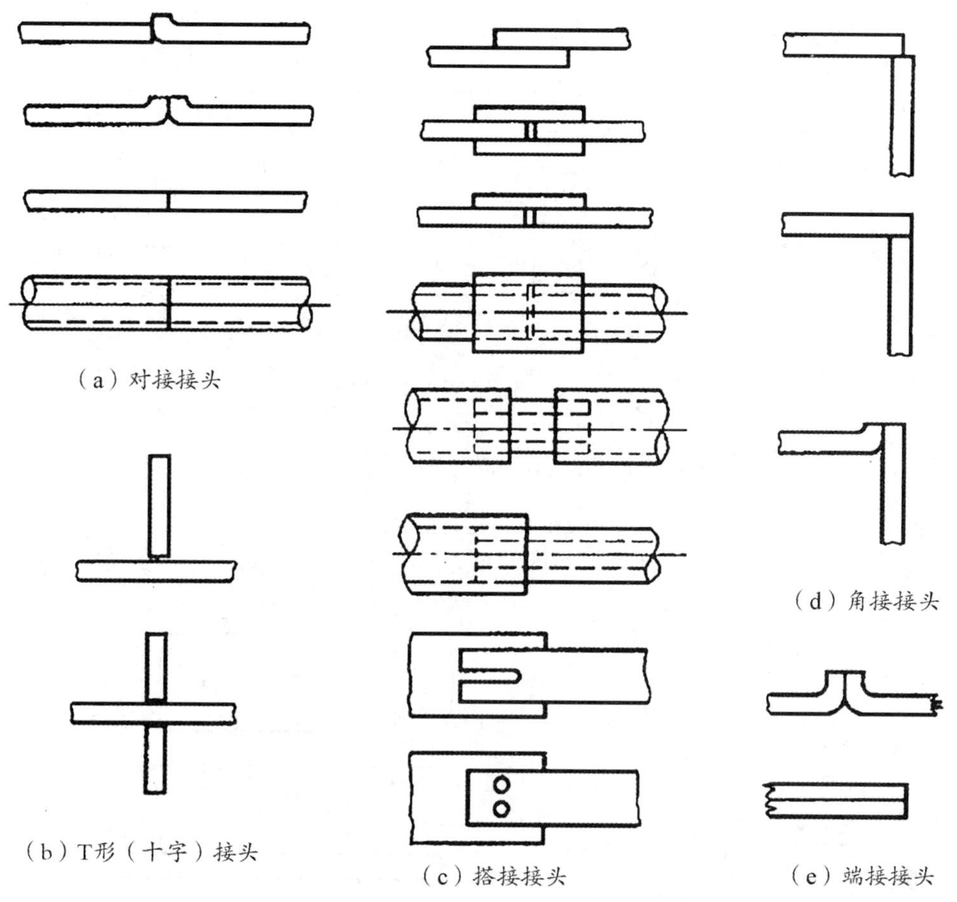

图 2-1-24　焊接接头的构造形式

二、熔焊接头的坡口分类

（1）基本型坡口。主要有 I 形坡口、V 形坡口、单边 V 形坡口、U 形坡口、J 形坡口，见图 2-1-25。

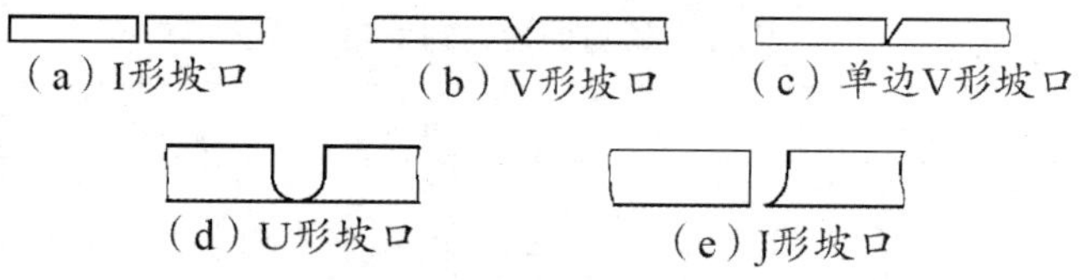

图 2-1-25　基本型坡口

（2）组合型坡口。由两种或两种以上的基本型坡口组合而成，见图 2-1-26。

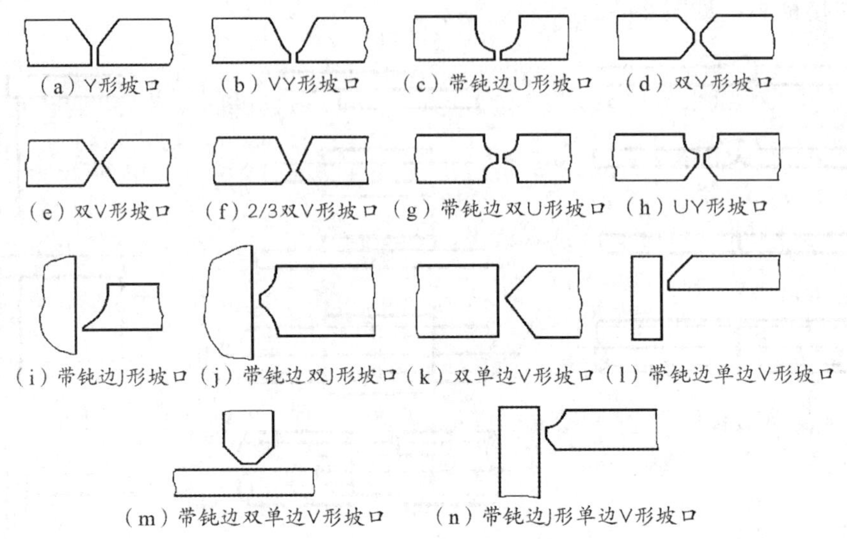

图 2-1-26　组合型坡口

（3）特殊型坡口。主要有卷边坡口，带垫板坡口，锁边坡口，塞焊、槽焊坡口，见图 2-1-27。

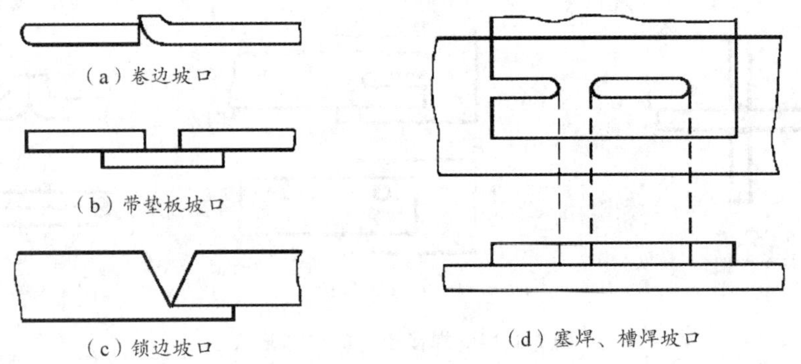

图 2-1-27　特殊型坡口

三、管材的坡口

管材的坡口主要有三种：I 形坡口、V 形坡口和 U 形坡口。管材的坡口形式及适用见表 2-1-6。

表 2-1-6　管材的坡口形式及适用

坡口形式	适用
I 形	管壁厚度＜3.5mm 的管口焊接；不需倒角
V 形	中低压钢管，坡口角度：60°～70°。坡口根部有钝边，其厚度为 2mm 左右
U 形	高压钢管焊接，壁厚：20～60mm。坡口根部有钝边，其厚度为 2mm 左右

四、坡口的加工方法

（1）低压碳素钢管，公称直径等于或小于 50mm 的，采用手提砂轮磨坡口；直径大于 50mm 的，用氧-乙炔切割坡口，然后用手提砂轮机打掉氧化层并打磨平整。

（2）中压碳素钢管、中低压不锈钢管和低合金钢管以及各种高压钢管，用坡口机或车床加工坡口。

（3）有色金属管，用手工锉坡口。

·典型例题·

1. ［2021 真题·单选］某壁厚 30mm 的高压钢管焊接，需加工坡口，宜选用（　　）。

A. I 形坡口　　B. V 形坡口

C. U 形坡口　　D. Y 形坡口

［解析］U 形坡口适用于高压钢管焊接，管壁厚度在 20～60mm 之间。坡口根部有钝边，其厚度为 2mm 左右。I 形坡口适用于管壁厚度在 3.5mm 以下的管口焊接。这种坡口管壁不需要倒角，实际上是不需要加工的坡口，只要管材切口的垂直度能够保证对口的间隙要求，就可以对口焊接。V 形坡口适用于中低压钢管焊接，坡口的角度为 60°～70°，坡口根部有钝边，其厚度为 2mm 左右。

2. ［2020 真题·单选］某 *DN*40 低压碳钢管需加工坡口，宜采用的坡口加工方法是（　　）。

A. 氧-乙炔切割　　B. 手提砂轮机

C. 坡口机加工　　D. 车床加工

［解析］坡口的加工方法一般有以下几种：①低压碳素钢管，公称直径等于或小于 50mm 的，采用手提砂轮磨坡口；直径大于 50mm 的，用氧-乙炔切割坡口，然后用手提砂轮机打掉氧化层并打磨平整。②中压碳素钢管、中低压不锈钢管和低合金钢管以及各种高压钢管，用坡口机或车床加工坡口。③有色金属管，用手工锉坡口。

3. ［2022 真题·多选］熔焊接头的坡口根据其形状的不同，可分为基本型、组合型和特殊型三类。下列坡口形式中属于组合型坡口的有（　　）。

A. Y 形坡口　　B. J 形坡口

C. T 形坡口　　D. 双 V 形坡口

［解析］组合型坡口由两种或两种以上的基本型坡口组合而成，主要有 Y 形坡口、VY 形坡口、带钝边 U 形坡口、双 Y 形坡口、双 V 形坡口、2/3 双 V 形坡口、带钝边双 U 形坡口、UY 形坡口、带钝边 J 形坡口、带钝边双 J 形坡口、双单边 V 形坡口、带钝边单边 V 形坡口、带钝边双单边 V 形坡口和带钝边 J 形单边 V 形坡口等。

答案：1. C　2. B　3. AD

知识点 5　焊接质量检验

一、焊接前检查

（1）母材和焊材。

（2）零部件主要结构尺寸。

（3）组对质量。组对后应检查组对构件焊缝的形状及位置、对接接头错边量、角变形、组对间隙、搭接接头的搭接量及贴合质量、带垫板对接接头的贴合质量。

（4）坡口清理检查。

（5）焊接前的确认。

二、焊接中检查

（1）定位焊缝。应清除定位焊缝渣皮后进行检查。

（2）焊接线能量。有冲击力韧性要求的焊缝，施焊时应测量焊接线能量并记录。

（3）多层（道）焊。

（4）后热。对后热焊缝，检查加热范围、后热温度和后热时间。

三、焊接后检验

（一）外观检验

1. 焊缝表面

（1）焊缝表面的形状尺寸及外观质量应符合设计要求，设计无要求时应符合现行国家有关标准。

（2）焊缝表面不允许存在的缺陷包括裂纹、未焊透、未熔合、表面气孔、外露夹渣、未焊满等。

2. 几何尺寸

容器焊接后应检查几何尺寸，包括同一端面最大内直径与最小内直径之差、椭圆度、矩形容器截面上最大边长与最小边长之差等。

（二）无损探伤

（1）表面及近表面缺陷的检查。主要有渗透探伤和磁粉探伤两种，磁粉探伤只适用于检查非合金钢和低合金钢等磁性材料的焊接接头，渗透探伤则更适合于检查奥氏体不锈钢、镍基合金等非磁性材料的焊接接头。

（2）内部缺陷的检查。常用的有射线探伤和超声波探伤。

（3）压力管道、压力容器焊接接头的强度试验。

（4）致密性检查（泄漏试验）。压力管道、压力容器焊接后的致密性主要是对焊缝致密性和结构密封性进行检查。主要检查容器焊缝内是否有裂纹、气孔、夹渣、未焊透等缺陷。按结构设计要求及制造条件分为气密性试验、氨气渗漏试验、煤油试漏、真空箱试验等。

知识点 6 无损探伤

一、射线探伤（RT）

射线探伤见图 2-1-28，射线探伤原理见图 2-1-29。

图 2-1-28 射线探伤

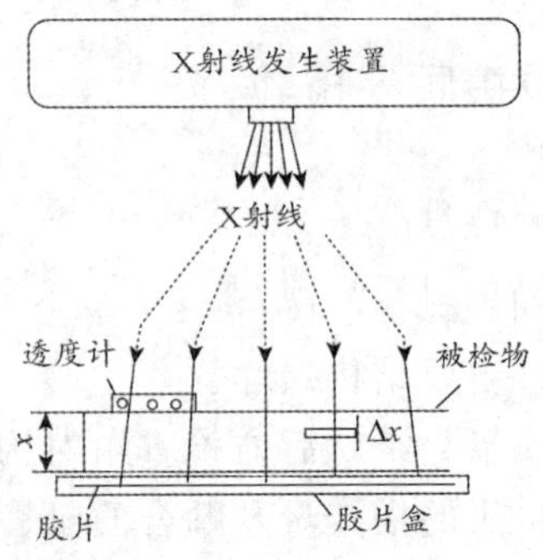

图 2-1-29 射线探伤原理

各类射线探伤特点见表 2-1-7。

表 2-1-7　射线探伤特点对比

类型	优点	缺点	缺陷类型
X 射线探伤	显示缺陷灵敏度高（焊缝厚度<30mm 时），照射时间短、速度快	设备复杂、笨重，成本高，操作麻烦，穿透力较 γ 射线小	内部缺陷
γ 射线探伤	波长短，射线硬，穿透力强。设备轻便灵活，投资少，成本低	曝光时间长，灵敏度低	
中子射线检测	能够检验封闭在高密度金属材料中的低密度材料	中子源和屏蔽材料大而重，便携源价高，曝光时间长，程序复杂，需要解决工作人员的安全防护问题	

二、超声波探伤（UT）

超声波探伤见图 2-1-30，超声波探伤机见图 2-1-31。

图 2-1-30　超声波探伤

图 2-1-31　超声波探伤机

（1）优点：与 X 射线探伤相比，探伤灵敏度高、周期短、成本低、灵活方便、效率高，对人体无害。

（2）缺点：对工作表面要求平滑、富有经验的检验人员才能辨别缺陷种类、对缺陷没有直观性。

（3）应用：①宏观缺陷检测；②厚度较大的零件。

三、涡流探伤

利用电磁感应原理，检测导电构件表面和近表面缺陷的方法。涡流探伤见图 2-1-32，涡流探伤原理见图 2-1-33。

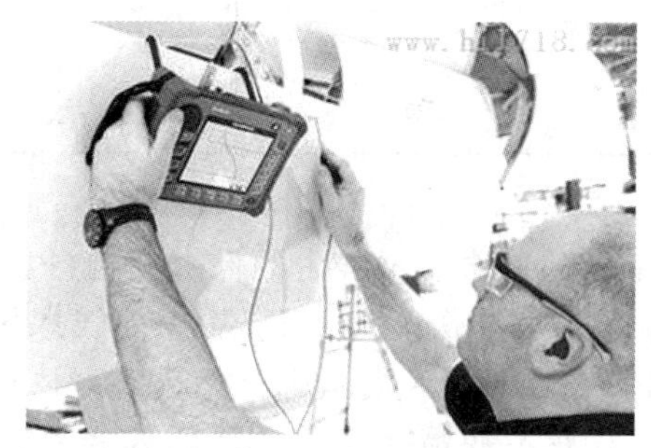

图 2-1-32　涡流探伤

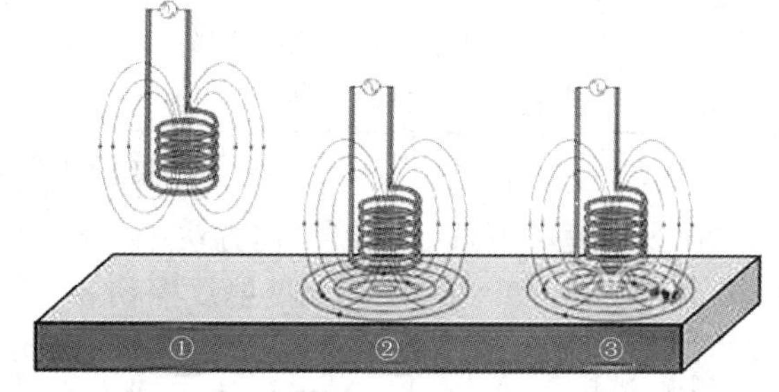

图 2-1-33　涡流探伤原理

（1）优点：①检测速度快，探头与试件可不直接接触，实现自动化；②可以一次测量多种参数。

（2）缺点：①只适用于导体，对形状复杂试件难做检查；②只能检查薄或厚试件的表面、近表面缺陷。

四、磁粉探伤（MT）

无泄漏磁场见图 2-1-34，存在泄漏磁场见图 2-1-35。

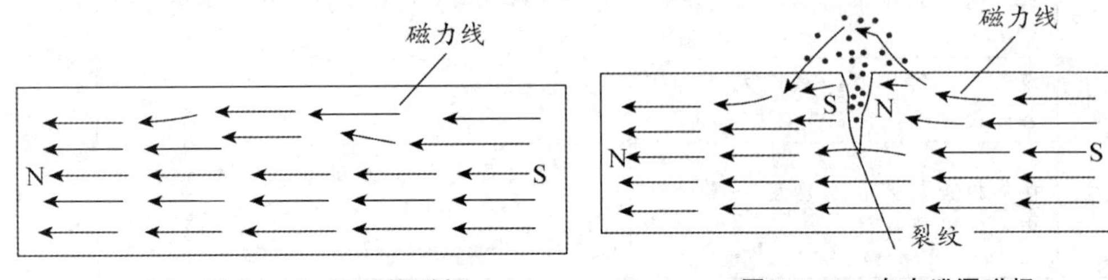

图 2-1-34　无泄漏磁场　　　　**图 2-1-35　存在泄漏磁场**

（1）优点：①设备简单、操作方便、速度快、观察缺陷直观；②较高的检测灵敏度、费用低。

（2）缺点：①只能用于铁磁性材料；②只能检测表面和近表面缺陷，探测深度 1～2mm；③难检测宽而浅的缺陷；④检测后需退磁、清洗；⑤试件表面不得有油脂或其他能黏附磁粉的物质。

五、渗透探伤（PT）

（1）优点：不受被检试件几何形状、尺寸大小、化学成分、内部组织结构和缺陷方位限制；大批量的零件可同时进行批量检验；缺陷显示直观，检验灵敏度高。

（2）缺点：只能检出试件开口于表面的缺陷；不能显示缺陷的深度及缺陷内部的形状和大小；不适用于疏松结构、多孔性材料。

探伤方法特点总结见表 2-1-8。

表 2-1-8　探伤方法特点总结

检测方法	应用场合及特点	类型
射线探伤	X 射线：灵敏度高、速度快，但成本高、操作麻烦、设备复杂	内部缺陷
超声波探伤	灵敏度高、周期短、成本低、灵活方便、效率高，对人体无害，但不直观，主观性大	
涡流探伤	优点：①检测速度快，探头与试件可不直接接触，实现自动化；②可以一次测量多种参数 缺点：只适用于导体，对形状复杂试件难做检查；只能检查试件表面及近表面缺陷	表面缺陷
磁粉探伤	用于铁磁性材料；检测表面或近表面缺陷	
渗透探伤	检测表面开口缺陷	

·典型例题·

1.［**2022 真题·单选**］无损探伤方法中，（　　）能够检验金属材料中的低密度材料。

A. X 射线探伤　　B. γ 射线探伤　　C. 超声波探伤　　D. 中子射线探伤

［**解析**］中子射线探伤的独特优点是能够使检验封闭在高密度金属材料中的低密度材料如非金属材料成为可能，此方法与 X 射线法是互为补充的，在某些场合，试件既用 X 射线又用中子射线做全面的检测。中子射线探伤的缺点是中子源和屏蔽材料大而重，便携源价格高，比 X 射线探伤曝光程序复杂，还需要解决工作人员的安全防护问题。

2.［**2017 真题·单选**］无检测中，关于涡流探伤特点的正确表述为（　　）。

A. 仅适用于铁磁性材料的缺陷检测　　B. 对形状复杂的构件做检查时表现出优势

C. 可以一次测量多种参数　　D. 要求探头与工件直接接触，检测速度快

［解析］本题考查涡流探伤的特点。涡流探伤只能检查金属材料和构件的表面和近表面缺陷，可以一次测量多种参数。主要优点是检测速度快，探头与试件可不直接接触，无须耦合剂。主要缺点是只适用于导体，对形状复杂试件难做检查，只能检查薄试件或厚试件的表面、近表面缺陷。

3. ［**2015 真题 · 单选**］某一形状复杂的非金属试件，按工艺要求对其表面上开口缺陷进行检测，检测方法应为（　　）。

A. 涡流检测　　B. 磁粉检测　　C. 液体渗透检测　　D. 超声波检测

［解析］本题考查液体渗透检测的特点。液体渗透检测的优点是不受被检试件几何形状、尺寸大小、化学成分和内部组织结构的限制，也不受缺陷方位的限制，一次操作可同时检验开口于表面中所有缺陷。最主要的限制是只能检出试件开口于表面的缺陷，不能显示缺陷的深度及缺陷内部的形状和大小。

4. ［**2014 真题 · 单选**］无损探伤中，仅能检测出各种导体表面和近表面缺陷的方法为（　　）。

A. 液体渗透检测　　B. 中子射线检测

C. 涡流检测　　D. 磁粉检测

［解析］本题考查涡流检测的特点。涡流检测的主要优点是检测速度快，探头与试件可不直接接触，无须耦合剂。主要缺点是只适用于导体，对形状复杂试件难做检查，只能检查薄试件或厚试件的表面、近表面缺陷。

5. ［**2013 真题 · 单选**］适用于铝、镁、钛合金结构件表面及近表面缺陷的检测方法为（　　）。

A. 涡流检测　　B. 磁粉检测

C. 荧光液体渗透检测　　D. 着色液体渗透检测

［解析］本题考查涡流检测的特点。表面及近表面缺陷的检测方法为涡流检测或磁粉检测，但磁粉检测只能用于被磁化的材料。

6. ［**2019 真题 · 多选**］超声波探伤与 X 射线探伤相比，具有的特点有（　　）。

A. 具有较高的探伤灵敏度、效率高　　B. 对缺陷观察直观性

C. 对试件表面无特殊要求　　D. 适合于厚度较大试件的检验

［解析］超声波探伤与 X 射线探伤相比，具有较高的探伤灵敏度、周期短、成本低、灵活方便、效率高，对人体无害等优点。缺点是对试件表面要求平滑、要求富有经验的检验人员才能辨别缺陷种类、对缺陷没有直观性。超声波探伤适合于厚度较大试件的检验。

7. ［**2017 真题 · 多选**］与 γ 射线探伤相比，X 射线探伤的特点有（　　）。

A. 显示缺陷的灵敏度高　　B. 穿透力较 γ 射线强

C. 照射时间短、速度快　　D. 设备复杂、笨重、成本高

［解析］本题考查 X 射线探伤的特点。X 射线探伤的优点是显示缺陷的灵敏度高，特别是当焊缝厚度小于 30mm 时，较 γ 射线灵敏度高，其次是照射时间短、速度快。缺点是设备复杂、笨重，成本高，操作麻烦，穿透力较 γ 射线小。

8. ［**2012 真题 · 多选**］在焊接后质量检验中，液体渗透检验的主要优点有（　　）。

A. 试件不受几何形状、大小等限制　　B. 可检验试件内部任何位置的缺陷

C. 检验速度快，操作比较简便　　D. 缺陷显示直观，检验灵敏度高

［解析］本题考查液体渗透检验的特点。液体渗透检验的优点是不受被检试件几何形状、尺寸大小、化学成分和内部组织结构的限制，也不受缺陷方位的限制，一次操作可同时检验开口于表面中所有缺陷；不需要特别昂贵和复杂的电子设备和器械；检验的速度快，操作比较简便，大量的零件可以同时进行批量检验，因此，大批量的零件可实现批量同时检测；缺陷显示

直观，检验灵敏度高。只能检测开口于表面的缺陷。

答案：1. D 2. C 3. C 4. C 5. A 6. AD 7. ACD 8. ACD

知识点 7 焊后热处理

安装工程施工中，常用的焊后热处理过程主要有退火、回火、正火及淬火工艺。

一、钢的退火工艺

根据钢材的加热温度、保持时间及冷却状况可分为完全退火、不完全退火、去应力退火三种。其特点见表 2-1-9。

表 2-1-9 退火处理分类及特点

类型	方法	目的	用途
完全退火	钢件加热到临界点 A_{c3} 以上适当温度，炉内保温缓慢冷却	细化组织、降低硬度、改善加工性能，去除内应力	中碳钢、中碳合金钢的铸、焊、轧制件
不完全退火	加热到 A_{c1}～A_{c3}（A_{cm}）之间适当温度，保温、缓慢冷却	降低硬度、改善切削加工性能、消除内应力	工具钢工件的退火
去应力退火	加热临界点 A_{c1} 以下适当温度，保持一定时间后缓慢冷却	去除残余应力	—

二、钢的正火工艺

（1）将钢件加热到临界点 A_{c3} 或 A_{cm} 以上适当温度，保持一定时间后在空气中冷却。

（2）目的：消除应力、细化组织、改善切削加工性能及淬火前的预热处理，也是某些结构件的最终热处理。

（3）正火较退火的冷却速度快，过冷度较大，如经正火处理的工件其强度、硬度、韧性比退火高，生产周期短，耗能少，在可能情况下，应优先考虑正火处理。

三、钢的淬火工艺

（1）目的：提高钢件的硬度、强度和耐磨性。

（2）用途：各种工模具、轴承、零件。

四、钢的回火工艺

回火是将经过淬火的工件加热到临界点 Ac_1 以下适当温度，保持一定时间，随后用符合要求的方式冷却，以获得所需的组织结构和性能。

目的：调整工件的强度、硬度、韧性；降低或消除应力，避免变形、开裂，并保持使用过程中的尺寸稳定。

回火的类型、特点及应用见表 2-1-10。

表 2-1-10 回火的类型、特点及应用

类型	加热温度	特点	应用
低温回火	150～250℃	高硬度、耐磨性，降低内应力、脆性	用于各种高碳钢的切削工具、模具、流动轴承等
中温回火	250～500℃	得到好的弹性、韧性及相应的硬度	适用于中等硬度的零件、弹簧
高温回火（调质处理）	500～700℃	较高的力学性能，钢经调质处理后强度较高，塑性、韧性显著超过正火处理	用于重要结构零件

五、热处理方法的选择

（1）焊后热处理一般选用：单一高温回火或正火＋高温回火。

（2）对于气焊焊口：正火＋高温回火。

（3）单一的中温回火只适用于工地拼装的大型普通低碳钢容器的组装焊缝。

（4）绝大多数场合选单一高温回火。

·典型例题·

1.［2021 真题·单选］为了消除应力、细化组织、改善切削加工性能，将钢件加热到临界点 A_{c3} 以上的适当温度，保持一定时间后在空气中冷却，得到珠光体基体组织的热处理工艺是（　　）。

A. 退火工艺　　B. 淬火工艺

C. 回火工艺　　D. 正火工艺

［解析］正火是将钢件加热到临界点 A_{c3} 或 A_{cm} 以上适当温度，保持一定时间后在空气中冷却，得到珠光体基体组织的热处理工艺。其目的是消除应力、细化组织、改善切削加工性能及淬火前的预热处理，也是某些结构件的最终热处理。

2.［2020 真题·单选］将钢件加热到 250～500℃回火，使工件得到好的弹性、韧性及相应的硬度，一般适用于中等硬度的零件、弹簧等。该热处理方法是（　　）。

A. 低温回火　　B. 中温回火

C. 高温回火　　D. 淬火

［解析］中温回火将钢件加热到 250～500℃回火，使工件得到好的弹性、韧性及相应的硬度，一般适用于中等硬度的零件、弹簧等。

3.［2017 真题·单选］焊后热处理工艺中，与钢的退火工艺相比，正火工艺的特点为（　　）。

A. 正火较退火的冷却速度快，过冷度较大　　B. 正火得到的是奥氏体组织

C. 正火处理的工件其强度、硬度较低　　D. 正火处理的工件其韧性较差

［解析］本题考查正火处理工艺。正火较退火的冷却速度快，过冷度较大，选项 A 正确。正火是将钢件加热到临界点 A_{c3} 或 A_{cm} 以上的适当温度，保持一定时间后在空气中冷却，得到珠光体基体组织的热处理工艺，选项 B 错误。正火处理的工件其强度、硬度、韧性较退火为高，选项 C、D 错误。

4.［2016 真题·单选］为获得较高的力学性能（高强度、弹性极限和较高的韧性），对于重要钢结构零件经热处理后其强度较高，且塑性、韧性显著超过正火处理。此种热处理工艺为（　　）。

A. 低温回火　　B. 中温回火

C. 高温回火　　D. 完全退火

［解析］本题考查高温回火工艺。高温回火是将钢件加热到 500～700℃回火，即调质处理，因此可获得较高的力学性能，如高强度、弹性极限和较高的韧性，主要用于重要结构零件。钢经调质处理后不仅强度较高，而且塑性、韧性显著超过正火处理的情况。

答案：1. D　2. B　3. A　4. C

第二节 除锈、防腐蚀和绝热工程施工技术

知识点 1 除锈

一、金属表面处理方法

金属表面处理方法主要有手工方法、机械方法、化学除锈法及火焰除锈法，具体见表2-2-1。

表 2-2-1 金属表面处理方法

方法		特点及适用环境
手工方法		适用于较小的工件表面、没有条件采用机械方法进行表面处理的设备表面处理
机械方法	喷射除锈法	优点：除锈效率高、质量好、设备简单 缺点：操作时灰尘弥漫，劳动条件差，影响喷砂区附近机械设备的生产和保养 应用最广泛，多用于施工现场设备及管道涂覆前的表面处理
	抛射除锈法	自动化程度较高，适合流水线生产，主要用于涂覆车间工件的金属表面处理 除锈质量好、效率高，但只适用于较厚的，不怕碰撞的工件，不适用于大型、异形工件的除锈
化学除锈法（酸洗）		适用于对表面处理要求不高、形状复杂的零部件，无喷砂设备条件的除锈场合
火焰除锈法		适用：除掉旧的防腐层（漆膜）或带有油浸过的金属表面工程 不适用：薄壁的金属设备、管道，退火钢和可淬硬钢的除锈

二、钢材表面处理质量等级

钢材表面处理质量等级见表 2-2-2。

表 2-2-2 钢材表面处理质量等级

钢材表面处理	内容	特点
钢材表面原始锈蚀分级	钢材表面原始锈蚀程度由低到高分为：A→B→C→D 四级	A 级（几乎没有铁锈） D 级（普遍发生点蚀）
金属的表面处理方法	手工方法、机械方法、化学方法及火焰除锈方法等	（同上）
钢材表面处理质量等级	手工或动力工具除锈：St_2、St_3 两级	St_2（彻底）、St_3（非常彻底）
	喷射或抛射除锈：Sa_1、Sa_2、$Sa_{2.5}$、Sa_3	除锈效果：由低到高。Sa_1（轻度）、Sa_2（彻底）、$Sa_{2.5}$（非常彻底，微色斑）、Sa_3（现金属色泽，并有粗糙度）
	火焰除锈：F_1 级；化学除锈：P_i 级	—

·典型例题·

1. ［**2022 真题·单选**］彻底的喷射或抛射除锈，钢材表面无可见油脂和污垢，且氧化皮、铁锈和油漆涂层等附着物已基本清除，其残留物应是牢固附着的，其除锈质量等级为（　　）。

A. Sa_1 级　　　　B. Sa_2 级

C. $Sa_{2.5}$级　　　　D. Sa_3级

［**解析**］喷射或抛射除锈金属表面处理质量等级分为Sa_1、Sa_2、$Sa_{2.5}$、Sa_3四级。①Sa_1级：轻度的喷射或抛射除锈。钢材表面无可见的油脂和污垢，且没有附着不牢的氧化皮、铁锈和油漆涂层等附着物。②Sa_2级：彻底的喷射或抛射除锈。钢材表面无可见的油脂和污垢，且氧化皮、铁锈和油漆涂层等附着物已基本清除，其残留物应是牢固附着的。③$Sa_{2.5}$级：非常彻底的喷射或抛射除锈。钢材表面无可见的油脂、污垢、氧化皮、铁锈和油漆涂层等附着物，任何残留的痕迹仅是点状或条纹状的轻微色斑。④Sa_3级：使钢材表观洁净的喷射或抛射除锈。非常彻底地除掉金属表面的一切杂物，表面无任何可见残留物及痕迹，呈现均匀的金属色泽，并有一定粗糙度。

2.［**2021真题·单选**］一批厚度为20mm的钢板，需在涂覆厂进行除锈涂漆处理，宜选用的防锈方法是（　　）。

A. 喷射除锈法　　　　B. 抛射除锈法

C. 化学除锈法　　　　D. 火焰除锈法

［**解析**］抛射除锈法又称抛丸法，是利用抛丸器中高速旋转（2 000转/分钟以上）的叶轮抛出的钢丸（粒径为0.3～3mm），以一定角度冲撞被处理的工件表面，将金属表面的铁锈和其他污物清除干净。抛射除锈主要用于涂覆车间工件的金属表面处理。抛射除锈法特点是：除锈质量好、效率高，但只适用于较厚的、不怕碰撞的工件，不适用于大型、异形工件的除锈。

3.［**2020真题·单选**］用于一些薄壁、形状复杂的零件表面需要除掉氧化物及油垢，宜采用的除锈方法是（　　）。

A. 喷射除锈　　　　B. 抛丸除锈

C. 火焰除锈　　　　D. 化学除锈

［**解析**］化学除锈方法，又称酸洗法，化学除锈就是把金属制件在酸液中进行浸蚀加工，以除掉金属表面的氧化物及油垢等。主要适用于对表面处理要求不高、形状复杂的零部件以及在无喷砂设备条件的除锈场合。喷射除锈法、抛射除锈法特点是除锈质量好，但只适用于较厚的、不怕碰撞的工件。

答案：1. B　2. B　3. D

知识点2　涂料涂层施工方法

涂覆方法及特点见表2-2-3。

表2-2-3　涂覆方法及特点

方法	特点	用途
刷涂	(1) 优点：最简单，漆膜渗透性强，工具简单，投资少，操作容易掌握，适应性强；对工件形状要求不严，节省涂料 (2) 缺点：劳动强度大，生产效率低，涂膜易产生刷痕，外观欠佳	小面积工件的涂装
滚涂法	较刷涂法效率高	较大面积工件的涂装
空气喷涂法	(1) 优点：涂层厚薄均匀、光滑平整 (2) 缺点：涂料利用率低，空气污染严重，必须采取通风和安全预防措施	几乎可适用于一切涂料品种

续表

方法	特点	用途
高压无气喷涂法	特点：无涂料回弹、大量漆雾飞扬，节省漆料，减少污染，改善劳动条件；工效高，涂膜附着力强、质量较好	适宜于大型钢结构、管道、桥梁、车辆和船舶的涂装
电泳涂装法（见图 2-2-1）	(1) 优点：①采用水溶性涂料，节省了大量有机溶剂，降低了大气污染和环境危害，安全卫生，同时避免了火灾的隐患；②涂装效率高，涂料损失小；③涂膜厚度均匀，附着力强，涂装质量好；④生产效率高 (2) 缺点：设备复杂、投资高、耗电量大、施工条件严格、需进行废水处理	复杂形状工件

图 2-2-1　电泳涂装法

·典型例题·

1. ［**2017 真题·多选**］与空气喷涂法相比，高压无气喷涂法的特点有（　　）。

A. 避免发生涂料回弹和漆雾飞扬

B. 工效要高出数倍至十几倍

C. 涂膜附着力较强

D. 漆料用量较大

［**解析**］本题考查高压无气喷涂法的特点。高压无气喷涂法主要特点是没有一般空气喷涂时发生的涂料回弹和大量漆雾飞扬的现象，节省了漆料，减少了污染，改善了劳动条件。同时，它还具有工效高的特点，比一般空气喷涂要提高数倍至十几倍，而且涂膜的附着力也较强，涂膜质量较好，适宜于大型钢结构、管道、桥梁、车辆和船舶的涂装。

2. ［**2016 真题·多选**］涂料涂覆工艺中，电泳涂装法的主要特点有（　　）。

A. 使用水溶性涂料和油溶性涂料

B. 涂装效率高，涂料损失小

C. 涂膜厚度均匀，附着力强

D. 不适用复杂形状工件的涂装

［**解析**］本题考查电泳涂装法的特点。电泳涂装法的主要特点：①采用水溶性涂料，节省了大量有机溶剂，大大降低了大气污染和环境危害，安全卫生，同时避免了火灾的隐患；②涂装效率高，涂料损失小；③涂膜厚度均匀，附着力强，涂装质量好，解决了其他涂装方法对复杂形状工件的涂装难题；④生产效率高；⑤设备复杂、投资费用高、耗电量大、施工条件严格，并需进行废水处理。

答案：1. ABC　2. BC

知识点 3　衬里

一、纤维增强塑料衬里（玻璃钢衬里）

纤维增强塑料衬里见图 2-2-2。

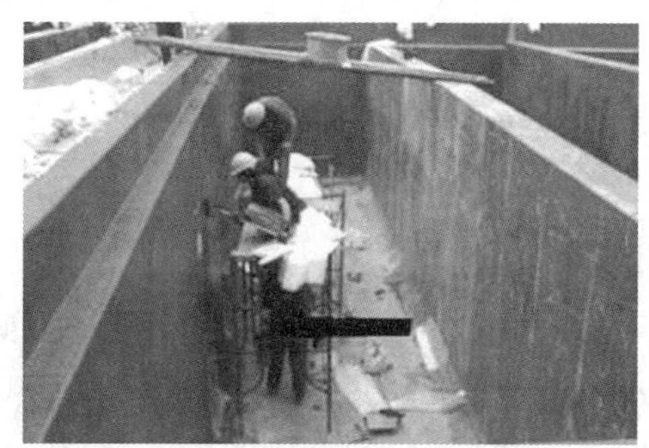

图 2-2-2　纤维增强塑料衬里

（1）铺贴法：手工糊制贴衬纤维增强塑料，可连续施工或间断施工。

（2）纤维增强酚醛树脂衬里应采用间断法施工。

二、橡胶衬里

橡胶衬里见图 2-2-3。

图 2-2-3　橡胶衬里

（1）工艺过程：设备表面处理→胶浆配制→涂刷胶浆→硫化。

（2）设备表面处理。铸铁件，在喷砂前应用蒸汽或其他方法加热除去铸件气孔中的空气及油垢等。

（3）硫化的方法有间接硫化（硫化釜内硫化）、直接本体硫化（衬橡胶设备本体硫化）和常压硫化三种。

三、衬铅和搪铅衬里

衬铅和搪铅是两种覆盖铅的方法，其特点见表 2-2-4。

表 2-2-4　衬铅和搪铅的特点

方法	工艺	特点
衬铅	将铅板用压板、螺栓、搪钉固定在设备或被衬工件表面上，再用铅焊条将铅板之间焊接起来。一般采用搪钉固定法、螺栓固定法和压板条固定法	（1）比搪铅简单，生产周期短，成本低 （2）适用于立面、静荷载和正压下工作

续表

方法	工艺	特点
搪铅	采用氢–氧焰将铅条熔融后贴覆在被衬的工件或设备表面上，形成具有一定厚度的密实的铅层	（1）搪铅与设备器壁之间结合均匀且牢固，没有间隙，传热性好 （2）适用于负压、回转运动和震动下工作

四、块材衬里

砖衬里见图 2-2-4。

图 2-2-4　砖衬里

常用的材料有：铸石、辉绿岩、耐酸陶瓷砖、不透性石墨板。

·典型例题·

1.［2017 真题·单选］某一回转运动的反应釜，工艺要求在负压下工作，釜内壁需采用金属铅防腐蚀，覆盖铅的方法应为（　　）。

A. 螺栓固定法　　B. 压板条固定法

C. 搪钉固定法　　D. 搪铅法

［解析］本题考查铅衬里的特点。搪铅与设备器壁之间结合均匀且牢固，没有间隙，传热性好，适用于负压、回转运动和震动下工作。

2.［2016 真题·单选］采用氢–氧焰将铅条熔融后贴覆在被衬的工件或设备表面上，形成具有一定厚度的密实的铅层。这种防腐方法为（　　）。

A. 涂铅　　B. 粘铅　　C. 衬铅　　D. 搪铅

［解析］本题考查铅衬里的特点。采用氢–氧焰将铅条熔融后贴覆在被衬的工件或设备表面上，形成具有一定厚度的密实的铅层，这种防腐手段称为搪铅。

3.［2015 真题·多选］设备衬胶前的表面处理宜采用喷砂除锈法。在喷砂前应除去铸件气孔中的空气及油垢等杂质，采用的方法有（　　）。

A. 蒸汽吹扫　　B. 加热

C. 脱脂及空气吹扫　　D. 脱脂及酸洗、钝化

［解析］本题考查橡胶衬里的特点。设备表面处理有：金属表面不应有油污，杂质，一般采用喷砂除锈为宜，也有采用酸洗处理。对铸铁件，在喷砂前应用蒸汽或其他方法加热除去铸件气孔中的空气及油垢等杂质。

4.［2010 真题·多选］与衬铅设备相比，搪铅设备使用的不同点有（　　）。

A. 传热性能好　　B. 适用于负压情况

C. 适用于立面　　　　　　　　　　　　D. 适用于回转运动和震动下工作

［解析］本题考查铅衬里的特点。衬铅的施工方法比搪铅简单，生产周期短，相对成本也低，适用于立面、静荷载和正压下工作；搪铅与设备器壁之间结合均匀且牢固，没有间隙，传热性好，适用于负压、回转运动和震动下工作。

答案：1. D　2. D　3. AB　4. ABD

知识点 4　绝热工程

扫码听课

一、保冷结构的组成及各层的功能

（1）保冷层结构：由内到外为防腐层→保冷层→防潮层→保护层。

（2）保温层结构：由内到外为防腐层→保温层→保护层。

注意：保温结构只在潮湿环境或埋地状况下才需增设防潮层。

二、防潮层施工

防潮层施工材料及适用环境见表 2-2-5。

表 2-2-5　防潮层施工材料及适用环境

施工材料	适用环境
阻燃性沥青玛𤧛脂贴玻璃布	硬质预制块做的绝热层或涂抹的绝热层上使用
塑料薄膜	在保冷层外表面缠绕聚乙烯或聚氯乙烯薄膜 1～2 层，注意搭接缝宽度应在 100mm 左右，适用于纤维质绝热层面上

三、绝热层施工

绝热层施工类型、特点及应用见表 2-2-6。

表 2-2-6　绝热层施工类型、特点及应用

施工类型	特点及应用
充填绝热层	常用于表面不规则的管道、阀门、设备的保温
捆扎绝热层	适用于软质毡、板、管壳，硬质、半硬质板等各类绝热材料制品的施工
粘贴绝热层	适用于各种轻质绝热材料制品，如泡沫塑料类，泡沫玻璃，半硬质或软质毡、板等
钉贴绝热层	用于矩形风管、大直径管道和设备容器的绝热层
浇注式绝热层	适合异型管件、阀门、法兰的绝热以及室外地面或地下管道绝热
喷涂绝热层	不受绝热面几何形状限制，无接缝，整体性好

四、保护层施工

（1）塑料薄膜或玻璃丝布保护层，适用于纤维制的绝热层上面。

（2）石棉石膏或石棉水泥保护层，适用于硬质材料的绝热层上面或要求防火的管道上。

（3）金属薄板保护层见表 2-2-7。

表 2-2-7　金属薄板保护层

项目	内容
保护层接缝形式	搭接、插接、咬接形式

续表

<table>
<tr><th colspan="2">项目</th><th colspan="2">内容</th></tr>
<tr><td rowspan="3">纵缝</td><td>硬质绝热制品金属保护层</td><td colspan="2">咬接</td></tr>
<tr><td>半硬质或软质绝热制品的金属保护层</td><td>插接、搭接</td><td>（1）插接缝：自攻螺钉（见图 2-2-5）、抽芯铆钉（见图 2-2-6）连接
（2）搭接缝：抽芯铆钉连接，钉间距 200mm</td></tr>
<tr><td>铝箔玻璃钢薄板保护层</td><td colspan="2">不使用自攻螺钉固定</td></tr>
<tr><td>环缝</td><td>金属保护层</td><td colspan="2">搭接或插接</td></tr>
<tr><td colspan="2">保冷结构的金属保护层接缝</td><td colspan="2">咬合、钢带捆扎结构；保护层不使用铆钉固定</td></tr>
<tr><td colspan="2">金属保护层功能</td><td colspan="2">整体防（雨）水；对水易渗进绝热层的部位用玛𤩽脂、胶泥严缝</td></tr>
</table>

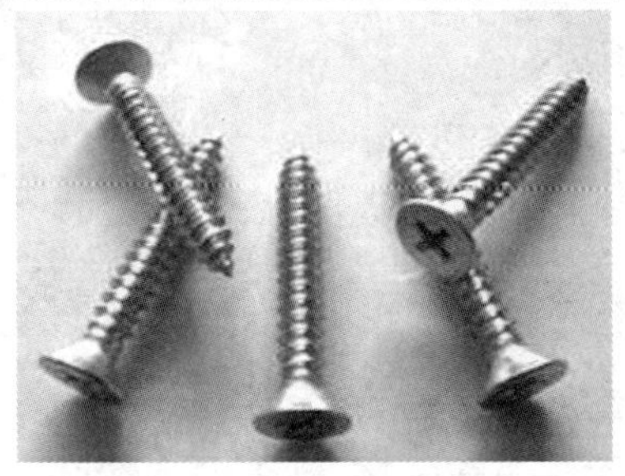

图 2-2-5　自攻螺钉

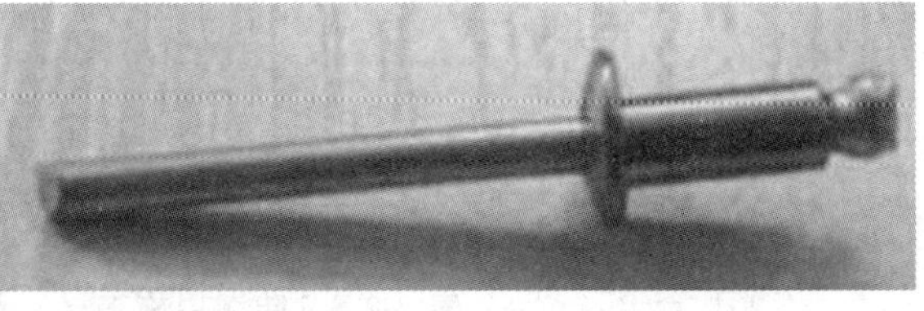

图 2-2-6　抽芯铆钉

·典型例题·

1.［2021 真题·单选］某绝热层施工方法适用于把绝热材料的预制品种固定在保温面上形成绝热层，主要用于矩形风管、大直径管道和设备容器的绝热层。该绝热方法是（　　）。

A. 钉贴绝热层　　B. 充填绝热层

C. 捆扎绝热层　　D. 粘贴绝热层

［解析］钉贴绝热层主要用于矩形风管、大直径管道和设备容器的绝热层施工中，适用于各种绝热材料加工成型的预制品件，如珍珠岩板、矿渣棉板等。它用保温钉代替黏结剂或捆绑铁丝把绝热预制件钉固在保温面上形成绝热层。

2.［2017 真题·单选］用金属薄板作保冷结构的保护层时，保护层接缝处的连接方法除咬口连接外，还宜采用的连接方法为（　　）。

A. 钢带捆扎法　　B. 自攻螺钉法

C. 铆钉固定法　　D. 带垫片抽芯铆钉固定法

［解析］本题考查保护层施工。金属薄板作保冷结构的金属保护层接缝宜用咬合或钢带捆扎结构。

3.［2016 真题·单选］绝热结构金属保护层的搭接缝，宜采用的连接方式为（　　）。

A. 自攻螺钉连接

B. 普通铆钉连接

C. 抽芯铆钉连接

D. 焊接连接

［解析］本题考查保护层施工。插接缝可用自攻螺钉或抽芯铆钉连接，而搭接缝只能用抽芯铆钉连接，钉的间距为 200mm。

4.［2015 真题·单选］管道绝热工程施工时，适用于纤维质绝热层面上的防潮层材料应该采用（　　）。

A. 沥青油毡　　B. 塑料薄膜

C. 石棉水泥　　D. 麻刀石灰泥

［**解析**］本题考查防潮层施工。塑料薄膜作防潮隔气层，是在保冷层外表面缠绕聚乙烯或聚氯乙烯薄膜1～2层，注意搭接缝宽度应在100mm左右，一边缠一边用热沥青玛𤧛脂或专用黏结剂粘接。这种防潮层适用于纤维质绝热层面上。

答案：1. A　2. A　3. C　4. B

知识点5　刷油和绝热工程量计量

一、刷油

管道、设备刷油工程量的计算有两种方法：

（1）按设计图示表面积尺寸以面积计算，计量单位："m^2"。

（2）按设计图示尺寸以长度计算，计量单位："m"。

注意：（1）管道刷油以"m"计算时，按图示中心线以延长米计算，不扣除附属构筑物、管件及阀门等所占长度。

（2）涂刷部位：指涂刷表面的部位。

（3）设备筒体、管道表面积包括管件、阀门、法兰、人孔、管口凹凸部分。

（4）设备筒体、管道表面积按下式计算：

$$S=\pi\times D\times L$$

式中，π——圆周率；D——直径；L——设备筒体高或管道延长米。

（5）带封头的设备表面积按下式计算：

$$S=L\times\pi\times D+(D/2)^2\times\pi\times K\times N$$

式中，K——1.05；N——封头个数。

二、绝热

（1）设备筒体、管道绝热工程量，按图示表面积加绝热层厚度及调整系数计算，计量单位："m^3"。

（2）设备筒体、管道防潮层和保护层工程量，按图示表面积加绝热层厚度及调整系数计算，计量单位："m^2"。

注意：（1）绝热工程中，管道长度按延长米计算，不扣除阀门、法兰等所占长度。如设计要求阀门、法兰需要保温时，其工程量另行计算。

（2）设备筒体、管道绝热工程量按下式计算：

$$V=\pi\times(D+1.033\delta)\times1.033\delta\times L$$

式中，V——绝热层体积（m^3）；D——管道外径（m）；L——设备筒体高或管道延长米（m）；δ——绝热层厚度（m）；1.033——调整系数。

（3）设备筒体、管道防潮和保护层工程量按下式计算：

$$S=\pi\times(D+2.1\delta+0.0082)\times L$$

式中，S——保护层面积（m^2）；L——设备筒体高或管道延长米（m）；D——管道外径（m）；δ——绝热层厚度（m）；0.0082——捆扎线直径或钢带厚度（m）；2.1——调整系数。

三、防腐蚀涂料工程计量规则

（1）设备防腐蚀，工程量按设计图示表面积计算。

（2）管道防腐蚀，工程量以"m^2"为计量单位，按设计图示表面积尺寸以面积计算，或以"m"为计量单位，按设计图示尺寸以长度计算。

（3）一般钢结构防腐蚀、管廊钢结构防腐蚀，按钢结构理论质量计算。

（4）防火涂料、H型钢制钢结构防腐蚀、金属油罐内壁防静电，工程量按设计图示表面积计算。

（5）埋地管道防腐蚀、环氧煤沥青防腐蚀，工程量以"m^2"为计量单位，按设计图示表面积尺寸以面积计算；或以"m"为计量单位，按设计图示尺寸以长度计算。

注意：计算设备、管道内壁防腐蚀工程量，当壁厚大于10mm时，按其内径计算；当壁厚小于10mm时，按其外径计算。

第三节　吊装工程施工技术

知识点1　吊装机械

一、常用的索具

（1）常用的索具包括绳索（麻绳、尼龙带、钢丝绳），吊具（吊钩、吊环、吊梁），滑轮等。

（2）吊钩见图2-3-1，吊环见图2-3-2，吊梁见图2-3-3。

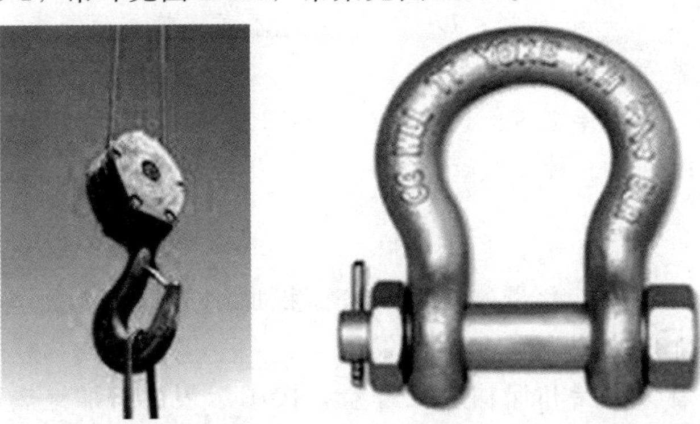

图2-3-1　吊钩　　图2-3-2　吊环

图2-3-3　吊梁

二、轻小型起重设备

（1）主要有千斤顶、滑车、起重葫芦、卷扬机（包括电动卷扬机、手动卷扬机、绞磨）。

（2）千斤顶见图 2-3-4，滑车见图 2-3-5，起重葫芦见图 2-3-6，卷扬机见图 2-3-7，绞磨见图 2-3-8。

图 2-3-4　千斤顶

图 2-3-5　滑车

图 2-3-6　起重葫芦

图 2-3-7　卷扬机

图 2-3-8　绞磨

三、常用起重机的特点及适用范围

常用起重机的特点及适用范围见表 2-3-1。

表 2-3-1　常用起重机的特点及适用范围

起重机	分类	特点	适用范围
流动式起重机	汽车起重机（见图 2-3-9）、轮胎起重机（见图 2-3-10）、履带起重机（见图 2-3-11）、全地面起重机、随车起重机	适用范围广，机动性好，转移场地方便；对道路、场地要求高，台班费高；作业周期短	单件重量大的大、中型设备、构件
塔式起重机（见图 2-3-12）	—	吊装速度快，台班费低；起重量小，需安装、拆卸；作业周期长	在某一范围内数量多，单件重量小的设备、构件吊装
桅杆起重机（见图 2-3-13）	—	非标准起重机，结构简单，起重量大，对场地要求低，使用成本、效率低	特重、特高和场地受到特殊限制的设备、构件吊装

续表

起重机	分类	特点	适用范围
施工升降机（见图 2-3-14）	—	非标准起重机，施工升降机在工地上通常是配合塔吊使用	建筑中经常使用的载人、载货施工机械，主要用于高层建筑的内外装修、桥梁、烟囱等建筑的施工 主要用于各种工作层间的货物上下运送
液压升降机（见图 2-3-15）	—	升降机起升有较高的稳定性，宽大的作业平台和较高的承载能力使高空作业范围更大，并适合多人同时作业	广泛用于工矿企业的房屋维修、高架管道等安装维护，高空清洁等高空作业，市政、电力、路灯、公路、码头、广告等大范围作业

图 2-3-9　汽车起重机

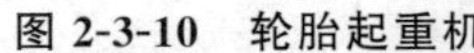

图 2-3-10　轮胎起重机

图 2-3-11　履带起重机

图 2-3-12　塔式起重机

图 2-3-13　桅杆起重机

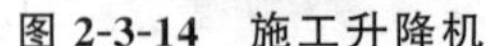

图 2-3-14　施工升降机　　图 2-3-15　液压升降机

·典型例题·

［2022 真题·单选］适用于在某一范围内数量多，而每一单件重量较小的设备，起重量一般不大的起重机是（　　）。

A. 履带起重机　　B. 塔式起重机　　C. 桅杆起重机　　D. 轮胎起重机

［解析］塔式起重机吊装速度快，台班费低，但起重量一般不大，并需要安装和拆卸。适用于在某一范围内数量多，而每一单件重量较小的设备、构件吊装，作业周期长。

答案：B

知识点 2　起重机的基本参数和荷载

一、起重机的基本参数

起重机的基本参数主要有吊装荷载、额定起重量、最大幅度、最大起升高度等，是制订吊装技术方案的重要依据。

二、荷载

（1）动荷载。一般取动荷载系数 $K_1=1.1$。

（2）不均衡荷载。在多分支（多台起重机、多套滑轮组、多根吊索等）共同抬吊一个重物时，由于工作不同步这种现象称为不均衡。在起重工程中，以不均衡荷载系数计入其影响，一般取不均衡荷载系数 $K_2=1.1\sim1.2$。

（3）计算荷载。在起重工程的设计中，为了计入动荷载、不均衡荷载的影响，常以计算荷载作为计算依据。计算荷载的一般公式见下式：

$$Q_j=K_1\cdot K_2\cdot Q$$

式中，Q_j——计算荷载；Q——设备及索吊具重量。

三、最大起升高度

（1）最大起升高度应满足下式要求：

$$H>h_1+h_2+h_3+h_4$$

式中，H——起重机吊臂顶端滑轮的高度（m）；h_1——设备高度（m）；h_2——索具高度（包括钢丝绳、平衡梁、卸扣等的高度）（m）；h_3——设备吊装到位后底部高出地脚螺栓的高度（m）；h_4——基础和地脚螺栓高度（m）。

（2）最大起升高度示意图见图 2-3-16。

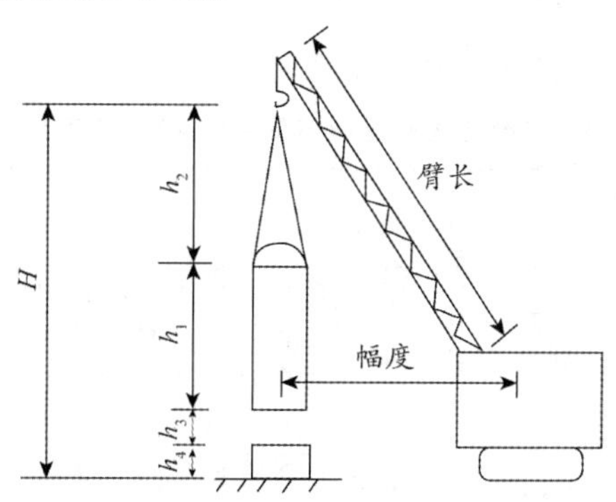

图 2-3-16　最大起升高度示意图

四、额定起重量

采用双机抬吊时，宜选用同类型或性能相近的起重机，负载分配应合理，单机荷载不得超过额定起重量的 80%。

·典型例题·

1. ［**2021 真题·单选**］某起重机索吊具质量为 0.1t，需吊装设备质量为 3t，动荷载系数和不均衡系数均为 1.1，该起重机吊装计算荷载应为（　　）t。

A. 3.100　　　　B. 3.41

C. 3.751　　　　D. 4.902

［解析］动荷载系数 K_1 为起重机在吊装重物的运动过程中所产生的对起吊机具负载的影响而计入的系数。在起重工程计算中，以动荷载系数计入其影响。一般取动荷载系数 K_1 为 1.1。所以吊装计算荷载 $Q_j = K_1 \cdot Q=(3+0.1)\times1.1=3.41$（t）。

2.［2016 真题·单选］多台起重机共同抬吊一重 40t 的设备，索吊具重量 0.8t，不均衡荷载系数取上、下限平均值，此时计算荷载应为（　　）。（保留两位小数）

A. 46.92t　　　　B. 50.60t

C. 51.61t　　　　D. 53.86t

［解析］本题考查吊装计算荷载。计算荷载的一般公式为：$Q_j=K_1\times K_2\times Q$，式中，$Q_j$ 表示计算荷载；Q 表示设备及索吊具重量。一般取动荷载系数 K_1 为 1.1。题中要求不均衡荷载系数取上、下限平均值，则不均衡荷载系数 $K_2=(1.1+1.2)/2=1.15$。$Q_j=1.1\times1.15\times(40+0.8)\approx51.61$（t）。

3.［2014 真题·单选］在起重工程设计时，计算荷载计入了动荷载和不均衡荷载的影响。当被吊重物质量为 100t，索吊具质量为 3t，不均衡荷载系数取下限时，其计算荷载为（　　）。

A. 113.30t　　　　B. 124.63t

C. 135.96t　　　　D. 148.32t

［解析］本题考查吊装计算荷载。$Q_j=K_1\cdot K_2\cdot Q$，$Q_j=1.1\times1.1\times(100+3)=124.63$（t）。

答案：1.B　2.C　3.B

知识点 3　流动式起重机的选用

一、流动式起重机的种类和性能

流动式起重机的种类、特点和适用范围见表 2-3-2。

表 2-3-2　流动式起重机的种类、特点和适用范围

起重机	特点	适用范围
汽车起重机	具有汽车的行驶通过性能，机动性强，行驶速度快，可以快速转移，是一种用途广泛、适用性强的通用型起重机	特别适用于流动性大、不固定的作业场所。吊装时，靠支腿将起重机支撑在地面上。但不可在 360°范围内进行吊装作业，对基础要求也较高
轮胎起重机	是一种装在专用轮胎式行走底盘上的起重机	行驶速度低于汽车式，高于履带式；车身短，转弯半径小，全回转作业；适用于作业地点相对固定而作业量较大的场合。轮胎起重机近年来已用得较少
履带起重机	自行式、全回转，行走速度较慢，履带会破坏公路路面。转移场地需要用平板拖车运输。较大的履带起重机，转移场地时需拆卸、运输、组装	适用于没有道路的工地、野外等场所。除起重作业外，在臂架上还可装打桩、抓斗、拉铲等工作装置，一机多用

二、流动式起重机的特性曲线

（1）反映流动式起重机的起重能力随臂长、幅度的变化而变化和最大起升高度随臂长、幅度变化而变化的规律的曲线称为起重机的特性曲线。流动式起重机的特性曲线见图 2-3-17。

（2）起重量特性曲线：规定起重机在各种工作状态下允许吊装载荷的曲线。

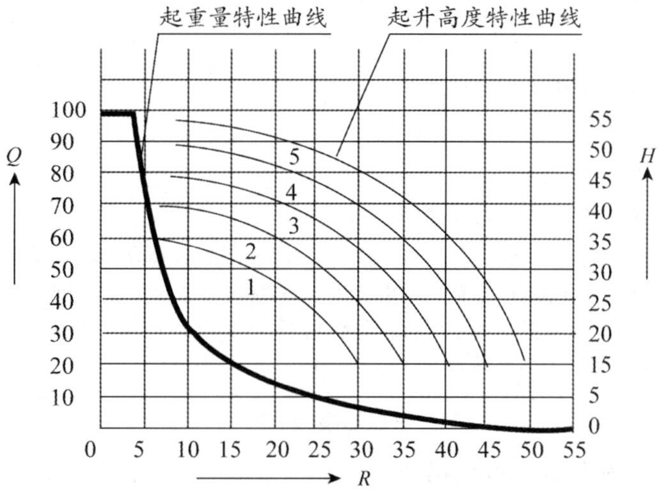

图 2-3-17　流动式起重机的特性曲线

注：1—36m 臂长；2—42m 臂长；3—48m 臂长；4—54m 臂长；5—60m 臂长。

三、流动式起重机的选用步骤

（1）工作幅度：根据被吊装设备或构件的就位位置、现场具体情况等确定起重机的站车位置，站车位置一旦确定，其工作幅度也就确定了。

（2）臂长：根据被吊装设备或构件的就位高度、设备尺寸、吊索高度和站车位置（幅度），由起重机的起升高度特性曲线确定其臂长。

（3）额定起重量：根据工作幅度（回转半径）、臂长，由起重机的起重量特性曲线，确定起重机的额定起重量。

（4）如果起重机的额定起重量大于计算载荷，则起重机选择合格，否则重新选择。

（5）校核通过性能：计算吊臂与设备之间、吊钩与设备及吊臂之间的安全距离，若符合规范要求，选择合格，否则重选。

四、吊装方法

吊装设备的种类、特点及应用见表 2-3-3。

表 2-3-3　吊装设备的种类、特点及应用

吊装设备种类	特点	应用
塔式起重机吊装	起重吊装能力 3～100t，臂长 40～80m	使用地点固定、使用周期较长的场合，较经济。一般为单机作业，也可双机抬吊
汽车起重机吊装	液压伸缩臂，起重能力 8～550t，臂长 27～120m；钢管结构臂，起重能力 70～250t，臂长 27～145m	机动灵活，使用方便。可单机、双机吊装，也可多机吊装
履带起重机吊装	起重能力 30～2 000t，臂长 39～190m	中、小重物可吊重行走，机动灵活，使用方便，使用周期长，较经济。可单机、双机吊装，也可多机吊装

续表

吊装设备种类	特点	应用
桅杆系统吊装	桅杆有单桅杆、双桅杆、人字桅杆、门字桅杆、井字桅杆	单桅杆和双桅杆滑移提升法、扳转（单转、双转）法、无锚点推举法、斜立单桅杆偏心吊法
桥式起重机吊装	起重能力 3～1 000t，跨度 3～150m	仓库、厂房、车间内使用，一般为单机作业，也可双机抬吊
液压提升	采用“钢绞线悬挂承重、液压提升千斤顶集群、计算机控制同步”方法整体提升（滑移）大型设备与构件	采用桅杆起重机、移动式起重机所不能解决的大型构件整体提升技术难题；市政工程、建筑工程、设备安装领域应用广泛

·典型例题·

1. ［**2021 真题·单选**］某机械化吊装设备，行驶通过性能，机动性强，行驶速度高，可快速转移，特别适应于流动性大、不固定的作业场所。这种起重机是（　　）。

A. 移动塔式起重机　　B. 履带式起重机

C. 轮胎起重机　　D. 汽车起重机

［**解析**］汽车起重机是将起重机构安装在通用或专用汽车底盘上的起重机械。它具有汽车的行驶通过性能，机动性强，行驶速度高，可以快速转移，是一种用途广泛、适用性强的通用型起重机，特别适应于流动性大、不固定的作业场所。吊装时，靠支腿将起重机支撑在地面上。但不可在 360°范围内进行吊装作业，对基础要求也较高。

2. ［**2017 真题·单选**］某工作现场要求起重机吊装能力为 3～100t，臂长 40～80m，使用地点固定、使用周期较长且较经济。一般为单机作业，也可双机抬吊。应选用的吊装方法为（　　）。

A. 液压提升法　　B. 桅杆系统吊装

C. 塔式起重机吊装　　D. 桥式起重机吊装

［**解析**］本题考查塔式起重机吊装。起重吊装能力为 3～100t，臂长在 40～80m，常用在使用地点固定、使用周期较长的场合，较经济。一般为单机作业，也可双机抬吊。

3. ［**2013 真题·单选**］流动式起重机选用时，根据被吊设备或构件的就位位置、现场具体情况等确定起重机的站车位置，站车位置一旦确定，则（　　）。

A. 可由特性曲线确定起重机臂长　　B. 可由特性曲线确定起重机能吊装的载荷

C. 可确定起重机的工作幅度　　D. 起重机的最大起升高度即可确定

［**解析**］本题考查流动式起重机的选择。选择步骤：①根据被吊装设备或构件的就位位置、现场具体情况等确定起重机的站车位置，站车位置一旦确定，其工作幅度也就确定了。②根据被吊装设备或构件的就位高度、设备尺寸、吊索高度和站车位置，由特性曲线来确定起重机的臂长。③根据上述已确定的工作幅度、臂长，由特性曲线确定起重机的额定起重量。④如果起重机能够吊装的载荷大于被吊装设备或构件的重量时，则起重机选择合适，否则重新选择。⑤校核通过性能。计算吊臂与设备之间、吊钩与设备及吊臂之间的安全距离，若符合规范要求，选择合格，否则重选。

答案：1. D　2. C　3. C

第四节　辅助工程施工技术

知识点 1　吹扫与清洗

一、吹扫与清洗要求

管道清洗要求见表 2-4-1。

表 2-4-1　管道清洗要求

管道类别		清洗方法
DN≥600mm	液体或气体管道	人工清理
DN<600mm	液体管道	水冲洗
	气体管道	压缩空气吹扫
蒸汽管道		蒸汽吹扫（非热力管道不得采用蒸汽吹扫）
有特殊要求的管道		按设计文件规定采用相应的吹扫与清洗方法
吹扫与清洗的顺序		主管、支管、疏排管

二、空气吹扫

（1）吹扫压力不得大于系统容器和管道的设计压力，吹扫流速≥20m/s。

（2）吹扫忌油管道时，应使用无油压缩空气、其他不含油的气体。

（3）当吹扫的系统容积大、管线长、口径大，并不宜用水冲洗时，可采取“空气爆破法”进行吹扫。爆破吹扫时，向系统充注的气体压力≤0.5MPa，并应采取安全措施。

三、蒸汽吹扫

（1）大流量蒸汽进行吹扫，流速≥30m/s。

（2）蒸汽吹扫前，应先进行暖管、疏水。

（3）蒸汽吹扫应按加热、冷却、再加热的顺序循环进行。

四、水清洗

（1）管道冲洗使用洁净水，冲洗不锈钢、镍及镍合金管道时，水中氯离子含量≤25ppm。

（2）管道水冲洗的流速≥1.5m/s，冲洗压力≤设计压力。

（3）冲洗排放管的截面积大于等于被冲洗管截面积的 60%。排水时，不得形成负压。

（4）对有严重锈蚀和污染的管道，当使用一般清洗方法未能达到要求时，可采取将管道分段进行高压水冲洗。

（5）管道冲洗合格后，应及时将管内积水排净。

五、大管道闭式循环冲洗技术

（1）冲洗原理：利用水在管内流动时所产生的动力和紊流的涡旋及水对杂物的浮力，迫使管内杂质在流体中悬浮、移动，从而使杂质由流体带出管外或沉积于除污短管内。

（2）特点：闭式循环冲洗技术应用过程省水、省电、省时、节能环保，适用范围广，经济效益显著。

（3）适用环境：适用于城市供热管网、供水管网和各种以水为冲洗介质的工业、民用管网冲洗。大管道可采用闭式循环冲洗技术。

六、油清洗

（1）适用于大型机械的润滑油、密封油、控制油管道系统的清洗。

（2）润滑、密封及控制系统的油管道，应在机械设备和管道吹扫、酸洗合格后，系统试运行前进行油清洗。不锈钢油系统管道宜采用蒸汽吹净后再进行油清洗。

（3）油清洗应以油循环的方式进行，循环过程中每 8h 应在 40～70℃ 的范围内反复升降油温 2～3 次，并及时清洗或更换滤芯。

七、化学清洗

（1）对管道内壁有特殊清洁要求的，如液压、润滑油管道的除锈可采用化学清洗法。

（2）管道进行化学清洗时，必须与无关设备隔离。

（3）对不能及时投入运行的化学清洗合格的管道，应采取封闭或充氮保护的措施。

（4）化学清洗后的废液处理和排放应符合环境保护的规定。

·典型例题·

1.［2021 真题·单选］ 大型机械设备系统试运行前，应对其润滑系统和润滑油管道进行清理，清理的最后工序是（　　）。

A. 蒸汽吹扫　　B. 压缩空气吹扫

C. 酸洗　　D. 油清洗

［解析］ 润滑、密封及控制油管道，应在机械及管道酸洗合格后、系统试运转前进行油清洗。不锈钢管道，宜用蒸汽吹净后进行油清洗。

2.［2019 真题·单选］ 工程直径为 600mm，长度为 6 000m 的气体管道冲洗的方法是（　　）。

A. 氢气　　B. 蒸汽

C. 压缩空气　　D. 空气爆破法

［解析］ 当吹扫系统的容积大、管线长、口径大，并不适宜用水冲洗时，可采用“空气爆破法”进行吹扫。

3.［2017 真题·单选］ 某 *DN*100 的输送常温液体的管道，在安装完毕后应做的后续辅助工作为（　　）。

A. 气压试验，蒸汽吹扫　　B. 气压试验，压缩空气吹扫

C. 水压试验，水清洗　　D. 水压试验，压缩空气吹扫

［解析］ 本题考查吹扫与清洗的要求。*DN*＜600mm 的液体管道，宜采用水冲洗；常温液体管道一般进行水压试验。管道的压力试验一般以液体为试验介质。当管道的设计压力小于或等于 0.6MPa 时（或现场条件不允许进行液压试验时）采用气体为试验介质。

4.［2015 真题·单选］ 对有严重锈蚀和污染的液体管道，当使用一般清洗方法未能达到要求时，可采取将管道分段进行（　　）。

A. 高压空气吹扫　　B. 高压蒸汽吹扫

C. 高压水冲洗　　D. 酸洗

［解析］ 本题考查水清洗。对有严重锈蚀和污染的管道，当使用一般清洗方法未能达到要

求时，可采取将管道分段进行高压水冲洗。

5.［**2012 真题·单选**］不锈钢管道在进行油清洗之前应进行的工作为（　　）。

A. 压缩空气吹扫　　　　B. 氮气吹扫

C. 蒸汽吹扫　　　　D. 酸洗

［**解析**］本题考查油清洗。润滑、密封及控制系统的油管道，应在机械清扫及管道酸洗合格后，系统试运转前进行油清洗；不锈钢管道用蒸汽吹净后进行油清洗。

6.［**2020 真题·多选**］对于 $DN500$ 气体管道吹扫、清洗正确的有（　　）。

A. 采用压缩空气进行吹扫

B. 应将系统的仪表、阀门等管道组件与管道一起吹扫

C. 吹扫顺序为支管、主管

D. 吹扫压力不大于设计压力

［**解析**］对不允许吹扫与清洗的设备及管道，应进行隔离，选项 B 错误。吹扫与清洗的顺序应按主管、支管、疏排管依次进行，选项 C 错误。

答案：1.D　2.D　3.C　4.C　5.C　6.AD

知识点 2　脱脂、钝化

一、脱脂

（一）脱脂要求

（1）忌油系统要进行脱脂处理。在进行脱脂前应对设备、附件清扫除锈，碳素钢材、管件和阀门都要进行除锈。

（2）有明显油渍或锈蚀严重的管道进行脱脂时，先蒸汽吹扫、喷砂或其他方法清除油渍和锈蚀后，再进行脱脂。

（3）脱脂后应及时将脱脂件内部的残液排净，并应用清洁、无油压缩空气或氮气吹干，不得采用自然蒸发的方法清除残液。

（4）有防锈要求的脱脂件经脱脂处理后，宜采取充氮封存或采用气相防锈纸、气相防锈塑料薄膜进行密封保护。

（二）脱脂检查

1. 直接法

（1）用清洁干燥的白滤纸擦拭管道及其附件的内壁，纸上应无油脂痕迹。

（2）用紫外线灯照射，脱脂表面应无紫蓝荧光。

2. 间接法

（1）用蒸汽吹扫脱脂时，盛少量蒸汽冷凝液于器皿内，并放入数颗粒度小于 1mm 的纯樟脑，以樟脑不停旋转为合格。

（2）有机溶剂及浓硝酸脱脂时，取脱脂后的溶液或酸进行分析，其含油和有机物不应超过 0.03%。

二、钝化

酸洗后的管道和设备，必须迅速进行钝化。钝化结束后，要用偏碱的水冲洗，保护钝化膜，以防管道和设备在空气中再次锈蚀。通常钝化液采用亚硝酸钠溶液。

·典型例题·

1. ［2022 真题·多选］根据《工业金属管道工程施工质量验收规范》（GB 50184—2011），金属管道脱脂可选用的脱脂质量检验方法有（　　）。

A. 涂白漆的木质靶板法　　B. 紫外线灯照射法

C. 小于 1mm 的纯樟脑检测法　　D. 对脱脂合格后的脱脂液取样分析法

［解析］脱脂完毕后，应按设计规定进行脱脂质量检验。当设计无规定时，脱脂质量检验的方法及合格标准如下：①直接法。用清洁干燥的白滤纸擦拭管道及其附件的内壁，纸上应无油脂痕迹；用紫外线灯照射，脱脂表面应无紫蓝荧光。②间接法。用蒸汽吹扫脱脂时，盛少量蒸汽冷凝液于器皿内，并放入数颗粒度小于 1mm 纯樟脑，以樟脑不停旋转为合格。有机溶剂及浓硝酸脱脂时，取脱脂后的溶液或酸进行分析，其含油和有机物不应超过 0.03%。

2. ［2019 真题·多选］有防腐要求的脱脂件，经脱脂处理后，宜采用的封存方式有（　　）。

A. 充氮气封存　　B. 充空气封存

C. 充满水封存　　D. 气相防锈纸封存

［解析］有防锈要求的脱脂件经脱脂处理后，宜采取充氮封存或采用气相防锈纸、气相防锈塑料薄膜等措施进行密封保护。

答案：1. BCD　2. AD

知识点 3　管道和设备压力试验

一、管道压力试验

（一）液压试验

试验压力的确定见表 2-4-2。

表 2-4-2　试验压力的确定

管道类型	试验压力	
承受内压的地上钢管道及有色金属管道	$P_{试验}=1.5\times P_{设计}$	
埋地钢管道	$P_{试验}=1.5\times P_{设计}$，且≥0.4Mpa	
承受内压的埋地铸铁管道	设计压力≤0.5MPa	$P_{试验}=2\times P_{设计}$
	设计压力>0.5MPa	$P_{试验}=P_{设计}+0.5$
当管道的设计温度>试验温度时，试验压力按 $P_T=1.5P[σ]_T/[σ]_t$ 计算（试验温度下，$[σ]_T/[σ]_t>6.5$ 时，应取 6.5）		

（二）气压试验

1. 气压试验压力

承受内压钢管及有色金属管道的强度试验压力应为设计压力的 1.15 倍，真空管道的试验压力应为 0.2MPa。

2. 泄漏性试验

（1）泄漏性试验介质：气体为试验介质，在设计压力下，采用发泡剂、显色剂、气体分子感测仪检查管道系统中泄漏点的试验。

（2）试验要求：输送极度和高度危害介质以及可燃介质的管道，必须在压力试验合格后进行泄漏性试验。泄漏性试验应逐级缓慢升压，当达到试验压力，并停压 10min 后，采用涂刷中性发泡剂的方法巡回检查。

（3）泄漏试验检查重点：阀门填料函、法兰或者螺纹连接处、放空阀、排气阀、排水阀有无泄漏。

二、设备压力试验

设备耐压试验应采用液压试验，若采用气压试验代替液压试验时，必须符合下列规定：

（1）压力容器的对接焊缝进行 100%射线或超声检测并合格。

（2）非压力容器的对接焊缝进行 25%射线或超声检测，射线检测为Ⅲ级合格、超声检测为Ⅱ级合格。

（3）有本单位技术总负责人批准的安全措施。

设备气密性试验方法及要求：

（1）设备经液压试验合格后方可进行气密性试验。

（2）气密性试验时，压力应缓慢上升，达到试验压力后，保压时间不少于 30min，同时对焊缝和连接部位等用检漏液检查，无泄漏为合格。

·典型例题·

1.［2019 真题·单选］埋地钢管的设计压力为 0.5MPa，水压试验压力为（　　）。

A. 0.4MPa　　B. 0.5MPa

C. 0.75MPa　　D. 1.0MPa

［解析］埋地钢管水压试验，试验压力为设计压力的 1.5 倍，并不低于 0.4MPa。

2.［2017 真题·单选］某埋地敷设承受内压的铸铁管道，当设计压力为 0.4MPa 时，其液压试验的压力应为（　　）。

A. 0.6MPa　　B. 0.8MPa

C. 0.9MPa　　D. 1.0MPa

［解析］本题考查管道液压试验。承受内压的埋地铸铁管道的试验压力，当设计压力小于或等于 0.5MPa 时，应为设计压力的 2 倍；当设计压力大于 0.5MPa 时，应为设计压力加 0.5MPa。

3.［2014 真题·单选］某有色金属管的设计压力为 0.50MPa，其气压试验的压力应为（　　）MPa。

A. 0.575　　B. 0.60　　C. 0.625　　D. 0.75

［解析］本题考查管道气压试验。承受内压钢管及有色金属管道的强度试验压力应为设计压力的 1.15 倍，真空管道的试验压力应为 0.2MPa。

4.［2017 真题·多选］设备气密性试验是用来检验连接部位的密封性能，其遵循的规定有（　　）。

A. 设备经液压试验合格后方可进行气密性试验

B. 气密性试验的压力应为设计压力的 1.15 倍

C. 缓慢升压至试验压力后，保压 30min 以上

D. 连接部位等应用检漏液检查

［解析］本题考查设备气密性试验。设备气密性试验方法及要求为：①设备经液压试验合格后方可进行气密性试验；②气密性试验时，压力应缓慢上升，达到试验压力后，保压时间不

少于30min，同时对焊缝和连接部位等用检漏液检查，无泄漏为合格。

5.［**2016真题·多选**］输送极度和高度危害介质以及可燃介质的管道，必须进行泄漏性试验。关于泄漏性试验描述正确的有（　　）。

A. 泄漏性试验应在压力试验合格后进行　　B. 泄漏性试验的介质宜采用空气

C. 泄漏性试验的压力为设计压力的1.2倍　　D. 采用涂刷中性发泡剂来检查有无泄漏

［**解析**］本题考查管道气压试验。输送极度和高度危害介质以及可燃介质的管道，必须在压力试验合格后进行泄漏性试验，试验介质宜采用空气，试验压力为设计压力。泄漏性试验应逐级缓慢升压，当达到试验压力，并停压10min后，采用涂刷中性发泡剂等方法，检查无泄漏即为合格。

答案：1. C　2. B　3. A　4. ACD　5. ABD

同步强化训练

一、单项选择题（每题的备选项中，只有1个最符合题意）

1. 气割不能切割的金属是（　　）。

A. 铸铁　　B. 纯铁

C. 低合金钢　　D. 钛

2. 能够对非金属材料切割的是（　　）。

A. 氧-乙炔火焰切割　　B. 氧-氢火焰切割

C. 等离子弧切割　　D. 碳弧气割

3. 在金属结构制造部门得到广泛应用，加工多种不能用气割加工的金属，如铸铁、高合金钢、铜和铝及其合金等，但对有耐腐蚀要求的不锈钢一般不采用的切割方法是（　　）。

A. 氧-乙炔火焰切割　　B. 等离子弧切割

C. 碳弧气割　　D. 冷切割

4. 能量集中、温度高，电弧挺直度好，焊接速度比钨极惰性气体保护焊快，能够焊接更细、更薄的工件（如1mm以下金属箔）的焊接方法是（　　）。

A. 埋弧焊　　B. 钎焊

C. 熔化极气体保护焊　　D. 等离子弧焊

5. 焊接质量好，但速度慢、生产效率低的非熔化极焊接方法为（　　）。

A. 埋弧焊　　B. 钨极惰性气体保护焊

C. CO_2气体保护焊　　D. 等离子弧焊

6. 焊接电流的大小对焊接质量及生产率有较大影响，其中最主要的因素是焊条直径和（　　）。

A. 焊条类型　　B. 接头类型

C. 焊接层次　　D. 焊缝空间位置

7. 下列焊接接头的坡口，不属于基本型坡口的是（　　）。

A. Ⅰ形坡口　　B. Ⅴ形坡口

C. 带钝边J形坡口　　D. 单边Ⅴ形坡口

8. 管壁厚度为20～60mm的高压钢管焊接时，其坡口规定为（　　）。

A. Ⅴ形坡口，根部钝边厚度3mm左右

B. V 形坡口，根部钝边厚度 2mm 左右

C. U 形坡口，根部钝边厚度 2mm 左右

D. U 形坡口，根部钝边厚度为管壁厚度的 1/5

9. 工件强度、硬度、韧性较退火为高，而且生产周期短，能量耗费少的焊后热处理工艺为（　　）。

A. 正火工艺　　B. 淬火工艺

C. 中温回火　　D. 高温回火

10. 焊后热处理中，回火处理的目的不包括（　　）。

A. 调整工件的强度、硬度及韧性　　B. 细化组织、改善切削加工性能

C. 避免变形、开裂　　D. 保持使用过程中的尺寸稳定

11. 为了使重要的金属结构零件获得高强度、较高弹性极限和较高的韧性，应采用的热处理工艺为（　　）。

A. 正火　　B. 高温回火　　C. 去应力退火　　D. 完全退火

12. 只适用于工地拼装的大型普通低碳钢容器的组装焊缝的焊后热处理工艺是（　　）。

A. 正火加高温回火　　B. 单一高温回火

C. 单一中温回火　　D. 正火

13. 与 X 射线探伤相比，γ 射线探伤的主要特点是（　　）。

A. 投资少，成本低　　B. 照射时间短，速度快

C. 灵敏度高　　D. 操作较麻烦

14. 适用于各种轻质绝热材料制品，如泡沫塑料类，泡沫玻璃，半硬质或软质毡、板的绝热层施工方法为（　　）。

A. 绑扎绝热层　　B. 粘贴绝热层

C. 顶贴绝热层　　D. 充填绝热层

15. 属于非标准起重机，其结构简单、起重量大、对场地要求不高、使用成本低，但效率不高的起重设备是（　　）。

A. 汽车起重机　　B. 履带起重机

C. 塔式起重机　　D. 桅杆起重机

16. 特别适用于精密仪器及外表面要求比较严格物件吊装的索具是（　　）。

A. 素麻绳　　B. 油浸麻绳

C. 尼龙带　　D. 钢丝绳

17. 桥梁建造、电视塔顶设备常用的吊装方法是（　　）。

A. 直升机吊装　　B. 缆索系统吊装

C. 液压提升　　D. 桥式起重机吊装

18. 液压、润滑管道的除锈应采用（　　）。

A. 水清洗　　B. 油清洗

C. 酸洗　　D. 蒸汽吹扫

19. 某有色金属管道的设计压力为 0.60MPa，其气压试验压力为（　　）。

A. 0.60MPa　　B. 0.69MPa

C. 0.75MPa　　D. 0.90MPa

二、多项选择题（每题的备选项中，有 2 个或 2 个以上符合题意，至少有 1 个错项）

1. 激光切割与其他热切割方法相比较，主要特点有（　　）。
   A. 切口宽度小、切割精度高
   B. 切割速度快
   C. 可切割金属、非金属、金属基和非金属基复合材料、皮革、木材及纤维
   D. 可以切割任意厚度的材料
2. 与氧-乙炔火焰切割相比，氧-丙烷火焰切割的优点有（　　）。
   A. 火焰温度高，切割预热时间短
   B. 点火温度高，切割时的安全性能高
   C. 成本低廉，易于液化和罐装，环境污染小
   D. 选用合理的切割参数时，其切割面的粗糙度较优
3. 超声波探伤与 X 射线探伤相比，具有的特点有（　　）。
   A. 探伤灵敏度高
   B. 周期长、成本高
   C. 适用于任意工作表面
   D. 适合于厚度较大的零件
4. 液体渗透检验的优点有（　　）。
   A. 不受被检试件几何形状、尺寸大小、化学成分和内部组织结构的限制
   B. 大批量的零件可实现同时批量检测
   C. 检验的速度快，操作比较简便
   D. 可以显示缺陷的深度及缺陷内部的形状和大小
5. 涂料的涂覆方法中，高压无气喷涂法的特点有（　　）。
   A. 由于涂料回弹使得大量漆雾飞扬
   B. 涂膜质量较好
   C. 涂膜的附着力强
   D. 适宜于大型钢结构、管道、桥梁涂装
6. 衬铅的施工方法与搪铅的施工方法相比，特点有（　　）。
   A. 施工简单，生产周期短
   B. 适用于立面、静荷载和正压下工作
   C. 传热性好
   D. 适用于负压、回转运动和震动下工作
7. 下列关于防潮层施工叙述正确的有（　　）。
   A. 阻燃性沥青玛𤧛脂贴玻璃布作防潮隔气层时，在绝热层外面涂抹一层 2～3mm 厚的阻燃性沥青玛𤧛脂，接着缠绕一层玻璃布或涂塑窗纱布
   B. 阻燃性沥青玛𤧛脂贴玻璃布作防潮隔气层适用于纤维质绝热层
   C. 塑料薄膜作防潮隔气层，搭接缝宽度应在 100mm 左右
   D. 塑料薄膜作防潮隔气层适用于硬质预制块做的绝热层或涂抹的绝热层
8. 下列关于管道气压试验的方法和要求，叙述正确的有（　　）。
   A. 试验时应装有压力泄放装置，其设定压力不得高于试验压力的 1.1 倍
   B. 试验前，应用空气进行预试验，试验压力宜为 0.2MPa

C. 工艺管道除了强度试验和严密性试验以外，有些管道还要做一些特殊试验

D. 真空系统在压力试验合格后，还应按设计文件规定进行 24h 的真空度试验，以增压率不大于 10%为合格

参考答案及解析

一、单项选择题

1. ［答案］A

［解析］气割过程是预热→燃烧→吹渣的过程，但并不是所有金属都能满足这个过程的要求，只有符合下列条件的金属才能进行气割：①金属在氧气中的燃烧点应低于其熔点；②金属燃烧生成氧化物的熔点应低于金属熔点，且流动性要好；③金属在切割氧流中的燃烧应是放热反应，且金属本身的导热性要低。符合上述气割条件的金属有纯铁、低碳钢、中碳钢、低合金钢以及钛。

2. ［答案］C

［解析］选项 A、B 属于火焰切割，只能切割纯铁、低碳钢、中碳钢和低合金钢以及钛等金属。等离子弧切割过程不是依靠氧化反应，而是靠熔化来切割材料，因而比氧化切割方法的适用范围大得多，能够切割绝大部分金属和非金属材料，如不锈钢、铝、铜、铸铁、钨、钼、陶瓷、水泥、耐火材料等。碳弧气割一般只用于切割金属材料。

3. ［答案］C

［解析］碳弧气割的适用范围及特点有：①在清除焊缝缺陷和清理焊根时，能在电弧下清楚地观察到缺陷的形状和深度，生产效率高，同时可对缺陷进行修复；②可用来加工焊缝坡口，特别适用于开 U 形坡口；③使用方便，操作灵活；④加工多种不能用气割加工的金属，如铸铁、高合金钢、铜和铝及其合金等，但对有耐腐蚀要求的不锈钢一般不采用此种方法切割；⑤设备、工具简单，操作使用安全；⑥碳弧气割可能产生的缺陷有夹碳、粘渣、铜斑、割槽尺寸和形状不规则等。

4. ［答案］D

［解析］等离子弧焊与钨极惰性气体保护焊相比，有以下特点：①等离子弧能量集中、温度高，焊接速度快，生产率高。②穿透能力强，对于大多数金属在一定厚度范围内都能获得锁孔效应，可一次行程完成 8mm 以下直边对接接头单面焊双面成型的焊缝。焊缝致密，成型美观。③电弧挺直度和方向性好，可焊接薄壁结构（如 1mm 以下金属箔）。④设备比较复杂、费用较高，工艺参数调节匹配也比较复杂。

5. ［答案］B

［解析］钨极惰性气体保护焊具有下列优点：①钨极不熔化，只起导电和产生电弧作用，比较容易维持电弧的长度，焊接过程稳定，易实现机械化；保护效果好，焊缝质量高。②可焊接化学活泼性强的有色金属、不锈钢、耐热钢等和各种合金；对于某些黑色和有色金属的厚壁重要构件（如压力容器及管道），为了保证高的焊接质量，也采用钨极惰性气体保护焊。钨极惰性气体保护焊的缺点有：①熔深浅，熔敷速度小，生产率较低；②只适用于薄板（6mm 以下）及超薄板材料焊接；③气体保护幕易受周围气流的干扰，不适宜野外作业；④惰性气体（氩气、氦气）较贵，生产成本较高。

6. ［答案］D

［解析］焊接电流的大小，对焊接质量及生产率有较大影响。主要根据焊条类型、焊条直径、焊件厚度、接头类型、焊缝空间位置及焊接层次等因素来决定，其中，最主要的因素是焊条直径和焊缝空间位置。

7. ［答案］C

［解析］熔焊接头的坡口根据其形状的不同，可分为基本型、混合型和特殊型三类。基本型坡口是一种形状简单、加工容易、

应用普遍的坡口。按照我国标准规定，主要有以下几种：Ⅰ形坡口；V形坡口；单边V形坡口；U形坡口；J形坡口等。带钝边J形坡口属于组合型坡口。

8. ［答案］C

［解析］管材的坡口有以下几种形式：①Ⅰ形坡口：适用于管壁厚度在3.5mm以下的管口焊接。这种坡口管壁不需要倒角，实际上是不需要加工的坡口，只要管材切口的垂直度能够保证对口的间隙要求，就可以对口焊接。②V形坡口：适用于中低压钢管焊接，坡口的角度为60°～70°，坡口根部有钝边，其厚度为2mm左右。③U形坡口：适用于高压钢管焊接，管壁厚度在20～60mm。坡口根部有钝边，其厚度为2mm左右。

9. ［答案］A

［解析］正火较退火的冷却速度快，过冷度较大，其得到的组织结构不同于退火，性能也不同，如经正火处理的工件其强度、硬度、韧性较退火为高，而且生产周期短，能量耗费少，在可能情况下，应优先考虑正火处理。

10. ［答案］B

［解析］回火是将经过淬火的工件加热到临界点A_{c1}以下适当温度，保持一定时间，随后用符合要求的方式冷却，以获得所需的组织结构和性能。其目的是调整工件的强度、硬度、韧性等力学性能，降低或消除应力，避免变形、开裂，并保持使用过程中的尺寸稳定。

11. ［答案］B

［解析］高温回火。将钢件加热到500～700℃回火，即调质处理，因此可获得较高的力学性能，如高强度、弹性极限和较高的韧性。主要用于重要结构零件。钢经调质处理后不仅强度较高，而且塑性韧性更显著超过正火处理的情况。

12. ［答案］C

［解析］焊后热处理一般选用单一高温回火或正火加高温回火处理。对于气焊焊口采用正火加高温回火处理。这是因为气焊的焊缝及热影响区的晶粒粗大，需细化晶粒，故采用正火处理。然而单一的正火不能消除残余应力，故需再加高温回火，以消除应力。单一中温回火只适用于工地拼装的大型普通低碳钢容器的组装焊缝，其目的是达到部分消除残余应力和去氢。

13. ［答案］A

［解析］γ射线是由放射性同位素和放射性元素产生的。施工探伤都采用放射性同位素作为射线源。常用的同位素有钴60和铯137，探伤厚度分别为200mm和120mm。γ射线的特点是设备轻便灵活，特别是施工现场更为方便，而且投资少、成本低，但其曝光时间长、灵敏度较低。另外γ射线对人体有危害作用，石油化工行业现场施工时常用。

14. ［答案］B

［解析］粘贴法是用各类胶黏剂将绝热材料制品直接粘贴在设备及管道表面的施工方法，适用于各种轻质绝热材料制品，如泡沫塑料类，泡沫玻璃，半硬质或软质毡、板等。常用的黏结剂有沥青玛𤧛脂、聚氨酯黏结剂、醋酸乙烯乳胶、环氧树脂等。

15. ［答案］D

［解析］常用的起重机有流动式起重机、塔式起重机、桅杆起重机等。①流动式起重机主要有汽车起重机、轮胎起重机、履带起重机、全地面起重机、随车起重机等。特点：适用范围广，机动性好，可以方便地转移场地，但对道路、场地要求较高，台班费较高。适用于单件重量大的大、中型设备、构件的吊装，作业周期短。②塔式起重机特点：吊装速度快，台班费低。但起重量一般不大，并需要安装和拆卸。适用于在某一范围内数量多，而每一单件重量较小的设备、构件吊装，作业周期长。③桅杆起重机特点：属于非标准起重机，其结构简单，起重量大，对场地要求不高，使用成本低，但效率不高。

主要适用于某些特重、特高和场地受到特殊限制的设备、构件吊装。

16. [答案] C

[解析] 尼龙带适用于工件吊装用索具，特别适用于精密仪器及外表面要求比较严格的物件吊装。尼龙带应避免与强酸、强碱等物质接触，以免造成腐蚀。尼龙带用于吊装索具时，安全系数应取6～10。

17. [答案] B

[解析] 缆索系统吊装：用在其他吊装方法不便或不经济的场合，重量不大、跨度、高度较大的场合，如桥梁建造、电视塔顶设备吊装。

18. [答案] C

[解析] 在安装施工中，对设备和管道内壁有特殊清洁要求的，应进行酸洗，如液压、润滑管道的除锈。

19. [答案] B

[解析] 承受内压钢管及有色金属管的试验压力应为设计压力的1.15倍，真空管道的试验压力应为0.2MPa。

二、多项选择题

1. [答案] ABC

[解析] 激光切割与其他热切割方法相比较，主要特点有：切口宽度小（如0.1mm左右）、切割精度高、切割速度快、质量好，并可切割多种材料（金属、非金属、金属基和非金属基复合材料、皮革、木材及纤维等）。激光切割由于受激光器功率和设备体积的限制，只能切割中、小厚度的板材和管材，而且随着工件厚度的增加，切割速度明显下降。此外，激光切割设备费用高，一次性投资大。

2. [答案] BCD

[解析] 氧-丙烷火焰切割与氧-乙炔火焰切割相比具有以下优点：①丙烷的点火温度为580℃，大大高于乙炔气的点火温度（305℃），且丙烷在空气中或在氧气中的爆炸范围比乙炔窄得多，故氧-丙烷火焰切割的安全性大大高于氧-乙炔火焰切割。②丙烷气是石油炼制过程的副产品，制取容易，成本低廉，且易于液化和灌装，对环境污染小。③氧-丙烷火焰温度适中，选用合理的切割参数切割时，切割面上缘无明显的烧塌现象，下缘不挂渣。切割面的粗糙度优于氧-乙炔火焰切割。氧-丙烷火焰切割的缺点是火焰温度比较低，切割预热时间略长于氧-乙炔火焰切割。氧气的消耗量亦高于氧-乙炔火焰切割，但总的切割成本远低于氧-乙炔火焰切割。

3. [答案] AD

[解析] 超声波探伤与X射线探伤相比，具有较高的探伤灵敏度、周期短、成本低、灵活方便、效率高，对人体无害等优点；缺点是对工作表面要求平滑、要求富有经验的检验人员才能辨别缺陷种类、对缺陷没有直观性；超声波探伤适合于厚度较大的零件检验。

4. [答案] ABC

[解析] 液体渗透检验的优点是不受被检试件几何形状、尺寸大小、化学成分和内部组织结构的限制，也不受缺陷方位的限制，一次操作可同时检验开口于表面中所有缺陷；不需要特别昂贵和复杂的电子设备和器械；检验的速度快，操作比较简便，大量的零件可以同时进行批量检验，缺陷显示直观，检验灵敏度高。最主要的限制是只能检出试件开口于表面的缺陷，不能显示缺陷的深度及缺陷内部的形状和大小。

5. [答案] BCD

[解析] 高压无气喷涂是使涂料通过加压泵加压后经喷嘴小孔喷出。涂料离开喷嘴后会立即剧烈膨胀，撕裂成极细的颗粒而涂敷于工件表面，它的主要特点是没有一般空气喷涂时发生的涂料回弹和大量漆雾飞扬的现象，因而不仅节省了漆料，而且减少了污染，改善了劳动条件。同时，它还具有工效高的特点，比一般空气喷涂要提高数倍至十几倍，而且涂膜的附着力也较强，涂膜质量较好，适宜于大型钢结构、管道、桥梁、车辆和船舶的涂装。

6. [答案] AB

［解析］衬铅一般采用搪钉固定法、螺栓固定法和压板条固定法。衬铅的施工方法比搪铅简单，生产周期短，相对成本也低，适用于立面、静荷载和正压下工作；搪铅与设备器壁之间结合均匀且牢固，没有间隙，传热性好，适用于负压、回转运动和震动下工作。

7. ［答案］AC

［解析］防潮层施工：①阻燃性沥青玛琋脂贴玻璃布作防潮隔气层时，它是在绝热层外面涂抹一层 2～3mm 厚的阻燃性沥青玛琋脂，接着缠绕一层玻璃布或涂塑窗纱布，然后再涂抹一层 2～3mm 厚阻燃性沥青玛琋脂形成。此法适用于硬质预制块做的绝热层或涂抹的绝热层上面使用。②塑料薄膜作防潮隔气层，是在保冷层外表面缠绕聚乙烯或聚氯乙烯薄膜 1～2 层，注意搭接缝宽度应在 100mm 左右，一边缠一边用热沥青玛琋脂或专用黏结剂粘接。这种防潮层适用于纤维质绝热层面上。

8. ［答案］ABC

［解析］试验时应装有压力泄放装置，其设定压力不得高于试验压力的 1.1 倍，选项 A 正确。试验前，应用空气进行预试验，试验压力宜为 0.2MPa，选项 B 正确。工艺管道除了强度试验和严密性试验以外，有些管道还要做一些特殊试验，选项 C 正确。真空度试验按设计文件要求，对管道系统抽真空，达到设计规定的真空度后，关闭系统，24h 后系统增压率不应大于 5%，选项 D 错误。

第三章
安装工程计量

本章所占篇幅较小，内容较简单，历年考试分值在6.5分左右，所占分值较少，属于易得分章节。其中项目编码体系、计量项目的划分、分项工程项目特征、措施项目清单及通用措施项目清单属于必考内容，需要着重掌握。

知识脉络

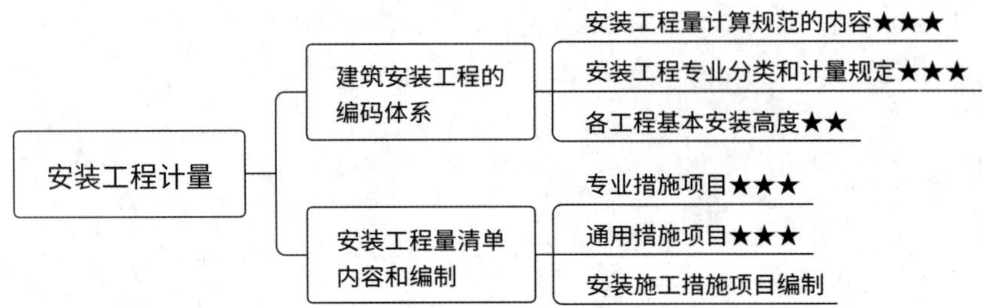
安装工程计量
建筑安装工程的编码体系
安装工程量计算规范的内容★★★
安装工程专业分类和计量规定★★★
各工程基本安装高度★★
安装工程量清单内容和编制
专业措施项目★★★
通用措施项目★★★
安装施工措施项目编制

第一节　建筑安装工程的编码体系

知识点 1　安装工程量计算规范的内容

一、项目编码

（一）编码体系

我国的分类编码体系见表 3-1-1。

表 3-1-1　我国的分类编码体系

编码级别	项目类别	表示方法	举例
第一级编码	专业工程代码	采用两位数字（即第一、二位数字）表示	01：房屋建筑与装饰工程；02：仿古建筑工程；03：通用安装工程；04：市政工程；05：园林绿化工程；06：矿山工程；07：构筑物工程；08：城市轨道交通工程；09：爆破工程
第二级编码	附录分类顺序码	采用两位数字（第三、四位数字）表示	0301：机械设备安装工程；0308：工业管道工程
第三级编码	分部工程顺序码	采用两位数字（第五、六位数字）表示	030101：切削设备安装工程；030803：高压管道
第四级编码	分项工程项目名称顺序码	采用三位数字（第七、八、九位数字）表示	030101001：台式及仪表机床；030803001：高压碳钢管
第五级编码	清单项目名称顺序码	采用三位数字（第十、十一、十二位数字）表示	由清单编制人员编列，可有 1～999 个子项

（二）补充项目编码

在编制工程量清单时，若出现《通用安装工程工程量计算规范》附录中未包括的清单项目，编制人应作补充。在编制补充项目时有以下三个方面的规定：

（1）补充项目的编码由安装工程的代码 03 与 B 和三位阿拉伯数字组成，并应从 03B001 起顺序编制，同一招标工程的项目不得重码。

（2）在工程量清单中应附补充项目的名称、项目特征、计量单位、工程量计算规则和工程内容。

（3）将编制的补充项目报省级或行业工程造价管理机构备案，省级或行业工程造价管理机构应汇总报住房和城乡建设部标准定额研究所。

二、项目特征

项目特征用来表述项目名称的实质内容，用于区分《通用安装工程工程量计算规范》同一条目下各个具体的清单项目。由于项目特征直接影响工程实体的自身价值，是履行合同义务的基础，是合理编制综合单价的前提。因此，项目特征应描述构成清单项目自身价值的本质特征。

三、工作内容

关于工作内容，《通用安装工程工程量计算规范》中说明如下：

（1）本规范对项目的工作内容进行了规定，除另有规定和说明外，应视为已经包括完成该项目的全部工作内容，未列内容或未发生，不应另行计算。

（2）本规范附录工作内容列出了主要施工内容，施工过程中必然发生的机械移动、材料运输等辅助内容虽然未列出，也应包括。

（3）本规范以成品考虑的项目，如采用现场预制的，应包括制作的工作内容。

工作内容不同于项目特征，项目特征体现的是清单项目质量或特性的要求或标准，工作内容体现的是完成一个合格的清单项目需要具体做的施工作业和操作程序。施工工艺和方法不同，工作内容也不一样。在编制工程量清单时不需要描述工作内容。

·典型例题·

［**2014 真题·单选**］依据《通用安装工程工程量计算规范》（GB 50856—2013）的规定，项目编码设置中的第四级编码的数字位数及表示含义为（　　）。

A. 两位数，表示各分部工程顺序码　　B. 两位数，表示各分项工程顺序码

C. 三位数，表示各分部工程顺序码　　D. 三位数，表示各分项工程顺序码

［**解析**］本题考查分类编码体系。第四级编码表示各分部工程的各分项工程，即表示清单项目。采用三位数字（第七、八、九位数字）表示。如 030101001 为“台式及仪表机床”；030803001 为“高压碳钢管”分项工程。

答案：D

知识点 2　安装工程专业分类和计量规定

一、安装工程计量项目划分

在《通用安装工程工程量计算规范》中，按专业、设备特征或工程类别分为机械设备安装工程、热力设备安装工程等 13 部分，形成附录 A～附录 N，具体为：

附录 A　机械设备安装工程（编码：0301）

附录 B　热力设备安装工程（编码：0302）

附录 C　静置设备与工艺金属结构制作安装工程（编码：0303）

附录 D　电气设备安装工程（编码：0304）

附录 E　建筑智能化工程（编码：0305）

附录 F　自动化控制仪表安装工程（编码：0306）

附录 G　通风空调工程（编码：0307）

附录 H　工业管道工程（编码：0308）

附录 J　消防工程（编码：0309）

附录 K　给排水、采暖、燃气工程（编码：0310）

附录 L　通信设备及线路工程（编码：0311）

附录 M　刷油、防腐蚀、绝热工程（编码：0312）

附录 N　措施项目（编码：0313）

二、《通用安装工程工程量计算规范》与其他计量规范相关内容界限划分

（1）安装工业管道与市政工程管网工程的界定：给水管道以厂区入口水表井为界；排水管道以厂区围墙外第一个污水井为界；热力和燃气以厂区入口第一个计量表（阀门）为界。

（2）安装给排水、采暖、燃气工程与市政工程管网工程的界定：室外给排水、采暖、燃气管道以市政管道碰头井为界。

（3）安装工程中的电气设备安装工程与市政工程中的路灯工程界定：厂区、住宅小区的道路路灯安装工程、庭院艺术喷泉等电气设备安装工程按通用安装工程“电气设备安装工程”相

应项目执行；涉及市政道路、市政庭院等电气安装工程的项目，按市政工程中“路灯工程”的相应项目执行。

·典型例题·

1. ［**2017 真题·单选**］依据《通用安装工程工程量计算规范》（GB 50856—2013），室外给水管道与市政管道界限划分应为（　　）。

A. 以项目区入口水表井为界　　B. 以项目区围墙外 1.5m 为界

C. 以项目区围墙外第一个阀门为界　　D. 以市政管道碰头井为界

［**解析**］本题考查计量规范界限的划分。安装给排水、采暖、燃气工程与市政工程管网工程的界定：室外给排水、采暖、燃气管道以市政管道碰头井为界。

2. ［**2017 真题·单选**］依据《通用安装工程工程量计算规范》（GB 50856—2013），安装工程分类编码体系中，第一、二级编码为 0308，表示（　　）。

A. 电气设备安装工程　　B. 通风空调工程

C. 工业管道工程　　D. 消防工程

［**解析**］本题考查安装工程计量项目的划分。电气设备安装工程编码为“0304”，通风空调工程编码为“0307”，工业管道工程编码为“0308”，消防工程编码为“0309”。

3. ［**2016 真题·单选**］依据《通用安装工程工程量计算规范》（GB 50856—2013）的规定，“给排水、采暖、燃气工程”的编码为（　　）。

A. 0310　　B. 0311　　C. 0312　　D. 0313

［**解析**］本题考查安装工程计量项目的划分。第一级编码表示工程类别，第二级编码表示各专业工程顺序码。根据《通用安装工程工程量计算规范》（GB 50856—2013）的规定，“给排水、采暖、燃气工程”的编码为 0310。

4. ［**2020 真题·多选**］安装工程中，安装工程与市政路灯工程的界定正确的有（　　）。

A. 住宅小区的路灯　　B. 厂区道路的路灯　　C. 庭院艺术喷泉灯　　D. 隧道灯

［**解析**］安装工程中的电气设备安装工程与市政工程中的路灯工程界定：厂区、住宅小区的道路路灯安装工程、庭院艺术喷泉等电气设备安装工程按通用安装工程“电气设备安装工程”相应项目执行；涉及市政道路、市政庭院等电气安装工程的项目，按市政工程中“路灯工程”的相应项目执行。

答案：1. D　2. C　3. A　4. ABC

知识点 3　各工程基本安装高度

安装工程中的清单项目若安装高度超过《通用安装工程工程量计算规范》规定的基本高度时，应在其清单项目的“项目特征”中描述。

《通用安装工程工程量计算规范》中各专业工程基本安装高度分别见表 3-1-2。

表 3-1-2　各专业工程基本安装高度

专业工程名称	安装高度
给排水、采暖、燃气工程（K）	3.6m
电气设备安装工程（D）、建筑智能化工程（E）、消防工程（J）	5m
通风空调工程（G），刷油、防腐蚀、绝热工程（M）	6m
机械设备安装工程（A）	10m

·典型例题·

1. ［**2019 真题·单选**］根据《通用安装工程工程量计算规范》（GB 50856—2013）规定，机械设备安装工程基本安装高度为（　　）。

A. 5m　　B. 6m　　C. 10m　　D. 12m

［**解析**］根据《通用安装工程工程量计算规范》，各专业工程基本安装高度分别为：附录A机械设备安装工程10m，附录D电气设备安装工程5m，附录E建筑智能化工程5m，附录G通风空调工程6m，附录J消防工程5m，附录K给排水、采暖、燃气工程3.6m，附录M刷油、防腐蚀、绝热工程6m。

2. ［**2016 真题·单选**］依据《通用安装工程工程量计算规范》（GB 50856—2013），项目安装高度若超过基本高度时，应在“项目特征”中描述。对于附录G通风空调工程，其基本安装高度为（　　）。

A. 3.6m　　B. 5m　　C. 6m　　D. 10m

［**解析**］本题考查项目特征。《通用安装工程工程量计算规范》安装工程各附录基本安装高度为：附录A机械设备安装工程10m，附录D电气设备安装工程5m，附录E建筑智能化工程5m，附录G通风空调工程6m，附录J消防工程5m，附录K给排水、采暖、燃气工程3.6m，附录M刷油、防腐蚀、绝热工程6m。

答案：1. C　2. C

第二节　安装工程量清单内容和编制

知识点 1　专业措施项目

专业措施项目见表 3-2-1。

表 3-2-1　专业措施项目

序号	项目名称
1	吊装加固
2	金属抱杆安装、拆除、移位
3	平台铺设、拆除
4	顶升、提升装置
5	大型设备专用机具
6	焊接工艺评定
7	胎（模）具制作、安装、拆除
8	防护棚制作安装拆除
9	特殊地区施工增加
10	安装与生产同时进行施工增加
11	在有害身体健康环境中施工增加
12	工程系统检测、检验
13	设备、管道施工的安全、防冻和焊接保护
14	焦炉烘炉、热态工程
15	管道安拆后的充气保护
16	隧道内施工的通风、供水、供气、供电、照明及通信设施
17	脚手架搭拆
18	其他措施

注：由国家或地方检测部门进行的各类检测，指安装工程不包括的属于经营服务性项目，如通电测试、

防雷装置检测、安全、消防工程检测、室内空气质量检测等。

知识点2 通用措施项目

该表中的措施项目一般不能计算工程量，以“项”为计量单位计量。通用措施项目见表3-2-2。

表 3-2-2　通用措施项目一览表

序号	项目名称
1	安全文明施工（含环境保护、文明施工、安全施工、临时设施）
2	夜间施工增加
3	非夜间施工增加
4	二次搬运
5	冬雨季施工增加
6	已完工程及设备保护
7	高层施工增加

（1）非夜间施工增加：为保证工程施工正常进行，在地下（暗）室、设备及大口径管道内等特殊施工部位施工时所采用的照明设备的安拆、维护及照明用电、通风等；在地下（暗）室等施工引起的人工工效降低以及由于人工工效降低引起的机械降效。

（2）高层施工增加：高层施工引起的人工工效降低以及由于人工工效降低引起的机械降效；通信联络设备的使用。

1）单层建筑物檐口高度超过 20m，多层建筑物超过 6 层时，应分别列项。

2）突出主体建筑物顶的电梯机房、楼梯出口间、水箱间、瞭望塔、排烟机房等不计入檐口高度。计算层数时，地下室不计入层数。

知识点3 安装施工措施项目编制

安装施工措施项目编制方法见表 3-2-3。

表 3-2-3　安装施工措施项目编制方法

工程项目类别	措施项目清单列项
拟建工程中有工艺钢结构预制安装和工业管道预制安装	平台铺设、拆除
拟建工程中有设备、管道冬雨季施工，有易燃易爆、有害环境施工，或设备、管道焊接质量要求较高	设备、管道施工的安全防冻和焊接保护
拟建工程中有三类容器制作、安装，有超过 10MPa 的高压管道敷设	工程系统检测、检验
拟建工程中有冶金炉窑	焦炉烘炉、热态工程
拟建工程中有洁净度、防腐要求较高的管道安装	管道安拆后的充气保护
拟建工程中有隧道内设备、管道安装	隧道内施工的通风、供水、供气、供电、照明及通信设施
拟建工程有大于 40t 的设备安装	金属抱杆安装拆除、移位

·典型例题·

1. ［**2020 真题·多选**］以下属于专业措施项目检测的有（　　）。

A. 通风系统测试　　　　B. 消防工程检测

C. 防雷装置检测　　D. 通电测试

［解析］由国家或地方检测部门进行的各类检测，指安装工程不包括的属经营服务性项目，如通电测试，防雷装置检测，安全、消防工程检测，室内空气质量检测等。

2.［2019 真题·多选］根据《通用安装工程工程量计算规范》（GB 50856—2013），以下选项属于通用措施项目的有（　　）。

A. 非夜间施工增加　　B. 脚手架搭设

C. 高层施工增加　　D. 工程系统检测

［解析］选项 B、D 属于专业措施项目。

3.［2017 真题·多选］依据《通用安装工程工程量计算规范》（GB 50856—2013），措施项目清单中，属于专业措施项目的有（　　）。

A. 二次搬运　　B. 平台铺设、拆除

C. 焊接工艺评定　　D. 防护棚制作、安装、拆除

［解析］本题考查专业措施项目。选项 B、C、D 属于专业措施项目。选项 A 属于通用措施项目。

答案：1. BCD　2. AC　3. BCD

同步强化训练

一、单项选择题（每题的备选项中，只有 1 个最符合题意）

1. 根据《通用安装工程工程量计算规范》的规定，项目编码第五、六位数字表示的是（　　）。

A. 工程类别　　B. 专业工程

C. 分部工程　　D. 分项工程

2. 项目编码前六位为 030803 的是（　　）。

A. 切削设备安装工程　　B. 给排水管道

C. 高压管道　　D. 管道附件

3. 编码前四位为 0310 的是（　　）。

A. 机械设备安装工程　　B. 通风空调工程

C. 工业管道工程　　D. 给排水、采暖、燃气工程

4. 在编制一般工艺钢结构预制安装工程措施项目清单时，当拟建工程中有工艺钢结构预制安装，有工业管道预制安装，可列项的是（　　）。

A. 平台铺设、拆除　　B. 防冻防雨措施

C. 焊接保护措施　　D. 焊缝真空检验

二、多项选择题（每题的备选项中，有 2 个或 2 个以上符合题意，至少有 1 个错项）

1. 下列关于安装工业管道与市政工程管网工程的界定，叙述正确的有（　　）。

A. 给水管道以厂区入口水表井为界

B. 排水管道以厂区围墙外第一个污水井为界

C. 热力以厂区入口第一个计量表（阀门）为界

D. 燃气以市政管道碰头井为界

2. 低压碳钢管的“工程内容”有（　　）。
   A. 压力试验
   B. 吹扫、清洗
   C. 脱脂
   D. 除锈、刷油、防腐蚀
3. 依据《通用安装工程工程量计算规范》的规定，项目安装高度若超过基本高度时，应在项目特征中描述。各附录基本安装高度为 5m 的项目名称为（　　）。
   A. 附录 D 电气设备安装工程
   B. 附录 J 消防工程
   C. 附录 K 给排水、采暖、燃气工程
   D. 附录 E 建筑智能化工程
4. 下列属于安装工程专业措施项目的有（　　）。
   A. 组装平台
   B. 大型机械设备进出场及安拆
   C. 脚手架搭拆
   D. 工业系统检测、检验
5. 安装专业工程措施项目中，焦炉烘炉、热态工程的工作内容包括（　　）。
   A. 烘炉安装、拆除、外运
   B. 有害化合物防护
   C. 安装质量监督检验检测
   D. 热态作业劳保消耗
6. 安装专业工程措施项目中，安装与生产同时进行施工增加的工作内容包括（　　）。
   A. 火灾防护
   B. 噪声防护
   C. 有害化合物防护
   D. 粉尘防护
7. 安装专业工程措施项目中，夜间施工增加的工作内容包括（　　）。
   A. 施工现场采用彩色、定型钢板，砖、混凝土砌块等围挡的安砌、维修、拆除
   B. 夜间施工现场交通标志、安全标牌、警示灯等的设置、移动、拆除
   C. 夜间照明设备及照明用电、施工人员夜班补助、夜间施工劳动效率降低等
   D. 夜间固定照明灯具和临时可移动照明灯具的设置、拆除

参考答案及解析

一、单项选择题

1. ［答案］C

   ［解析］第一级编码表示工程类别。第二级编码表示各专业工程。第三级编码表示各专业工程下的各分部工程，采用两位数字（第五、六位数字）表示。第四级编码表示各分部工程的各分项工程，即表示清单项目，采用三位数字（第七、八、九位数字）表示。第五级编码表示清单项目名称顺序码，采用三位数字（第十、十一、十二位数字）表示，由清单编制人员所编列，可有1～999个子项。

2. ［答案］C

   ［解析］本题的考点是清单项目编码。第三

级编码表示各专业工程下的各分部工程。采用两位数字（第五、六位数字）表示。如030101为“切削设备安装工程”；030803为“高压管道”分部工程。

3. ［答案］D

［解析］机械设备安装工程（编码：0301）；通风空调工程（编码：0307）；工业管道工程（编码：0308）；给排水、采暖、燃气工程（编码：0310）。

4. ［答案］A

［解析］下列内容将决定安装专业工程措施项目可能列项：①当拟建工程中有工艺钢结构预制安装，有工业管道预制安装，措施项目清单可列项“平台铺设、拆除”；②当拟建工程中有设备、管道冬雨季施工，有易燃易爆、有害环境施工，或设备、管道焊接质量要求较高，措施项目清单可列项“设备、管道施工的安全防冻和焊接保护”；③当拟建工程中有三类容器制作安装，有超过10MPa的高压管道敷设，措施项目清单可列项“工程系统检测、检验”；④当拟建工程中有冶金炉窑，措施项目清单可列项“焦炉烘炉、热态工程”；⑤当拟建工程中有洁净度、防腐要求较高的管道安装，措施项目清单可列项“管道安拆后的充气保护”；⑥当拟建工程中有隧道内设备、管道安装，措施项目清单可列项“隧道内施工的通风、供水、供气、供电、照明及通信设施”；⑦当拟建工程有大于40t的设备安装，措施项目清单可列项“金属抱杆安装拆除、移位”；⑧当拟建工程在高原、高寒或地震多发地区进行施工时，措施项目清单可列项“特殊地区施工增加”。

二、多项选择题

1. ［答案］ABC

［解析］安装工业管道与市政工程管网工程的界定：给水管道以厂区入口水表井为界；排水管道以厂区围墙外第一个污水井为界；热力和燃气以厂区入口第一个计量表（阀门）为界。

2. ［答案］ABC

［解析］030801001低压碳钢管，此项“工程内容”有：①安装；②压力试验；③吹扫、清洗；④脱脂。

3. ［答案］ABD

［解析］项目安装高度若超过基本高度时，应在“项目特征”中描述。《通用安装工程工程量计算规范》规定安装工程各附录基本安装高度为：附录A机械设备安装工程10m，附录D电气设备安装工程5m，附录E建筑智能化工程5m，附录G通风空调工程6m，附录J消防工程5m，附录K给排水、采暖、燃气工程3.6m，附录M刷油、防腐蚀、绝热工程6m。

4. ［答案］ACD

［解析］根据表3-2-1，选项A、C、D属于安装工程专业措施项目。

5. ［答案］AD

［解析］焦炉烘炉、热态工程：烘炉安装、拆除、外运；热态作业劳保消耗。

6. ［答案］AB

［解析］安装与生产同时进行施工增加：火灾防护；噪声防护。在有害身体健康环境中施工增加：有害化合物防护；粉尘防护；有害气体防护；高浓度氧气防护。

7. ［答案］BCD

［解析］夜间施工增加：夜间固定照明灯具和临时可移动照明灯具的设置、拆除；夜间施工时，施工现场交通标志、安全标牌、警示灯等的设置、移动、拆除；夜间照明设备及照明用电、施工人员夜班补助、夜间施工劳动效率降低等。临时设施：施工现场采用彩色、定型钢板，砖、混凝土砌块等围挡的安砌、维修、拆除等。

第四章
通用设备安装工程技术与计量

本章包括机械设备工程、热力设备工程、消防工程、电气照明及动力设备工程四部分内容，历年考试分值在30分左右，所占分值较多，章节篇幅较大。机械设备工程每年所占分值为8分，设备清洗、设备基础、固体输送设备、泵、风机、压缩机为考试的重点内容，但考点较简单，属于必拿分项。热力设备工程历年所占分值为4.5分左右，包括锅炉主要的性能指标、过热器、省煤器、锅炉安全附件、煤气净化设备等重点内容。消防工程占7分左右，重点掌握水灭火系统、气体灭火系统、固定消防炮灭火系统、火灾自动报警系统、消防工程计量等内容。电气照明及动力设备工程所占分值为7分左右，重点掌握常用电光源及特性、电动机启动方式、熔断器、继电器、配管配线工程等。

知识脉络

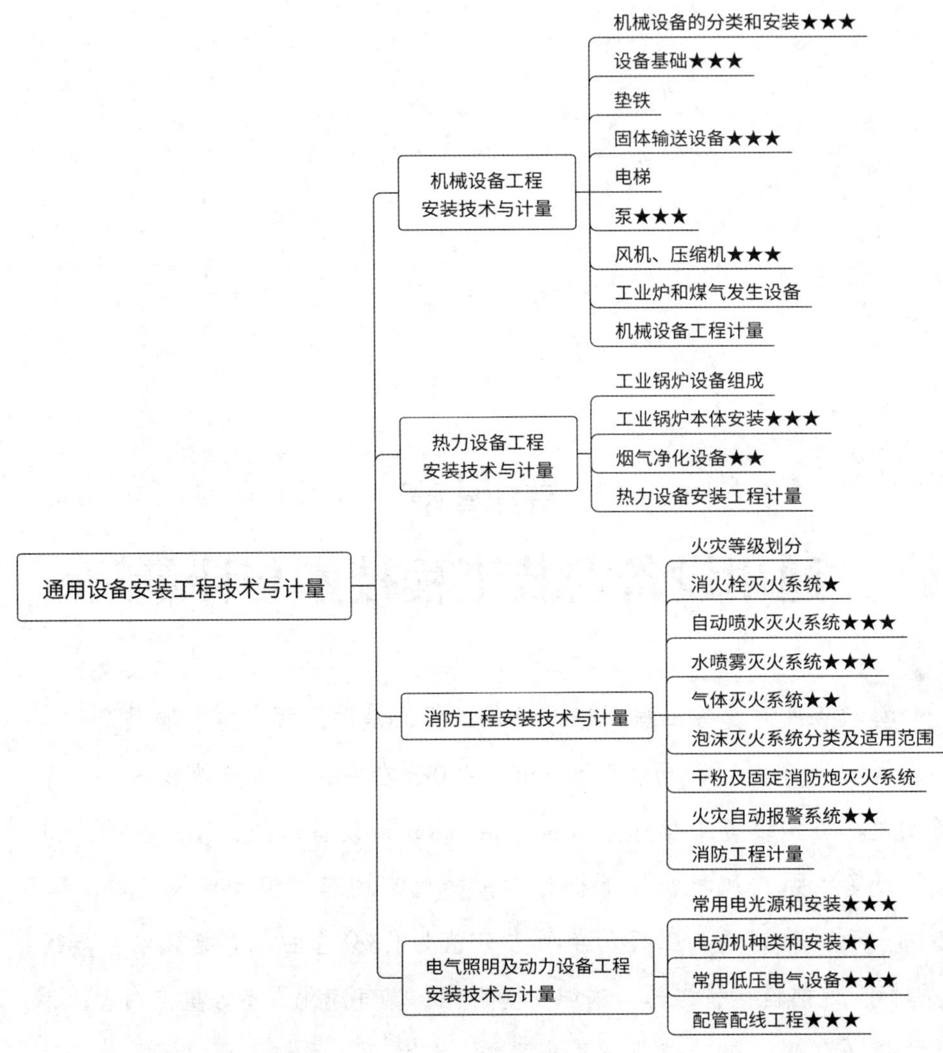
通用设备安装工程技术与计量
机械设备工程安装技术与计量
机械设备的分类和安装★★★
设备基础★★★
垫铁
固体输送设备★★★
电梯
泵★★★
风机、压缩机★★★
工业炉和煤气发生设备
机械设备工程计量
热力设备工程安装技术与计量
工业锅炉设备组成
工业锅炉本体安装★★★
烟气净化设备★★
热力设备安装工程计量
消防工程安装技术与计量
火灾等级划分
消火栓灭火系统★
自动喷水灭火系统★★★
水喷雾灭火系统★★★
气体灭火系统★★
泡沫灭火系统分类及适用范围
干粉及固定消防炮灭火系统
火灾自动报警系统★★
消防工程计量
电气照明及动力设备工程安装技术与计量
常用电光源和安装★★★
电动机种类和安装★★
常用低压电气设备★★★
配管配线工程★★★

第一节　机械设备工程安装技术与计量

知识点 1　机械设备的分类和安装

一、机械设备的分类

（一）按照使用范围分类

机械设备按照使用范围分类见表 4-1-1。

表 4-1-1　机械设备按照使用范围分类

类型	主要设备
通用机械设备	金属切削设备、锻压设备、铸造设备、泵、压缩机、风机、电动机、起重运输机械
专用机械设备	专门用于某个领域生产的机械设备。如火力、水力发电设备，核电设备，矿业设备，纺织设备，石油化工设备，冶金设备，建材设备等

（二）按照在生产中所起作用分类

机械设备按照在生产中所起的作用分类见表 4-1-2。

表 4-1-2　机械设备按照在生产中所起作用分类

类型	主要设备
粉碎和筛分机械	破碎机、球磨机、振动筛
冷冻机械	冷冻机、结晶器
搅拌与分离机械	搅拌机、过滤器、离心机、脱水机、压滤机
成型和包装机械	扒料机
动力机械	汽轮机、发电机、电动机
污水处理机械	刮油机、刮泥机、污泥（油）输送机

二、机械设备安装

机械设备安装分为整体安装、解体安装和模块化安装。一般安装程序：施工准备→设备开箱检查→基础测量放线→基础检查验收→垫铁设置→设备吊装就位→设备安装调整→设备固定与灌浆→设备零部件清洗与装配→润滑与设备加油→设备试运转→工程验收。

设备及零部件清洗要求见表 4-1-3。

表 4-1-3　设备及零部件清洗要求

设备及零部件	清洗要求
设备清洗	（1）装配件表面除锈及污垢清除：碱性清洗液、乳化除油液 （2）设备加工表面上的防锈漆：采用相应的稀释剂、脱漆剂清洗
精密零件、滚动轴承	不得用喷洗法
设备及大、中型部件的局部清洗	宜采用溶剂油、航空洗涤汽油、轻柴油、乙醇和金属清洗剂进行擦洗、涮洗
中小型形状复杂的装配件	（1）多步清洗法或浸、涮结合清洗 （2）加热浸洗，控制清洗液温度，被清洗件不得接触容器壁
形状复杂、污垢黏附严重的装配件	宜采用溶剂油、蒸汽、热空气、金属清洗剂和三氯乙烯等清洗液喷洗

续表

设备及零部件	清洗要求
形状复杂、污垢黏附严重、清洗要求高的装配件	宜采用溶剂油、清洗汽油、轻柴油、金属清洗剂、三氯乙烯和碱液等浸—喷联合清洗
装配件最后清洗	宜采用超声波装置，并采用溶剂油、清洗汽油、轻柴油、金属清洗剂和三氯乙烯等清洗

总结：(1) 装配件：形状复杂（中小型）浸、涮结合→形状复杂（污垢黏附）喷洗→形状复杂（污垢黏附且清洗要求高）浸—喷联合清洗→最后清洗超声波装置。

(2) 设备局部清洗→擦和涮洗。

(3) 精密零件、滚动轴承不得用喷洗法。

润滑脂和润滑油见表 4-1-4。

表 4-1-4 润滑脂和润滑油

项目	内容
润滑脂优点	更高的承载能力和更好的阻尼减震能力。较低的蒸发速度，基础油爬行倾向小。能形成具有一定密封作用的脂圈，有利于在潮湿和多尘环境中使用。牢固地黏附在润滑表面，在倾斜甚至垂直表面上不流失。可简化设备的设计与维护。黏附性好，不易流失，停机后再启动仍可保持满意的润滑状态
润滑脂缺点	冷却散热性能差，内摩擦阻力大，供脂换脂不如润滑油方便
润滑脂用途	散热要求和密封设计不是很高的场合；重负荷和震动负荷、中速或低速、经常间歇或往复运动的轴承；特别是处于垂直位置的机械设备，如轧机轴承润滑
润滑油用途	散热要求高、密封好、设备润滑剂需要起到冲刷作用的场合，如球磨机滑动轴承润滑

·典型例题·

1. ［2020 真题·单选］ 下列机械中，属于粉碎及筛分机械的是（　）。

A. 压缩机　　B. 提升机

C. 球磨机　　D. 扒料机

［解析］ 粉碎及筛分机械，如破碎机、球磨机、振动筛等。压缩机属于气体输送和压缩机械；提升机属于固体输送机械；扒料机属于成型和包装机械。

2. ［2020 真题·单选］ 和润滑油相比，润滑脂具有的特点是（　）。

A. 冷却散热性能好　　B. 基础油爬行倾向大

C. 蒸发速度较低　　D. 阻尼减震能力小

［解析］ 与可比黏度的润滑油相比，润滑脂具有更高的承载能力和更好的阻尼减震能力。由于稠化剂结构体系的吸收作用，润滑脂具有较低的蒸发速度，因此在缺油润滑状态下，特别是在高温和长周期运行中，润滑脂有更好的特性。与可比黏度的润滑油相比，润滑脂的基础油爬行倾向小。

3. ［2021 真题·多选］ 对形状复杂、污垢黏附严重的滚动轴承，可采用的清洗方法有（　）。

A. 溶剂油擦洗　　B. 金属清洗剂浸洗

C. 蒸汽喷洗　　D. 二氯乙烯涮洗

［解析］ 对形状复杂、污垢黏附严重的装配件，宜采用溶剂油、蒸汽、热空气、金属清洗

第四章

剂和三氯乙烯等清洗液进行喷洗；对精密零件、滚动轴承等不得用喷洗法。

答案：1. C　2. C　3. AB

知识点 2　设备基础

一、设备基础

（1）设备基础按组成材料不同分为砖基础、素混凝土基础、钢筋混凝土基础和垫层基础等，见表 4-1-5。

表 4-1-5　设备基础按组成材料不同分类

类别	应用
砖基础、素混凝土基础	适用于承受荷载较小、变形不大的设备基础
钢筋混凝土基础	适用于承受荷载较大、变形较大的设备基础
垫层基础	适用于使用后允许产生沉降的结构，如大型储罐等

（2）设备基础按埋置深度不同分为浅基础和深基础，见表 4-1-6。

表 4-1-6　设备基础按埋置深度不同分类

类别	特点及应用
浅基础分为扩展基础、联合基础和独立基础（仅介绍后两者）	
联合基础	适用于底面积受到限制、地基承载力较低、对允许振动线位移控制较严格的大型动力设备基础，如轧机、铸造生产线、玻璃生产线等
独立基础	配置于上部设备之下的无筋或有筋的整体基础形式
深基础分为桩基础和沉井基础	
桩基础	适用于需要减少基础振幅、减弱基础振动或控制基础沉降和沉降速率的精密、大型设备的基础，如透平压缩机、汽轮发电机组、锻压设备
沉井基础	用混凝土或钢筋混凝土制成的井筒式基础，如冶炼、石油化工工程的烟囱和火炬，发电厂的洗涤塔等的基础

（3）按结构形式不同，设备基础分为大块式基础、箱式基础和框架式基础。其中，大块式基础是以钢筋混凝土为主要材料、刚度很大的块体基础，广泛应用于设备基础；框架式基础是由顶层梁板、立柱和底层梁板结构组成的基础，适用于作为电机、压缩机等设备的基础。

（4）按使用功能不同，设备基础分为减振基础和绝热层基础。

二、地脚螺栓

地脚螺栓的类别及特点应用见表 4-1-7。

表 4-1-7　地脚螺栓的类别及特点应用

类别	特点及应用
地脚螺栓分类	固定地脚螺栓、活动地脚螺栓、锚固式地脚螺栓、粘接地脚螺栓（记忆口诀：固活锚粘）
固定地脚螺栓（短地脚螺栓）（见图 4-1-1）	与基础浇灌在一起，底部做成开叉形、环形、钩形等形状，防止地脚螺栓旋转和拔出。适用于没有强烈震动和冲击的设备（记忆口诀：固无震冲）
活动地脚螺栓（长地脚螺栓）（见图 4-1-2）	可拆卸，适用于有强烈震动和冲击的重型设备（记忆口诀：活可拆有震冲）

续表

类别	特点及应用
胀锚地脚螺栓 （见图 4-1-3）	中心到基础边沿的距离≥7 倍胀锚直径，安装胀锚的基础强度≥10MPa。用于固定静置的简单设备或辅助设备（记忆口诀：锚静简辅）
地脚螺栓的埋设方法	直埋地脚螺栓、后埋地脚螺栓
直埋地脚螺栓	（1）优点：混凝土一次浇筑成型，强度均匀，整体性强，抗剪强度高 （2）缺点：螺栓无固定支撑点，螺栓定位出现误差，则处理相当烦琐
后埋地脚螺栓	（1）优点：螺栓有可靠的支撑点，定位准确，不容易出现误差 （2）缺点：预留孔洞部分混凝土浇筑后硬化收缩，容易与原混凝土之间产生裂缝，降低整体的抗剪强度，影响结构的整体耐久性

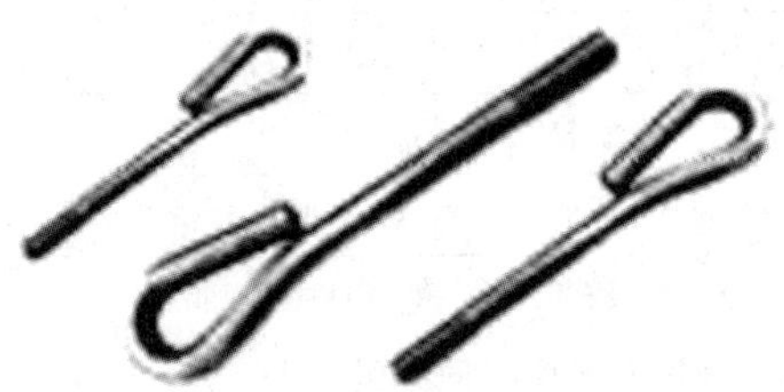

图 4-1-1 固定地脚螺栓

图 4-1-2 活动地脚螺栓

图 4-1-3 胀锚地脚螺栓

第四章

·典型例题·

1. ［2019 真题·单选］某地脚螺栓可拆卸，螺栓比较长，一般都是双头螺纹或一头螺纹、另一头 T 字形的形式，适用于有强烈震动和冲击的重型设备固定。该地脚螺栓为（　　）。

A. 固定地脚螺栓　　B. 胀锚地脚螺栓

C. 活动地脚螺栓　　D. 粘接地脚螺栓

［解析］活动地脚螺栓，又称长地脚螺栓，是一种可拆卸的地脚螺栓，这种地脚螺栓比较长，或者是双头螺纹的双头式，或者是一头螺纹、另一头 T 字形头的 T 形式。适用于有强烈震动和冲击的重型设备。

2. ［2014 真题·单选］机械设备安装工程中，常用于固定静置的简单设备或辅助设备的地脚螺栓为（　　）。

A. 长地脚螺栓　　B. 可拆卸地脚螺栓

C. 活动地脚螺栓　　D. 胀锚地脚螺栓

［解析］胀锚地脚螺栓：胀锚地脚螺栓中心到基础边沿的距离不小于 7 倍的胀锚直径，安装胀锚的基础强度不得小于 10MPa。常用于固定静置的简单设备或辅助设备。

答案：1. C　2. D

知识点3 垫铁

一、垫铁作用

垫铁使设备底座各部分与基础充分接触，具有减震、支撑的作用。垫铁的分类及使用特点见表 4-1-8。

表 4-1-8 垫铁的分类及使用特点

按垫铁的形状分类	使用特点
平垫铁（矩形垫铁）（见图 4-1-4）	用于承受主要负荷和较强连续振动的设备
斜垫铁（斜插式垫铁）（见图 4-1-5）	多用于不承受主要负荷（主要负荷基本上由灌浆层承受）的部位。承受负荷的垫铁组应使用成对斜垫铁，调平后用定位焊焊牢固，垫铁斜上平下见图 4-1-6
螺栓调整垫铁（见图 4-1-7）	只需拧动调整螺栓即可灵敏调节设备高低

图 4-1-4 平垫铁

图 4-1-5 斜垫铁

图 4-1-6 垫铁斜上平下

图 4-1-7 螺栓调整垫铁

二、垫铁的放置要求

（1）每个地脚螺栓旁边至少应放置一组垫铁，应放在靠近地脚螺栓和底座主要受力部位下方。相邻两组垫铁距离一般应保持 500～1 000mm，见图 4-1-8。

（2）每一组垫铁内，斜垫铁放在最上面，单块斜垫铁下面应有平垫铁。

（3）不承受主要负荷的垫铁组，只使用平垫铁和一块斜垫铁。

（4）承受主要负荷且在设备运行时产生较强连续振动时，垫铁组不能采用斜垫铁，只能采用平垫铁。

（5）每组垫铁总数≤5 块，并将各垫铁焊牢。

（6）在垫铁组中，厚垫铁放在下面，薄垫铁放在上面，最薄的安放在中间，且不宜小于 2mm，以免发生翘曲变形。（上薄、中 2mm 最薄、下厚）

（7）垫铁组伸入设备底座底面的长度应超过设备地脚螺栓的中心。

（8）同一组垫铁几何尺寸要相同。设备调平后，垫铁端面应露出设备底面外缘，平垫铁宜露出 10～30mm（见图 4-1-9），斜垫铁宜露出 10～50mm。

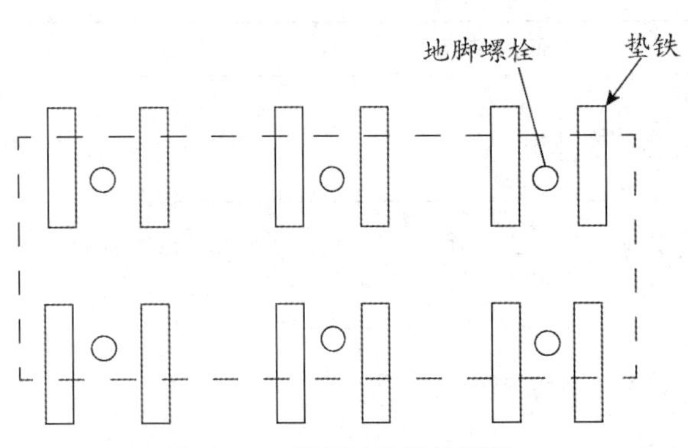

图 4-1-8　相邻两组垫铁距离

图 4-1-9　平垫铁宜露出 10～30mm

·典型例题·

1.［2017 真题·单选］垫铁安装在设备底座下起减震、支撑作用，下列说法正确的是（　　）。

A. 最薄垫铁安放在垫铁组最上面

B. 最薄垫铁安放在垫铁组最下面

C. 斜垫铁安放在垫铁组最上面

D. 斜垫铁安放在垫铁组最下面

［解析］斜垫铁（又名斜插式垫铁）多用于不承受主要负荷（主要负荷基本上由灌浆层承受）的部位。每一组垫铁内，斜垫铁放在最上面，单块斜垫铁下面应有平垫铁。不承受主要负荷的垫铁组，只使用平垫铁和一块斜垫铁即可；承受主要负荷的垫铁组，应使用成对斜垫铁；承受主要负荷且在设备运行时产生较强连续振动时，垫铁组不能采用斜垫铁，只能采用平垫铁。每组垫铁总数一般不超过 5 块。在垫铁组中，厚垫铁放在下面，薄垫铁放在上面，最薄的安放在中间，且不宜小于 2mm，以免发生翘曲变形。

2.［2015 真题·单选］既能够承受主要负荷又能承受设备运行时产生较强连续振动的垫铁是（　　）。

A. 三角形垫铁　　　　B. 矩形垫铁

C. 梯形垫铁　　　　D. 菱形垫铁

［解析］平垫铁（又名矩形垫铁）用于承受主要负荷和较强连续振动的设备。

3.［2012 真题·多选］设备安装时，垫铁组正确安放的方法有（　　）。

A. 斜垫铁放在平垫铁上面

B. 厚垫铁置于薄垫铁上面

C. 同一组垫铁几何尺寸相同

D. 斜垫铁必须成对使用

［解析］本题考查机械设备安装的垫铁安装要求。每一组垫铁内，斜垫铁放在最上面，单

块斜垫铁下面应有平垫铁，选项A正确。在垫铁组中，厚垫铁放在下面，薄垫铁放在上面，最薄的安放在中间，且不宜小于2mm，以免发生翘曲变形，选项B错误。同一组垫铁几何尺寸要相同，选项C正确。不承受主要负荷的垫铁组，只使用平垫铁和一块斜垫铁即可，斜垫铁可以单独使用；承受主要负荷的垫铁组，应使用成对斜垫铁，找平后用定位焊焊牢；承受主要负荷且在设备运行时产生较强连续振动时，垫铁组不能采用斜垫铁，只能采用平垫铁，选项D错误。

答案：1.C　2.B　3.AC

知识点4　固体输送设备

扫码听课

一、带式输送机

带式输送机见图4-1-10。

(a) 平型带式输送机

(b) 槽型带式输送机

图4-1-10　带式输送机

(1) 运输方向：水平方向运输，一定倾斜角向上或向下运输。

(2) 结构简单、运行、安装、维修方便，节省能量，操作安全可靠，使用寿命长。经济性好，在规定的距离内，每吨物料运输费用较其他类型的运输设备低。

(3) 输送物料类型见表4-1-9。

表4-1-9　输送物料类型

带式输送机	输送物料类型
平型带式输送机	用来搬运箱装、袋装、包装成件物品或物料，以及邮件及装配厂内的零部件
槽型带式输送机	输送散装固体物料
拉链式带式输送机	运送粉末状的、块状的或片状的颗粒物料

二、斗式提升输送机

对于提升倾角大于20°的散装固体物料，大多数标准输送机受到限制，需要采用提升输送机，包括斗式提升机、斗式输送机和吊斗式提升机（见图4-1-11）等几种类型，具体内容见表4-1-10。

表 4-1-10　斗式提升输送机的类型、特点及应用

类型	特点	应用
吊斗式提升输送机	（1）吊斗在垂直或倾斜轨道上运行的间断输送设备 （2）结构简单，维修量很小，输送能力可大可小，输送混合物料的离析很小	适用于大多间歇的提升作业，铸铁块、焦炭、大块物料等均能得到很好的输送
转斗式输送机（见图 4-1-12）	（1）料斗能移动至卸料点自动翻转卸出物料，卸料便捷 （2）结构简单，操作维护方便，克服现有输送设备输送效率低、能耗大、卸料点单一等不足 （3）缺点是输送速度较慢，间歇作业	适用于既需要垂直提升又需要水平位移的块状、糊状、有毒有害物料的输送
链斗式输送机（见图 4-1-13）	（1）以沿轨道运行的料斗来水平或倾斜输送物料的设备，可以实现物料水平与垂直提升为一体 （2）一种特殊用途的设备，因为其输送速度慢，输送能力较低，投资比其他斗式提升机高，只有在其他标准型输送机不能满足要求时才考虑采用	广泛应用于电站、矿山、煤炭等行业温度小于或等于 200℃ 物料的输送，如锅炉灰渣、水泥熟料、矿渣、焦炭、碎石等容重大、块度大、具有锋利锐角和磨琢性强的物料

图 4-1-11　吊斗提升机

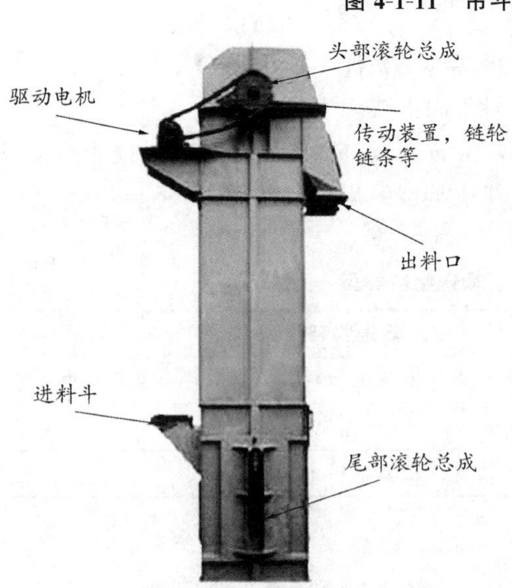

图 4-1-12　转斗式输送机

图 4-1-13　链斗式输送机

三、链式输送机

根据在链条上安装附件的不同，可分为鳞板输送机、刮板输送机、埋刮板输送机，见图4-1-14。

（a）鳞板输送机

（b）刮板输送机

（c）埋刮板输送机

（d）刮板

图 4-1-14 链式输送机

链式输送机的类型、特点及应用见表 4-1-11。

表 4-1-11 链式输送机的类型、特点及应用

输送机类型	特点	应用
鳞板输送机	输送能力大，运转费用低	输送大量繁重散装固体、具有磨琢性物料
刮板输送机	—	（1）输送粒状和块状、流动性好、非磨琢性、非腐蚀或中等腐蚀性物料 （2）不适宜输送高温、有毒、易爆易燃、磨损性、腐蚀性、脆性大又不希望被破碎的物料
埋刮板输送机	全封闭式机壳，被输送的物料在机壳内移动，不污染环境，能防止灰尘逸出，或者采用惰性气体保护被输送物料	（1）输送粉状的、小块状的、片状和粒状的物料 （2）输送有毒、有爆炸性的物料，除尘器收集的滤灰等

四、螺旋输送机

螺旋输送机见图 4-1-15。

图 4-1-15 螺旋输送机

（1）有轴螺旋输送机比无轴螺旋输送机能力大，适用于无黏性的干粉物料和小颗粒物料，如水泥、矿砂、粉煤灰、石灰、粮食等的输送。

（2）无轴螺旋输送机适用于有黏性的和易缠绕的物料，如污泥、生物质、垃圾等的输送。

（3）螺旋输送机设计简单、造价低廉。输送块状、纤维状或黏性物料时，被输送的固体物料有压结倾向。

五、振动输送机

振动输送机见图 4-1-16。

图 4-1-16　振动输送机

（1）振动输送机结构简单，操作方便，安全可靠。与其他连续输送机相比，初始价格高，维护费用低，运行费用低（耗能低），输送能力有限。（一高两低）

（2）输送具有磨琢性、化学腐蚀性或有毒的散状或含泥固体物料，高温物料；可在防尘、有气密要求或在有压力情况下输送物料。不能输送黏性强的、易破损的、含气的物料，不能大角度向上倾斜输送物料。

·典型例题·

1.［**2022 真题·单选**］某输送机的设计简单，造价低廉，输送块状、纤维状或黏性物料时被输送的固体物料有压结倾向。这类输送机是（　　）。

A. 带式输送机　　B. 螺旋输送机

C. 振动输送机　　D. 链式输送机

［**解析**］螺旋输送机是指散状物料借助于螺旋面的转动在机壳内呈轴向移动，可广泛用来传送、提升和装卸散状固体物料。螺旋输送机的设计简单、造价低廉，输送块状、纤维状或黏性物料时被输送的固体物料有压结倾向。螺旋输送机输送长度受传动轴及联接轴允许转矩大小的限制。

2.［**2016 真题·单选**］具有全封闭式的机壳，被输送的物料在机壳内移动，不污染环境，能防止灰尘逸出的固体输送设备是（　　）。

A. 平型带式输送机　　B. 转斗式输送机

C. 鳞板输送机　　D. 埋刮板输送机

［**解析**］埋刮板输送机的主要优点是全封闭式的机壳，被输送的物料在机壳内移动，不污染环境，能防止灰尘逸出，或者采用惰性气体保护被输送物料。

3.［**2012 真题·单选**］固体散料输送设备中，振动输送机的工作特点为（　　）。

A. 能输送黏性强的物料

B. 能输送具有化学腐蚀性或有毒的散状固体物料

C. 能输送易破损的物料

D. 能输送含气的物料

［**解析**］振动输送机可以输送具有磨琢性、化学腐蚀性的或有毒的散状或含泥固体物料，甚至输送高温物料。振动输送机可以在防尘、有气密要求或在有压力情况下输送物料。振动输送机结构简单，操作方便，安全可靠。振动输送机与其他连续输送机相比，其初始价格较高，而维护

第四章

费用较低。振动输送机输送物料时需要的功率较低，因此运行费用较低，但输送能力有限，且不能输送黏性强的物料、易破损的物料、含气的物料，同时不能大角度向上倾斜输送物料。

答案：1.B　2.D　3.B

知识点 5　电梯

一、电梯分类

（1）依据《电梯主参数及轿厢、井道、机房的型式与尺寸》（GB/T 7025—2008），电梯可分为六类，具体见表 4-1-12。

表 4-1-12　电梯的分类及应用

分类	应用
Ⅰ类	运送乘客
Ⅱ类	运送乘客，同时也可运送货物
Ⅲ类	运送病床（包括病人）及医疗设备
Ⅳ类	运送通常由人伴随的货物
Ⅴ类	杂物电梯
Ⅵ类	为适应交通流量和频繁使用而特别设计的电梯

Ⅱ类电梯与Ⅰ、Ⅲ、Ⅳ类电梯的本质区别在于轿厢内的装饰。

（2）速度 0.5～6.0m/s 常用于电力驱动电梯，速度 0.4～1.0m/s 常用于液压电梯。频繁使用或为大交通流量而特别设计的电梯主要用于提升高度超过 15 层的建筑内，电梯速度至少为 2.5m/s。

（3）调频调压调速电梯（VVVF 驱动的电梯）采用微机、逆变器、PWM 控制器、速度电流等反馈系统。在调节定子频率的同时，调节定子中电压，以保持磁通恒定，使电动机力矩不变，其性能优越，安全可靠，速度可达 6m/s。

二、电梯系统的组成

电梯由机械和电气两大系统组成，见图 4-1-17。

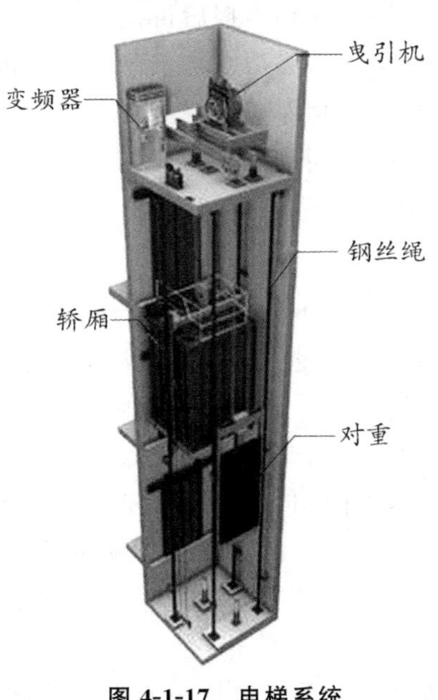

图 4-1-17　电梯系统

机械系统由曳引系统、轿厢和对重装置、导向系统、厅轿门和开关门系统、机械安全保护系统等组成。

（一）引导系统

电梯的引导系统（见图 4-1-18），包括轿厢引导系统和对重引导系统。这两种系统均由导轨、导轨架和导靴三种机件组成。

（1）导轨。每台电梯均具有用于轿厢和对重装置的两组至少 4 列导轨。

（2）导轨架。每根导轨上至少应设置 2 个导轨架，各导轨架之间的间隔距离应不大于 2.5m。

（3）导靴。导靴安装在轿架和对重架上，是使轿厢和对重架沿着导轨上下运行的装置。电梯中常用的导靴有滑动导靴和滚轮导靴两种。

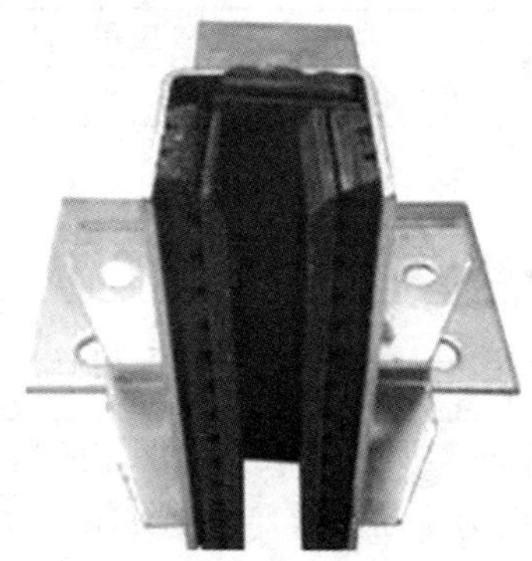

图 4-1-18 电梯引导系统

（二）机械安全保护系统

（1）限速装置和安全钳，是防止轿厢或对重装置意外坠落的安全设施之一。

（2）缓冲器，是用来吸收轿厢或对重装置动能的制动装置。

（三）电梯电气部分安装要求

（1）所有电气设备及导管、线槽外露导电部分应与保护线（PE 线）连接，接地支线应分别直接接到接地干线的接线柱上，不得互相连接后再接地。

（2）动力电路、控制电路、安全电路必须有与负荷匹配的短路保护装置，动力电路必须有过载保护装置。三相电源应有断相、错相保护功能。

（3）动力和电气安全装置的导体之间和导体对地之间的绝缘电阻不得小于 0.5MΩ，运行中的设备和线路绝缘电阻不应低于 1MΩ/ kV 。

·典型例题·

1.［**2022 真题·多选**］电梯电气部分安装要求中，说法正确的有（　　）。

A. 接地支线应分别直接接到接地干线的接线柱上，不得互相连接后再接地

B. 控制电路必须有过载保护装置

C. 三相电源应有断相、错相保护功能

D. 动力和电气安全装置的导体之间和导体对地之间的绝缘电阻不得大于 0.5MΩ

［**解析**］选项 B 错误，动力电路、控制电路、安全电路必须有与负荷匹配的短路保护装置，动力电路必须有过载保护装置。选项 D 错误，动力和电气安全装置的导体之间和导体对地之间的绝缘电阻不得小于 0.5MΩ。

2.［**2021 真题·多选**］电梯的引导系统包括轿厢引导系统和对重引导系统，这两种系统

第四章

均由（　　）组成。

A. 导向轮　　　　B. 导轨架

C. 导轨　　　　D. 导靴

［**解析**］电梯的引导系统包括轿厢引导系统和对重引导系统。这两种系统均由导轨、导轨架和导靴三种机件组成。

答案：1. AC　2. BCD

知识点6　泵

一、泵的种类

泵按照作用原理分为动力式泵、容积式泵及其他类型泵，见图4-1-19。

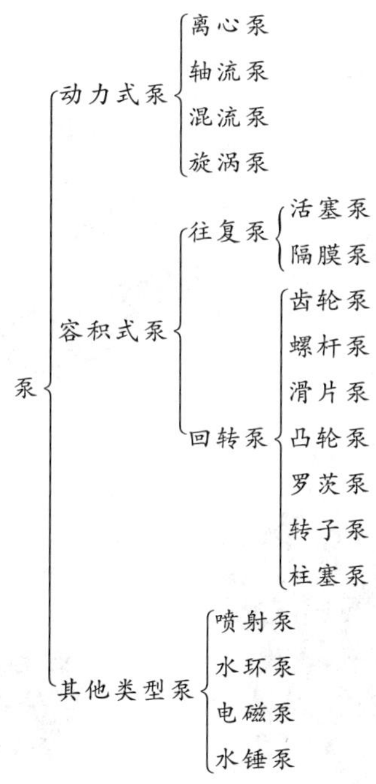

图4-1-19　泵的种类

泵的分类及特点见表4-1-13。

表4-1-13　泵的分类及特点

分类	特点	示例
动力式泵	依靠旋转的叶轮对液体的动力作用，传递能量	离心泵、轴流泵、混流泵、旋涡泵
容积式泵	依靠包容液体的密封工作空间容积的周期性变化，传递能量	往复泵、回转泵
其他类型泵	依靠流动的流体能量来输送液体	喷射泵、水环泵、水锤泵

二、常用泵的种类、特点及用途

（一）离心泵的基本性能参数

离心泵（见图4-1-20）的基本性能参数为：流量 Q（m^3/h，L/h）、扬程 H（m），必需汽蚀余量 Δh_r（m）、转速 n（转/min）、轴功率和效率 η。

图 4-1-20　离心泵

（二）常用离心泵

1. 多级离心水泵

多级离心水泵见图 4-1-21。

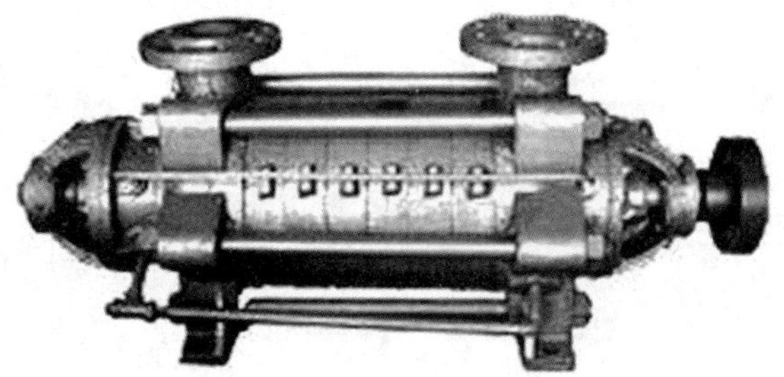

(a) 分段式多级离心水泵

(b) 中开式多级离心泵

图 4-1-21　多级离心水泵

多级离心水泵的类别、特点及应用见表 4-1-14。

表 4-1-14　多级离心水泵的类别、特点及应用

类别	特点	应用
分段式多级离心水泵	流量：5～720m^3/h，扬程：100～650mH$_2$O	矿山、工厂和城市输送常温清水和类似的液体
中开式多级离心泵（蜗壳式多级离心泵）	流量：450～1 500m^3/h，扬程：100～500mH$_2$O，排出压力：18MPa	流量较大、扬程较高的城市给水、矿山排水和输油管线

2. 离心式井泵

离心式井泵（见图 4-1-22）从井下抽取地下水，专供城市、矿山企业给排水、农田灌溉和降低地下水位等。

图 4-1-22　离心式井泵

离心式井泵的类别、特点及应用见表 4-1-15。

表 4-1-15　离心式井泵的类别、特点及应用

类别	特点	应用
深井泵	泵的流量：8～900m^3/h，扬程：10～150mH_2O左右。深井泵多属于立式单吸分段式多级离心泵	深井中抽水
浅井泵	主要工作部分只装一个工作叶轮，扬程较低	(1) 浅井中抽水 (2) 城镇、工矿、农垦、牧场大口径提水

3. 潜水泵

潜水泵见图 4-1-23。最大特点：电动机和泵制成一体，浸入水中进行抽吸和输送水。广泛应用于农田排灌、工矿企业、城市给排水和污水处理等。

图 4-1-23　潜水泵

4. 离心式锅炉给水泵、冷凝水泵及热循环泵

离心式锅炉给水泵、冷凝水泵及热循环泵的特点及应用见表 4-1-16。

表 4-1-16　离心式锅炉给水泵、冷凝水泵及热循环泵的特点及应用

类别	特点	应用
离心式锅炉给水泵	(1) 结构形式为分段式多级离心泵 (2) 流量要随锅炉负荷而变化	锅炉给水专业用泵，也可输送一般清水

续表

类别	特点	应用
离心式冷凝水泵	（1）结构形式有单级和多级，也有卧式和立式 （2）冷凝器内部真空度高，要求较高的气蚀性能	专供输送水蒸气冷却后的冷凝水用泵，是电厂的专用泵，多用于输送冷凝器内聚集的凝结水
热循环水泵	（1）结构形式均为单级离心泵 （2）泵的扬程一般不高	用于化工、橡胶、电站和冶金等行业。输送 100～250℃的高压热水

5. 屏蔽泵

屏蔽泵（无填料泵）见图 4-1-24。

图 4-1-24　屏蔽泵（无填料泵）

（1）特点：①叶轮与电动机的转子直联成一体，浸没在被输送液体中工作的泵；②绝对不泄漏。

（2）用途：①输送腐蚀性、易燃易爆、剧毒、有放射性及极为贵重的液体；②输送高压、高温、低温及高熔点的液体。

（三）轴流泵、混流泵和旋涡泵

轴流泵、混流泵和旋涡泵见图 4-1-25、图 4-1-26、图 4-1-27。

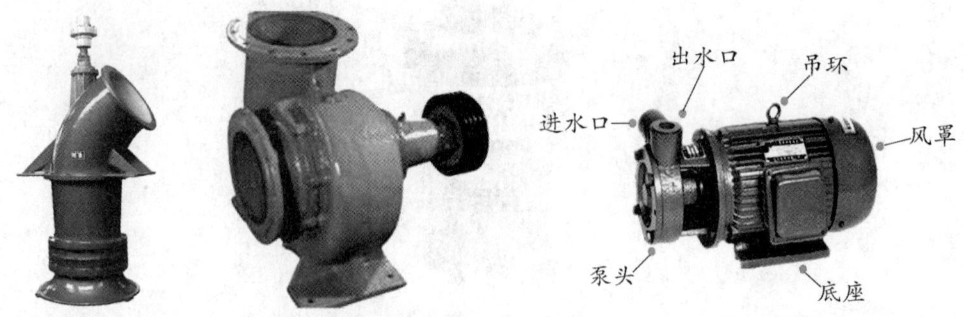

图 4-1-25　轴流泵　　图 4-1-26　混流泵　　图 4-1-27　旋涡泵

轴流泵、混流泵特点及应用见表 4-1-17。

表 4-1-17　轴流泵、混流泵特点及应用

类别	特点	应用
轴流泵	叶片式泵的一种，它输送的液体沿泵轴方向流动。卧式轴流泵流量 1 000m^3/h，扬程＜8mH_2O	适用于低扬程大流量送水

续表

类别	特点	应用
混流泵	主要混流泵有蜗壳式和导叶式两种形式。混流泵的比转数、流量高于离心泵、低于轴流泵；扬程比轴流泵高、比离心泵低	用于农业灌溉，城市排水；热电站作为循环水泵

（四）容积泵

容积泵的类别与特点见表 4-1-18。

表 4-1-18　容积泵的类别与特点

类别	特点	举例
往复泵	与离心泵相比，扬程无限高、流量与排出压力无关、具有自吸能力。缺点：流量不均匀	（1）隔膜计量泵：具有绝对不泄漏的优点，最适合输送和计量易燃、易爆、强腐蚀、剧毒、有放射性和贵重液体 （2）柱塞计量泵：结构简单，耐高温高压，被广泛应用于石油化工领域输送不含固体颗粒等腐蚀性或非腐蚀性液体。无阀旋转柱塞式计量泵被广泛应用于糖浆、巧克力、水泥助磨剂和石油添加剂等高黏度介质的计量添加。缺点是：计量介质和泵内润滑剂之间无法实现完全隔离，限制了在高防污染要求流体计量中的应用
回转泵（转子泵）	（1）特点：无吸入阀和排出阀、结构简单紧凑、占地面积小 （2）多用于油类液体和液压传动系统中，又称为油泵和液压泵	螺杆泵：主要特点是液体沿轴向移动，流量连续均匀，脉动小，流量随压力变化小，运转时无振动和噪声，泵的转数可高达 18 000r/min，能够输送黏度变化范围大的液体

容积泵见图 4-1-28。

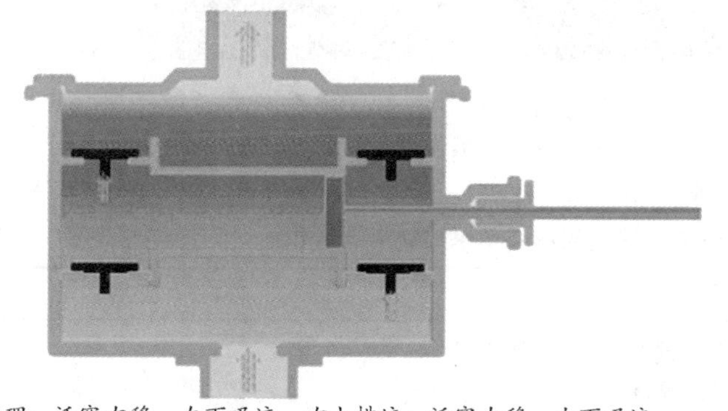

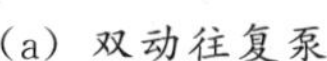
（a）双动往复泵

（b）隔膜计量泵

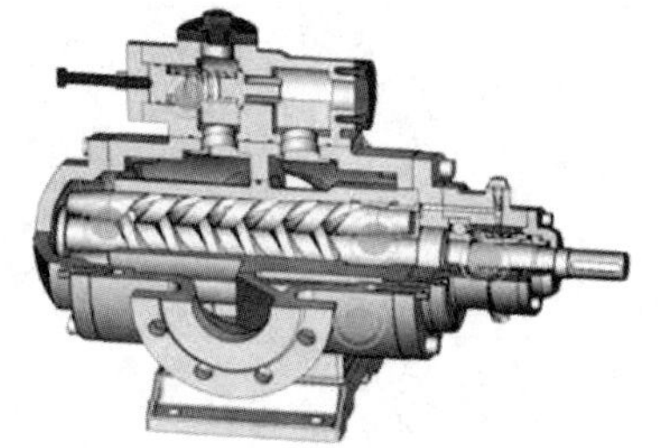
（c）螺杆泵内部构造图

（d）螺杆泵

图 4-1-28　容积泵

（五）其他类型泵

其他类型泵见图 4-1-29。

（a）喷射泵

（b）水环泵

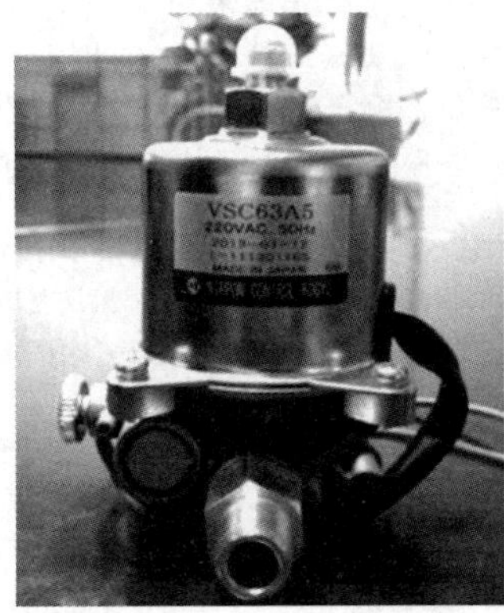

（c）电磁泵

（d）水锤泵

图 4-1-29 其他类型泵

其他类型泵的特点及应用见表 4-1-19。

表 4-1-19 其他类型泵的特点及应用

类别	特点	应用
喷射泵（射流真空泵）	(1) 利用通过喷嘴的高速射流来抽除容器中的气体以获得真空的设备 (2) 一定压力的高速水流从喷嘴喷出，带动水流周边的空气运动，产生负压，抽送液体或气体介质的泵	液固分离
水环泵（水环式真空泵）	通过水的高速运动，水环密封，导致气体体积变化产生负压，获得真空度	(1) 用于抽吸空气或水，达到液固分离 (2) 在煤矿（抽瓦斯）、化工、造纸、食品、建材、冶金等行业中应用广泛 (3) 可用作压缩机，称为水环式压缩机，属于低压的压缩机
罗茨泵	启动快，耗功少，运转维护费用低，抽速大、效率高，对被抽气体中所含的少量水蒸气和灰尘不敏感，有较大抽气速率，能迅速排除突然放出的气体	用于真空冶金中的冶炼、脱气、轧制，以及化工、食品、医药工业中的真空蒸馏、真空浓缩和真空干燥等

续表

类别	特点	应用
电磁泵	在电磁力作用下输送流体	(1) 化工、印刷行业中用于输送一些有毒的重金属（汞、铅） (2) 核动力装置中输送作为载热体的液态金属（钠或钾、钠钾合金） (3) 铸造生产中输送熔融的有色金属
水锤泵	利用流动中的水被突然制动时所产生的能量，产生水锤效应，将低水头能转换为高水头能的高级提水装置	适合于具有微小水力资源条件的贫困用水地区，解决山丘地区农村饮水和治旱问题

·典型例题·

1. ［2021 真题·单选］某泵是叶片式泵的一种，泵体是水平中开式，进口管为喇叭口，适用于低扬程大流量，该泵是（　　）。

A. 离心泵　　　　B. 水环泵

C. 轴流泵　　　　D. 旋涡泵

［解析］轴流泵是叶片式泵的一种，其输送的液体沿泵轴方向流动。主要用于农业大面积灌溉排涝、城市排水、输送需要冷却水量很大的热电站循环水以及船坞升降水位。轴流泵适用于低扬程大流量送水。泵体是水平中开式，进口管呈喇叭形，出口管通常为 60°或 90°的弯管。

2. ［2016 真题·单选］具有绝对不泄漏的优点，最适合输送和计量易燃易爆、强腐蚀、剧毒、有放射性和贵重液体的泵为（　　）。

A. 隔膜计量泵

B. 柱塞计量泵

C. 气动计量泵

D. 齿轮计量泵

［解析］隔膜计量泵具有绝对不泄漏的优点，最适合输送和计量易燃易爆、强腐蚀、剧毒、有放射性和贵重的液体。

3. ［2014 真题·单选］既适用于输送腐蚀性、易燃易爆、剧毒及贵重液体，也适用于输送高温、高压、高熔点液体，广泛用于石化及国防工业的泵为（　　）。

A. 无填料泵

B. 离心式耐腐蚀泵

C. 筒式离心泵

D. 离心式杂质泵

［解析］屏蔽泵。又称为无填料泵，它是将叶轮与电动机的转子直联成一体，浸没在被输送液体中工作的泵。屏蔽泵既是离心式泵的一种，但又不同于一般离心式泵。其主要区别是：为了防止输送的液体与电气部分接触，用特制的屏蔽套（非磁性金属薄壁圆筒）将电动机转子和定子与输送液体隔离开来，以满足输送液体绝对不泄漏的需要。由于屏蔽泵可以保证绝对不泄漏，因此特别适用于输送腐蚀性、易燃易爆、剧毒、有放射性及极为贵重的液体；也适用于输送高压、高温、低温及高熔点的液体。所以它广泛应用于化工、石油化工、国防工业等行业。

4. ［2019 真题·多选］同工况下，轴流泵与混流泵、离心泵相比，其特点和性能有（　　）。

A. 适用于低扬程大流量送水

B. 轴流泵的比转数高于混流泵

C. 扬程介于离心泵与混流泵之间

D. 流量小于混流泵、高于离心泵

［解析］轴流泵适用于低扬程大流量送水。混流泵是介于离心泵和轴流泵之间的一种泵。混流泵的比转数高于离心泵、低于轴流泵，一般在 300～500 之间；流量比轴流泵小、比离心泵大；扬程比轴流泵高、比离心泵低。

答案：1. C　2. A　3. A　4. AB

知识点 7　风机、压缩机

一、风机的分类

风机按作用原理的分类见图 4-1-30。

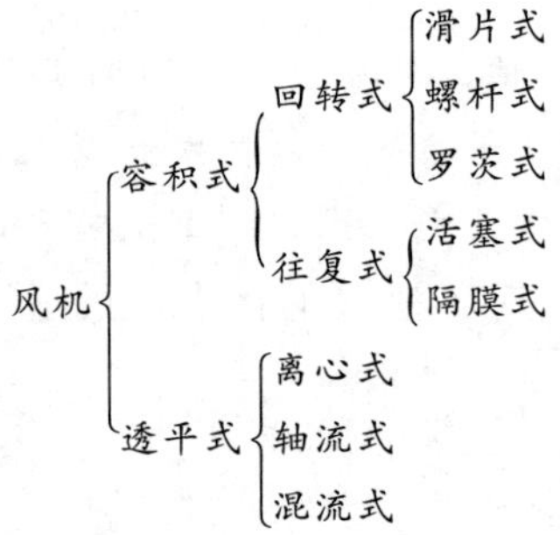

- 风机
  - 容积式
    - 回转式
      - 滑片式
      - 螺杆式
      - 罗茨式
    - 往复式
      - 活塞式
      - 隔膜式
  - 透平式
    - 离心式
    - 轴流式
    - 混流式

图 4-1-30　风机按作用原理的分类

风机按输送气体压力的分类见表 4-1-20。

表 4-1-20　风机按输送气体压力的分类

依据	类型
根据排出气体压力的高低	通风机（排出气体压力≤14.7kPa） 鼓风机（14.7kPa＜排出气体压力≤350kPa） 压缩机（排出气体压力＞350kPa）
离心式通风机按输送气体压力	低压离心式通风机（≤0.98kPa） 中压离心式通风机（0.98～2.94kPa） 高压离心式通风机（2.94～14.7kPa）
轴流式通风机按输送气体压力	低压轴流式通风机（≤0.49kPa） 高压轴流式通风机（0.49～4.90kPa）

二、通风机的结构特点及用途

（一）离心式通风机

离心式通风机见图 4-1-31，离心式通风机结构见图 4-1-32。

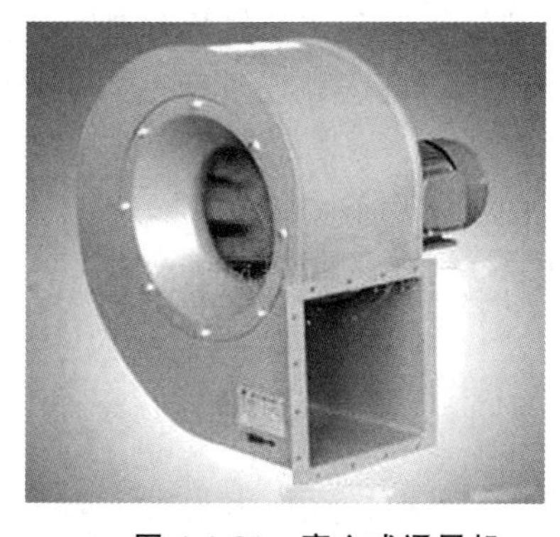

图 4-1-31　离心式通风机

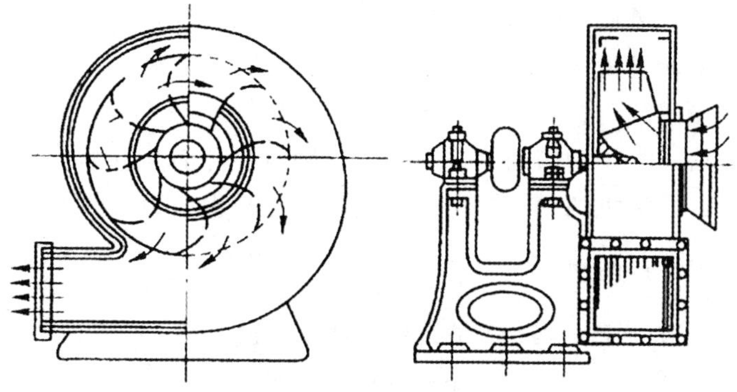

图 4-1-32　离心式通风机结构图

离心式通风机一般常用于小流量、高压力的场所，且几乎均选用交流电动机拖动，并根据使用要求如排尘、高温、防爆等，选用不同类型的电动机。

（二）轴流式通风机

轴流式通风机见图 4-1-33，轴流式通风机结构图见图 4-1-34。

图 4-1-33　轴流式通风机

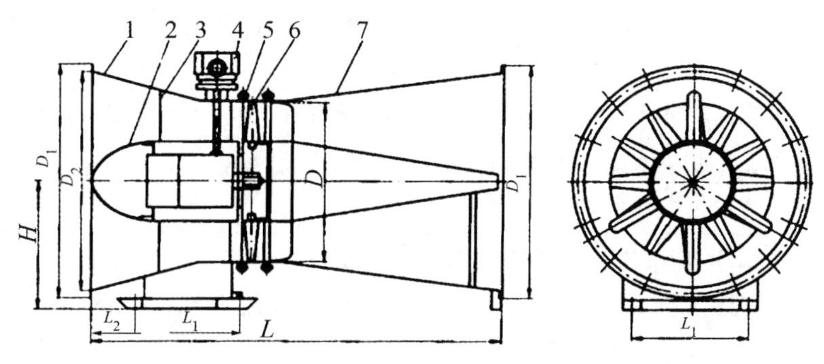

1—集流器；2—导流体；3—进风管；4—电动机；5—铜环；6—叶轮；7—扩散器

图 4-1-34　轴流式通风机结构图

轴流式通风机产生的压力较低，一般情况下采用单级，其输出风压小于或等于 490Pa。即使是高压轴流式通风机其风压也小于 4 900Pa。同样工况下，与离心式通风机相比，轴流式通风机具有流量大、风压低、体积小的特点。轴流式通风机的动叶或导叶常做成可调节的，即安装角可调，大大地扩大了运行工况的范围，且能显著提高变工况情况下的效率。

三、风机试运转

风机运转时，应符合以下要求：

（1）风机运转时，以电动机带动的风机均应经一次起动立即停止运转的试验，并检查转子与机壳等确无摩擦和不正常声响后，方得继续运转（汽轮机、燃气轮机带动的风机的起动应按设备技术文件的规定执行）。

（2）风机起动后，不得在临界转速附近停留（临界转速由设计规定）。

（3）风机起动时，润滑油的温度一般不应低于 25℃，运转中轴承的进油温度一般不应高于 40℃。

（4）风机停止转动后，应待轴承回油温度降到小于 45℃后，再停止油泵工作。

（5）有起动油泵的机组，应在风机起动前开动起动油泵，待主油泵供油正常后才能停止起动油泵；风机停止运转前，应先开动起动油泵，风机停止转动后应待轴承回油温度降到 45℃后再停止起动油泵。

（6）风机运转达额定转速后，应将风机调整到最小负荷（罗茨、叶氏式鼓风机除外）进行机械运转至规定的时间，然后逐步调整到设计负荷下检查原动机是否超过额定负荷，如无异常现象则继续运转至所规定的时间为止。

（7）高位油箱的安装高度，以轴承中分面为基准面，距此向上不应低于 5m。

（8）风机的润滑油冷却系统中的冷却水压力必须低于油压。

四、压缩机

（一）活塞式与透平式压缩机性能比较

活塞式与透平式压缩机性能比较见表 4-1-21。

表 4-1-21　活塞式与透平式压缩机性能比较

活塞式	透平式
气流速度低、损失小、效率高	气流速度高，损失大
压力范围广，从低压到超高压范围均适用	小流量，超高压范围不适用
适用性强，排气压力在较大范围内变动时，排气量不变。同一台压缩机还可用于压缩不同的气体	流量和出口压力变化由性能曲线决定，若出口压力过高，机组则进入喘振工况而无法运行
除超高压压缩机，机组零部件多用普通金属材料	旋转零部件常用高强度合金钢
外形尺寸及重量较大，结构复杂，易损件多，排气脉动性大，气体中常混有润滑油	外形尺寸及重量较小，结构简单，易损件少，排气均匀无脉动，气体中不含油

（二）轴流式和离心式压缩机性能比较

同样工况下，与离心式压缩机相比，轴流式压缩机的最大特点是单位面积的气体通流能力大，在相同加工气体量的前提条件下，径向尺寸小，特别适用于要求大流量的场合。另外，轴流式压缩机还具有结构简单、运行维护方便等优点。

缺点是叶片型线复杂，制造工艺要求高，以及稳定工况区较窄、在定转速下流量调节范围小等方面则是明显不及离心式压缩机。

第四章

·典型例题·

1.［2019 真题·单选］按作用原理分类，下列属于往复式风机的是（　　）。

A. 滑片式风机　　B. 罗茨式风机

C. 混流式风机　　D. 隔膜式风机

［**解析**］往复式风机有活塞式风机和隔膜式风机。

2.［2017 真题·单选］下列风机中，输送气体压力最大的风机是（　　）。

A. 轴流式鼓风机　　B. 高压离心式通风机

C. 高压轴流式通风机　　D. 高压混流式通风机

［**解析**］根据排出气体压力的高低，风机又可分为通风机（排出气体压力不大于 14.7kPa）、鼓风机（排出气体压力大于 14.7kPa，不大于 350kPa）、压缩机（排出气体压力大于 350kPa）。

3.［2016 真题·单选］风机安装完毕后需进行试运转，风机试运转时应符合的要求为（　　）。

A. 以电动机带动的风机经一次启动后即可直接进入运转

B. 风机运转达到额定转速后，应将风机调整到设计负荷

C. 风机启动后，不得在临界转速附近停留

D. 风机的润滑油冷却系统中的冷却水压力应高于油压

［解析］风机运转时，以电动机带动的风机均应经一次启动立即停止运转的试验，并检查转子与机壳等确无摩擦和不正常声响后，方得继续运转，选项 A 错误。风机运转达到额定转速后，应将风机调整到最小负荷（罗茨、叶氏式鼓风机除外）进行机械运转至规定的时间，然后逐步调整到设计负荷下检查原动机是否超过额定负荷，如无异常现象则继续运转至所规定的时间为止，选项 B 错误。风机启动后，不得在临界转速附近停留，选项 C 正确。风机的润滑油冷却系统中的冷却水压力必须低于油压，选项 D 错误。

4. ［**2014 真题 · 单选**］与离心式通风机相比，轴流式通风机的使用特点为（　　）。

A. 风压高、流量小　　B. 体积较大

C. 动叶、导叶可调节　　D. 经济性较差

［解析］同样工况下，与离心式通风机相比，轴流式通风机具有流量大、风压低、体积小的特点。轴流通风机的动叶或导叶常做成可调节的，即安装角可调，大大地扩大了运行工况的范围，且能显著提高变工况情况下的效率。因此，使用范围和经济性能均比离心式通风机好。随着技术不断发展，动叶可调的轴流通风机在大型电站、大型隧道、矿井等通风、引风装置中得到日益广泛的应用。

5. ［**2020 真题 · 多选**］与透平式压缩机相比，活塞式压缩机的特点有（　　）。

A. 气流速度低、损失小

B. 超高压范围不适用

C. 外形尺寸及重量较大

D. 旋转部件常采用高强度合金钢制作

［解析］与透平式压缩机相比，活塞式压缩机只有一条缺点：外形尺寸及重量较大，结构复杂，易损件多，排气脉动较大，气体中常混有润滑油。活塞式压缩机气流速度低、损失小、效率高；压力范围广，从低压到超高压范围均适用；除超高压压缩机，机组零部件多用普通金属材料。

答案：1. D　2. A　3. C　4. C　5. AC

知识点 8　工业炉和煤气发生设备

一、工业炉

工业炉可按热工制度进行分类，具体见表 4-1-22。

表 4-1-22　工业炉按热工制度分类

类别	特点	归类
间断式炉（周期式炉）	炉子间断生产，在每一加热周期内炉温变化	室式炉（见图 4-1-35）、台车式炉（见图 4-1-36）、井式炉（见图 4-1-37）
连续式炉	炉子连续生产，炉膛内划分温度区段，加热过程中，每一区段的温度不变	连续式加热炉和热处理炉、环形炉、步进式炉（见图 4-1-38）、振底式炉（见图 4-1-39）

图 4-1-35　室式炉

图 4-1-36　台车式炉

图 4-1-37　井式炉

图 4-1-38　步进式炉

图 4-1-39　振底式炉

二、煤气发生设备

（一）煤气发生设备的组成

煤气发生设备主要包括煤气发生炉、煤气洗涤塔、电气滤清器、竖管、煤气发生附属设备五部分。

（二）附属设备

煤气发生设备的附属设备包括旋风除尘器、焦油分离机、盘形阀、隔离水封、钟罩阀、余热锅炉、捕滴器、煤气排送机等。

·典型例题·

1. ［**2017 真题 · 单选**］根据工业炉热工制度分类，下列工业炉中属间断式炉的是（　　）。

A. 步进式炉　　B. 振底式炉　　C. 环形炉　　D. 室式炉

［**解析**］按热工制度分类：①间断式炉又称周期式炉，其特点是炉子间断生产，在每一加热周期内炉温是变化的，如室式炉、台车式炉、井式炉等。②连续式炉，其特点是炉子连续生产，炉膛内划分温度区段。在加热过程中每一区段的温度是不变的，工件由低温的预热区逐步进入高温的加热区，如连续式加热炉和热处理炉、环形炉、步进式炉、振底式炉等。

2. ［**2013 真题 · 多选**］煤气发生设备组成部分除包括煤气发生炉外，还有（　　）。

A. 裂化炉　　B. 煤气洗涤塔　　C. 竖管　　D. 电气滤清器

［**解析**］煤气发生设备主要包括煤气发生炉、煤气洗涤塔、电气滤清器、竖管和煤气发生附属设备五部分。

答案：1. D　2. BCD

知识点 9 机械设备工程计量

一、与其他章节的联系

（1）钢结构及支架制作、安装应按静置设备与工艺金属结构制作、安装工程相关项目编码列项。

（2）电气系统（起重设备和电梯除外）、仪表系统、通风系统、设备本体第一个法兰以外的管道系统等的安装、调试应分别按电气设备安装工程、自动化控制仪表安装工程、通风空调工程、工业管道工程相关项目编码列项。

（3）工业炉烘炉、设备负荷试运转、联合试运转、生产准备试运转应按措施项目相关项目编码列项。

（4）设备的除锈、刷漆（补刷漆除外）、保温及保护层安装应按刷油、防腐蚀、绝热工程相关项目编码列项。

二、工程计量规则及相关说明

工程计量规则及相关说明见表 4-1-23。

表 4-1-23　工程计量规则及相关说明

设备安装类型	计量特点	计量单位
输送设备	包括斗式提升机、刮板输送机、板式输送机、悬挂输送机、固定胶带输送机、螺旋输送机、卸矿车、皮带秤。根据名称、型号、规格、单机试运转要求等，按设计图示数量以台（组）计算	台（组）
电梯安装	（1）根据名称、型号、用途、配线材质、规格、敷设方式、运转调试要求，按设计图示数量以“部”为计量单位 （2）工作内容包括本体安装，电气安装、调试，单机试运转，补刷喷油漆	部
风机安装	工作内容包括本体安装、拆装检查、减震台座制作安装，二次灌浆，单机试运转、补刷（喷）油漆	台
	直连式风机的质量包括本体及电动机、底座的总质量，风机支架应按静置设备与工艺金属结构制作、安装工程相关项目列项	
泵安装	工作内容包括本体安装、泵拆装检查、电动机安装、二次灌浆，单机试运转、补刷（喷）油漆	台
	直连式泵的质量包括本体、电动机及底座的总质量	
	非直连式泵的质量不包括电动机质量，深井泵的质量包括本体、电动机、底座及设备扬水管的总质量	
压缩机安装	工作内容包括本体安装、拆装检查、二次灌浆、单机试运转、补刷（喷）油漆	台
相关问题及说明	大型设备安装所需的专用机具、专用垫铁、特殊垫铁和地脚螺栓应在清单项目特征中描述，组成完整的工程实体	

第二节　热力设备工程安装技术与计量

知识点 1 工业锅炉设备组成

锅炉设备包括锅炉本体及辅助设备两部分。

一、锅炉本体

锅炉本体主要是由“锅”与“炉”两大部分组成。“锅”包括锅筒（汽包）、对流管束、水冷壁、集箱（联箱）、蒸汽过热器、省煤器和管道。“炉”包括煤斗、炉排、炉膛、除渣板、送风装置。

二、锅炉的主要性能指标

锅炉的主要性能指标见表4-2-1。

表4-2-1　锅炉的主要性能指标

类别	性能指标	特点
热水锅炉	额定热功率	表明其容量的大小，单位：MW
	受热面发热率	(1) 每平方米受热面每小时所产生的热量，单位：kJ/（m^2·h） (2) 锅炉强度指标
	锅炉热效率	(1) 锅炉有效利用热量与单位时间内锅炉的输入热量的百分比 (2) 锅炉热经济性的指标
蒸汽锅炉	蒸发量	(1) 蒸汽锅炉用额定蒸发量表明其容量的大小 (2) 蒸汽锅炉每小时生产的额定蒸汽量称为蒸发量，单位：t/h (3) 锅炉的额定出力或铭牌蒸发量
	受热面蒸发率	(1) 每平方米受热面每小时所产生的蒸汽量称为锅炉受热面蒸发率，单位是kg/（m^2·h） (2) 锅炉工作强度指标
	锅炉热效率	同热水锅炉，衡量蒸汽锅炉的热经济性，还常用煤气比表示

总结：(1) 锅炉热效率：锅炉热经济性的指标，衡量蒸汽锅炉的热经济性，还常用煤气比表示。

(2) 受热面发热率（热水）是反映锅炉工作强度的指标，其数值越大，表示传热效果越好，锅炉所耗金属量越少。

(3) 额定热功率（热水）、蒸发量（蒸汽）：容量的大小。

第四章

·典型例题·

1. ［**2017真题·单选**］反映热水锅炉工作强度的指标是（　　）。

A. 受热面发热率　　B. 受热面蒸发率

C. 额定热功率　　D. 额定热水温度

［**解析**］热水锅炉每平方米受热面每小时所产生的热量称为受热面的发热率，单位是kJ/（m^2·h）。锅炉受热面蒸发率或发热率是反映锅炉工作强度的指标，其数值越大，表示传热效果越好，锅炉所耗金属量越少。

2. ［**2016真题·单选**］容量是锅炉的主要性能指标之一，热水锅炉容量单位是（　　）。

A. t/h　　B. MW

C. kg/（m^2·h）　　D. kJ/（m^2·h）

［**解析**］对于热水锅炉用额定热功率来表明其容量的大小，单位是MW。

3. ［**2012真题·单选**］锅炉的构造、容量、参数和运行的经济性等特点通常用特定指标来表达，表明锅炉热经济性的指标是（　　）。

A. 受热面发热率

B. 受热面蒸发率

C. 锅炉热效率

D. 锅炉蒸发量

［**解析**］本题考查锅炉的主要性能指标。锅炉热效率是指锅炉有效利用热量与单位时间内锅炉的输入热量的百分比，也称为锅炉效率，用符号 η 表示，它是表明锅炉热经济性的指标。

答案：1. A　2. B　3. C

知识点 2　工业锅炉本体安装

一、受热面管子（对流管束）的安装

受热面管子（对流管束）见图 4-2-1。

图 4-2-1　受热面管子（对流管束）

（1）对流管束连接方式有胀接和焊接两种。硬度大于或等于锅筒管孔壁的胀接管道的管端应进行退火，退火宜用红外线退火炉或铅浴法进行。不得用烟煤等含硫、磷较高的燃料直接加热管子进行退火。

（2）胀管的目的：提高胀管接头强度，并减少锅水出入管端时的阻力损失。

（3）受热面管道与锅筒、集箱焊接时多采用预留管接头对口接焊。可采用手弧焊和氩弧焊等方法焊接。

（4）水冷壁和对流管束管道一端为焊接，另一端为胀接时，应先焊后胀，并且管道上全部附件应在水压试验之前焊接完毕。管道一端与集箱管座对口焊接，另一端插入锅筒内焊接，一般应先焊集箱对接焊口，后焊锅筒焊缝。

二、省煤器安装

省煤器见图 4-2-2。

图 4-2-2　省煤器

第四章

（1）锅炉尾部烟道中将锅炉给水加热成汽包压力下的饱和水的受热面，降低烟气排烟温度，节省能源，提高效率。

（2）省煤器作用：

1）吸收低温烟气的热量，降低排烟温度，减少排烟损失，节省燃料。

2）用省煤器来代替部分造价较高的蒸发受热面。

3）延长汽包使用寿命。

（3）铸铁省煤器安装前，应逐根（或组）进行水压试验。

（4）每根铸铁省煤器管上破损的翼片数≤总翼片数的5%；整个省煤器中有破损翼片的根数≤总根数的10%，且每片损坏面积不应大于该片总面积的10%。

三、空气预热器安装

空气预热器见图4-2-3。

图4-2-3　空气预热器

（1）空气预热器分为板式、管式和回转式三种结构形式，常采用的是管式和回转式预热器。

（2）作用：改善并强化燃烧，强化传热，减少锅炉热损失，降低排烟温度，提高锅炉热效率。

四、过热器安装

过热器安装见图4-2-4。

图4-2-4　过热器安装

（1）对流过热器大都垂直悬挂于锅炉尾部，辐射过热器多半装于锅炉的炉顶部或包覆于炉墙内壁上。

（2）对于大容量锅炉的过热器都布置在烟温较高的区域内，其蒸汽温度和管壁热负荷都很高，所以过热器的材料大多采用具有良好高温强度性能的耐热合金钢（含有铬、钼、钒）。

五、锅炉安全附件的安装

锅炉安全附件主要指的是压力表、水位计和安全阀。

（一）压力表安装

压力表的作用是用来测量和指示锅筒内压力的大小。常用的有液柱式、弹簧式和波纹管式压力表，以及压力变送器。安装时应注意：

（1）压力测点应选在管道的直线段介质流束稳定的地方，取压装置端部不应伸入管道内壁。

（2）测量低压的压力表或变送器的安装高度宜与取压点的高度一致；测量高压的压力表安装在操作岗位附近时，宜距地面 1.8m 以上，或在仪表正面加护罩。

（二）液位检测仪表的安装

（1）玻璃管式水位计、板式水位计的标高与锅筒正常水位线允许偏差为±2mm，在水位表上应标明“最高水位”“最低水位”和“正常水位”。

（2）内浮筒液位计和浮球液位计的导向管或其他导向装置应垂直安装，并应使导向管内的液体流动通畅，法兰短管连接应保证浮球能在全程范围内自由活动。

（3）电接点水位表应垂直安装，设计零点应与锅筒正常水位相重合。

（三）安全阀安装

锅炉内压力达到安全阀开启压力时，安全阀自动打开，排出汽包中的一部分蒸汽，使压力下降，避免过压造成事故。中、低压锅炉常用的安全阀主要有弹簧式和杠杆式两种。

（1）安装前安全阀应逐个在其公称压力的 1.25 倍条件下进行严密性试验，且阀瓣与阀座密封面不漏水。

（2）蒸发量大于 0.5t/h 的锅炉，至少应装设两个安全阀（不包括省煤器上的安全阀）。

（3）对装有过热器的锅炉，按较低压力进行整定的安全阀必须是过热器上的安全阀，过热器上的安全阀应先开启。

（4）蒸汽锅炉安全阀应铅垂安装，省煤器的安全阀应装排水管。排水管、排气管和疏水管上不得装设阀门。

（5）省煤器安全阀整定压力调整，应在蒸汽严密性试验前用水压的方法进行。

（四）锅炉水压试验

锅炉水压试验的范围包括锅筒、联箱、对流管束、水冷壁管、过热器、锅炉本体范围内管道及阀门等；安全阀应单独做水压试验。

六、烘炉

烘炉时间应根据锅炉类型、砌体湿度和自然通风干燥程度确定，一般为 14～15d；整体安装的锅炉，宜为 2～4d。烘炉后，炉墙灰浆试样中水分降至 2.5%以下即为合格。

七、煮炉

煮炉，就是将选定的药品先调成一定浓度的水溶液，而后注入锅炉内进行加热，目的是除掉锅炉中的油污和铁锈等。

八、定压及蒸汽严密性试验

（1）锅炉经烘炉和煮炉后应进行严密性试验。向炉内注软水至正常水位，而后进行加热升压至 0.3～0.4MPa，对锅炉范围内的法兰、人孔、手孔和其他连接螺栓进行一次热状态下的紧固。正常时升压至额定工作压力，进行全面检查：若人孔、阀门、法兰等处无渗漏，锅筒、集箱等处的膨胀情况良好，炉墙外部表面无开裂，则蒸汽严密性试验合格。

（2）有过热器的蒸汽锅炉，应采用蒸汽吹洗过热器。吹洗时，锅炉压力宜保持在额定工作压力的75%，吹洗时间不应小于15min。

（3）严密性试验合格，应按规定对安全阀进行最终调整（定压），调整后的安全阀应立即加锁或铅封。

上述各项工作完成之后，锅炉应带负荷连续运行48h，整体出厂锅炉宜为4～24h，以运行正常为合格。

·典型例题·

1.［**2022真题·单选**］根据《锅炉安装工程施工及验收规范》（GB 50273—2022），下列关于锅炉严密性试验的说法，正确的是（　　）。

A. 锅炉经烘炉后立即进行严密性试验

B. 锅炉压力升至0.2～0.3MPa时，应对锅炉进行一次严密性试验

C. 安装有省煤器的锅炉，应采用蒸汽吹洗省煤器并对省煤器进行严密性试验

D. 锅炉安装调试完成后，应带负荷连续运行48h，运行正常为合格

［**解析**］锅炉经烘炉和煮炉后应进行严密性试验。向炉内注软水至正常水位，而后进行加热升压至0.3～0.4MPa，对锅炉范围内的法兰、人孔、手孔和其他连接螺栓进行一次热状态下的紧固。正常时升压至额定工作压力，进行全面检查。有过热器的蒸汽锅炉，应采用蒸汽吹洗过热器；吹洗时，锅炉压力宜保持在额定工作压力的75%，吹洗时间不应小于15min。各项工作完成之后，锅炉应带负荷连续运行48h，整体出厂锅炉宜为4～24h，以运行正常为合格。

2.［**2017真题·单选**］蒸汽锅炉安全阀的安装和试验应符合的要求为（　　）。

A. 安装前，应抽查10%的安全阀做严密性试验

B. 蒸发量大于0.5t/h的锅炉，至少应装设两个安全阀，且不包括省煤器的安全阀

C. 对装有过热器的锅炉，过热器上的安全阀必须按较高压力进行整定

D. 安全阀应水平安装

［**解析**］蒸汽锅炉安全阀的安装和试验应符合下列要求：①安装前安全阀应逐个进行严密性试验。②蒸发量大于0.5t/h的锅炉，至少应装设两个安全阀（不包括省煤器上的安全阀）。锅炉上必须有一个安全阀按规定中的较低的整定压力进行调整；对装有过热器的锅炉，按较低压力进行整定的安全阀必须是过热器上的安全阀，过热器上的安全阀应先开启。③蒸汽锅炉安全阀应铅垂安装，其排气管管径应与安全阀排出口径一致，其管路应畅通，并直通至安全地点，排气管底部应装有疏水管。省煤器的安全阀应装排水管。在排水管、排气管和疏水管上不得装设阀门。④省煤器安全阀整定压力调整应在蒸汽严密性试验前用水压的方法进行。⑤蒸汽锅炉安全阀经调整检验合格后，应加锁或铅封。

答案：1. D　2. B

知识点3　烟气净化设备

一、烟气净化系统

烟气净化系统包括烟气的除尘、脱硫、脱硝设备。

二、锅炉除尘设备

工业锅炉中常用的除尘方式：干法和湿法。

（一）干法除尘

（1）常用干法除尘的是旋风除尘器，原理见图 4-2-5。

（2）旋风除尘器特点：结构简单、处理烟气量大，没有运动部件、造价低、维护管理方便，除尘效率一般可达 85%左右，是工业锅炉烟气净化中应用最广泛的除尘设备。

（二）湿法除尘

（1）湿法除尘是利用水膜粘住或吸附烟气中的灰粒，或用喷雾的水使灰粒凝聚随水清洗下来。常用旋风水膜除尘器和麻石水膜除尘器，原理分别见图 4-2-6 和图 4-2-7。

（2）旋风水膜除尘器特点：适合处理烟气量大和含尘浓度高的场合。可以单独采用，也可安装在文丘里洗涤器之后作为脱水器。

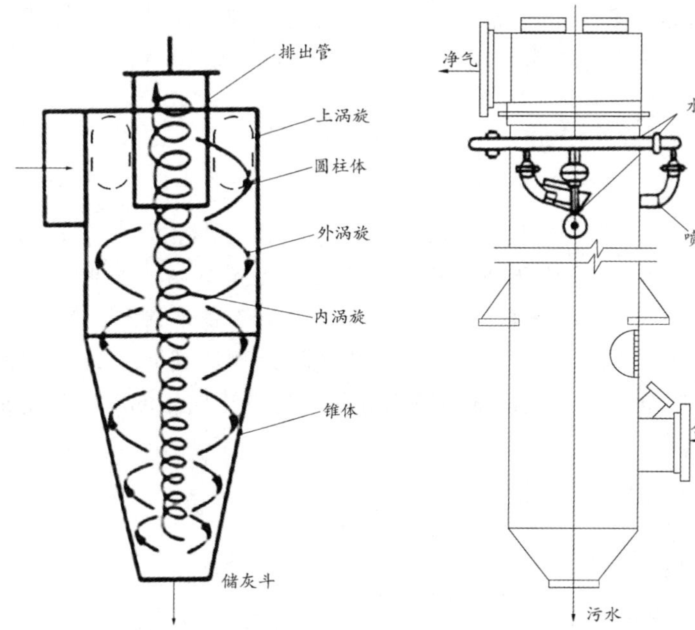

图 4-2-5　旋风除尘器原理　　图 4-2-6　旋风水膜除尘器原理

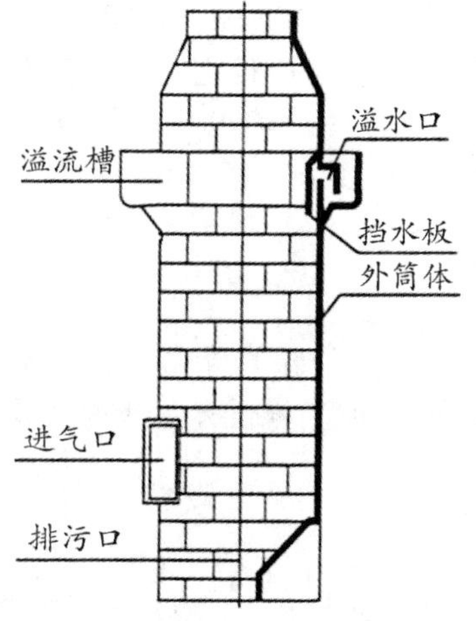

图 4-2-7　麻石水膜除尘器原理

三、烟气脱硫

在锅炉燃烧中，产生的烟气中除了烟尘外，还有 SO_2 等有害气体。防止 SO_2 对大气污染的途径主要有：

（1）燃烧前脱硫：洗选法（可脱除30%～50%的硫化亚铁）、化学浸出法、微波法、细菌脱硫。

（2）烟气脱硫：主要有干法脱硫、湿法脱硫两大类。

1）干法脱硫优点：治理中无废水、废酸的排放，减少了二次污染；缺点：脱硫效率低，设备庞大。

2）湿法脱硫采用液体吸收剂洗涤烟气以除去 SO_2，所用设备比较简单，操作容易，脱硫效率高；但脱硫后烟气温度较低，且设备的腐蚀较干法严重。

·典型例题·

1.［2017真题·单选］某除尘设备适合处理烟气量大和含尘浓度高的场合，且可以单独采用，也可装在文丘里洗涤器后作脱水器用，此除尘设备为（　　）。

A. 静电除尘器

B. 旋风除尘器

C. 旋风水膜除尘器

D. 袋式除尘器

［**解析**］旋风水膜除尘器适合处理烟气量大和含尘浓度高的场合。它可以单独采用，也可以安装在文丘里洗涤器之后作为脱水器。2019年、2022年考查过相同的题目。

2.［2015真题·单选］根据生产工艺要求，烟气除尘率达到85%左右即满足需要，可选用没有运动部件，结构简单、造价低、维护管理方便，且广泛应用的除尘设备是（　　）。

A. 麻石水膜除尘器

B. 旋风水膜除尘器

C. 旋风除尘器

D. 静电除尘器

［**解析**］旋风除尘器结构简单、处理烟气量大，没有运动部件、造价低、维护管理方便，除尘效率一般可达85%左右，是工业锅炉烟气净化中应用最广泛的除尘设备。

3.［2015真题·多选］锅炉燃烧中产生的烟气除烟尘外，还含有 SO_2 等污染物质。燃烧前对燃料脱硫是防止 SO_2 对大气污染的重要途径之一，主要包括（　　）。

A. 加入CaO制成型煤脱硫

B. 化学浸出法脱硫

C. 细菌法脱硫

D. 洗选法脱硫

［**解析**］常规洗选法可以脱除30%～50%的硫化亚铁，也可采用化学浸出法、微波法、细菌法脱硫，还可以将煤进行气化或者液化，转化为清洁的二次燃料，以达到脱硫的目的。

答案：1. C　2. C　3. BCD

第四章

知识点 4　热力设备安装工程计量

一、热力设备安装主要内容

适用于 130t/h 以下的锅炉和 2.5 万 kW（25MW）以下的汽轮发电机组的设备安装工程及其配套的辅机、燃料、除灰和水处理设备安装工程。

二、热力设备安装工程计量与其他章节的联系

（1）下列通用性机械应按照《通用安装工程工程量计算规范》（GB 50856—2013），机械设备安装工程的相关项目编码列项：

1）锅炉风机安装项目中，除了中压锅炉送、引风机以外的其他风机安装。

2）系统的泵类安装项目中，除了电动给水泵、循环水泵、凝结水泵、机械真空泵以外的其他泵的安装。

3）起重机械设备安装，包括汽机房桥式起重机等。

4）柴油发动机和压缩空气机安装。

（2）各系统的管道安装，除了由设备成套供应的管道和包括在设备安装工作内容中的润滑系统管道以外，应按工业管道工程相关项目编码列项。

（3）热力系统设备的防腐和刷漆，除了已包括在设备安装工作内容中的非保温设备表面底漆修补以外，应按刷油、防腐蚀、绝热工程相关项目编码列项。

（4）热力系统设备和系统管道的保温，除了锅炉炉墙砌筑以外，应按刷油、防腐蚀、绝热工程相关项目编码列项。

（5）烟、风、煤管道制作应按静置设备与工艺金属结构制作安装工程相关项目编码列项。

热力设备安装工程量计量规则见表 4-2-2。

表 4-2-2　热力设备安装工程量计量规则

类别	计量单位
水冷系统、过热系统、省煤器、本体管路系统、锅炉本体结构、旋风分离器、烟道、热风道、冷风道、渣仓、石粉仓、吸收塔	t
汽包，空气预热器，锅炉清洗及试验，送、引风机，管式空气预热器，除尘器	台
磨煤机、给煤机、叶轮给粉机、螺旋输粉机	
中压锅炉其他辅助设备安装：扩容器、消音器（台扩音器）	
抓斗、斗链式卸煤机、反击式碎煤机、锤击式破碎机、筛分设备	
皮带秤	
炉排及燃烧装置、测粉装置	套
暖风器、煤粉分离器	只
皮带机、配仓皮带机	台或 m

三、有关问题说明

（1）中压、低压锅炉的划分：蒸发量为 35t/h 的链条炉，蒸发量为 75t/h 及 130t/h 的煤粉炉和循环流化床锅炉为中压锅炉；蒸发量为 20t/h 及以下的燃煤、燃油（气）锅炉为低压锅炉。

（2）以下工作内容包括在相应的安装项目中：汽轮机、凝汽器等大型设备的拖运、组合平台的搭拆，除炉墙砌筑脚手架外的施工脚手架和一般安全设施，设备的单体试运转和分系统调试试运配合，设备基础二次灌浆的配合。

（3）设备支架和应由设备制造厂配套供货的平台、护梯及围栏的制作不包括在安装项目中，需要加工、配制的，可按业主单位委托施工单位另行处理。

·典型例题·

1. ［**2022 真题·单选**］热力设备安装工程计量规则中，工作内容不包括在相应的安装项目中的是（　　）。

A. 炉墙砌筑脚手架　　B. 二次灌浆配套工作

C. 配套平台制作安装　　D. 设备单体试运转

［**解析**］以下工作内容包括在相应的安装项目中：汽轮机、凝汽器等大型设备的拖运、组合平台的搭拆，除炉墙砌筑脚手架外的施工脚手架和一般安全设施，设备的单体试运转和分系统调试试运配合，设备基础二次灌浆的配合。

2. ［**2021 真题·单选**］根据《通用安装工程工程量计算规范》（GB 50856—2013），低压锅炉包括燃煤、燃油（气）锅炉，其蒸发量应为（　　）。

A. 20t/h 及以下　　B. 25t/h 及以下　　C. 30t/h 及以下　　D. 35t/h 及以下

［**解析**］中压、低压锅炉的划分：蒸发量为 35t/h 的链条炉，蒸发量为 75t/h 及 130t/h 的煤粉炉和循环流化床锅炉为中压锅炉，蒸发量为 20t/h 及以下的燃煤、燃油（气）锅炉为低压锅炉。

3. ［**2017 真题·多选**］依据《通用安装工程工程量计算规范》（GB 50856—2013）的规定，中压锅炉及其他辅助设备安装工程量计量时，以“只”为计量单位的项目有（　　）。

A. 省煤器　　B. 煤粉分离器　　C. 暖风器　　D. 旋风分离器

［**解析**］省煤器以“t”为计量单位。煤粉分离器以“只”为计量单位。暖风器以“只”为计量单位。旋风分离器以“t”为计量单位。

4. ［**2013 真题·多选**］根据《通用安装工程工程量计算规范》（GB 50856—2013）的规定，热力设备安装工程按设计图示设备质量以“t”计算的有（　　）。

A. 烟道、热风道　　B. 渣仓

C. 脱硫吸收塔　　D. 除尘器

［**解析**］水冷系统、过热系统、省煤器、本体管路系统、锅炉本体结构、旋风分离器、烟道、热风道、冷风道、渣仓、石粉仓、吸收塔以“t”计量。

答案：1. A　2. A　3. BC　4. ABC

第三节　消防工程安装技术与计量

知识点 1　火灾等级划分

一、按照燃烧对象的性质分类

根据不同的需要，火灾可以按照燃烧对象的性质分为 A、B、C、D、E、F 六类。

A 类火灾：固体物质火灾。如木材、棉、毛、麻、纸张等火灾。

B类火灾：液体或可熔化固体物质火灾。如汽油、煤油、原油、甲醇、乙醇、沥青、石蜡等火灾。

C类火灾：气体火灾。如煤气、天然气、甲烷、乙烷、氢气、乙炔等火灾。

D类火灾：金属火灾。如钾、钠、镁、钛、锆、锂等火灾。

E类火灾：带电火灾。如变压器等设备的电气火灾。

F类火灾：烹饪器具内的烹饪物（如动物油脂或植物油脂）火灾。

二、按照火灾事故所造成的灾害损失程度分类

（1）特别重大火灾：造成30人以上死亡，或者100人以上重伤，或者1亿元以上直接财产损失的火灾。

（2）重大火灾：造成10人以上30人以下死亡，或者50人以上100人以下重伤，或者5 000万元以上1亿元以下直接财产损失的火灾。

（3）较大火灾：造成3人以上10人以下死亡，或者10人以上50人以下重伤，或者1 000万元以上5 000万元以下直接财产损失的火灾。

（4）一般火灾：造成3人以下死亡，或者10人以下重伤，或者1 000万元以下直接财产损失的火灾。

知识点2　消火栓灭火系统

消火栓灭火系统可分为室外消火栓灭火系统和室内消火栓灭火系统。室外消火栓灭火系统主要由室外消火栓、消防水泵接合器、供水管网和消防水池组成，室内消火栓灭火系统主要由消火栓、水带和水枪组成。

一、室外消火栓灭火系统

室外消火栓灭火系统设置在建筑物外，其主要作用是供消防车取水，经增压后向建筑物内的供水管网供水或实施灭火，也可以直接连接水带、水枪出水灭火。

室外消火栓布置及安装见表4-3-1。

表4-3-1　室外消火栓布置及安装

分类标准	类型	特点
按安装场合	地上式和地下式 地上式又分为湿式和干式	地上湿式室外消火栓适用于气温较高地区 地上干式室外消火栓和地下式室外消火栓适用于气温较寒冷地区
按消火栓进水口与市政管网连接方式	承插式和法兰式	承插式消火栓压力1.0MPa，法兰式消火栓压力1.6MPa
按用途	普通型和特殊型	特殊型有泡沫型、防撞型、调压型、减压稳压型之分

二、室内消火栓灭火系统

（一）设置场所

（1）建筑占地面积大于300m²的厂房（仓库）。

（2）体积大于5 000m³的车站、码头、机场的候车（船、机）楼以及展览建筑、商店建筑、旅馆建筑、医疗建筑和图书馆建筑等单层、多层建筑。

（3）特等、甲等剧场，超过800个座位的其他等级的剧场和电影院等，超过1 200个座位的礼堂、体育馆等单层、多层建筑。

（4）建筑高度大于15m或体积大于10 000m³的办公建筑、教学建筑和其他单层、多层民用建筑。

（5）高层公共建筑和建筑高度大于21m的住宅建筑。

（6）对于建筑高度不大于27m的住宅建筑，当确有困难时，可只设置干式消防竖管和不带消火栓箱的DN65的室内消火栓。

（二）设置要求

室内消火栓的设置应根据使用者、火灾危险性、火灾类型和不同灭火功能等因素综合确定。其设置应符合下列要求：

（1）应采用DN65的室内消火栓，并可与消防软管卷盘或轻便水龙设置在同一箱体内；配置DN65有内衬里的消防水带，长度不宜超过25m。

（2）设置室内消火栓的建筑，包括设备层在内的各层均应设置消火栓。

（3）屋顶设有直升机停机坪的建筑，应在停机坪出入口处或非电气设备机房处设置消火栓，且距停机坪机位边缘的距离不应小于0.5m。

（4）消防电梯前室应设置室内消火栓，并应计入消火栓使用数量。

（5）室内消火栓的布置应满足同一平面有2支消防水枪的2股充实水柱同时到达任何部位的要求，但建筑高度≤24m且体积≤5 000m³的多层仓库、建筑高度≤54m且每单元设置一部疏散楼梯的住宅，以及《消防给水及消火栓系统技术规范》（GB 50974—2014）第3.5.2条中规定可采用1支消防水枪计算消防量的场所，可采用1支消防水枪的1股充实水柱到达室内任何部位。

（6）室内消火栓宜按直线距离计算其布置间距，对于消火栓按2支消防水枪的2股充实水柱布置的建筑物，消火栓的布置间距不应大于30m，对于消火栓按1支消防水枪的1股充实水柱布置的建筑物，消火栓的布置间距不应大于50m。

（7）室内消火栓类型。室内消火栓是一种具有内扣式接口的球形阀式龙头，有单出口和双出口两种类型。

三、室内消防给水管道

（1）室内消火栓系统管网应布置成环状，当室外消火栓设计流量不大于20L/s，且室内消火栓不超过10个时，可布置成枝状。

（2）管道的直径应根据设计流量、流速和压力要求经计算确定，室内消火栓竖管管径应根据竖管最低流量经计算确定，但不应小于DN100。

（3）室内消火栓环状给水管道检修时应符合下列要求：

1）室内消火栓竖管应保证检修管道时关闭停用的竖管不超过1根，当竖管超过4根时，可关闭不相邻的2根。

2）每根竖管与供水横干管相接处应设置阀门。

四、消防水泵接合器

下列场所均应设置消防水泵接合器：

（1）高层民用建筑。

（2）设有消防给水的住宅、超过五层的其他多层民用建筑。

（3）超过两层或建筑面积大于 10 000m^2的地下或半地下建筑（室）。

（4）室内消火栓设计流量大于 10L/s 平战结合人防工程。

（5）高层工业建筑和超过四层的多层工业建筑。

（6）城市交通隧道。

（7）自动喷水灭火系统、水喷雾灭火系统、泡沫灭火系统和固定消防炮灭火系统等系统均应设置消防水泵接合器。

五、消防水泵、水箱及水池

（一）消防水泵

设置消防水泵和消防转输泵时均应设置备用泵，备用泵的工作能力不应小于最大一台消防工作泵的工作能力。自动喷水灭火系统可按“用一备一”或“用二备一”的比例设置备用泵。

消防水泵管路设置，一组消防水泵的吸水管不应少于两条，当其中一条损坏或检修时，其余吸水管应仍能通过全部消防用水量；消防水泵的出水管上应设止回阀和压力表，并宜安装检查和试水用的放水阀门；消防水泵泵组的总出水管上还应安装压力表和泄压阀。

（二）消防水箱

消防水箱的溢流管、泄水管不得与生产或生活用水的排水系统直接相连，应采用间接排水方式；消防水箱进水管、出水管上应设置带有指示启闭装置的阀门，出水管上应设置防止消防用水倒流进入水箱的止回阀；消防水箱的进水管、出水管应加设防水套管，对有振动的管道应加设柔性接头。

（三）消防水池

在市政给水管道、进水管或天然水源不能满足消防用水量，以及市政给水管道为枝状或只有一条进水管的情况下，且室外消火栓设计流量大于 20L/s 或建筑高度大于 50m 的建筑物应设消防水池。

当建筑群共用消防水池时，消防水池的容积应按消防用水量最大的一栋建筑物的用水量计算确定。

·典型例题·

1.［2022 真题·单选］室内消火栓是一种具有内扣式接口的（　　）式龙头。

A. 截止阀　　B. 球阀　　C. 闸阀　　D. 蝶阀

［解析］室内消火栓是一种具有内扣式接口的球形阀式龙头，有单出口和双出口两种类型。

2.［2021 真题·单选］下列关于室内消火栓及其管道设置要求的表述，正确的是（　　）。

A. 室内消火栓竖管管径不应小于 *DN*65　　B. 设备层可不设置消火栓

C. 应用 *DN*65 的室内消火栓　　D. 消防电梯前室可不设置消火栓

［解析］室内消火栓布置及安装要求如下：应采用 *DN*65 的室内消火栓，并可与消防软管卷盘或轻便水龙设置在同一箱体内。设置室内消火栓的建筑，包括设备层在内的各层均应设置消火栓。消防电梯前室应设置室内消火栓，并应计入消火栓使用数量。室内消火栓竖管管径应根据竖管最低流量经计算确定，但不应小于 *DN*100。

3.［2017 真题·多选］下列有关消防水泵接合器设置，说法正确的有（　　）。

A. 高层民用建筑室内消火栓给水系统应设水泵接合器

B. 消防给水竖向分区供水时，在消防车供水压力范围内的分区，应分别设置水泵接合器

C. 超过 2 层或建筑面积大于 1 000m²的地下建筑应设水泵接合器

D. 高层工业建筑和超过 3 层的多层工业建筑应设水泵接合器

［**解析**］消防给水为竖向分区供水时，在消防车供水压力范围内的分区，应分别设置水泵接合器；下列场所的室内消火栓给水系统应设置消防水泵接合器：①高层民用建筑；②设有消防给水的住宅、超过 5 层的其他多层民用建筑；③超过 2 层或建筑面积大于 10 000m² 的地下或半地下建筑、室内消火栓设计流量大于 10L/s 平战结合的人防工程；④高层工业建筑和超过 4 层的多层工业建筑；⑤城市交通隧道。

答案：1. B　2. C　3. AB

知识点 3　自动喷水灭火系统

自动喷水灭火的分类见图 4-3-1。

- 自动喷水灭火系统
  - 闭式系统
    - 湿式自动喷水灭火系统
    - 干式自动喷水灭火系统
    - 预作用自动喷水灭火系统
    - 重复启闭预作用系统
    - 自动喷水防护冷却系统
  - 开式系统
    - 雨淋系统
    - 水幕系统

图 4-3-1　自动喷水灭火分类

自动喷水灭火系统的类型及应用特点见表 4-3-2。

表 4-3-2　自动喷水灭火系统的类型及应用特点

类型		特点
闭式喷水灭火系统	湿式自动喷水灭火系统	(1) 组成：由闭式喷头、水流指示器、湿式自动报警阀组、控制阀及管路系统组成 (2) 优点：具有控制火势或灭火迅速的特点 (3) 缺点：不适用于寒冷地区，其使用环境温度为 4～70℃
	干式自动喷水灭火系统	(1) 供水系统、喷头布置等与湿式系统完全相同。所不同的是平时在报警阀前充满水而在阀后管道内充以压缩空气。当火灾发生时，喷水头开启，先排出管路内的空气，供水才能进入管网，由喷头喷水灭火 (2) 特点：系统适用于环境温度低于 4℃和高于 70℃并不宜采用湿式喷头灭火系统的地方 (3) 缺点：作用时间比湿式系统迟缓一些，灭火效率一般低于湿式灭火系统。另外，还要设置压缩机及附属设备，投资较大
	自动喷水预作用系统	(1) 概念：系统具有湿式系统和干式系统的特点，预作用阀后的管道系统内平时无水，呈干式，充满有压或无压的气体 (2) 特点：该系统既克服了干式系统延迟的缺陷，又可避免湿式系统易渗水的弊病，故适用于不允许有水渍损失的建筑物、构筑物
开式喷水灭火系统	雨淋系统	(1) 系统组成：开式喷头，管道系统，雨淋阀、火灾探测器和辅助设施等 (2) 特点：系统工作时所有喷头同时喷水，好似倾盆大雨，故称雨淋系统。雨淋系统一旦动作，系统保护区域内将全面喷水，可以有效控制火势发展迅猛、蔓延迅速的火灾
	水幕系统	(1) 组成：由水幕头支管、自动喷淋头控制阀、手动控制阀、干支管等组成 (2) 特点：水幕系统不具备直接灭火的能力，一般情况下与防火卷帘或防火幕配合使用，起到防止火灾蔓延的作用

·典型例题·

1. ［2022 真题·单选］在准工作状态时管道内充满有压水，有控制火势和灭火迅速的特点，主要缺点是不适用于寒冷地区，其使用环境温度为 4～70℃。该灭火系统是（ ）。

A. 干式自动喷水灭火系统

B. 湿式自动喷水灭火系统

C. 预作用自动喷水灭火系统

D. 雨淋系统

［解析］湿式自动喷水灭火系统是指在准工作状态时管道内充满有压水的闭式系统。该系统具有控制火势和灭火迅速的特点，主要缺点是不适用于寒冷地区，其使用环境温度为4～70℃。

2. ［2021 真题·单选］某灭火系统，不具备直接灭火能力，一般情况下与防火卷帘或防火幕配合使用，起到防止火灾蔓延的作用。该系统是（ ）。

A. 水幕系统　　B. 雨淋系统

C. 水喷雾灭火系统　　D. 预作用自动喷水灭火系统

［解析］水幕系统的工作原理与雨淋系统基本相同，所不同的是水幕系统喷出的水为水幕状。它是能喷出幕帘状水流的管网设备，主要由水幕头支管、自动喷淋头控制阀、手动控制阀、干支管等组成。水幕系统不具备直接灭火的能力，一般情况下与防火卷帘或防火幕配合使用，起到防止火灾蔓延的作用。

3. ［2016 真题·多选］下列自动喷水灭火系统中，采用闭式喷头的有（ ）。

A. 自动喷水湿式灭火系统　　B. 自动喷水干湿两用灭火系统

C. 自动喷水雨淋灭火系统　　D. 自动喷水预作用灭火系统

［解析］闭式灭火系统包括：湿式自动喷水灭火系统、干式自动喷水灭火系统、干湿两用灭火系统、预作用自动喷水灭火系统、重复启闭预作用系统、自动喷水防护冷却系统。开式灭火系统包括：雨淋系统和水幕系统。

4. ［2015 真题·多选］喷水灭火系统中，自动喷水预作用系统的特点有（ ）。

A. 具有湿式系统和干式系统的特点　　B. 火灾发生时作用时间快、不延迟

C. 系统组成较简单，无须充气设备　　D. 适用于不允许有水渍损失的场所

［解析］自动喷水预作用系统具有湿式系统和干式系统的特点，预作用阀后的管道系统内平时无水，呈干式，充满有压或无压的气体。该系统既克服了干式系统延迟的缺陷，又可避免湿式系统易渗水的弊病，故适用于不允许有水渍损失的建筑物、构筑物。

答案：1. B　2. A　3. ABD　4. ABD

知识点 4 水喷雾灭火系统

水喷雾灭火系统通过改变水的物理状态，利用水雾喷头使水从连续的洒水状态转变成不连续的细小水雾滴喷射出来。具有较高的电绝缘性和良好的灭火性能。

水喷雾的灭火机理主要是表面冷却、窒息、乳化和稀释作用，不仅可用于灭火，还可用于控制火势及防护冷却等方面。

水喷雾灭火系统主要用于保护火灾危险性大、火灾扑救难度大的专用设备或设施。由于水喷雾灭火系统要求的水压比自动喷水系统高，水量也较大，因此在使用中受到一定的限制。

水雾喷头见图 4-3-2。

图 4-3-2　水雾喷头

·典型例题·

1.［2021 真题·单选］某灭火系统，不具备直接灭火能力，一般情况下与防火卷帘或防火幕配合使用，起到防止火势蔓延的作用。该系统是（　　）。

A. 水幕系统　　　　B. 雨淋系统

C. 水喷雾灭火系统　　　　D. 预作用自动喷水灭火系统

［**解析**］水幕系统的工作原理与雨淋系统基本相同，所不同的是水幕系统喷出的水为水幕状。它是能喷出幕帘状水流的管网设备，主要由水幕头支管、自动喷淋头控制阀、手动控制阀、干支管等组成。水幕系统不具备直接灭火的能力，一般情况下与防火卷帘或防火幕配合使用，起到防止火势蔓延的作用。

2.［2012 真题·单选］在下列灭火系统中，可以用来扑灭高层建筑内的柴油机发电机房和燃油锅炉房火灾的灭火系统是（　　）。

A. 自动喷水湿式灭火系统

B. 自动喷水干式灭火系统

C. 水喷雾灭火系统

D. 自动喷水雨淋系统

［**解析**］水喷雾灭火系统通过改变水的物理状态，利用水雾喷头使水从连续的洒水状态转变成不连续的细小水雾滴喷射出来。具有较高的电绝缘性和良好的灭火性能。

答案：1. A　2. C

知识点 5　气体灭火系统

一、气体灭火系统特点及适用范围

气体灭火系统的类别及性能特点见表 4-3-3。

表 4-3-3　气体灭火系统的类别及性能特点

气体灭火系统	性能特点
二氧化碳灭火系统（见图 4-3-3）	（1）主要用于扑救甲、乙、丙类的液体火灾，某些气体火灾、固体表面和电器设备火灾 （2）不适用于扑救活泼金属及其氢化物的火灾（如锂、钠、镁、铝、氢化钠等）、自己能供氧的化学物品火灾（如硝化纤维和火药等）、能自行分解和供氧的化学物品火灾（如过氧化氢等）

第四章

续表

气体灭火系统	性能特点
七氟丙烷灭火系统	(1) 无色、无味、不导电的气体，可在一定压力下呈液态储存。该灭火剂为洁净药剂，释放后无残余物，不含溴和氯，对臭氧层无破坏，在大气中的残留时间比较短，是一种洁净气体灭火剂 (2) 系统特点：具有效能高、速度快、环境效应好、不污染被保护对象、安全性强等特点 (3) 适用于有人工作的场所，对人体基本无害；不可用于下列物质的火灾： 1) 氧化剂的化学制品及混合物，如硝化纤维、硝酸钠等 2) 活泼金属，如钾、钠、镁、铝、铀等 3) 金属氧化物，如氧化钾、氧化钠等 4) 能自行分解的化学物质，如过氧化氢、联胺等
IG－541 混合气体灭火系统	(1) 由氮气、氩气和二氧化碳气体按一定比例混合而成的气体。混合气体无毒、无色、无味、无腐蚀性及不导电，既不支持燃烧，又不与大部分物质产生反应，是一种较为理想的灭火剂 (2) 主要适用于电子计算机房、通信机房、配电房、油浸变压器、自备发电机房、图书馆、档案室、博物馆及票据、文物资料库等经常有人工作的场所 (3) 可用于扑救电气火灾、液体火灾或可溶化的固体火灾，固体表面火灾及灭火前能切断气源的气体火灾，但不可用于扑救 D 类活泼金属火灾
热气溶胶预制灭火系统	(1) S 型气溶胶灭火系统气体是氮气、水汽、少量的二氧化碳。从生产到使用过程中无毒、无公害、无污染、无腐蚀、无残留。不破坏臭氧层，无温室效应，符合绿色环保要求。属于无管网灭火系统，工程造价相对较低 (2) 主要适用于扑救电气火灾、可燃液体火灾和固体表面火灾。如计算机房、通信机房、变配电室、发电机房、图书室、档案室、丙类可燃液体等场所

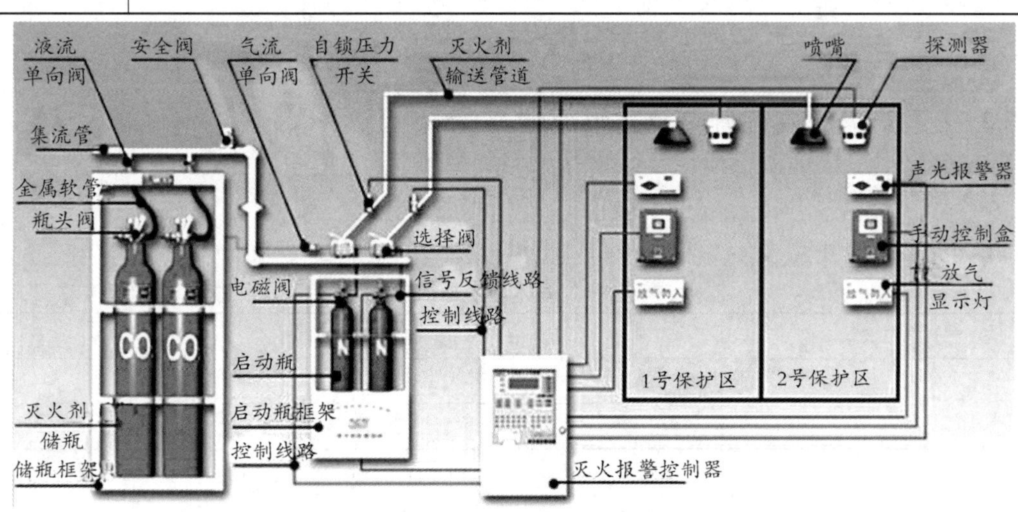

图 4-3-3 二氧化碳灭火系统

二、储存装置及管道安装

管道及管道附件应符合下列规定：

(1) 输送气体灭火剂的管道应采用无缝钢管，输送气体灭火剂的管道安装在腐蚀性较大的环境宜采用不锈钢管，输送启动气体管道宜采用铜管。

(2) 管道的连接，当公称直径≤80mm 时，宜采用螺纹连接；公称直径＞80mm 时，宜采用法兰连接。

（3）容器阀和集流管之间应采用挠性连接。储存容器和集流管应采用支架固定。

（4）在储存容器或容器阀上应设安全泄压装置和压力表。组合分配系统的集流管应设安全泄压装置。

（5）在通向每个防护区的灭火系统主管道上应设压力信号器或流量信号器。

·典型例题·

1.［2020 真题·单选］从生产到使用过程中无毒，无公害，无污染，无腐蚀，无残留，属于无管网灭火系统。该灭火系统是（　　）。

A. 七氟丙烷灭火系统　　B. IG－541 灭火系统

C. S 型气溶胶灭火　　D. K 型气溶胶灭火

［**解析**］S 型气溶胶灭火系统气体是氮气、水汽、少量的二氧化碳。从生产到使用过程中无毒，无公害，无污染，无腐蚀，无残留。不破坏臭氧层，无温室效应，符合绿色环保要求。其灭火剂是以固态常温常压储存，不存在泄漏问题，维护方便；属于无管网灭火系统，安装相对灵活，不需要布置管道，工程造价相对较低。气溶胶灭火剂释放时的烟雾状气体，其灭火对象、适用场所和灭火控制系统与常规灭火产品基本相同。

2.［2011 真题·单选］在气体灭火系统中，二氧化碳灭火系统不适用于扑灭（　　）。

A. 多油开关及发电机房火灾　　B. 大中型电子计算机房火灾

C. 硝化纤维和火药库火灾　　D. 文物资料珍藏室火灾

［**解析**］本题的考点是二氧化碳灭火系统的特点及适用范围。在一般情况下二氧化碳为化学性质不活泼的惰性气体，但在高温条件下能与锂、钠等金属发生燃烧反应，因此二氧化碳不适用于扑救活泼金属及其氢化物的火灾（如锂、钠、镁、铝、氢化钠等）、自己能供氧的化学物品火灾（如硝化纤维和火药等）、能自行分解和供氧的化学物品火灾（如过氧化氢等）。

答案：1.C　2.C

第四章

知识点 6　泡沫灭火系统分类及适用范围

一、系统分类

泡沫灭火系统分类见表 4-3-4。

表 4-3-4　泡沫灭火系统分类

分类方式	类别划分	
按泡沫发泡倍数	低、中、高倍数泡沫灭火系统	
	低倍数	发泡倍数小于 20 倍
	中倍数	发泡倍数在 21～200 倍
	高倍数	发泡倍数在 201～1 000 倍
按泡沫灭火剂的使用特点	分为 A 类泡沫灭火剂、B 类泡沫灭火剂、非水溶性泡沫灭火剂、抗溶性泡沫灭火剂等	
按设备安装使用方式	固定式、半固定式和移动式泡沫灭火系统	
按泡沫喷射位置	有液上喷射和液下喷射泡沫灭火系统	

二、系统的主要设备

泡沫喷头用于泡沫喷淋系统，按照喷头是否能吸入空气分为吸气型和非吸气型。

泡沫喷头分类见表 4-3-5。

表 4-3-5　泡沫喷头分类

类型	特点
吸气型	可采用蛋白、氟蛋白或水成膜泡沫液
非吸气型	采用水成膜泡沫液，不能用蛋白和氟蛋白泡沫液。这种喷头没有吸气孔，不能吸入空气

知识点 7　干粉及固定消防炮灭火系统

一、干粉灭火系统

（1）特点：造价低，占地小，不冻结，对于无水及寒冷的我国北方尤为适宜。

（2）适用环境：灭火前可切断气源的气体火灾，易燃、可燃液体和可熔化固体火灾，可燃固体表面火灾。

（3）不适用于火灾中产生含有氧的化学物质（硝酸纤维），可燃金属及其氢化物（钠、钾、镁），可燃固体深位火灾，带电设备火灾。

二、固定消防炮灭火系统

（1）在下列场所宜选用远控炮系统：①有爆炸危险性的场所；②有大量有毒气体产生的场所；③燃烧猛烈、产生强烈辐射热的场所；④火灾蔓延面积较大且损失严重的场所；⑤高度超过 8m 且火灾危险性较大的室内场所；⑥发生火灾时灭火人员难以及时接近或撤离固定消防炮位的场所。固定消防炮、固定消防炮灭火系统应用见图 4-3-4、图 4-3-5。

图 4-3-4　固定消防炮

图 4-3-5　固定消防炮灭火系统应用

（2）室内消防炮的布置数量≥两门；设置消防炮平台时，其结构强度应能满足消防炮喷射反力的要求。

（3）系统灭火剂的选用及适用范围：

1）泡沫炮系统适用于甲、乙、丙类液体、固体可燃物火灾现场。

2）干粉炮系统适用于液化石油气、天然气等可燃气体火灾现场。

3）水炮系统适用于一般固体可燃物火灾现场。

4）水炮系统和泡沫炮系统不得用于扑救遇水发生化学反应而引起燃烧、爆炸等物质的火灾。

（4）室外消防炮的布置应能使消防炮的射流完全覆盖被保护场所及被保护物，消防炮应设置在被保护场所常年主导风向的上风方向。

（5）当灭火对象高度较高、面积较大时，或在消防炮的射流受到较高大障碍物的阻挡时，应设置消防炮塔，见图 4-3-6。

第四章

图 4-3-6　消防炮塔

·典型例题·

1. ［**2020 真题·单选**］非吸气型泡沫喷头可采用的泡沫液是（　　）。

A. 蛋白泡沫液　　B. 氟蛋白泡沫液

C. 水成膜泡沫液　　D. 抗溶性泡沫液

［**解析**］吸气型可采用蛋白、氟蛋白或水成膜泡沫液，通过泡沫喷头上的吸气孔吸入空气，形成空气泡沫灭火。非吸气型只能采用水成膜泡沫液，不能用蛋白和氟蛋白泡沫液。并且这种喷头没有吸气孔，不能吸入空气，通过泡沫喷头喷出的是雾状的泡沫混合液滴。

2. ［**2019 真题·单选**］干粉灭火系统由干粉灭火设备和自动控制两大部分组成，关于其特点和适用范围下列表述正确的是（　　）。

A. 占地面积小，但造价高

B. 适用于硝酸纤维等化学物质的火灾

C. 适用于灭火前未切断气源的气体火灾

D. 不冻结，尤其适合无水及寒冷地区

［**解析**］干粉灭火系统适用于灭火前可切断气源的气体火灾，易燃、可燃液体和可熔化固体火灾，可燃固体表面火灾。它造价低，占地小，不冻结，对于无水及寒冷的我国北方尤为适宜。不适用于火灾中产生含有氧的化学物质，如硝酸纤维，可燃金属及其氢化物，如钠、钾、镁等，可燃固体深位火灾，带电设备火灾。2022 年考查过相同的题目。

3. ［**2020 真题·多选**］关于消防炮的说法中，正确的有（　　）。

A. 水炮系统可用于图书馆火灾

B. 干粉炮系统可用于液化石油气火灾

C. 泡沫炮系统适用于变配电室火灾

D. 水炮系统适用于金属油罐火灾

［**解析**］泡沫炮系统适用于甲、乙、丙类液体、固体可燃物火灾现场。干粉炮系统适用于液化石油气、天然气等可燃气体火灾现场。水炮系统适用于一般固体可燃物火灾现场。水炮系统和泡沫炮系统不得用于扑救遇水发生化学反应而引起燃烧、爆炸等物质的火灾。选项 C，变配电室火灾属于电气火灾，不能使用泡沫炮系统。选项 D，水炮系统主要适用于一般固体可燃物火灾，金属油罐内主要考虑为可燃液体，不适用。

答案：1. C　2. D　3. AB

知识点 8　火灾自动报警系统

火灾自动报警系统组成：火灾探测器、火警信号传输线路、火灾报警控制器。

一、火灾自动报警系统分类

火灾自动报警系统分类见表 4-3-6。

表 4-3-6　火灾自动报警系统分类

类别	应用
区域报警系统	适用于小型建筑等单独使用
集中报警系统	适用于高层的宾馆、商务楼、综合楼等建筑使用
控制中心报警系统	适用于大型建筑群、超高层建筑，可对建筑中的消防设备实现联动控制和自动控制

二、火灾报警系统组成及功能

火灾报警系统由火灾探测器、输入模块、火灾现场报警装置、报警控制器、火灾显示盘组成。

（一）火灾探测器

1. 感烟式探测器

感烟式探测器适于安装在发生火灾后产生烟雾较大或容易产生阴燃的场所（住宅楼、商店、歌舞厅、仓库），不宜安装在平时烟雾较大或通风速度较快的场所。

2. 感温式探测器

感温式探测器适用于相对湿度经常大于 95%、易发生无烟火灾、有大量粉尘的场所，在正常情况下有烟和蒸汽滞留的场所（如厨房、锅炉房、发电机房、烘干车间、吸烟室等），其他不宜安装感烟式探测器的厅堂和公共场所。

3. 感光式火灾探测器

利用火灾时火焰产生的红外光、紫外光作用在光敏元件上，从而发出电信号，实现火灾报警。该探测器能够在高/低温、高湿、震动等苛刻的环境下工作。

根据探测光的波段可分为单紫外、单红外、双红外、三重红外、红外/紫外、附加视频等火焰探测器。根据防爆类型可分为隔爆型、本安型。

（1）红外火焰探测器适用于无烟液体和气体火灾、产生明火以及产生爆燃的场所。如航天工业、飞机库、飞机修理场、化学工业、公路隧道、弹药和爆炸品仓库、油漆工厂、石油化工企业、天然气勘探生产企业、制药企业、发电站、印刷企业、易燃材料仓库等可燃物含碳物质的其他场合。

（2）紫外火焰探测器的优点是能完全消除太阳光、白炽灯及高温的干扰。可广泛应用于厂房、仓库等场所，与其他探测器配合使用，更能及时发现火灾，减少损失。防爆紫外火焰探测器主要应用于火炬状态检测、锅炉熄火保护、化工厂及民用设备关键部位火焰报警。

（3）红紫外复合火焰探测器采用一个对太阳光不敏感的紫外线传感器和一个高信噪比的窄频带的红外线传感器，提高对非火警源（光盲）的免疫力。对火焰产生的发射谱频有高灵敏度，能防止阳光辐射所产生的误报警。

4. 可燃气体探测器

根据工作原理可分为半导体式气体报警器、电化学式气体报警器、催化燃烧式气体报警器、红外气体报警器、光离子气体报警器，具体见表 4-3-7。

第四章

表 4-3-7　可燃气体探测器的类型

类型	特点及用途
半导体传感器	利用金属氧化物薄膜制成的阻抗器件，其电阻随着气体含量不同而变化。半导体传感器因其简单低价已经广泛应用于可燃气体报警器，但是又因为它的选择性差和稳定性不理想，目前还只是在民用级别使用
电化学气体传感器	(1) 通过检测电流来检测气体的浓度，分为不需供电的原电池式和需要供电的可控电位电解式，目前可以检测许多有毒气体和氧气 (2) 主要优点：气体的高灵敏度以及良好的选择性；不足之处：寿命一般为两年 (3) 电化学气体传感器因其良好的选择性和高灵敏度被广泛应用在几乎所有工业场合
催化燃烧式气体探测器	利用难熔金属铂丝加热后的电阻变化来测定可燃气体浓度。对种类繁多的可燃性气体有普遍适用性
红外气体报警器	利用红外传感器通过红外线光源的吸收原理来检测现场环境的碳氢类可燃气体。属于无干扰智能型产品，具有良好的安全性能，操作灵活简便
光离子气体报警器	使用紫外灯光源将有机物打成可被检测器检测到的正负离子。多用于检测含碳的有机化合物，可以检测多种挥发性有机化合物，如苯、甲苯、萘、酮类和醛类、丙酮、二甲基胺等

（二）火灾现场报警装置

（1）手动报警按钮。

（2）声光报警器。

（3）警笛、警铃。

·典型例题·

1.［2022 真题·单选］某探测（传感）器结构简单，低价，广泛应用于可燃气体探测报警，但由于其选择性差和稳定性不理想，目前在民用级别使用。该探测（传感）器是（　　）。

A. 光离子气体探测器　　B. 催化燃烧式气体探测器

C. 电化学气体探测器　　D. 半导体传感器

［**解析**］半导体传感器是利用一种金属氧化物薄膜制成的阻抗器件，其电阻随着气体含量不同而变化，气体分子在薄膜表面进行还原反应以引起传感器电导率的变化，实现可燃气体报警。半导体传感器因其简单低价已经广泛应用于可燃气体报警器，但是又因为它的选择性差和稳定性不理想，目前还只是在民用级别使用。

2.［2021 真题·多选］按照工作原理划分，下列属于可燃气体探测器的有（　　）。

A. 半导体式气体探测器　　B. 电化学式气体探测器

C. 紫红外气体探测器　　D. 催化燃烧式气体探测器

［**解析**］可燃气体探测器根据工作原理分为半导体式气体报警器、电化学式气体报警器、催化燃烧式气体报警器、红外气体报警器、光离子气体报警器。

答案：1. D　2. ABD

知识点 9　消防工程计量

一、水灭火系统工程量计算规则

水灭火系统工程量计算规则见表 4-3-8。

表 4-3-8 水灭火系统工程量计算规则

主要内容	计量单位
水喷淋、消火栓钢管等，应根据管道材质、规格、型号、连接方式以及安装位置，按设计图示管道中心线长度（不扣除阀门、管件及各种组件所占长度）以“m”为计量单位	m
水喷淋（雾）喷头；水流指示器；减压孔板；集热板	个
报警装置、温感式水幕装置；末端试水装置（压力表、控制阀）；灭火器	组
室内外消火栓；消防水泵接合器	套
消防水炮	台

注：（1）报警装置适用于湿式、干湿两用、电动雨淋、预制作用报警装置的安装。报警装置安装包括装配管（除水力警铃进水管）的安装，水力警铃进水管并入消防管道工程量。

（2）末端试水装置，包括压力表、控制阀等附件安装。末端试水装置安装中不含连接管及排水管安装，其工程量并入消防管道。

二、气体灭火系统工程量计算规则

气体灭火系统工程量计算规则见表 4-3-9。

表 4-3-9 气体灭火系统工程量计算规则

主要内容	计量单位
不锈钢管管件；选择阀、气体喷头	个
贮存装置（灭火剂存储器、集流阀、容器阀、压力指示仪）、称重检漏装置、无管网气体灭火装置（气瓶柜装置、自动报警控制装置）	套

三、泡沫灭火系统工程量计算规则

泡沫灭火系统工程量计算规则见表 4-3-10。

表 4-3-10 泡沫灭火系统工程量计算规则

主要内容	计量单位
不锈钢管管件、铜管管件	个
泡沫发生器、泡沫比例混合器、泡沫液贮罐	台

四、消防系统调试

消防系统调试见表 4-3-11。

表 4-3-11 消防系统调试

主要内容	计量单位
自动报警系统调试（探测器、报警器、报警按钮、报警控制器、消防广播、消防电话）按不同点数以“系统”计算	系统
水灭火控制装置、气体灭火装置的调试	点
防火控制装置调试	个或部

五、计量规则说明

（1）喷淋系统水灭火管道，消火栓管道：室内外界限应以建筑物外墙皮 1.5m 为界，入口处设阀门者应以阀门为界；设在高层建筑物内消防泵间管道应以泵间外墙皮为界。与市政给水管道的界限：以与市政给水管道碰头点（井）为界。

（2）消防管道如需进行探伤，按工业管道工程相关项目编码列项。

（3）消防管道上的阀门、管道及设备支架、套管制作安装，按给排水、采暖、燃气工程相关项目编码列项。

（4）管道及设备除锈、刷油、保温除注明者外，均应按刷油、防腐蚀、绝热工程相关项目编码列项。

·典型例题·

1.［2021 真题·单选］根据《通用安装工程工程量计算规范》（GB 50856—2013），水灭火系统末端试水装置工程量计量包括（　　）。

A. 压力表及附件安装　　B. 控制阀及连接管安装

C. 排气管安装　　D. 给水管及管上阀门安装

［解析］末端试水装置，按规格、组装形式，按设计图示数量，以“组”计算。末端试水装置，包括压力表、控制阀等附件安装。末端试水装置安装中不含连接管及排水管安装，其工程量并入消防管道。

2.［2022 真题·多选］根据《通用安装工程工程量计算规范》（GB 50856—2013），水灭火系统工程计量正确的有（　　）。

A. 喷淋系统管道应扣除阀门所占的长度　　B. 报警装置安装包括装配管的安装

C. 水力警铃进水管并入消防管道系统　　D. 末端试水装置包含连接管和排水管

［解析］选项 A 错误，水喷淋、消火栓钢管应根据管道材质、规格、连接方式以及安装位置，按设计图示管道中心线长度，以“m”计算，不扣除阀门、管件及各种组件所占长度。选项 D 错误，末端试水装置安装中不含连接管及排水管安装，其工程量并入消防管道。

3.［2014 真题·多选］依据《通用安装工程工程量计算规范》（GB 50856—2013）的规定，自动报警系统调试按“系统”计算。其报警系统包括探测器、报警器、消防广播及（　　）。

A. 报警控制器　　B. 防火控制阀

C. 报警按钮　　D. 消防电话

［解析］自动报警系统，包括由各种探测器、报警器、报警按钮、报警控制器、消防广播、消防电话等组成的报警系统；按不同点数以“系统”计算。防火控制阀以“个”计算。

答案：1. A　2. BC　3. ACD

第四节　电气照明及动力设备工程安装技术与计量

知识点 1　常用电光源和安装

一、常用电光源

（一）常用电光源分类

常用电光源类别见表 4-4-1。

表 4-4-1 常用电光源类别

分类依据	类别
热致发光电光源	白炽灯、卤钨灯
气体放电发光电光源	荧光灯、汞灯、钠灯、金属卤化物灯
固体发光电光源	LED和场致发光器件

（二）常用电光源及特性

常用电光源及特性见表 4-4-2。

表 4-4-2 常用电光源及特性

类别	特性	直观图
白炽灯	(1) 优点：钨丝白炽体的高温热辐射发光，结构简单，使用方便，显色性好，平均寿命 1 000h (2) 缺点：发光效率低 (3) 适用环境：要求照度不高的场所，局部照明、应急照明，要求频闪效应小或开关频繁的地方，避免气体放电灯对无线电或测试设备干扰的场所，需要调光的场所	
荧光灯	(1) 低压汞蒸气弧光放电灯 (2) 适用环境：悬挂高度较低又需要照度较高的场所，需要正确识别色彩的场所等 (3) 常见形式：直管形、彩色直管形、环形、单端紧凑型节能荧光灯 (4) 直管形荧光灯：对色彩丰富的物品及环境照明效果好，光衰小；寿命长，平均寿命 10 000h	
卤钨灯	适用于照度要求高、显色性好，且无振动的场所；要求频闪效应小的场所；需要调光的场所	
高压水银灯（高压汞灯）	(1) 分两种：外镇流式高压水银灯、自镇流高压汞灯 (2) 高压汞灯优点：省电、耐振、寿命长、发光强。缺点：启动慢，需 4～8min；当电压突然跌落 5%时会熄灯，再次点燃时间约 5～10min；显色性差，功率因数低 (3) 自镇流高压汞灯优点：发光效率高、省电、附件少，功率因数接近于1。光色好、显色性好、经济实用，用于施工现场照明或工业厂房整体照明。缺点：寿命短（1 000h）	
高压钠灯	发光效率高、耗电少、寿命长、透雾能力强和不诱虫。耐振性能好，受环境温度变化影响小，适用于室外。钠灯黄色光谱透雾性能好，最适于交通照明。但功率因数低，显色性差	
低压钠灯	(1) 特点：①利用低压钠蒸气放电发光的电光源，在它的玻璃外壳内涂有红外线反射膜；②发光效率可达 200 lm/W；③光效最高，寿命最长，不炫目；④太阳能路灯照明系统的最佳光源 (2) 用途：高速公路、交通道路、市政道路、公园、庭院照明	

第四章

续表

类别	特性	直观图
金属卤化物灯	(1) 发光效率高，平均可达 70～100 lm/W，光色接近自然光 (2) 显色性好 (3) 紫外线向外辐射少，但无外壳的金属卤化物灯则紫外线辐射较强，应增加玻璃外罩，或悬挂高度不低于 5m (4) 平均寿命比高压汞灯短（3 000～10 000h） (5) 电压变化影响光效和光色的变化，电压突降会自灭，所以电压变化不宜超过额定值的±5% (6) 应用中除要配专用变压器外，1kW 的钠-铊-铟灯还应配专用的触发器才能点燃	
氙灯	(1) 优点：高压氙气放电，白光和太阳光相似，显色性好，发光效率高，功率大，有“小太阳”的美称 (2) 缺点：工作中辐射的紫外线较多，人不宜靠得太近 (3) 适用：广场、公园、体育场、大型建筑工地、露天煤矿、机场等地方的大面积照明	
发光二极管（LED）	(1) 电致发光，可辐射各种色光和白光 (2) 特点：寿命长、耐冲击和防振动、无紫外和红外辐射、低电压下工作安全 (3) 缺点：单个 LED 功率低，大功率需多个并联使用；单个大功率 LED 价格贵；显色指数低	
光纤照明	(1) 装饰性强 (2) 安全。光纤本身只导光不导电，不怕水，不易破损，而且体积小，柔软可弯曲 (3) 用在高温、低温、高湿度、水下、露天等场所。在博物馆照明中，可以免除红外线、紫外线对展品的损伤，在具有火险、爆炸性气体和蒸汽的场所，是一种安全的照明方式	

二、光源选择

按照节能要求，光源的选择应符合下列规定，见表 4-4-3。

表 4-4-3　光源选择的规定

建筑类型	选用光源类型
民用建筑	不应选用白炽灯和自镇流荧光高压汞灯
一般照明	在满足照度均匀的前提下，宜选择单灯功率较大、光效较高的光源；在满足识别颜色要求的前提下，宜选择适宜色度参数的光源
公共建筑或工业建筑选用单灯功率小于或等于 25W 的气体放电灯时	除自镇流荧光灯外，其镇流器宜选用谐波含量低的产品
商城、博物馆显色要求高的重点照明	采用卤钨灯
有频繁开关灯要求和需要调光的室内场所	优先选用 LED 作为主要照明光源
走道、楼梯间、卫生间、车库等无人长期逗留的场所	选用三基色直管荧光灯、单端荧光灯、LED 灯

续表

建筑类型	选用光源类型
疏散指示标志灯，其他应急照明、重点照明、夜景照明、商业及娱乐等场所的装饰照明	选用 LED 灯
对体形高大且具有较大平整立面的建筑	可在立面上设置由多组彩色荧光灯或彩色 LED 灯构成的大型灯组
室外景观、道路照明	选择安全、高效、寿命长、稳定的光源，避免光污染

三、插座和开关安装

（一）插座

单相两孔插座见图 4-4-1，单相三孔插座见图 4-4-2。

图 4-4-1　单相两孔插座

图 4-4-2　单相三孔插座

插座的接线应符合下列规定：

（1）单相两孔插座，面对插座，右孔或上孔应与相线连接，左孔或下孔应与中性线连接；单相三孔插座，面对插座，右孔应与相线连接，左孔应与中性线连接。

（2）单相三孔、三相四孔及三相五孔插座的保护接地线（PE）必须接在上孔。插座的保护接地端子不应与中性线端子连接。

（二）照明开关安装

（1）同一建（构）筑物内的开关宜采用同一系列的产品，单控开关的通断位置应一致，且应操作灵活，接触可靠。相线应经开关控制。紫外线杀菌灯的开关应有明显标识，并应与普通照明开关的位置分开。

（2）开关的安装位置应便于操作，开关边缘距门框边缘的距离宜为 0.15～0.20m。

（3）相同型号并列安装开关高度宜一致，并列安装的拉线开关的相邻间距≥20mm。

（三）吊扇、壁扇、换气扇的安装

（1）吊扇扇叶距地高度≥2.5m。

（2）同一室内并列安装的吊扇开关高度宜一致，并应控制有序、不错位。

（3）壁扇底座应采用膨胀螺栓或焊接固定，膨胀螺栓的数量≥3 个，且直径≥8mm。

（4）换气扇安装应紧贴饰面、固定可靠。无专人管理场所的换气扇宜设置定时开关。

·典型例题·

1.［**2022 真题·单选**］某常用照明电光源点亮时可发出金白色光，具有发光效率高、耗电少、寿命长、紫外线少、不招飞虫等特点。此电光源是（　　）。

A. 氙灯　　B. 高压水银灯

C. 高压钠灯　　D. 发光二极管

［解析］高压钠灯点亮时发出金白色光，具有发光效率高、耗电少、寿命长、透雾能力强和不诱虫等优点，广泛应用于道路、高速公路、机场、码头、车站、广场、工矿企业、公园、庭院照明及植物栽培。

2.［2021 真题·单选］在下列常用照明电光源中，耐震性能最差的是（　　）。

A. 低压卤钨灯

B. 紧凑型荧光灯

C. 高压钠灯

D. 金属卤化物灯

［解析］常用照明电光源的耐震性能见表 4-4-4。

表 4-4-4　常用照明电光源的耐震性能

光源种类	卤钨灯		荧光灯		高压汞灯	高压钠灯	金卤灯
	管形、单端	低压	荧光灯	紧凑型			
额定功率范围/W	60～5 000	20～75	4～200	5～55	50～1 000	35～1 000	35～3 500
耐震性能	较差		较好		好	较好	好

3.［2017 真题·单选］下列常用光源中，平均使用寿命最长的是（　　）。

A. 白炽灯

B. 碘钨灯

C. 氙灯

D. 直管形荧光灯

［解析］白炽灯平均寿命约为 1 000h，碘钨灯管内充入惰性气体使发光效率提高，其寿命比白炽灯高一倍多。氙灯的缺点是平均寿命短，约 500～1 000h，价格较高。直管形荧光灯 T5 显色性好，对色彩丰富的物品及环境有比较理想的照明效果，光衰小，寿命长，平均寿命达 10 000h。

第四章

4.［2014 真题·多选］常见电光源中，属于气体放电发光电光源的是（　　）。

A. 卤钨灯　　B. 荧光灯

C. 汞灯　　D. 钠灯

［解析］常用的电光源有：热致发光电光源（如白炽灯、卤钨灯等）；气体放电发光电光源（如荧光灯、汞灯、钠灯、金属卤化物灯等）；固体发光电光源（如 LED 和场致发光器件等）。

答案：1. C　2. A　3. D　4. BCD

知识点 2　电动机的种类和安装

一、电动机的选择

（1）电源的选择。

（2）电动机形式的选择。

（3）功率的选择。负载转矩的大小是选择电动机功率的主要依据，电动机铭牌标出的额定功率是指电动机轴输出的机械功率。为了提高设备自然功率因数，应尽量使电动机满载运行，电动机的效率一般为 80%以上。

（4）转速的选择。

二、电动机的启动方法

（一）直接启动

直接启动也称全压启动，仅用一个控制设备即可。其特点为：

（1）启动电流大，一般为额定电流的 4～7 倍。

（2）启动方法简单，但一般仅适用于容量小于 7.5kW 的三相异步电动机。

（3）具体接线方法有星形连接和三角形连接。

（二）减压启动

当电动机容量较大时，为了降低启动电流，常采用减压启动。电动机的启动方式及特点见表 4-4-5。

表 4-4-5　电动机的启动方式及特点

启动方式	特点
星—三角启动法（Y－Δ）	当电动机正常工作为三角形连接时，先用星形连接启动。由于定子电压降低了 $\sqrt{3}$ 倍，从而降低了启动电流，启动后立刻改为三角形连接运行
自耦减压启动控制柜（箱）减压启动	星接或三角接都可使用，对电动机具有过载、断相、短路等保护
绕线转子异步电动机启动方法	绕线转子异步电动机采用在转子电路中串入电阻的方法，降低启动电流，提高启动转矩
软启动器	软启动器满足电动机平稳启动，具有可靠性高、维护量小、电动机保护良好以及参数设置简单等优点
变频启动	把工频电源（50Hz）变换成各种频率的交流电源，以实现电机变速运行。变频调速是通过改变电机定子绕组供电的频率来达到调速的目的

三、电机的安装

（一）基础验收

一般基础承重量不应小于电机重量的 3 倍，基础各边应超出电机底座边缘 100～150mm。

（二）电机干燥

（1）1kV 以下电机使用 1 000V 摇表，绝缘电阻值不应低于 1MΩ/kV。

（2）1kV 及以上电机使用 2 500V 摇表，定子绕组绝缘电阻不应低于 1MΩ/kV，转子绕组绝缘电阻不应低于 0.5MΩ/kV，并做吸收比（R00/R15）试验，吸收比不小于 1.3。

（3）干燥方法为：外部干燥法（包括热风干燥法、电阻器加盐干燥法、灯泡照射干燥法），通电干燥法（包括磁铁感应干燥法、直流电干燥法、外壳铁损干燥法、交流电干燥法）。

（三）电机控制和保护设备安装要求

（1）电机控制及保护设备一般设置在电动机附近。

（2）每台电动机均应安装控制和保护设备，对遥控及多点控制的电动机，应在各控制点装设“停”“启”信号，并在电机附近设置断开电源装置；备用电机除装设可靠的电气连锁或机械连锁外，应在操作回路或主回路中装设断开装置。

（3）装设过流和短路保护装置（或需装设断相和保护装置），保护整定值一般为：采用热元件时，按电动机额定电流 1.1～1.25 倍；采用熔丝（片）时，按电动机额定电流 1.5～2.5 倍。

·典型例题·

1. ［2019 真题·单选］长期不使用电机的绝缘电阻不能满足相关要求时，必须进行干燥，下列选项中，属于电机通电干燥法的是（　　）。

A. 外壳铁损干燥法

B. 灯泡照射干燥法

C. 电阻器加盐干燥法

D. 热风干燥法

［解析］电机干燥方法有外部干燥法（热风干燥法、电阻器加盐干燥法、灯泡照射干燥法）和通电干燥法（磁铁感应干燥法、直流电干燥法、外壳铁损干燥法、交流电干燥法）。

2. ［2016 真题·单选］当电动机容量较大时，为了降低启动电流，常采用减压启动。其中采用电路中串入电阻来降低启动电流的启动方法是（　　）。

A. 绕线转子异步电动机启动

B. 软启动

C. 星-三角启动

D. 自耦减压启动控制柜（箱）减压启动

［解析］当电动机容量较大时，为了减小启动电流，绕线转子异步电动机采用在转子电路中串入电阻的方法启动，这样不仅降低了启动电流，而且提高了启动转矩。

3. ［2017 真题·多选］电动机减压启动中，软启动器除了完全能够满足电动机平稳启动这一基本要求外，还具备的特点有（　　）。

A. 参数设置复杂

B. 可靠性高

C. 故障查找较复杂

D. 维护量小

［解析］软启动器除了完全能够满足电动机平稳启动这一基本要求外，还具有很多优点，比如可靠性高、维护量小、电动机保护良好以及参数设置简单等。

4. ［2016 真题·多选］电机控制和保护设备安装中，应符合的要求有（　　）。

A. 每台电机均应安装控制和保护设备

B. 电机控制和保护设备一般设在电机附近

C. 采用熔丝的过程和短路保护装置保护整定值一般为电机额定电流的 1.1～1.25 倍

D. 采用热元件的过流和短路保护装置保护整定值一般为电机额定电流的 1.5～2.5 倍

［解析］装设过流和短路保护装置保护整定值一般为：采用热元件时，按电机额定电流的 1.1～1.25倍；采用熔丝（片）时，按额定电流的 1.5～2.5 倍。

答案：1. A　2. A　3. BD　4. AB

第四章

知识点 3　常用低压电气设备

低压电器指电压在 1 000V 以下的各种控制设备、继电器及保护设备等。工程中常用的低压电气设备有熔断器、低压断路器、接触器、磁力启动器、继电器。

一、开关

开关的类型、特点见表 4-4-6。

表 4-4-6　开关的类型、特点

开关类型	特点	直观图
转换开关	(1) 作用：其中一路电源失电时自动转换到另一路电源供电，使设备能够不停电继续运转 (2) 双电源自动切换开关的紧急供电系统，可实现当一路电源发生故障时，可以自动完成常用与备用电源间切换而无须人工操作，以保证重要用户供电的可靠性	
断路器（自动开关）	(1) 当电路发生严重过载、短路以及失压等故障时，能自动切断故障电路，有效地保护串接在它们后面的电气设备 (2) 在正常情况下，自动开关可不频繁地接通和断开电路及控制电动机直接起动 (3) 配电箱中的总开关或分路开关，广泛用于建筑照明和动力配电线路中	
行程开关	(1) 位置开关（限位开关），是一种常用的小电流主令电器 (2) 主要是起连锁保护的作用，将机械位移转变成电信号，使电动机的运行状态得以改变，从而控制机械动作或用作程序控制	
接近开关	接近开关既有行程、微动开关的特性，又具有传感性能，且动作可靠，性能稳定，频率响应快，应用寿命长，抗干扰能力强，并具有防水、防震、耐腐蚀等特点 (1) 无源接近开关。特点：不需要电源，非接触式，免维护，环保 (2) 涡流式接近开关 (3) 电容式接近开关。这种接近开关检测的对象，不限于导体，可以是绝缘的液体或粉状物等 (4) 霍尔接近开关。是一种磁敏元件，这种接近开关的检测对象必须是磁性物体 (5) 光电式接近开关 (6) 接近开关的选用：①测导电物体或可以固定在一块金属物上的物体时，选用涡流式接近开关；②测非金属（或金属）、液位高度、粉状物高度、塑料、烟草等，选用电容式接近开关；③测导磁材料或者为了区别和它在一同运动的物体而把磁钢埋在被测物体内时，选用霍尔接近开关；④在环境条件比较好、无粉尘污染的场合，采用光电式接近开关；⑤在防盗系统中，自动门通常使用热释电接近开关、超声波接近开关、微波接近开关。在一般的工业生产场所，通常都选用涡流式接近开关和电容式接近开关	接近开关 霍尔接近开关

二、熔断器

由金属熔件（熔体、熔丝）、支持熔件的接触结构组成。包括瓷插式熔断器（见图 4-4-3）、螺旋式熔断器（见图 4-4-4）、封闭式熔断器、填充料式熔断器（见图 4-4-5）、自复熔断器（见图 4-4-6）。

图 4-4-3 瓷插式熔断器

图 4-4-4 螺旋式熔断器

图 4-4-5 填充料式熔断器

图 4-4-6 自复熔断器

熔断器种类很多，按结构分为开启式、半封闭式和封闭式；按有无填料分为有填料式、无填料式；按用途分为工业用熔断器、保护半导体器件熔断器及自复式熔断器。

下面仅介绍几种常用的熔断器，见表 4-4-7。

表 4-4-7 常用熔断器的特点及应用

类型		特点及应用
封闭管式熔断器	无填料式熔断器	用于低压电力网或成套配电设备中
	有填料式熔断器	具有限流作用及较高的极限分断能力，用于具有较大短路电流的电力系统和成套配电的装置中
	快速熔断器	主要用于保护半导体元件
自复式熔断器		可多次动作使用，在分断过载或短路电流后瞬间，熔体能自动恢复到原状。特点是分断电流大，可以分断 200kA 交流（有效值），甚至更大的电流
高分断能力熔断器		NT 型系列产品为低压高分断能力熔断器，额定电压为 660V，额定电流为 1 000A，分断能力可达 120kA，适用于工业电气设备、配电装置的过载和短路保护

三、接触器

（1）接触器主要用于频繁接通，分断交、直流电路，控制容量大，可远距离操作。见图4-4-7。

（2）广泛应用于自动控制电路，主要控制对象是电动机，也可用于控制其他电力负载，如电热器、照明、电焊机、电容器组等。

(3) 直流接触器主要用来远距离接通与分断额定电压 440V、额定电流 630A 的直流电路或频繁地操作和控制直流电动机启动、停止、反转及反接制动。

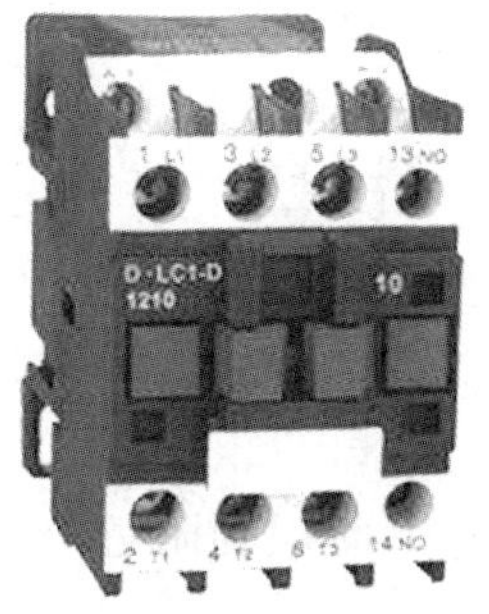

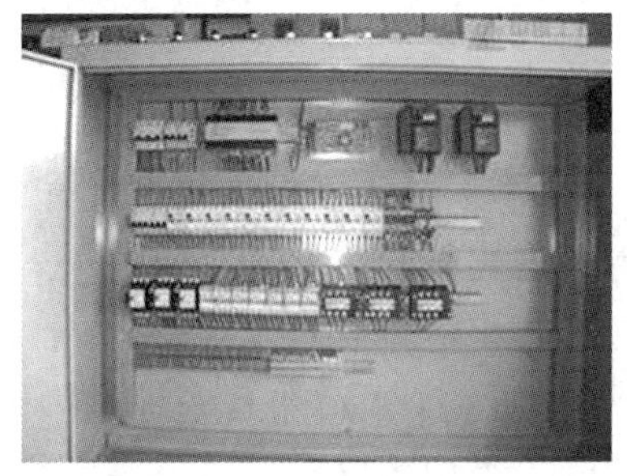

图 4-4-7　接触器

四、继电器

继电器用于自动控制和保护系统，其类别与特点见表 4-4-8。

表 4-4-8　继电器的类别与特点

类别	特点	实例图
热继电器	热继电器主要用于电动机和电气设备的过负荷保护	
时间继电器	(1) 电动式时间继电器延时精确度高，延时时间调整范围大，价格较高 (2) 电磁式时间继电器结构简单，价格较低，但延时较短，体积和重量大	
中间继电器	(1) 将一个输入信号变成一个或多个输出信号的继电器 (2) 它的输入信号是通电和断电 (3) 它的输出信号是接点的接通或断开，用以控制各个电路	
电流继电器	电流继电器是反映电路中电流状况的继电器。当电路中电流达到或超过整定的动作电流时，电流继电器便动作	
电压继电器	(1) 应用于失压（电压为零）和欠压（电压小）保护中 (2) 失压和欠压保护，是当由于某种原因电源电压降低过多或暂时停电时，电动机即自动与电源断开	

·典型例题·

1. ［**2021 真题·单选**］某开关利用机械运动部件的碰撞，使其触头动作来接通和分断控制设备。该开关是（　　）。

A. 转换开关　　B. 自动开关

C. 行程开关　　D. 接近开关

［**解析**］行程开关是位置开关（又称限位开关）的一种，是一种常用的小电流主令电器。通常，这类开关被用来限制机械运动的位置或行程，使运动机械按一定位置或行程自动停止、

反向运动、变速运动或自动往返运动等。它主要是起连锁保护的作用，将机械位移转变成电信号，使电动机的运行状态得以改变，从而控制机械动作或用作程序控制。

2.［**2020真题·单选**］具有延时精确度较高，且延时时间调整范围较大，但价格较高的时间继电器为（　　）。

A. 空气阻尼式　　B. 晶体管式

C. 电动式　　D. 电磁式

［**解析**］时间继电器有电磁式、电动式、空气阻尼式、晶体管式等。其中电动式时间继电器的延时精确度较高，且延时时间调整范围较大，但价格较高；电磁式时间继电器的结构简单，价格较低，但延时较短，体积和重量较大。

3.［**2020真题·单选**］霍尔元件是一种磁敏元件，由此识别附近有磁性物体存在，进而控制开关的通或断的开关类型为（　　）。

A. 转换开关　　B. 行程开关

C. 接近开关　　D. 自动开关

［**解析**］霍尔元件接近开关的霍尔元件是一种磁敏元件。利用霍尔元件做成的开关，叫作霍尔开关。当磁性物件移近霍尔开关时，开关检测面上的霍尔元件因产生霍尔效应而使开关内部电路状态发生变化，由此识别附近有磁性物体存在，进而控制开关的通或断。这种接近开关的检测对象必须是磁性物体。

4.［**2017真题·单选**］具有限流作用及较高的极限分断能力，用于较大短路电流的电力系统和成套配电装置中的熔断器是（　　）。

A. 螺旋式熔断器　　B. 有填充料封闭管式熔断器

C. 无填料封闭管式熔断器　　D. 瓷插式熔断器

［**解析**］填充料式熔断器。它的主要特点是具有限流作用及较高的极限分断能力，所以这种熔断器用于具有较大短路电流的电力系统和成套配电的装置中。

5.［**2015真题·单选**］接点多、容量大，可以将一个输入信号变成一个或多个输出信号的继电器是（　　）。

A. 电流继电器　　B. 温度继电器

C. 中间继电器　　D. 时间继电器

［**解析**］中间继电器是将一个输入信号变成一个或多个输出信号的继电器，它的输入信号是通电和断电，它的输出信号是接点的接通或断开，用以控制各个电路。中间继电器较电流继电器增加了接点的数量，同时接点的容量也增大。根据控制的要求，可选择不同接点数量和形式的中间继电器，满足控制需求。

6.［**2017真题·多选**］继电器具有自动控制和保护系统的功能，下列继电器中主要用于电气保护的有（　　）。

A. 热继电器　　B. 电压继电器

C. 中间继电器　　D. 时间继电器

［**解析**］热继电器主要用于电动机和电气设备的过负荷保护。电压继电器广泛应用于失压（电压为零）和欠压（电压小）保护中。中间继电器是将一个输入信号变成一个或多个输出信号的继电器。时间继电器是用在电路中控制动作时间的继电器。

答案：1. C　2. C　3. C　4. B　5. C　6. AB

知识点 4 配管配线工程

一、常用管道及管径的选择

管线类别及选用特点见表 4-4-9。

表 4-4-9 管线类别及选用特点

管线类别	选用特点
电线管	薄壁钢管，适用于干燥场所的明、暗配
焊接钢管	管壁较厚，适用于潮湿、有机械外力、有轻微腐蚀气体场所的明、暗配
硬质聚氯乙烯管	耐腐蚀性较好，易变形老化，机械强度比钢管差，适用于腐蚀性较大的场所的明、暗配
半硬质阻燃管	刚柔结合、易于施工，劳动强度较低，质轻，运输较为方便，广泛用于民用建筑暗配管
可挠金属套管	主要用于砖、混凝土内暗设和吊顶内敷设及与钢管、电线管与设备连接间的过渡，与钢管、电线管、设备入口均采用专用混合接头连接
套接紧定式 JDG（扣压式 KBG）钢导管	连接、弯曲操作简易，不用套丝、无须做跨接线、无须刷油，效率较高
金属软管	蛇皮管，敷设在较小型电动机的接线盒与钢管口的连接处，保护电缆或导线不受机械损伤

二、管子的加工

（1）管子的切割有钢锯切割、切管机切割、砂轮机切割。砂轮机切割是目前先进、有效的方法，切割速度快、功效高、质量好。禁止使用气焊切割。

（2）管子煨弯，其方法有冷煨弯和热煨弯两种。冷煨弯用弯管器（只适用于 $DN25$，即 25.4mm 以下的钢管）。用电动弯管机煨弯，一般可弯制 $DN70$ 以下的管子，$DN70$ 以上的管子采用热煨。热煨管煨弯角度不应小于 90°。

（3）导管的加工弯曲处不应有折皱、凹陷和裂缝，且弯扁程度不应大于管外径的 10%。

三、导管的敷设要求

导管的敷设要求见表 4-4-10。

表 4-4-10 导管的敷设要求

敷设类项	具体要求
金属导管	（1）钢导管不得采用对口熔焊连接；镀锌钢导管或壁厚≤2mm 的钢导管，不得采用套管熔焊连接 （2）金属导管应与保护导体可靠连接，并应符合：①镀锌钢导管、可弯曲金属导管和金属柔性导管不得熔焊连接；②非镀锌钢导管采用螺纹连接时，连接处的两端应熔焊焊接保护联结导体；③以专用接地卡固定的保护联结导体应为铜芯软导线，截面积≥4mm^2；以熔焊焊接的保护联结导体宜为圆钢，直径≥6mm，搭接长度应为 6 倍圆钢直径
可弯曲金属导管及柔性导管	（1）刚性导管经柔性导管与电气设备、器具连接时，柔性导管的长度在动力工程中≤0.8m，在照明工程中≤1.2m （2）明配的金属、非金属柔性导管固定点间距≤1m，管卡与设备、器具、弯头中点、管端等边缘的距离<0.3m （3）可弯曲金属导管和金属柔性导管不应做保护导体的接续导体

续表

<table>
<tr><th>敷设类项</th><th>具体要求</th></tr>
<tr><td>导管的弯曲半径规定</td><td>（1）明配导管的弯曲半径≥6倍管外径，当两个接线盒间只有一个弯曲时，其弯曲半径≥4倍管外径
（2）埋设于混凝土内的导管的弯曲半径≥6倍管外径，当直埋于地下时，其弯曲半径≥10倍管外径
（3）电缆导管的弯曲半径≥电缆最小允许弯曲半径</td></tr>
<tr><td>室外导管敷设</td><td>导管的管口不应敞口垂直向上，导管管口应在盒、箱内或导管端部设置防水弯</td></tr>
<tr><td>明配的电气导管</td><td>在距终端、弯头中点或柜、台、箱、盘等边缘150～500mm范围内应设有固定管卡</td></tr>
<tr><td>导管敷设其他规定</td><td>（1）导管穿越外墙时应设置防水套管，应做好防水处理
（2）钢导管或刚性塑料导管跨越建筑物变形缝处应设置补偿装置
（3）导管与热水管、蒸汽管平行敷设时，宜敷设在热水管、蒸汽管的下面，当有困难时，可敷设在其上面；相互间的最小距离宜符合下表规定
导管（或配线槽盒）与热水管、蒸汽管间的最小距离（单位：mm）
<table>
<tr><th rowspan="2">导管（或配线槽盒）的敷设位置</th><th colspan="2">管道种类</th></tr>
<tr><th>热水</th><th>蒸汽</th></tr>
<tr><td>在热水、蒸汽管道上面平行敷设</td><td>300</td><td>1 000</td></tr>
<tr><td>在热水、蒸汽管道下面或水平平行敷设</td><td>200</td><td>500</td></tr>
<tr><td>与热水、蒸汽管道交叉敷设</td><td colspan="2">不小于其平行的净距</td></tr>
</table>
（4）导管穿越密闭或防护密闭隔墙时，应设置预埋套管
（5）当导管敷设遇下列情况时，中间宜增设接线盒或拉线盒，且盒子的位置应便于穿线：①导管长度每大于40m，无弯曲；②导管长度每大于30m，有1个弯曲；③导管长度每大于20m，有2个弯曲；④导管长度每大于10m，有3个弯曲
（6）在垂直敷设管路时，装设接线盒或拉线盒的距离应符合：①导线截面50mm^2及以下时，为30m；②导线截面70～95mm^2时，为20m；③导线截面120～240mm^2时，为18m
（7）电气线路敷设应避开炉灶、烟囱等高温部位及其他可能受高温作业影响的部位，不应直接敷设在可燃物上；室内明敷的电气线路和在有可燃物的吊顶或难燃性、可燃性墙体内敷设的电气线路应具有相应的防火性能或防火保护措施
（8）电气线路和各类管道穿越防火墙、防火隔墙、竖井井壁、建筑变形缝处和楼板处的孔隙，应采取防火封堵措施。防火封堵组件的耐火性能不应低于防火分隔部位的耐火性能要求</td></tr>
</table>

四、导管内穿线和槽盒内敷线

（1）不同电压等级的电力线缆不应共用同一导管或电缆桥架布线；电力线缆和智能化线缆不应共用同一导管或电缆桥架布线；在有可燃物闷顶和吊顶内敷设电力线缆时，应采用不燃材料的导管或电缆槽盒保护。同一交流回路的电线应敷设于同一金属电缆槽盒或金属导管内。

（2）除设计要求以外，不同回路、不同电压等级和交流与直流线路的绝缘导线不应穿入同一导管内。

（3）除塑料护套线外，绝缘导线应采取导管或槽盒保护，不可外露明敷。

（4）槽盒内敷线应符合下列规定：

1）同一槽盒内不宜同时敷设绝缘导线和电缆。

2）同一路径无防干扰要求的线路，可敷设于同一槽盒内；槽盒内的绝缘导线总截面积（包括外护套）≤槽盒内截面积的40%，且载流导体不宜超过30根。

3）当控制和信号等非电力线路敷设于同一槽盒内时，绝缘导线的总截面积≤槽盒内截面积的 50%。

4）分支接头处绝缘导线的总截面面积（包括外护层）≤该点盒（箱）内截面面积的 75%。

五、导线的连接

导线连接有铰接、焊接、压接和螺栓连接等。各种连接方法适用于不同的导线及不同的工作地点。导线与设备或器具的连接应符合下列规定：

（1）截面积≤$10mm^2$的单股铜导线和单股铝/铝合金芯线可直接与设备或器具的端子连接。

（2）截面积≤$2.5mm^2$的多芯铜芯线应接续端子或拧紧搪锡后再与设备或器具的端子连接。

（3）截面积＞$2.5mm^2$的多芯铜芯线，除设备自带插接式端子外，应接续端子后与设备或器具的端子连接；多芯铜芯线与插接式端子连接前，端部应拧紧搪锡。

（4）截面积≤$6mm^2$铜芯导线间的连接应采用导线连接器或缠绕搪锡连接，单芯导线与多芯软导线连接时，多芯软导线宜搪锡处理；导线连接后不应明露线芯；多尘场所的导线连接应选用 IP5X 及以上的防护等级连接器；潮湿场所的导线连接应选用 IPX5 及以上的防护等级连接器。

·典型例题·

1.［2022 真题·单选］根据《建筑电气工程施工质量验收规范》（GB 50303—2015），关于导管敷设，下列说法正确的是（　　）。

A. 可弯曲金属导管可采用焊接

B. 可弯曲金属导管可做保护导体的接续导体

C. 明配导管的弯曲半径不应大于外径的 6 倍

D. 明配的金属、非金属柔性导管固定点间距应均匀，不应大于 1m

［**解析**］选项 A 错误，钢导管不得采用对口熔焊连接；镀锌钢导管或壁厚小于或等于 2mm 的钢导管，不得采用套管熔焊连接。选项 B 错误，可弯曲金属导管和金属柔性导管不应做保护导体的接续导体。选项 C 错误，明配导管的弯曲半径不宜小于管外径的 6 倍，当两个接线盒间只有一个弯曲时，其弯曲半径不宜小于管外径的 4 倍。

2.［2021 真题·单选］关于导管的敷设要求，下列说法正确的是（　　）。

A. 钢导管采用对口熔焊连接

B. 镀锌钢导管、可弯曲金属导管和金属柔性导管不得熔焊连接

C. 导管长度每大于 30m，无弯曲，中间要增加接线盒

D. 潮湿场所的导线连接应选用 IP5X 及以上的防护等级连接器

［**解析**］钢导管不得采用对口熔焊连接；镀锌钢导管或壁厚小于等于 2mm 的钢导管，不得采用套管熔焊连接。当导管遇到下列情况，中间宜增设接线盒或拉线盒：导管长度每大于 40m，无弯曲；导管长度每大于 30m，有 1 个弯曲；导管长度每大于 20m，有 2 个弯曲；导管长度每大于 10m，有 3 个弯曲。多尘场所的导线连接应选用 IP5X 及以上的防护等级连接器；潮湿场所的导线连接应选用 IPX5 及以上的防护等级连接器。

3.［2022 真题·多选］根据《建筑电气工程施工质量验收规范》（GB 50303—2015）及相关规定，下列关于槽盒内敷线的说法，正确的有（　　）。

A. 同一槽盒不宜同时敷设绝缘导线和电缆

B. 绝缘导线在槽盒内，可不按回路分段绑扎

C. 同一回路无防干扰要求的线路，可敷设于同一槽盒内

D. 与槽盒连接的接线盒应采用暗装接线盒

［**解析**］选项 B 错误，绝缘导线在槽盒内应留有一定余量并应按回路分段绑扎，绑扎点间距不应大于 1.5m。选项 D 错误，与槽盒连接的接线盒（箱）应选用明装盒（箱）；配线工程完成后，盒（箱）盖板应齐全、完好。

4. ［**2019 真题 · 多选**］下列导线与设备工器具的选择符合规范要求的有（　　）。

A. 截面积 6mm² 单芯铜芯线与多芯软导线连接时，单芯铜导线宜搪锡处理

B. 当接线端子规格与电气器具规格不配套时，应采取降容的转接措施

C. 每个设备或器具的端子接线不多于 2 根导线或 2 个导线端子

D. 截面积≤10mm² 的单股铜导线可直接与设备或器具的端子连接

［**解析**］截面积 6mm² 及以下铜芯导线间的连接，单芯导线与多芯软导线连接时，多芯软导线宜搪锡处理，选项 A 错误。当接线端子规格与电气器具规格不配套时，不应采取降容的转接措施，选项 B 错误。每个设备或器具的端子接线不多于 2 根导线或 2 个导线端子，选项 C 正确。截面积在 10mm² 及以下的单股铜导线和单股铝/铝合金芯线可直接与设备或器具的端子连接，选项 D 正确。

答案：1. D　2. B　3. AC　4. CD

同步强化训练

一、单项选择题（每题的备选项中，只有 1 个最符合题意）

1. 适用于固定有强烈震动和冲击的重型设备的螺栓是（　　）。

A. 固定地脚螺栓　　B. 活动地脚螺栓

C. 胀锚地脚螺栓　　D. 粘接地脚螺栓

2. 输送能力大、运转费用低、常用来完成大量繁重散状固体及具有磨琢性物料的输送任务的输送设备为（　　）。

A. 斗式输送机　　B. 鳞板输送机

C. 刮板输送机　　D. 螺旋输送机

3. 固体散料输送设备中，振动输送机的工作特点为（　　）。

A. 能输送黏性强的物料

B. 能输送具有化学腐蚀性或有毒的散状固体物料

C. 能输送易破损的物料

D. 能输送含气的物料

4. 对于砖混结构的电梯井道，一般导轨架的固定方式为（　　）。

A. 焊接式　　B. 埋入式

C. 预埋螺栓固定式　　D. 对穿螺栓固定式

5. 与离心泵的主要区别是防止输送的液体与电气部分接触，保证输送液体绝对不泄漏的泵是（　　）。

A. 离心式杂质泵　　B. 离心式冷凝水泵

C. 屏蔽泵　　D. 混流泵

6. 在化工、印刷行业中用于输送一些有毒的重金属，如汞、铅等，用于核动力装置中输送作

为载热体的液态金属（钠或钾、钠钾合金），也用于铸造生产中输送熔融的有色金属的其他类型泵是（　　）。

A. 喷射泵　　B. 水环泵

C. 电磁泵　　D. 水锤泵

7. 在锅炉的主要性能指标中，反映锅炉工作强度的指标是（　　）。

A. 蒸发量　　B. 出口蒸汽压力和热水出口温度

C. 受热面发热率　　D. 热效率

8. 蒸发量为 1t/h 的锅炉，其省煤器上装有 3 个安全阀，为确保锅炉安全运行，此锅炉至少应安装的安全阀数量为（　　）。

A. 3 个　　B. 4 个

C. 5 个　　D. 6 个

9. 蒸汽锅炉安全阀的安装和试验符合要求的是（　　）。

A. 安装前安全阀应逐个进行严密性试验

B. 按较高压力进行整定的安全阀必须是过热器上的安全阀

C. 安全阀不得铅垂安装

D. 省煤器安全阀整定压力应在蒸汽严密性试验后用水压的方法

10. 某光源发光效率达 200 lm/W，是电光源中光效最高的一种光源，寿命也最长，具有不炫目特点，是太阳能路灯照明系统的最佳光源。这种电光源是（　　）。

A. 高压钠灯　　B. 卤钨灯

C. 金属卤化物灯　　D. 低压钠灯

11. 暗配电线管路垂直铺设中，导线截面为 70～95mm^2 时，装设接线盒或拉线盒的距离为（　　）。

A. 18m　　B. 20m

C. 25m　　D. 30m

12. 自动喷水灭火系统中，同时具有湿式系统和干式系统特点的灭火系统为（　　）。

A. 自动喷水雨淋系统　　B. 自动喷水预作用系统

C. 自动喷水干式灭火系统　　D. 水喷雾灭火系统

13. 适用于大型建筑群、超高层建筑，可对建筑中的消防设备实现联动控制和自动控制的自动报警系统为（　　）。

A. 区域报警系统　　B. 集中报警系统

C. 半集中报警系统　　D. 控制中心报警系统

14. 在建筑施工现场使用的能够瞬时点燃，工作稳定，能耐高、低温，功率大，但平均寿命短的光源类型为（　　）。

A. 长弧氙灯　　B. 短弧氙灯

C. 高压钠灯　　D. 卤钨灯

15. 可以对三相笼型异步电动机作不频繁自耦减压启动，以减少电动机启动电流对输电网络的影响，并可加速电动机转速至额定转速和人为停止电动机运转，并对电动机具有过载、断相、短路等保护的电动机的启动方法是（　　）。

A. 星-三角启动法

B. 自耦减压起动控制柜（箱）减压启动法

C. 绕线转子异步电动机启动法

D. 软启动器

16. 电动机装设过载保护装置，电动机额定电流为10A，当采用热元件时，其保护整定值为（　　）。

A. 12A　　B. 15A　　C. 20A　　D. 25A

17. 所测对象是非金属（或金属）、液位高度、粉状物高度、塑料、烟草等，应选用的接近开关是（　　）。

A. 涡流式　　B. 电容式

C. 霍尔　　D. 光电式

二、多项选择题（每题的备选项中，有2个或2个以上符合题意，至少有1个错项）

1. 关于清洗设备及装配件表面的除锈油脂，下列叙述正确的有（　　）。

A. 对中小型形状复杂的装配件，可采用相应的清洗液喷洗

B. 对形状复杂、污垢黏附严重的装配件，宜采用溶剂油、蒸汽、热空气、金属清洗剂和三氯乙烯等清洗液进行浸泡

C. 当对装配件进行最后清洗时，宜采用超声波装置

D. 对形状复杂、污垢黏附严重、清洗要求高的装配件，宜采用溶剂油、清洗汽油、轻柴油、金属清洗剂和三氯乙烯和碱液等进行浸-喷联合清洗

2. 后埋地脚螺栓的优点有（　　）。

A. 混凝土强度均匀　　B. 混凝土抗剪强度高

C. 螺栓定位准确　　D. 螺栓有可靠的支撑点

3. 蜗轮蜗杆传动机构的特点有（　　）。

A. 传动比大　　B. 传动比准确

C. 噪声大　　D. 传动效率高

4. 往复泵与离心泵相比，其特点有（　　）。

A. 扬程有一定的范围　　B. 流量与排出压力无关

C. 具有自吸能力　　D. 流量均匀

5. 混流泵同轴流泵和离心泵相比所具有的特点有（　　）。

A. 混流泵流量比轴流泵小，比离心泵大　　B. 混流泵流量比轴流泵大，比离心泵小

C. 混流泵扬程比轴流泵低，比离心泵高　　D. 混流泵扬程比轴流泵高，比离心泵低

6. 活塞式压缩机与透平式压缩机相比，其特点有（　　）。

A. 除超高压压缩机，机组零部件多用普通金属材料

B. 适用性强

C. 外形尺寸及重量较大

D. 压力范围小

7. 根据《通用安装工程工程量计算规范》，热力设备安装工程按设计图示设备质量以“t”计算的有（　　）。

A. 制粉管道　　B. 渣仓

C. 暖风器　　D. 消音器

8. 发光二极管（LED）是电致发光的固体半导体高亮度电光源，其特点有（　　）。

A. 使用寿命长　　B. 显色指数高

C. 无紫外和红外辐射　　　　D. 能在低电压下工作

9. 与电磁式时间继电器相比，电动式时间继电器的主要特点有（　　）。

A. 延时精确度较高　　　　B. 延时时间调整范围较大

C. 体积和重量较大　　　　D. 价格较高

10. 导管水平敷设遇（　　）情况时，中间宜增设接线盒或拉线盒。

A. 导管长度每大于 30m，无弯曲

B. 导管长度每大于 20m，有 2 个弯曲

C. 导管长度每大于 10m，有 3 个弯曲

D. 导管长度每大于 40m，有 1 个弯曲

11. 在气体灭火系统中，二氧化碳灭火系统不适用于（　　）。

A. 硝化纤维和火药火灾　　　　B. 活泼金属火灾

C. 过氧化氢火灾　　　　D. 图书馆火灾

参考答案及解析

一、单项选择题

1. [答案] B

[解析] 此题考点为地脚螺栓的分类和适用范围。①固定地脚螺栓：又称短地脚螺栓，适用于没有强烈震动和冲击的设备。②活动地脚螺栓：又称长地脚螺栓，适用于有强烈震动和冲击的重型设备。③胀锚地脚螺栓：胀锚地脚螺栓中心到基础边沿的距离不小于 7 倍的胀锚直径，安装胀锚的基础强度不得小于 10MPa。常用于固定静置的简单设备或辅助设备。④粘接地脚螺栓：粘接为近年常用的一种地脚螺栓，其方法和要求同胀锚。在粘接时应把孔内的杂物吹净，使用环氧树脂砂浆锚固地脚螺栓。

2. [答案] B

[解析] 此题的考点是固体输送设备。鳞板输送机输送能力大，运转费用低，常用来完成大量繁重散装固体及具有磨琢性物料的输送任务。选项 A，斗式输送机是提升输送机的一种，所以输送能力小，且用来输送不具有磨琢性的物料。选项 C，刮板输送机也用来输送不具有磨琢性的物料。选项 D，螺旋输送机输送能力小。

3. [答案] B

[解析] 振动输送机可以输送具有磨琢性、化学腐蚀性的或有毒的散状固体物料，甚至输送高温物料。振动输送机可以在防尘、有气密要求或在有压力情况下输送物料。振动输送机结构简单，操作方便，安全可靠。振动输送机与其他连续输送机相比，其初始价格较高，而维护费用较低。振动输送机输送物料时需要的功率较低，因此运行费用较低，但输送能力有限，且不能输送黏性强的物料、易破损的物料、含气的物料，同时不能大角度向上倾斜输送物料。

4. [答案] B

[解析] 此题的考点是电梯的安装。一般砖混结构的电梯井道采用埋入式稳固导轨架既简单又方便。选项 A、C、D 适用于钢筋混凝土结构电梯井道。

5. [答案] C

[解析] 屏蔽泵既是离心式泵的一种，但又不同于一般离心式泵。其主要区别是为了防止输送的液体与电气部分接触，用特制的屏蔽套将电动机转子和定子与输送液体隔离开来，以满足输送液体绝对不泄漏的需要。

6. [答案] C

[解析] 电磁泵是在电磁力作用下输送流体的。在化工、印刷行业中用于输送一些有毒的重金属，如汞、铅等，用于核动力装置中输送作为载热体的液态金属（钠或钾、钠钾合金），也用于铸造生产中输送熔融的

有色金属。

7. ［答案］C

［解析］此题的考点是锅炉的主要性能指标。锅炉受热面发热率是反映锅炉工作强度的指标，其数值越大，表示传热效果越好，锅炉所耗金属量越少。

8. ［答案］C

［解析］蒸发量大于0.5t/h的锅炉，至少应装设两个安全阀（不包括省煤器上的安全阀）。锅炉上必须有一个安全阀按表中较低的整定压力进行调整；对装有过热器的锅炉，按较低压力进行整定的安全阀必须是过热器上的安全阀，过热器上的安全阀应先开启；所以此锅炉至少应安装的安全阀数量为5个。

9. ［答案］A

［解析］蒸汽锅炉安全阀的安装和试验，应符合下列要求：①安装前安全阀应逐个进行严密性试验。②蒸发量大于0.5t/h的锅炉，至少应装设两个安全阀（不包括省煤器上的安全阀）。对装有过热器的锅炉，按较低压力进行整定的安全阀必须是过热器上的安全阀，过热器上的安全阀应先开启。③蒸汽锅炉安全阀应铅垂安装，其管路应畅通，并直通至安全地点，排汽管底部应装有疏水管。省煤器的安全阀应装排水管。在排水管、排汽管和疏水管上，不得装设阀门。④省煤器安全阀整定压力调整，应在蒸汽严密性试验前用水压的方法进行。⑤蒸汽锅炉安全阀经调整检验合格后，应加锁或铅封。

10. ［答案］D

［解析］低压钠灯是利用低压钠蒸气放电发光的电光源，在它的玻璃外壳内涂有红外线反射膜，低压钠灯的发光效率可达200 lm/W，是电光源中光效最高的一种光源，寿命也最长，还具有不炫目的特点。

11. ［答案］B

［解析］在垂直敷设管路时，装设接线盒或拉线盒的距离尚应符合下列要求：①导线截面50mm²及以下时，为30m；②导线截面70～95mm²时，为20m；③导线截面120～240mm²时，为18m。

12. ［答案］B

［解析］此题的考点是喷水灭火系统。自动喷水预作用系统具有湿式系统和干式系统的特点，预作用阀后的管道系统内平时无水，呈干式，充满有压或无压的气体。火灾发生初期，火灾探测器系统动作先于喷头控制自动开启或手动开启预作用阀，使消防水进入阀后管道，系统成为湿式。

13. ［答案］D

［解析］区域报警系统适用于小型建筑等单独使用。集中报警系统适用于高层的宾馆、商务楼、综合楼等建筑。控制中心报警系统适用于大型建筑群、超高层建筑，可对建筑中的消防设备实现联动控制和自动控制。

14. ［答案］A

［解析］此题的考点是常用的几种电光源的性能与用途。氙灯可分为长弧氙灯和短弧氙灯两种。在建筑施工现场使用的是长弧氙灯，功率很高，用触发器起动。大功率长弧氙灯能瞬时点燃，工作稳定，耐低温也耐高温，耐振性好。氙灯的缺点是平均寿命短，约500～1 000h，价格较高。

15. ［答案］B

［解析］自耦减压起动控制柜（箱）减压启动，这种启动方法不管电动机是星接或三角接都可使用。它可以对三相笼型异步电动机作不频繁自耦减压启动，以减少电动机启动电流对输电网络的影响，并可加速电动机转速至额定转速和人为停止电动机运转。对电动机具有过载、断相、短路等保护。

16. ［答案］A

［解析］此题的考点是电动机的电机安装。装设过流和短路保护装置（或需装设断相和保护装置），保护整定值一般为：采用热元件时，按电动机额定电流1.1～1.25倍；采用熔丝（片）时，按电机额定电流1.5～2.5倍。

17. ［答案］B

［解析］若所测对象是非金属（或金属）、液位高度、粉状物高度、塑料、烟草等，则应选用电容式接近开关。这种开关的响应频率低，但稳定性好。

二、多项选择题

1. ［答案］CD

［解析］装配件表面除锈及污垢清除，宜采用碱性清洗液和乳化除油液进行清洗。清洗设备及装配件表面的除锈油脂，宜采用下列方法：①对设备及大、中型部件的局部清洗，宜采用溶剂油、航空洗涤汽油、轻柴油、乙醇和金属清洗剂进行擦洗和涮洗。②对中小型形状复杂的装配件，可采用相应的清洗液浸泡，浸洗时间随清洗液的性质、温度和装配件的要求确定，宜为2～20min，且宜采用多步清洗法或浸、涮结合清洗；采用加热浸洗时，应控制清洗液温度，被清洗件不得接触容器壁。③对形状复杂、污垢黏附严重的装配件，宜采用溶剂油、蒸汽、热空气、金属清洗剂和三氯乙烯等清洗液进行喷洗；对精密零件、滚动轴承等不得用喷洗法。④当对装配件进行最后清洗时，宜采用超声波装置，并宜采用溶剂油、清洗汽油、轻柴油、金属清洗剂和三氯乙烯等进行清洗。⑤对形状复杂、污垢黏附严重、清洗要求高的装配件，宜采用溶剂油、清洗汽油、轻柴油、金属清洗剂和三氯乙烯和碱液等进行浸—喷联合清洗。

2. ［答案］CD

［解析］直埋是浇筑混凝土前，将螺栓定位，混凝土浇筑成型后，螺栓埋设好；后埋是浇筑混凝土时，预留埋设螺栓孔洞，待混凝土达到一定强度后，插入螺栓，二次浇筑混凝土。直埋地脚螺栓的优点是混凝土一次浇筑成型，混凝土强度均匀，整体性强，抗剪强度高；缺点是螺栓无固定支撑点，如果螺栓定位出现误差，则处理相当烦琐。后埋地脚螺栓的优点是螺栓有可靠的支撑点（已达到一定强度的基础混凝土），定位准确，不容易出现误差；缺点是预留孔洞部分混凝土浇筑后硬化收缩，容易与原混凝土之间产生裂缝，降低整体的抗剪强度，使结构的整体耐久性受到影响。

3. ［答案］AB

［解析］蜗轮蜗杆传动机构的特点是传动比大，传动比准确，传动平稳，噪声小，结构紧凑，能自锁。不足之处是传动效率低，工作时产生摩擦热大，需进行良好的润滑。

4. ［答案］BC

［解析］往复泵是依靠在泵缸内做往复运动的活塞或塞柱来改变工作室的容积，从而达到吸入和排出液体。往复泵与离心泵相比，有扬程无限高，流量与排出压力无关，具有自吸能力的特点，但缺点是流量不均匀。

5. ［答案］AD

［解析］混流泵是介于离心泵和轴流泵之间的一种泵。混流泵的比转数高于离心泵、低于轴流泵，一般为300～500；流量比轴流泵小、比离心泵大；扬程比轴流泵高、比离心泵低。

6. ［答案］ABC

［解析］此题的考点是活塞式压缩机与透平式压缩机性能比较。活塞式：①气流速度低、损失小、效率高；②压力范围广，从低压到超高压范围均适用；③适用性强，排气压力在较大范围内变动时，排气量不变，同一台压缩机还可用于压缩不同的气体；④除超高压压缩机，机组零部件多用普通金属材料；⑤外形尺寸及重量较大，结构复杂，易损件多，排气脉动性大，气体中常混有润滑油。透平式：①气流速度高，损失大；②小流量，超高压范围不适用；③流量和出口压力变化由性能曲线决定，若出口压力过高，机组则进入喘振工况而无法运行；④旋转零部件常用高强度合金钢；⑤外形尺寸及重量较小，结构简单，易损件少，排气均匀无脉动，气体中不含油。

7. ［答案］AB

［解析］烟道、热风道、冷风道、制粉管道、送粉管道、原煤管道应根据项目特征（管道形状、管道断面尺寸、管壁厚度），以“t”为计量单位，按设计图示质量计算。其中选项C计量单位为“只”；选项D计量单位为“台”。

8. ［答案］ACD

［解析］发光二极管（LED）是电致发光的固体半导体高亮度点光源，可辐射各种色光和白光、0～100%光输出（电子调光）。具有寿命长、耐冲击和防振动、无紫外和红外辐射、低电压下工作安全等特点。但LED的缺点有：单个LED功率低，为了获得大功率，需要多个并联使用，并且单个大功率LED价格很贵。显色指数低，在LED照射下显示的颜色没有白炽灯真实。

9. ［答案］ABD

［解析］时间继电器种类繁多，有电磁式、电动式、空气阻尼式、晶体管式等。其中电动式时间继电器的延时精确度较高，且延时时间调整范围较大，但价格较高；电磁式时间继电器的结构简单，价格较低，但延时较短，体积和重量较大。

10. ［答案］BC

［解析］当导管敷设遇下列情况时，中间宜增设接线盒或拉线盒，且盒子的位置应便于穿线：①导管长度每大于40m，无弯曲；②导管长度每大于30m，有1个弯曲；③导管长度每大于20m，有2个弯曲；④导管长度每大于10m，有3个弯曲。

11. ［答案］ABC

［解析］二氧化碳为化学性质不活泼的气体，但在高温条件下能与锂、钠等金属发生燃烧反应，因此二氧化碳不适用于扑救活泼金属及其氢化物的火灾（如锂、钠、镁、铝、氢化钠等）、自己能供氧的化学物品火灾（如硝化纤维和火药等）、能自行分解和供氧的化学物品火灾（如过氧化氢等）。

第五章
管道和设备安装工程技术与计量

本章包括给排水、采暖、燃气工程，工业管道工程，通风空调工程，静置设备与工艺金属结构四部分内容，历年考试分值为30分。此部分属于选做内容，考题形式为单选、多选混考，建议学员根据自己对知识的掌握程度灵活作答。给排水、采暖、燃气工程中室内给水的形式、安装要求，采暖系统的形式特点、主要设备部件的安装，用户燃气系统等为考试的重点内容，所占分值为10.5分。通风空调工程中，通风方式、通风系统主要设备和附件、空调系统的组成、通风空调的安装及计量等为重点内容，需要大家着重掌握，历年所占分值为10.5分。工业管道工程主要包括热力管道系统、夹套管道、合金及有色金属管道、塑料及衬胶管道等内容，历年所占分值为9分。静置设备与工艺金属结构由通用知识变为选做内容，但内容无大变化，知识点较简单，包括塔器、换热器、金属油罐、球罐等重点内容。

知识脉络

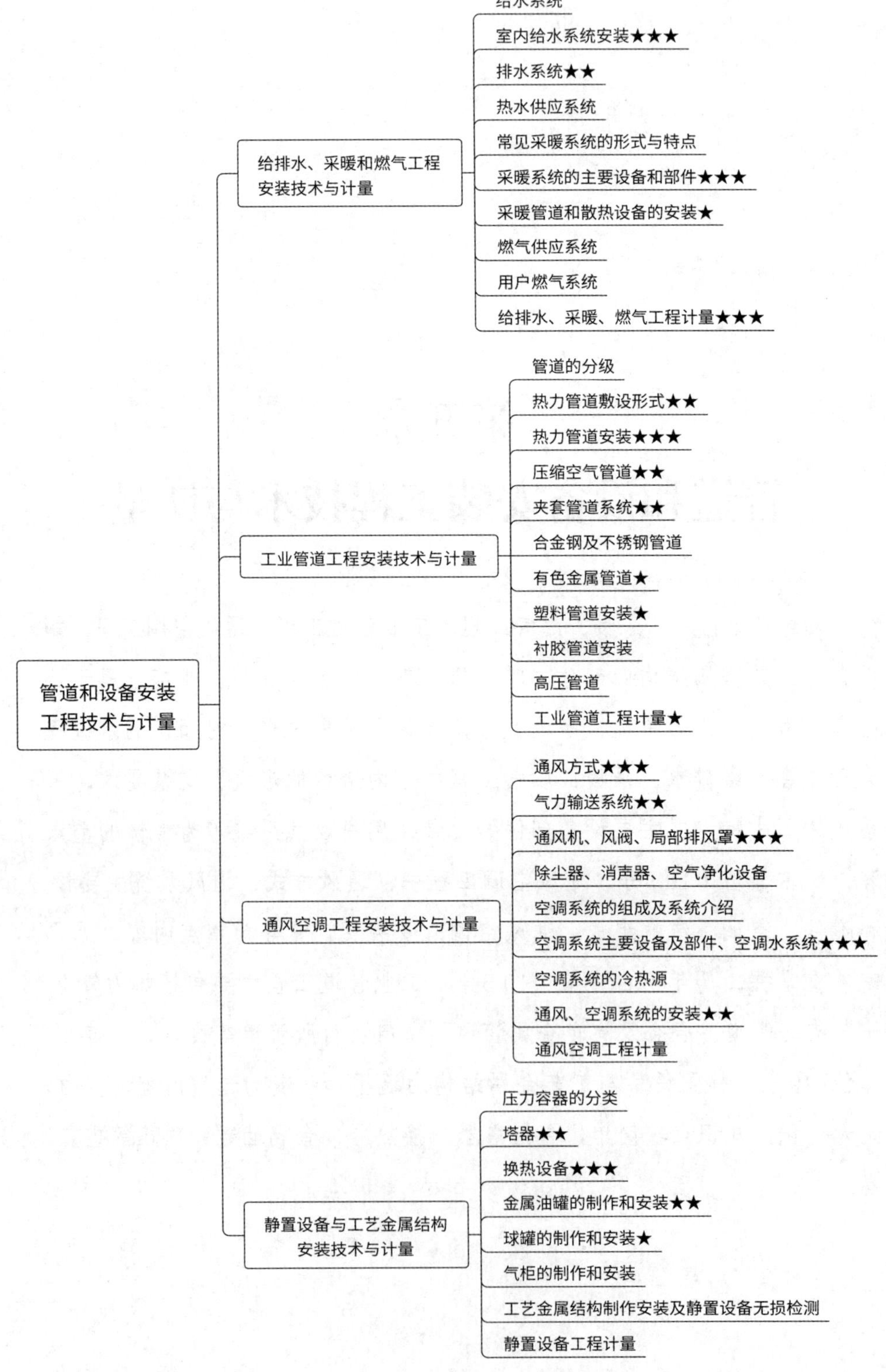

管道和设备安装工程技术与计量
给排水、采暖和燃气工程安装技术与计量
给水系统
室内给水系统安装★★★
排水系统★★
热水供应系统
常见采暖系统的形式与特点
采暖系统的主要设备和部件★★★
采暖管道和散热设备的安装★
燃气供应系统
用户燃气系统
给排水、采暖、燃气工程计量★★★
工业管道工程安装技术与计量
管道的分级
热力管道敷设形式★★
热力管道安装★★★
压缩空气管道★★
夹套管道系统★★
合金钢及不锈钢管道
有色金属管道★
塑料管道安装★
衬胶管道安装
高压管道
工业管道工程计量★
通风空调工程安装技术与计量
通风方式★★★
气力输送系统★★
通风机、风阀、局部排风罩★★★
除尘器、消声器、空气净化设备
空调系统的组成及系统介绍
空调系统主要设备及部件、空调水系统★★★
空调系统的冷热源
通风、空调系统的安装★★
通风空调工程计量
静置设备与工艺金属结构安装技术与计量
压力容器的分类
塔器★★
换热设备★★★
金属油罐的制作和安装★★
球罐的制作和安装★
气柜的制作和安装
工艺金属结构制作安装及静置设备无损检测
静置设备工程计量

第一节 给排水、采暖和燃气工程安装技术与计量

知识点1 给水系统

扫码听课

一、室外给水系统

（一）室外给水系统的组成

室外给水系统由取水构筑物、水处理构筑物、泵站、输水管渠和管网、调节构筑物组成。

（二）配水管网的布置形式和敷设方式

（1）配水管网有树状管网和环状管网两种形式。树状管网是从水厂泵站或水塔到用户的管线布置成树枝状，只是一个方向供水。供水可靠性较差，投资省。环状管网中的干管前、后贯通，连接成环状，供水可靠性好，适用于供水不允许中断的地区。

（2）给水管道一般埋地铺设，应符合以下要求：

1）当地的冰冻线以下铺设，如必须在冰冻线以上铺设时，应做可靠的保温防潮措施。

2）在无冰冻地区，埋地敷设时管顶的覆土厚度≥500mm，穿越道路部位的埋深≥700mm。

3）通常沿道路或平行于建筑物铺设，给水管网上设置阀门和阀门井。

二、室内给水系统

（一）室内给水系统组成

室内给水系统由引入管、水表节点、配水管道系统、给水附件、加压贮水设备、用水设备等组成。

（二）给水方式及特点

1. 直接给水方式

（1）这种给水方式的优点：系统简单，投资省，安装、维护方便、节能。

（2）缺点：内部无贮水设备，外网停水时内部立即断水。

（3）适用情况：外网水压、水量能满足用水要求，室内给水无特殊要求的建筑。

直接给水方式见图5-1-1。

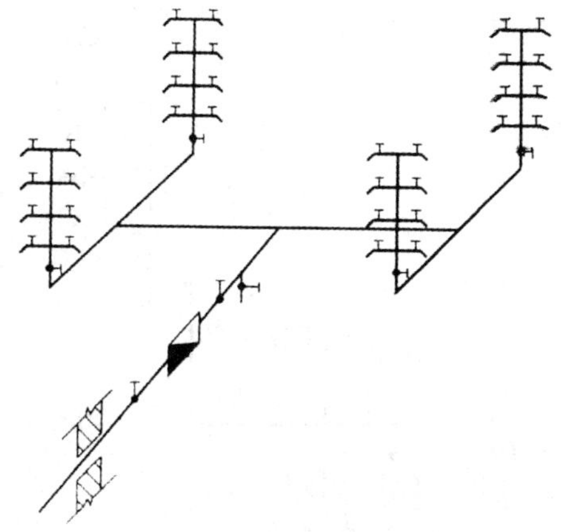

图5-1-1 直接给水方式

2. 单设水箱供水方式

（1）单设水箱的供水方式是室内管网与外网直接连接，利用外网压力供水，同时设置高位水箱调节流量和压力，见图 5-1-2。

（2）供水较可靠，系统较简单，可充分利用外网水压，节省能量。

（3）设置高位水箱，增加结构荷载，若水箱容积不足，可能造成停水。

（4）适用于外网水压周期性不足，室内要求水压稳定，允许设置高位水箱的建筑。

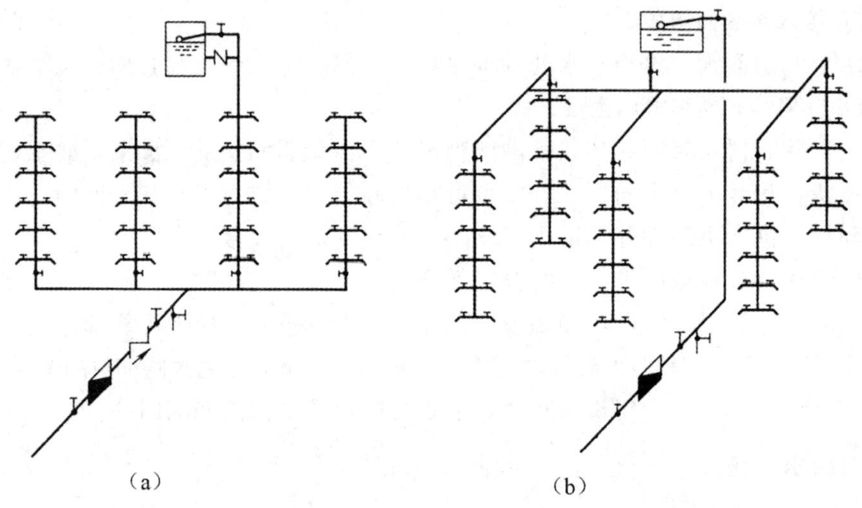

图 5-1-2　单设水箱供水方式

3. 设贮水池、水泵的给水方式

（1）室外管网供水至贮水池，由水泵将贮水池中水抽升至室内管网各用水点。

（2）当室内一天用水量均匀时，可以选择恒速水泵；当用水量不均匀时，宜采用变频调速泵。

（3）这种供水方式安全可靠，不设高位水箱，不增加建筑结构荷载。但是外网的水压没有充分被利用。

（4）适用于外网水量满足室内要求，而水压大部分时间不足的建筑。设贮水池、水泵的给水方式见图 5-1-3。

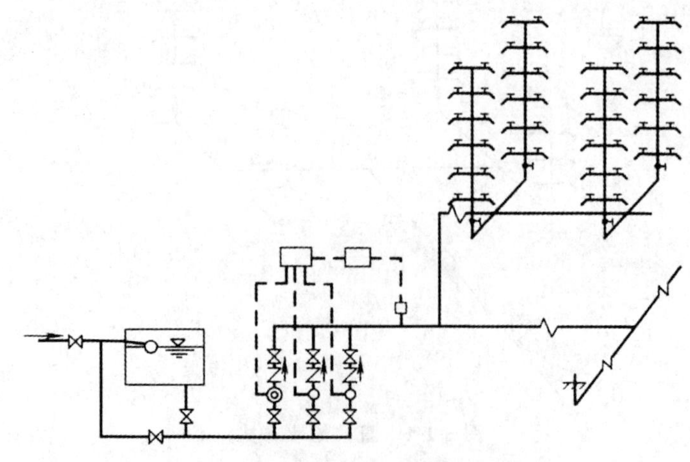

图 5-1-3　设贮水池、水泵的给水方式

4. 设水泵、水箱的给水方式

（1）适用于外网水压经常或间断不足，允许设置高位水箱的建筑。

（2）可以延时供水，供水可靠，充分利用外网水压，节省能量。

（3）缺点：安装、维护较麻烦，投资较大；有水泵振动和噪声干扰；需设高位水箱，增加结构荷载。

5. 气压罐供水

（1）水泵自贮水池或外网抽水加压送至气压罐内，由气压罐向用户供水。并由气压罐调节、贮存水量及控制水泵运行。

（2）优点：设备可设在建筑物任何高度上，安装方便，水质不易受污染，投资省，建设周期短，便于实现自动化。

（3）缺点：管理运行成本高，由于给水压力波动较大，供水安全性较差。

（4）适用于：室外管网水压经常不足，建筑物不易设置水箱的情况。

6. 高层建筑给水方式

（1）低区直接给水，高区设贮水池、水泵、水箱的供水方式，见图 5-1-4。

1）可利用部分外网水压，能量消耗较少。供水可靠，外网水压不足时不影响低区用水；停水、停电时高区可以延时供水。

2）安装维护较麻烦，投资较大，有水泵振动、噪声干扰。

3）适用于外网水压经常不足且不允许直接抽水，允许设置高位水箱的建筑。

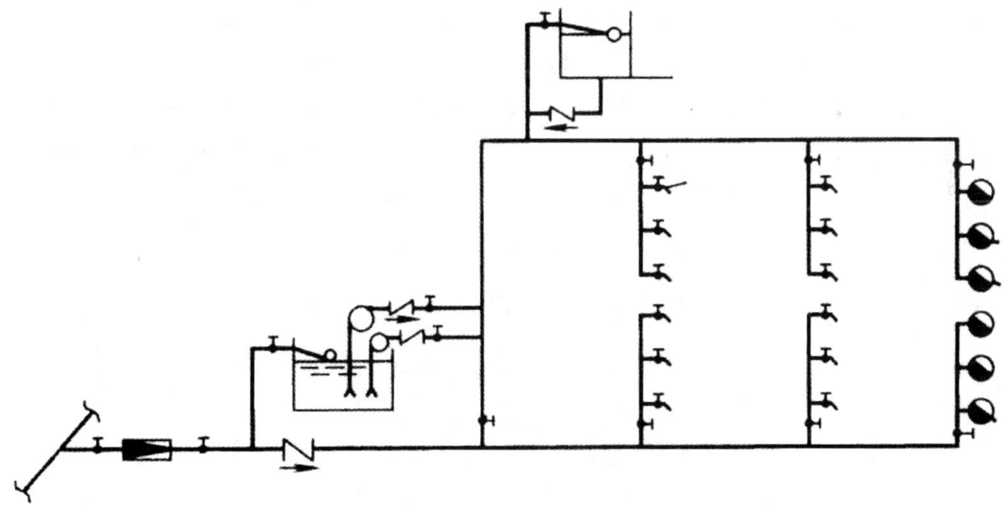

图 5-1-4　低区直供、高区设贮水池、水泵、水箱供水方式

（2）高位水箱并联给水方式见图 5-1-5。

1）分区设置水箱和水泵，水泵集中布置（一般设在地下室内）。

2）各区独立运行互不干扰，供水可靠，水泵集中布置便于维护管理，能源消耗较小。

3）管线长，水泵较多，投资较高，水箱占用建筑上层使用面积。

4）适用于允许分区设置水箱的各类高层建筑。

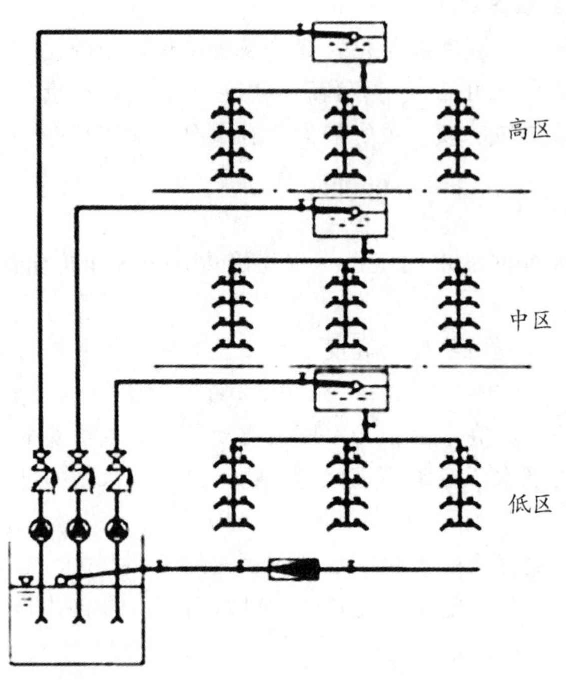

图 5-1-5　高位水箱并联给水方式

（3）高位水箱串联给水方式见图 5-1-6。

1）分区设置水箱和水泵，水泵分散布置，自下区水箱抽水供上区使用。

2）特点：管线较短，无须高压水泵，投资较省，运行费用经济。

3）缺点：供水独立性较差，上区受下区限制；水泵分散设置，管理维护不便；水泵设在建筑物楼层，由于振动产生噪声干扰大；水泵、水箱均设在楼层，占用建筑物使用面积。

4）适用于允许分区设置水箱和水泵的高层建筑（如高层工业建筑）。

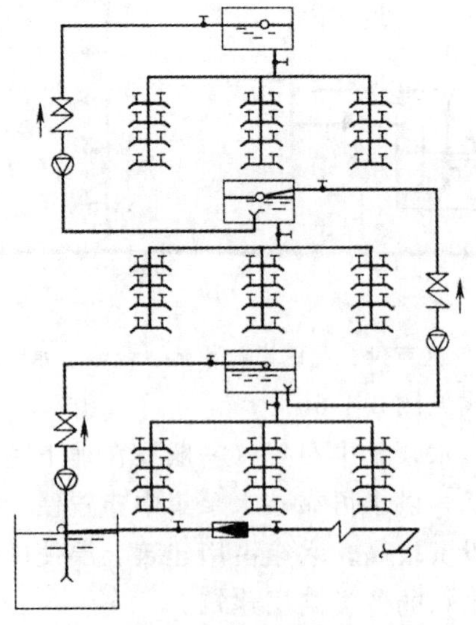

图 5-1-6　高位水箱串联给水方式

（三）给水管网的布置方式

给水系统按给水管网的敷设方式不同，可布置成下行上给式、上行下给式和环状供水式三种管网方式。其特征及使用范围和优缺点见表 5-1-1。

表 5-1-1　管网布置方式、特征及使用范围和优缺点

布置方式	特征及使用范围	优缺点
下行上给式	(1) 水平配水干管敷设在底层（明装、埋设或沟敷）或地下室天花板下 (2) 居住建筑、公共建筑和工业建筑，在利用外网水压直接供水时多用此方式	(1) 图式简单，明装时便于安装维修 (2) 最高层配水点的流出水头较低，埋地管道检修不便
上行下给式	(1) 水平配水干管敷设在顶层天花板下或吊顶内，对于非冰冻地区，也有敷设在屋顶上的，对于高层建筑可设在技术夹层内 (2) 设有高位水箱的居住、公共建筑，机械设备或地下管线较多的工业厂房多用这种方式	(1) 最高层配水点流出水头较高 (2) 安装在吊顶内的配水干管可能因漏水、结露损坏吊顶和墙面 (3) 要求外网水压稍高一些
环状供水式	(1) 水平配水干管或配水立管互相连接成环，组成水平干管环状或立管环状。在有两个引入管时，也可将两个引入管通过配水立管和水平配水干管相连通，组成贯穿环状 (2) 高层建筑，大型公共建筑和工艺要求不间断供水的工业建筑常采用这种方式，消防管网有时也要求环状式	(1) 任何管段发生事故时，可用阀门关断事故管段而不中断供水，水流畅通，水头损失小，水质不易因滞流变质 (2) 管网造价较高

·典型例题·

1.［2022 真题·单选（选做）］下列供水适用于允许分区设置水箱，电力供应充足，电价较低的建筑的是（　　）。

A. 高位水箱并联供水　　B. 减压水箱供水

C. 高位水箱串联供水　　D. 气压水箱供水

［解析］减压水箱供水全部用水量由底层水泵提升至屋顶总水箱，再分送至各分区水箱，分区水箱起减压作用。适用于允许分区设置水箱，电力供应充足，电价较低的建筑。

2.［2019 真题·单选（选做）］为给要求供水可靠性高且不允许供水中断的用户供水，宜选用的供水方式为（　　）。

A. 环状网供水　　B. 树状网供水

C. 间接供水　　D. 直接供水

［解析］给水管网有树状网和环状网两种形式。树状管网是从水厂泵站或水塔到用户的管线布置成树枝状，只是一个方向供水。供水可靠性较差，投资省。环状网中的干管前后贯通，连接成环状，供水可靠性好，适用于供水不允许中断的地区。

3.［2017 真题·单选（选做）］室内给水系统管网布置中，下列叙述正确的是（　　）。

A. 下行上给式管网，最高层配水点流出水头较高

B. 上行下给式管网，水平配水干管敷设在底层

C. 上行下给式常用在要求不间断供水的工业建筑中

D. 环状式管网水流畅通，水头损失小

［解析］下行上给式最高层配水点的流出水头较低，埋地管道检修不便，选项 A 错误。上行下给式管网，水平配水干管敷设在顶层天花板下或吊顶内，对于非冰冻地区，也有敷设在屋顶上的，对于高层建筑也可以设在技术夹层内，选项 B 错误。环状式管网常用在高层建筑，大型公共建筑和工艺要求不间断供水的工业建筑，消防管网有时也要求环状式，选项 C 错误。环

第五章

状式管网水流畅通，水头损失小，水质不易因滞留变质，管网造价高，选项 D 正确。

4.［2015 真题·单选（选做）］给水系统分区设置水箱和水泵，水泵分散布置，总管线较短，投资较省，能量消耗较小，但供水独立性差，上区受下区限制的给水方式是（　　）。

A. 分区水箱减压给水　　B. 分区串联给水

C. 分区并联给水　　D. 高位水箱减压阀给水

［**解析**］分区串联给水方式的总管线较短，投资较省，能量消耗较小。但是供水独立性较差，上区受下区限制；水泵分散设置，管理维护不便；水泵设在建筑物楼层，由于振动产生噪声，干扰大；水泵、水箱均设在楼层，占用建筑物使用面积。

答案：1. B　2. A　3. D　4. B

知识点 2　室内给水系统安装

一、给水管道材料的规格、性能和连接

给水管道材料的规格、性能和连接见表 5-1-2。

表 5-1-2　给水管道材料的规格、性能和连接

给水管道	性能和连接	
钢管	镀锌焊接钢管，采用螺纹连接；无缝钢管，采用焊接和法兰连接	
给水铸铁管	(1) 具有耐腐蚀、寿命长的优点，但是管壁厚、质脆、强度较钢管差，多用于 $DN \geqslant 75$ 的给水管道中，尤其适用于埋地铺设。给水铸铁管采用承插连接，在交通要道等振动较大的地段采用青铅接口 (2) 球墨铸铁管多用于室内给水系统的总立管	
给水塑料管	硬聚氯乙烯给水管	适用于输送温度不大于 45℃。管外径 $D_e < 63$，采用承插式粘接连接；管外径 $D_e \geqslant 63$ 时，采用承插式弹性橡胶密封圈柔性连接；与其他金属管材、阀门、器具配件等连接时，采用过渡性连接，包括螺纹或法兰连接
	聚丙烯给水管	适用于系统工作压力不大于 0.6MPa，工作温度≤70℃。给水聚丙烯管之间采用热熔承插连接。与金属管件连接时，使用带金属嵌件的聚丙烯管件作为过渡
其他管材	铜管和不锈钢管	(1) 铜管连接：管径＜22mm，承插或套管焊接；管径≥22mm，对口焊接 (2) 适用于高层建筑给水和热水供应系统中
	复合管	适用于输送自来水、生活热水

二、室内给水管道安装

给水管道的安装顺序：引入管、水平干管、立管、水平支管。不同管道的安装要求见表 5-1-3。

表 5-1-3　给水管道的类别及安装

安装类别	安装要求
引入管敷设	(1) 引入管坡度≥3‰，坡向室外给水管网 (2) 每条引入管上应装设阀门和水表、止回阀 (3) 当生活和消防共用给水系统，且只有一条引入管时，应绕水表旁设旁通管，旁通管上设阀门

续表

<table>
<tr><th>安装类别</th><th colspan="2">安装要求</th></tr>
<tr><td>干管安装</td><td colspan="2">(1) 给水管与其他管道共架或同沟敷设时，给水管应敷设在排水管、冷冻水管上面或热水管、蒸汽管下面
(2) 如果给水管必须铺在排水管的下面时，应加设套管，长度≥3倍排水管径</td></tr>
<tr><td>立管、支管安装</td><td colspan="2">(1) 冷、热给水管上下并行安装时，热水管在冷水管的上面
(2) 垂直并行安装时，热水管在冷水管的左侧</td></tr>
<tr><td rowspan="3">附件安装</td><td colspan="2">常用的给水附件有：水表、阀门、止回阀、减压阀等</td></tr>
<tr><td>水表</td><td>(1) 直接由市政管网供水的独立消防给水系统的引入管，可以不装设水表
(2) 住宅建筑应在配水管上和分户管上设置水表，安装螺翼式水表（见图 5-1-7），表前与阀门应有 8～10 倍水表直径的直线管段，其他水表的前后应有≥300mm 的直线管段。分户水表宜设在户门外</td></tr>
<tr><td>阀门</td><td>(1) 管径≤50mm，采用闸阀、球阀；管径>50mm 或者双向流动和经常启闭管段采用闸阀、蝶阀；不经常启闭而又需快速启闭的阀门，采用快开阀
(2) 止回阀应装设在：相互连通的 2 条或 2 条以上和室内连通的每条引入管；利用室外管网压力进水的水箱，其进水管和出水管合并为一条的出水管道；消防水泵接合器的引入管和水箱消防出水管；生产设备可能产生的水压高于室内给水管网水压的配水支管；水泵出水管和升压给水方式的水泵旁通管
(3) 减压阀设置在要求阀后降低水压的部分。比例式减压阀（见图 5-1-8）的设置应符合以下要求：减压阀宜设置两组，其中一组备用；减压阀前后装设阀门和压力表；阀前应装设过滤器；消防给水减压阀后应装设泄水龙头，定期排水</td></tr>
</table>

图 5-1-7 螺翼式水表

图 5-1-8 比例式减压阀

三、管道防护及水压试验

管道防护及水压试验具体要求见表 5-1-4。

表 5-1-4 管道防护及水压试验具体要求

类别	具体要求
管道防腐	埋地的钢管、铸铁管一般采用涂刷热沥青绝缘防腐
管道防冻、防结露	(1) 常用的绝热层材料有聚氨酯、岩棉、毛毡等 (2) 保护层用玻璃丝布包扎，薄金属板铆接进行保护 (3) 管道的防冻、防结露应在水压试验合格后进行
水压试验	给水管道安装完成确认无误后，必须进行系统的水压试验。室内给水管道试验压力为工作压力的 1.5 倍，但不得小于 0.6MPa
管道冲洗、消毒	(1) 冲洗顺序应先室外，后室内；先地下，后地上。室内部分的冲洗应按配水干管、配水管、配水支管的顺序进行 (2) 饮用水管道在使用前用每升水中含 20～30mg 游离氯的水灌满管道进行消毒，水在管道中停留 24h 以上

四、给水设备设置

（1）给水设备包括水泵、水箱、贮水池、气压给水设备。

（2）对于水泵，建筑给水系统中一般采用离心泵。水泵设置要求如下：

1）每台水泵的出水管上应装设止回阀、阀门和压力表，并设防水锤措施，如气囊式水锤消除器、缓闭止回阀等。

2）建筑物内的水泵应设置减振措施。

3）一般高层建筑、大型民用建筑、居住小区和其他大型给水系统应设备用泵。备用泵的容量应与最大一台水泵相同。

·典型例题·

1.［2019 真题·单选（选做）］ 硬聚氯乙烯给水管应用较广泛，下列关于此管表述正确的为（　　）。

A. 当管外径＞63mm 时，宜采用承插式粘接

B. 适用于给水温度≤70℃，工作压力不大于 0.6MPa 的生活给水系统

C. 塑料管长度大于 20m 的车间内管道可不设伸缩节

D. 不宜设置于高层建筑的加压泵房内

［解析］硬聚氯乙烯给水管（UPVC）：适用于给水温度不大于 45℃、给水系统工作压力不大于 0.6MPa 的生活给水系统。管外径＜63mm 时，宜采用承插式粘接连接；管外径≥63mm 时，宜采用承插式弹性橡胶密封圈柔性连接。高层建筑的加压泵房内不宜采用 UPVC 给水管；水箱的进出水管、排污管、自水箱至阀门间的管道不得采用塑料管；公共建筑、车间内塑料管长度大于 20m 时应设伸缩节。

2.［2016 真题·单选（选做）］ 近年来，在大型的高层民用建筑中，室内给水系统的总立管采用的管道为（　　）。

A. 球墨铸铁管　　B. 无缝钢管

C. 给水硬聚氯乙烯管　　　　　　　　　　D. 给水聚丙烯管

［**解析**］近年来，在大型的高层建筑中，将球墨铸铁管设计为总立管，应用于室内给水系统。

3.［2016 真题・单选（选做）］室内给水管与冷冻水管、热水管共架或同沟水平敷设时，给水管应敷设在（　　）。

A. 冷冻水管下面、热水管上面

B. 冷冻水管上面、热水管下面

C. 几种管道的最下面

D. 几种管道的最上面

［**解析**］给水管与其他管道共架或同沟敷设时，给水管应敷设在排水管、冷冻水管上面或热水管、蒸汽管下面。

4.［2015 真题・单选（选做）］适用于系统工作压力小于等于 0.6MPa，工作温度小于等于 70℃室内给水系统。采用热熔承插连接，与金属管配件用螺纹连接的给水管材是（　　）。

A. 给水聚丙烯管

B. 给水聚乙烯管

C. 工程塑料管

D. 给水硬聚氯乙烯管

［**解析**］给水聚丙烯管（PP 管），适用于系统工作压力不大于 0.6MPa，工作温度不大于 70℃的给水系统。给水聚丙烯管采用热熔承插连接。与金属管配件连接时，使用带金属嵌件的聚丙烯管件作为过渡，该管件与聚丙烯管采用热熔承插连接，与金属管件采用螺纹连接。

5.［2014 真题・单选（选做）］生活给水系统在交付使用之前必须进行冲洗和消毒，以下做法正确的是（　　）。

A. 试压合格后，利用系统内存水进行冲洗，再进行消毒

B. 冲洗顺序是先室外、后室内，先地下、后地上

C. 冲洗前可不拆除节流阀、报警阀、孔板和喷嘴

D. 消毒用水应在管道中停留 12h

［**解析**］生活给水系统管道试压合格后，应将管道系统内存水放空，各配水点与配水件连接后，在交付使用之前必须进行冲洗和消毒，选项 A 错误。冲洗顺序应先室外、后室内，先地下、后地上，选项 B 正确。节流阀、止回阀阀芯和报警阀等应拆除，已安装的孔板、喷嘴、滤网等装置也应拆下保管好，待冲洗后及时复位，选项 C 错误。饮用水管道在使用前用每升水中含 20～30mg 游离氯的水灌满管道进行消毒，水在管道中停留 24h 以上，选项 D 错误。

6.［2020 真题・多选（选做）］下列关于比例式减压阀的说法，正确的有（　　）。

A. 减压阀宜设置两组，一备一用

B. 减压阀前不应安装过滤器

C. 消防给水减压阀后应装设泄水龙头，定期排水

D. 不得绕过减压阀设旁通管

[**解析**] 比例式减压阀的设置应符合以下要求：减压阀宜设置两组，其中一组备用；减压阀前后装设阀门和压力表；阀前应装设过滤器；消防给水减压阀后应装设泄水龙头，定期排水；不得绕过减压阀设旁通管；阀前后宜装设可曲挠橡胶接头。

答案：1. D　2. A　3. B　4. A　5. B　6. ACD

知识点 3　排水系统

一、排水系统分类

根据污废水类型分为生活污水管道、工业废水管道、屋面雨水管道系统。

二、室外排水系统组成

室外排水系统由排水管道、检查井、跌水井、雨水口、污水处理厂等组成。

三、室内排水系统基本要求

（1）迅速通畅地排除建筑内部的污废水。

（2）保证排水系统在气压波动下不致使水封破坏。

四、室内排水系统组成

（1）排水管道系统。

（2）通气管系。使室内排水管与大气相通，减少排水管内空气的压力波动，保护存水弯的水封不被破坏。常用的形式有：器具通气管、环形通气管、安全通气管、专用通气管、结合通气管等。

（3）卫生器具或生产设备受水器。

（4）存水弯。连接在卫生器具与排水支管之间的管件，作用是防止排水管内腐臭，有害气体、虫类等通过排水管进入室内。如果卫生器具本身有存水弯，则不再安装。

（5）清通设备。疏通排水管道的设备，包括检查口、清扫口和室内检查井。

室内排水系统结构图见图 5-1-9。

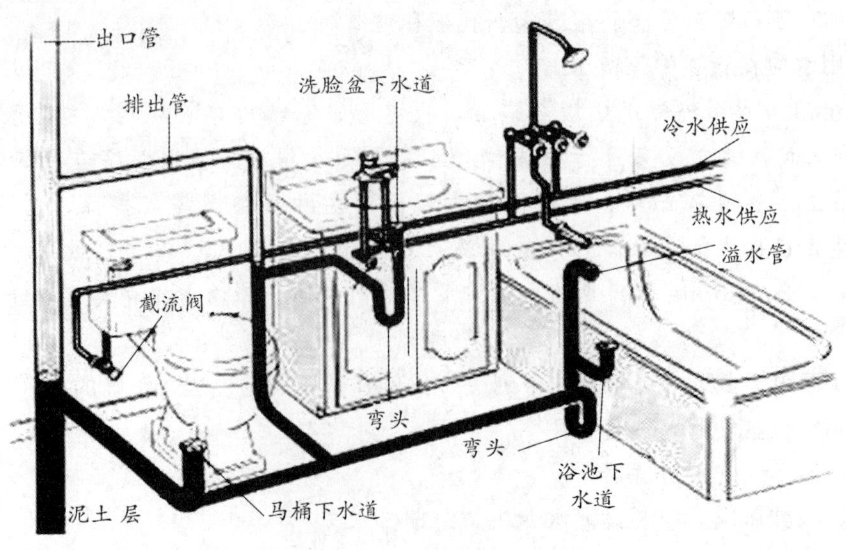

图 5-1-9　室内排水系统结构图

五、排水管道管材与连接

（一）铸铁排水管

（1）与其他金属管材和塑料管材相比，铸铁排水管材具有的优点是：强度高、耐腐蚀、噪声低、寿命长、阻燃防火、无二次污染、可再生循环利用。

（2）从接口形式上，铸铁排水管材连接分为刚性接口、柔性接口。

1）柔性接口排水管具有较强的抗曲挠、伸缩变形能力和抗震能力，具有广泛的适用性。

2）从接口的连接方式上，柔性接口铸铁排水管材分为A型柔性法兰接口、W型无承口（管箍式）柔性接口。

3）在实际安装工程中，A型和W型两种管材搭配使用效果较好。一般排水横干管、首层出户管宜采用A型管，排水立管及排水支管宜采用W型管。

4）搭配优点：A型管由于法兰压盖连接的机械性能较好，在做排水横干管时，可保证使用寿命和使用功能。同时，由于自身良好的机械强度，特别适用于高层排水出户横管，可承受上层来水的冲击力。

（二）塑料排水管UPVC

（1）优点：①物化性能优良，耐化学腐蚀，抗冲强度高，流体阻力小，比同口径铸铁管流量提高30%；②耐老化，使用寿命长，使用年限不低于50年；③质轻耐用，安装方便，相对于相同规格的铸铁管，可大大降低施工费用。

（2）缺点：塑料管道熔点低、耐热性差。

（3）敷设在高层建筑室内的塑料排水管道管径≥110mm时，应设置阻火圈（见图5-1-10）：明敷立管穿越楼层的贯穿部位；横管穿越防火分区的隔墙和防火墙的两侧；横管穿越管道井井壁或管窿围护墙体的贯穿部位外侧。

图5-1-10　阻火圈

（三）钢管

由成组洗脸盆或饮用水喷水器到共用水封之间的排水管和连接卫生器具的排水短管，可使用镀锌钢管或焊接钢管。

六、室内排水管道安装

（1）按排出管→立管→通气管→支管→卫生器具的顺序安装。

（2）可随土建施工的顺序进行排水管道的分层。各管道的安装要求见表5-1-5。

表 5-1-5　室内排水管道安装要求

项目	安装要求
排出管安装	(1) 排出管穿过地下室外墙或地下构筑物的墙壁时应设置防水套管；穿过承重墙或基础处应预留孔洞，并做好防水处理 (2) 排出管在隐蔽前必须做灌水试验，其灌水高度应不低于底层卫生器具的上边缘或底层地面的高度
排水立管安装	排水立管通常沿卫生间墙角敷设，不宜设置在与卧室相邻的内墙，宜靠近外墙。立管上应用管卡固定，管卡间距≤3m。立管穿楼板时，应预留孔洞。排水立管应做通球试验，通球球径不小于排水管道管径的2/3，通球率必须达到100%

·典型例题·

1.［2014 真题·单选（选做）］室内排水立管安装，设置要求正确的是（　　）。

A. 宜设置在与卧室相邻的内墙

B. 立管上的管卡间距不得大于 3m

C. 不宜靠近外墙安装

D. 立管穿楼板时，必须设置填料套管

［解析］排水立管通常沿卫生间墙角敷设，不宜设置在与卧室相邻的内墙，宜靠近外墙。排水立管在垂直方向转弯时，应采用乙字弯或两个45°弯头连接。立管上的检查口与外墙成45°角。立管上应用管卡固定，管卡间距不得大于3m，承插管一般每个接头处均应设置管卡。立管穿楼板时，应预留孔洞。排水立管应做通球试验。

2.［2022 真题·多选（选做）］下列关于室内排出管安装要求，叙述正确的有（　　）。

A. 排出管一般铺设在地下室或地下

B. 排出管穿过地下室外墙或地下构筑物的墙壁时应设置防水套管

C. 排水立管应做通球试验

D. 排出管在隐蔽前必须做泄漏试验

［解析］选项D错误，排出管在隐蔽前必须做灌水试验，其灌水高度不应低于底层卫生器具的上边缘或底层地面的高度。

3.［2017 真题·多选（选做）］在高层建筑室内的塑料排水管管径大于或等于 110mm 时，应设阻火圈的位置有（　　）。

A. 暗敷立管穿越楼层的贯穿部位

B. 明敷立管穿越楼层的贯穿部位

C. 横管穿越防火分区的隔墙和防火墙两侧

D. 横管穿越管道井井壁或管窿围护墙体的贯穿部位外侧

［解析］敷设在高层建筑室内的塑料排水管道管径大于或等于110mm时，应在下列位置设置阻火圈：①明敷立管穿越楼层的贯穿部位；②横管穿越防火分区的隔墙和防火墙的两侧；③横管穿越管道井井壁或管窿围护墙体的贯穿部位外侧。

答案：1. B　2. ABC　3. BCD

第五章

知识点 4 热水供应系统

（1）热水管网应采用耐压管材及管件，一般可采用热浸镀锌钢管或塑钢管、铝塑管、聚丁烯管、聚丙烯管、交联聚乙烯管等。宾馆、高级公寓和办公楼等宜采用铜管和铜管件。

（2）附件。

1）在热水供应系统中，主干管、配水立管、接出超过 5 个配水点支管、加热设备、贮水器、自动温度调节器、疏水器、循环水泵等进、出水管应装设阀门。

2）管道热伸长补偿器。用管道敷设形成（自然形成）L 形和 Z 形弯曲管段来补偿管道的温度变形。对室内热水供应管道长度超过 40m 时，一般应设套管伸缩器或方形补偿器。

3）排气和泄水装置。在上行横干管最高处或干管向上抬高管段最高处设自动排气阀，以利于排气。泄水装置设于管网最低处或向下凹的管段以利于泄空管网中的存水。

4）膨胀水罐与膨胀管。在闭式集中热水供应系统中设膨胀水罐、膨胀管，用于补偿贮热设备及管网中水温升高后水体积的膨胀量。

·典型例题·

1.［2021 真题·单选（选做）］ 热水供应系统中，用于补偿系统水温度变化引起的水体积变化的装置是（　　）。

A. 膨胀水罐　　B. 疏水器

C. 贮水罐　　D. 分水缸

［解析］ 在闭式集中热水供应系统中设膨胀水罐、膨胀管，用于补偿贮热设备及管网中水温升高后水体积的膨胀量。

2.［2012 真题·单选（选做）］ 室内热水供应管道长度超过 40m 时，一般应设套管伸缩器或（　　）。

A. 波形补偿器

B. L 形自然补偿器

C. Z 形自然补偿器

D. 方形补偿器

［解析］ 本题考点是热水管道附件。管道热伸长补偿器用管道敷设形成的 L 形和 Z 形弯曲管段来补偿管道的温度变形。对室内热水供应管道长度超过 40m 时，一般应设套管伸缩器或方形补偿器。

答案：1. A　2. D

知识点 5 常见采暖系统的形式与特点

常见采暖系统的形式与特点见表 5-1-6。

表 5-1-6　常见采暖系统的形式与特点

热媒	采暖系统形式	特点	系统图
热水采暖系统	重力循环单管上供下回式	(1) 系统简单，管材和阀门用量少，造价低；升温慢，不消耗电能 (2) 环路少，压力易平衡，水力稳定性好 (3) 可缩小锅炉中心与散热器中心距离 (4) 各组散热器无法单独调节	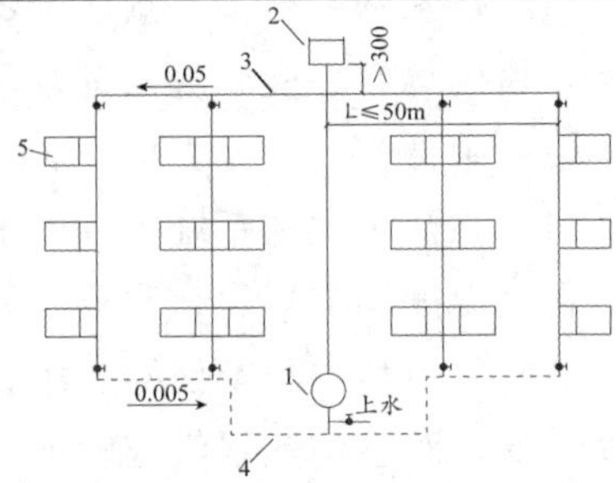0.05 ≥300 L≤50m 0.005 上水 1-锅炉；2-膨胀水箱；3-供热水干管；4-回热水干管；5-散热器组
热水采暖系统	重力循环双管上供下回式	(1) 系统简单、作用压力小、升温慢、不消耗电能 (2) 各组散热器均为并联，可单独调节 (3) 易产生垂直失调，出现上层过热、下层过冷现象	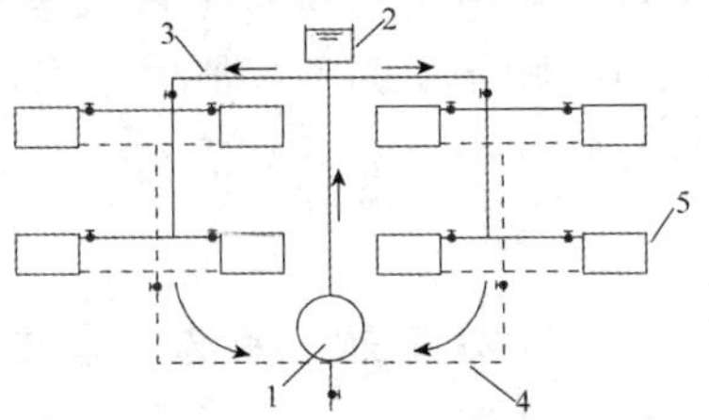 1-锅炉；2-膨胀水箱；3-供热水干管；4-回热水干管；5-散热器组
热水采暖系统	机械循环双管上供下回式	(1) 最常用的双管系统做法，适用于多层建筑采暖系统 (2) 排气方便；室温可调节 (3) 易产生垂直失调，出现上层过热、下层过冷现象	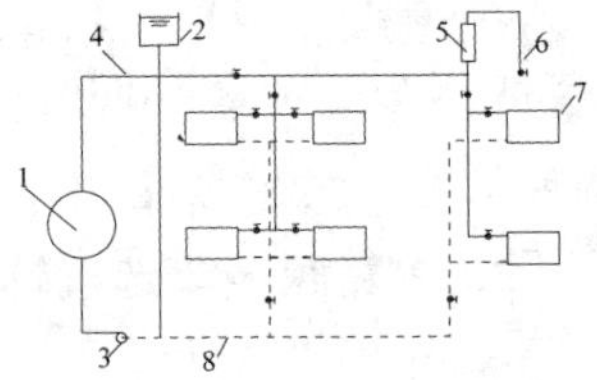 1-锅炉；2-膨胀水箱；3-水泵；4-供热水干管；5-集气罐；6-放空气阀；7-散热器组；8-回热水干管
热水采暖系统	机械循环双管下供下回式	(1) 缓和了上供下回式系统的垂直失调现象 (2) 安装供回水干管需设置地沟 (3) 室内无供水干管，顶层房间美观 (4) 排气不便	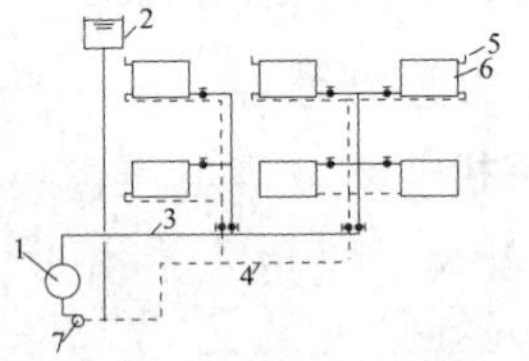 1-锅炉；2-膨胀水箱；3-供热水干管；4-回热水干管；5-放空气阀；6-散热器组；7-水泵
热风采暖系统	采暖管辐射形式：平行排管、蛇形排管、蛇形盘管	(1) 适用于耗热量大的建筑物，间歇使用的房间和有防火防爆要求的车间 (2) 具有热惰性小、升温快、设备简单、投资省等优点。具有节能、舒适性强、能实现“按户计量、分室调温”、不占用室内空间等特点	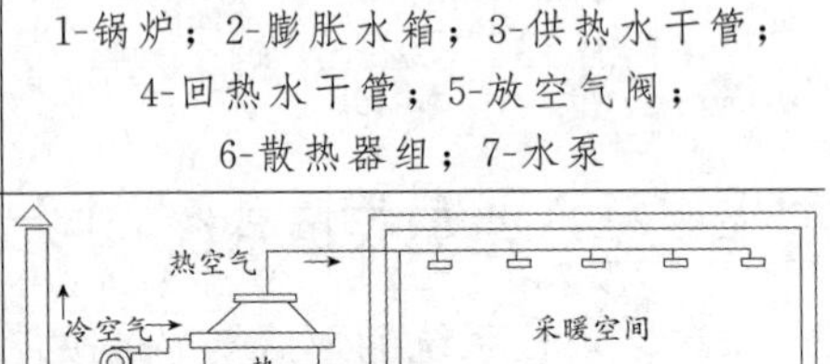热空气 冷空气 烟气 热风炉 采暖空间 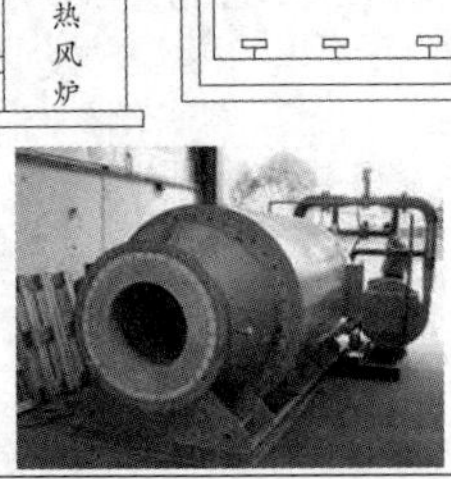

续表

热媒	采暖系统形式	特点	系统图
低温热水地板辐射采暖系统	采暖管辐射形式：平行排管、蛇形排管、蛇形盘管	具有节能、舒适性强、能实现“按户计量、分室调温”、不占用室内空间等特点	 (a) 平行排管式 (b) 蛇形排管式 (c) 蛇形盘管式
分户热计量采暖系统	分户水平单管系统	(1) 顺流式、同侧接管跨越式、异侧接管跨越式 (2) 水平支路长度限于一个住户之内，能够分户计量和调节供热量 (3) 可分室改变供热量，满足不同的温度要求	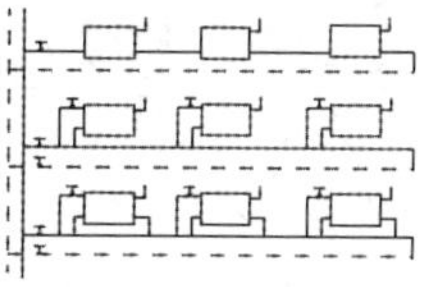 (a) 顺流式 (b) 同侧接管跨越式 (c) 异侧接管跨越式
	分户水平双管系统	(1) 上供下回式、上供上回式和下供下回式 (2) 系统布置：同程式、异程式 (3) 一个住户内的各组散热器并联，可实现分房间温度控制	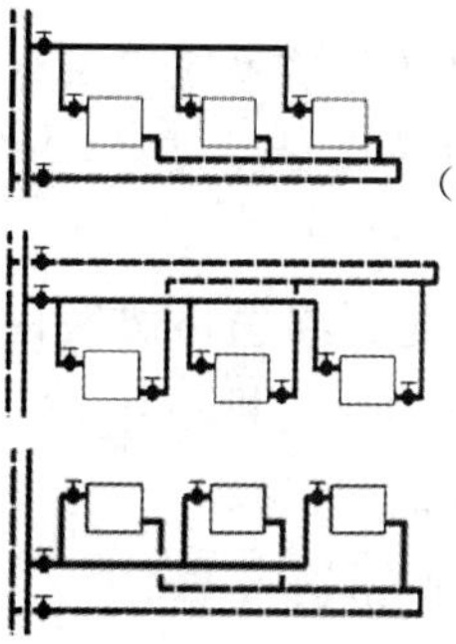 (a) 上供下回式 (b) 上供上回式 (c) 下供下回式
	分户水平单双管系统：单双管混合布置	(1) 兼有上述分户水平单管和双管系统的优缺点 (2) 用于面积较大的户型以及跃层式建筑	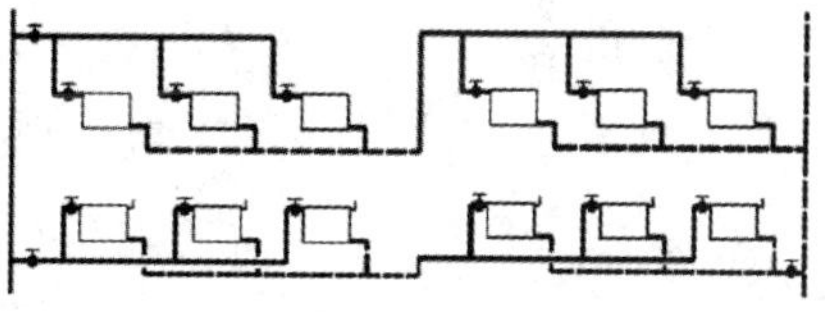
	分户水平放射式系统（章鱼式）	(1) 每户入口设置小型分集水器，各组散热器并联；从分水器引出的散热器支管呈辐射状埋地敷设至各组散热器 (2) 适用于多层住宅多个用户的分户热计量系统	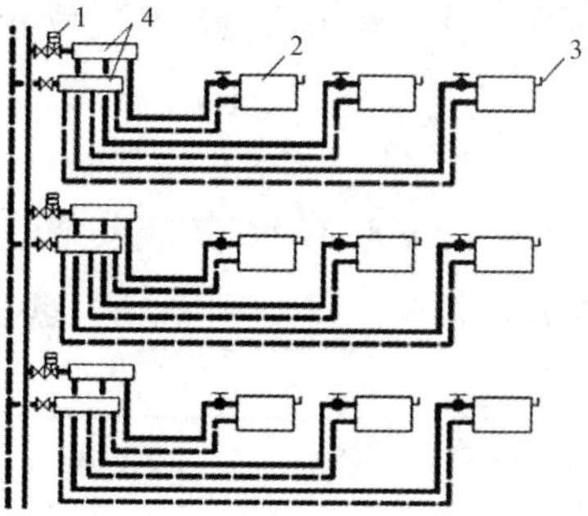 1-热表；2-散热器； 3-放气阀；4-分、集水器

·典型例题·

1. ［2011 真题·单选（选做）］分户热计量采暖中，适用于面积较大的户型以及跃层式建筑的采暖系统为（　　）。

A. 分户水平单管系统　　B. 分户水平双管系统

C. 分户水平单双管系统　　　　　　　　D. 分户水平放射式系统

［解析］本题的考点是分户热计量采暖系统形式与特点。分户水平单双管系统兼有分户水平单管和双管系统的优缺点，可用于面积较大的户型以及跃层式建筑。

2.［2015 真题·多选（选做）］为保证地板表面温度均匀，地板辐射采暖系统的加热管布置应采用的形式有（　　）。

A. 平行排管　　　　　　　　　　　　B. 枝形排管

C. 蛇形排管　　　　　　　　　　　　D. 蛇形盘管

［解析］地板辐射采暖系统加热管的布置，应根据保证地板表面温度均匀的原则而采用，通常采用平行排管、蛇形排管、蛇形盘管三种形式。

3.［2014 真题·多选（选做）］采暖工程中，分户热计量采暖系统除包括分户水平单管系统外，还有（　　）。

A. 分户水平双管系统

B. 分户水平单双管系统

C. 分户水平环状管网系统

D. 分户水平放射式系统

［解析］分户热计量采暖系统包括分户水平单管系统、分户水平双管系统、分户水平单双管系统、分户水平放射式系统。

4.［2011 真题·多选（选做）］采暖工程中，热风采暖系统适用的场合有（　　）。

A. 耗热量大的建筑物

B. 间歇使用的房间

C. 有防火防爆要求的车间

D. 对洁净度有特殊要求的实验室

［解析］本题的考点是热风采暖系统的用途。热风采暖适用于耗热量大的建筑物，间歇使用的房间和有防火防爆要求的车间。具有热惰性小、升温快、设备简单、投资省等优点。

答案：1. C　2. ACD　3. ABD　4. ABC

知识点 6　采暖系统的主要设备和部件

一、水泵

常用的水泵有循环水泵、补水泵、混水泵、凝结水泵、中继泵。这里重点介绍循环水泵、补水泵、凝结水泵、中继泵，具体特点见表 5-1-7。

表 5-1-7　水泵类别及特点

水泵类别	特点
循环水泵	循环水泵提供的扬程不应小于设计流量条件下热源、热网、最不利用户环路压力损失之和
补水泵	为保持系统内合理压力，向系统内补水的水泵
凝结水泵	凝结水泵配置一般不应少于 2 台，其中 1 台备用
中继泵	热水网路中根据水力工况要求，为提高供热介质压力而设置的水泵

二、散热器

（1）按制造的常用材质分为铸铁、钢及铝，其具体特点见表 5-1-8。常用散热器类型见图 5-1-11。

表 5-1-8　散热器类型及特点

类型	特点
铸铁散热器	（1）优点：结构简单，防腐性好，使用寿命长、热稳定性好和价格便宜 （2）缺点：金属耗量大、传热系数低于钢制散热器、承压能力低，普通铸铁散热器的承压能力一般为 0.4～0.5MPa；在使用过程中内腔掉砂易造成热量表、温控阀堵塞，外形欠美观
钢制散热器	与铸铁散热器相比： （1）优点：金属耗量少，传热系数高；耐压强度高（最高承压能力可达 0.8～1.0MPa），外形美观整洁，占地小，便于布置 （2）缺点：耐腐蚀性差，使用寿命短 （3）用途：适用于高层建筑、别墅或大户型住宅，也适用于高温水供暖系统。蒸汽供暖系统、具有腐蚀性气体的生产厂房或相对湿度较大的房间不宜采用钢制散热器
	板式散热器装饰性强，无须加暖气罩，可以最大程度减小室内占用空间，提高房间利用率
	光排管散热器构造简单、制作方便，使用年限长、散热快、散热面积大、适用范围广、易于清洁，无须维护保养；缺点是较笨重，耗钢材，占地面积大。是自行供热的车间厂房首选的散热设备，也适用于灰尘较大的车间
铝制散热器	（1）热工性能好、质量小、承压能力高、成型容易；外表美观，易于建筑装饰协调 （2）造价高、碱腐蚀严重，应尽量选用内防腐铝制散热器 （3）适用于高档公寓、酒店等高级建筑

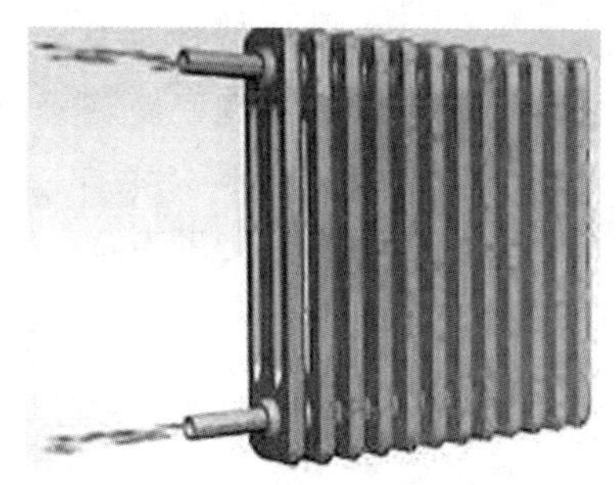

（a）钢制柱形散热器

（b）扁管形散热器

（c）光排管散热器

图 5-1-11　常用散热器类型

（2）散热器的选用：①散热器的承压能力应满足系统的工作压力；②当选用钢制、铝制、铜制散热器时，为降低内腐蚀，应对水质提出要求，一般钢制 pH＝10～12，铝制 pH＝5～8.5，铜制 pH＝7.5～10 为适用值。

·典型例题·

1.［2018 真题·单选（选做）］采用无缝钢管焊接成型，构造简单，使用年限长，散热面积大，无须维护保养。但耗钢材，占地面积大，此类散热器为（　　）。

A. 扁管形散热器

B. 光排管散热器

C. 翼形散热器

D. 钢制翅片管散热器

［解析］光排管散热器。采用优质焊接钢管或无缝钢管焊接成型。光排管散热器构造简单、制作方便，使用年限长、散热快、散热面积大、适用范围广、易于清洁、无须维护保养是其显著特点；缺点是较笨重、耗钢材、占地面积大。

2.［2017 真题·单选（选做）］散热器的选用应考虑水质的影响，水的 pH 在 5～8.5 时宜选用（　　）。

A. 钢制散热器　　B. 铜制散热器

C. 铝制散热器　　D. 铸铁散热器

［解析］当选用钢制、铝制、铜制散热器时，为降低内腐蚀，应对水质提出要求，一般钢制 pH＝10～12、铝制 pH＝5～8.5、铜制 pH＝7.5～10 为适用值。

3.［2015 真题·单选（选做）］与铸铁散热器相比，钢制散热器的特点是（　　）。

A. 结构简单，热稳定性好　　B. 防腐蚀性好

C. 耐压强度高　　D. 占地小，使用寿命长

［解析］钢制散热器的特点：①金属耗量少，传热系数高；耐压强度高，最高承压能力可达 0.8～1.0MPa，适用于高层建筑供暖和高温水供暖系统；外形美观整洁，占地小，便于布置。②除钢制柱形散热器外，钢制散热器的水容量较少，热稳定性较差，在供水温度偏低而又采用间歇供暖时，散热效果明显降低。③钢制散热器的主要缺点是耐腐蚀性差，使用寿命比铸铁散热器短；所以在蒸汽供暖系统中不应采用钢制散热器，对具有腐蚀性气体的生产厂房或相对湿度较大的房间，不宜设置钢制散热器。④钢制散热器是目前使用最广泛的散热器，适合大型别墅或大户型住宅使用。

4.［2015 真题·单选（选做）］一般设在热力管网的回水干管上，其扬程不应小于设计流量条件下热源、热网、最不利用户环路压力损失之和。此水泵为（　　）。

A. 补水泵　　B. 混水泵　　C. 凝结水泵　　D. 循环水泵

［解析］循环水泵提供的扬程应等于水从热源经管路送到末端设备再回到热源一个闭合环路的阻力损失，即扬程不应小于设计流量条件下热源、热网、最不利用户环路压力损失之和。一般将循环水泵设在回水干管上，这样回水温度低，泵的工作条件好，有利于延长其使用寿命。

答案：1.B　2.C　3.C　4.D

知识点 7　采暖管道和散热设备的安装

一、管道安装要求

（1）焊接钢管管径≤32mm 采用螺纹连接，管径＞32mm 采用焊接。

（2）管道安装的坡度要求：汽水同向流动的热水采暖管道、汽水同向流动的蒸汽管道和凝结水管道，坡度一般为 3‰，不得小于 2‰；汽水逆向流动的热水采暖管道、汽水逆向流动的蒸汽管道，坡度不得小于 5‰；散热器支管的坡度应为 10‰，坡向利于排水和泄水。

（3）为防止支管中部下沉，影响空气或凝结水的顺利排出，当散热器支管长度超过 1.5m 时，应在支管上安装管卡。

（4）低温热水地板辐射采暖，地面下敷设的盘管埋地部分不应有接头；加热盘管弯曲部分不得出现硬折弯现象，曲率半径应符合：塑料管不应小于 8 倍管外径，复合管不应小于 5 倍管外径。盘管隐蔽前必须进行水压试验。

二、散热器的安装

（1）有外窗的房间，散热器宜布置在窗下。
（2）进深较大的房间，内侧分别设置散热器。
（3）托儿所、幼儿园的散热器应暗装或加防护罩。
（4）汽车库内的散热器不宜高位安装。散热器落地安装时宜设置防冻设施。
（5）有冻结危险的门斗不应设置散热器。
（6）楼梯间若设置散热器，应尽量布置在底层。

三、膨胀水箱安装

（1）膨胀水箱内外要求刷防锈漆，并要进行满水试漏。膨胀水箱如安装在非采暖房间里，膨胀水箱要保温。
（2）膨胀管、循环管、溢流管上严禁安装阀门。
（3）信号管一般应接至人员容易观察的地方。
（4）溢流管一般可接至附近下水道，但不允许直接与下水道相接。
（5）排水管用于清洗水箱及放空用，一般可接至附近下水道。
（6）补水管的补水可用手动或浮球阀自动控制。

·典型例题·

1.［2022 真题·多选（选做）］关于采暖系统安装，下列说法正确的有（　　）。
A. 散热器支管的坡度应为 5‰，坡向利于排水和泄水
B. 当散热器支管长度超过 1m 时，应在支管上安装管卡
C. 有外窗的房间，散热器宜布置在窗下
D. 铸铁柱型散热器每组片数不宜超过 25 片

［**解析**］选项 A 错误，汽水同向流动的热水采暖管道、汽水同向流动的蒸汽管道和凝结水管道，坡度一般为 3‰，不得小于 2‰；汽水逆向流动的热水采暖管道、汽水逆向流动的蒸汽管道，坡度不得小于 5‰；散热器支管的坡度应为 10‰，坡向利于排水和泄水。选项 B 错误，为防止支管中部下沉，影响空气或凝结水的顺利排出，当散热器支管长度超过 1.5m 时，应在支管上安装管卡。

2.［2020 真题·多选（选做）］下列关于采暖散热器和膨胀水箱的说法，正确的有（　　）。
A. 车库散热器应高位安装
B. 楼梯间散热器不应安装在底层
C. 膨胀水箱的膨胀管上严禁安装阀门
D. 膨胀水箱的循环管上严禁安装阀门

［**解析**］膨胀管在重力循环系统中宜接在供水主立管的顶端兼作排气用；机械循环系统中接至系统定压点；膨胀管上严禁安装阀门。循环管接至系统定压点前的水平回水平管上，循环管严禁安装阀门。汽车库散热器不宜高位安装，选项 A 错误。散热器落地安装时宜设置防冻设施。楼梯间散热器应尽量布置在底层，选项 B 错误。

答案：1. CD　2. CD

第五章

知识点8 燃气供应系统

燃气供应系统主要由气源、输配系统和用户三部分组成。

一、燃气输配系统

燃气输配系统由燃气输配管网、储配站、调压计量装置、运行监控、数据采集系统等组成。

我国城镇燃气管道按燃气设计压力 P（MPa）分为七级：①高压燃气管道 A 级：压力为 2.5 MPa＜P≤4.0MPa；②高压燃气管道 B 级：压力为 1.6MPa＜P≤2.5MPa；③次高压燃气管道 A 级：压力为 0.8MPa＜P≤1.6MPa；④次高压燃气管道 B 级：压力为 0.4MPa＜P≤0.8MPa；⑤中压燃气管道 A 级：压力为 0.2MPa＜P≤0.4MPa；⑥中压燃气管道 B 级：压力为 0.01MPa＜P≤0.2MPa；⑦低压燃气管道：压力为 P＜0.01MPa。

二、燃气系统附属设备

燃气系统附属设备有凝水器、补偿器、过滤器，这里主要介绍补偿器。

补偿器常用在架空管、桥管上，用以调节因环境温度变化而引起的管道膨胀与收缩。补偿器形式有套筒式补偿器和波形管补偿器，埋地铺设的聚乙烯管道长管段上通常设置套筒式补偿器。

·典型例题·

1. ［**2020 真题·单选（选做）**］中压燃气管道 A 级的设计压力为（　　）。

A. 0.01MPa≤P≤0.2MPa　　B. 0.2MPa＜P≤0.4MPa

C. 0.4MPa＜P≤0.8MPa　　D. 0.8MPa＜P≤1.6MPa

［**解析**］我国城镇燃气管道按燃气设计压力 P（MPa）分为七级。高压燃气管道 A 级：压力为 2.5MPa＜P≤4.0MPa；高压燃气管道 B 级：压力为 1.6MPa＜P≤2.5MPa；次高压燃气管道 A 级：压力为 0.8MPa＜P≤1.6MPa；次高压燃气管道 B 级：压力为 0.4MPa＜P≤0.8MPa；中压燃气管道 A 级：压力为 0.2MPa＜P≤0.4MPa；中压燃气管道 B 级：压力为 0.01MPa＜P≤0.2MPa；低压燃气管道：压力为 P＜0.01MPa。

2. ［**2022 真题·多选（选做）**］燃气管道上常用的补偿器有（　　）。

A. 套筒补偿器　　B. 波形补偿器

C. 方形补偿器　　D. 球形补偿器

［**解析**］补偿器常用在架空管、桥管上，用于调节因环境温度变化而引起的管道膨胀与收缩。补偿器形式有套筒式补偿器和波形管补偿器，埋地铺设的聚乙烯管道长管段上通常设置套筒式补偿器。

答案：1. B　2. AB

第五章

知识点9 用户燃气系统

一、室外燃气管道

（一）管材和管件的选用

燃气压力大于 1.6MPa（表压）但不大于 4.0MPa（表压）的城镇燃气（不包括液态燃气）室外管道工程采用钢管；压力不大于 1.6MPa 的室外燃气管道中压和低压燃气管道宜采用聚乙烯管、机械接口球墨铸铁管、钢管或钢骨架聚乙烯塑料复合管。塑料管多用于工作压力小于或等于 0.4MPa 的室外地下管道。

（1）天然气输送钢管为无缝钢管和螺旋缝埋弧焊接钢管等。

（2）燃气用球墨铸铁管适用于输送设计压力为中压 A 级及以下级别的燃气管道。

（二）室外燃气管道安装

（1）球墨铸铁管：机械接口比承插连接接口具有接口严密、柔性好、抵抗外界振动及挠动的能力强、施工方便等特点。胶圈应采用符合燃气输送管使用要求的橡胶。螺栓采用耐腐蚀螺栓。

（2）燃气聚乙烯（PE）管：聚乙烯管与金属管道连接，采用钢塑过渡接头连接。当 $D_e<90$mm 时，宜采用电熔连接；当 $D_e\geqslant110$mm 时，宜采用热熔连接。

二、室内燃气管道

室内燃气管道连接要求：

（1）室内燃气钢制管道：采用螺纹连接时，管件的材质、连接方式应同管道；选用无缝钢管时，连接方式应为电弧焊接。

（2）选用铜管时，应采用硬钎焊连接，不得采用对焊、螺纹或软钎焊（熔点小于 500℃）连接。

（3）选用薄壁不锈钢管时，应采用承插氩弧焊式管件连接或卡套式管件机械连接，并宜优先选用承插氩弧焊式管件连接。

（4）室内燃气管道选用不锈钢波纹管时，应采用卡套式管件机械连接。

（5）室内燃气管道选用铝塑复合管时，应采用卡套式管件或承插式管件机械连接。

（6）软管与管道、燃具的连接处应采用压紧螺帽（锁母）或管卡（喉箍）固定。

三、管道的吹扫、试压及探伤

（1）燃气管在安装完毕、压力试验前应进行吹扫，吹扫介质为压缩空气。

（2）室内燃气管道安装完毕后必须按规定进行强度和严密性试验，试验介质宜采用空气，严禁用水。

·典型例题·

［**2017 真题·单选（选做）**］某输送燃气管道，其塑性好，切断、钻孔方便，抗腐蚀性好，使用寿命长，但其重量大，金属消耗多，易断裂，接口形式常采用柔性接口和法兰接口，此管材为（　　）。

A. 球墨铸铁管

B. 耐蚀铸铁管

C. 耐磨铸铁管

D. 双面螺旋缝焊钢管

［**解析**］燃气用球墨铸铁管适用于输送设计压力为中压 A 级及以下级别的燃气（如人工煤气、天然气、液化石油气等）。其塑性好，切断、钻孔方便，抗腐蚀性好，使用寿命长。与钢管相比金属消耗多，重量大，质脆，易断裂。接口形式常采用机械柔性接口和法兰接口。

答案：A

第五章

知识点 10 给排水、采暖、燃气工程计量

一、说明管道界限

（1）给水管道室内外界限划分：以建筑物外墙皮 1.5m 为界，入口处设阀门者以阀门为界。

（2）排水管道室内外界限划分：以出户第一个排水检查井为界。

（3）采暖管道室内外界限划分：以建筑物外墙皮 1.5m 为界，入口处设阀门者以阀门为界（与给水管道相同）。

（4）燃气管道室内外界限划分：地下引入室内的管道以室内第一个阀门为界，地上引入室内的管道以墙外三通为界。

二、给排水、采暖、燃气管道

（1）管道分项工程数量按设计图示管道中心线以长度计算，计量单位为“m”，管道工程量计算不扣除阀门、管件（包括减压器、疏水器、水表、伸缩器等组成安装）及附属构筑物所占长度；方形补偿器以其所占长度列入管道安装工程量。

（2）室外管道碰头：

1）适用于新建或扩建工程热源、水源、气源管道与原（旧）有管道碰头。

2）室外管道碰头包括挖工作坑、土方回填或暖气沟局部拆除及修复。

3）带介质管道碰头包括开关闸、临时放水管线铺设等费用。

4）热源管道碰头每处包括供、回水两个接口。

5）碰头形式指带介质碰头、不带介质碰头。

6）室外管道碰头工程数量按设计图示以处计算，计量单位为“处”。

（3）直埋保温管包括直埋保温管件安装及接口保温。排水管道安装包括立管检查口、透气帽。

（4）塑料管安装工作内容包括安装阻火圈；项目特征应描述对阻火圈设置的设计要求。

三、管道附件

（1）法兰有“副”“片”之分，分别适用于成对安装或单片安装的情况。法兰阀门安装包括法兰连接，不得另计。阀门安装如仅为一侧法兰连接时，应在项目特征中描述。

（2）水表安装项目，用于室外井内安装时以“个”计算；用于室内安装时，以“组”计算，综合单价中包括表前阀。

第五章

四、卫生器具

（1）工程量计算规则。浴缸、大便器等卫生器具，给水、排水部件（配件）等分项工程，应根据其名称、型号、规格、质量、安装形式、底座或支架形式及材质等，均按设计图示数量，分别以“组”“个”“套”为计量单位。小便槽冲洗管作安装工程量是按设计图示长度以“m”为计量单位。

（2）成品卫生器具项目中的附件安装，主要指给水附件，包括水嘴、阀门、喷头等，排水配件包括存水弯、排水栓、下水口等以及配备的连接管。

（3）给排水附（配）件是指独立安装的水嘴、地漏、地面扫出口等。

注意：水表安装项目，用于室外井内安装时，以“个”计算；用于室内安装时，以“组”计算，综合单价中包括表前阀。

·典型例题·

1. ［2020 真题·单选（选做）］下列关于给排水、采暖燃气、管道工程量计量的说法中，正确的是（　　）。

A. 直埋管保温包括管件安装，接口保温另计

B. 排水管道包括立管检查口安装

C. 塑料排水管阻火圈，应另计工程量

D. 室外管道碰头包括管沟局部拆除及恢复，但挖工作坑、土方回填应单独列项

［解析］直埋保温管包括直埋保温管件安装及接口保温，选项 A 错误。排水管道安装包括立管检查口、透气帽，选项 B 正确。塑料管安装工作内容包括安装阻火圈；项目特征应描述对阻火圈设置的设计要求，选项 C 错误。室外管道碰头包括挖工作坑、土方回填或暖气沟局部拆除及修复，选项 D 错误。

2. ［2018 真题·单选（选做）］依据《通用安装工程工程量计算规范》（GB 50856—2013）中给排水、采暖、燃气工程工程量计量规则，以下关于室外管道碰头叙述正确的是（　　）。

A. 不包括挖工作坑，土方回填

B. 带介质管道碰头不包括开关闸，临时放水管线铺设

C. 适用于新建或扩建工程热源、水源、气源管道与原（旧）有管道铺设

D. 热源管道碰头供、回水接口分别计算

［解析］室外管道碰头：①适用于新建或扩建工程热源、水源、气源管道与原（旧）有管道碰头；②室外管道碰头包括挖工作坑、土方回填或暖气沟局部拆除及修复；③带介质管道碰头包括开关闸、临时放水管线铺设等费用；④热源管道碰头每处包括供、回水两个接口；⑤碰头形式指带介质碰头、不带介质碰头。室外管道碰头工程数量按设计图示以处计算，计量单位为“处”。

3. ［2014 真题·单选（选做）］依据《通用安装工程工程量计算规范》（GB 50856—2013）的规定，给排水、采暖、燃气工程计算管道工程量时，方形补偿器的长度计量方法正确的是（　　）。

A. 以所占长度列入管道工程量内

B. 以总长度列入管道工程量内

C. 列入补偿器总长度的 1/2

D. 列入补偿器总长度的 2/3

［解析］管道工程量计算不扣除阀门、管件（包括减压器、疏水器、水表、伸缩器等组成安装）及附属构筑物所占长度；方形补偿器以其所占长度列入管道安装工程量。

4. ［2017 真题·多选（选做）］根据《通用安装工程工程量计算规范》（GB 50856—2013），给排水、采暖管道室内外界限划分正确的有（　　）。

A. 给水管以建筑物外墙皮 1.5m 为界，入口处设阀门者以阀门为界

B. 排水管以建筑物外墙皮 3m 为界，有化粪池时以化粪池为界

C. 采暖管地下引入室内以室内第一个阀门为界，地上引入室内以墙外三通为界

D. 采暖管以建筑物外墙皮 1.5m 为界，入口处设阀门者以阀门为界

［解析］给水管道室内外界限划分：以建筑物外墙皮 1.5m 为界，入口处设阀门者以阀门为界。排水管道室内外界限划分：以出户第一个排水检查井为界。采暖管道室内外界限划分：以建筑物外墙皮 1.5m 为界，入口处设阀门者以阀门为界。燃气管道室内外界限划分：地下引

入室内的管道以室内第一个阀门为界，地上引入室内的管道以墙外三通为界。

答案：1. B　2. C　3. A　4. AD

第二节　工业管道工程安装技术与计量

知识点 1　管道的分级

一、各类型管道分级

根据《压力容器压力管道设计许可规则》（TSGR 1001—2008），压力管道分为 GA 类、GB 类、GC 类和 GD 类。具体分类标准见表 5-2-1。

表 5-2-1　管道分类标准

类别		分类标准
GA 类	长输（油气）管道，划分为 GA1 级和 GA2 级	GA1 级：①输送有毒、可燃、易爆气体介质，最高工作压力 $P>4.0$MPa 的长输管道；②输送有毒、可燃、易爆液体介质，最高工作压力≥6.4MPa，并且输送距离（产地、储存地、用户间的用于输送商品介质管道的长度）≥200km 的长输管道
		GA2 级：GA1 级以外的长输（油气）管道
GB 类	公用管道，划分为 GB1 级和 GB2 级	GB1 级：城镇燃气管道
		GB2 级：城镇热力管道
GC 类	工业管道	划分为 GC1 级、GC2 级、GC3 级
GD 类	动力管道，划分为 GD1 级和 GD2 级	GD1 级：设计压力 $P\geq 6.3$MPa，或者设计温度≥400℃的管道
		GD2 级：设计压力 $P<6.3$MPa，或者设计温度<400℃的管道

二、工业管道分级

（1）工业管道按照设计压力、设计温度、介质的毒性危害程度和火灾危险性划分为 GC1、GC2、GC3 三个级别。工业管道级别及适用范围见表 5-2-2。

表 5-2-2　工业管道级别及适用范围

管道级别	适用范围
GC1	(1) 输送毒性程度为极度危害介质，高度危害气体介质和工作温度高于其标准沸点的高度危害的液体介质的管道 (2) 输送火灾危险性为甲类、乙类可燃气体或者甲类可燃液体（包括液化烃）的管道，并且设计压力≥4MPa 的管道 (3) 输送除前两项介质的流体介质并且设计压力≥10MPa，或者设计压力≥4MPa，并且设计温度≥400℃的管道
GC2	除符合规定的 GC3 级管道外，介质毒性程度、火灾危险性（可燃性）、设计压力和设计温度低于规定的 GC1 级的管道
GC3	无毒、非可燃流体介质，设计压力≤1MPa，−20℃<设计温度≤185℃的管道

（2）按照工业管道设计压力 P 划分为真空、低压、中压、高压和超高压管道。

1）低压管道：$0<P\leqslant1.6$MPa。

2）中压管道：$1.6<P\leqslant10$MPa。

3）高压管道：$10<P\leqslant42$MPa；或蒸汽管道：$P\geqslant9$MPa，工作温度≥500℃。

4）超高压管道：$P>42$MPa。

（3）工业管道界限划分，以设备、罐类外部法兰为界，或以建筑物、构筑物墙皮为界。

知识点 2　热力管道敷设形式

一、布置形式

热力管道的布置形式及特点见表 5-2-3。

表 5-2-3　热力管道的布置形式及特点

布置形式	特点
枝状管网（主干线）	（1）优点：比较简单，造价低，运行管理方便，其管径随着与热源距离的增加而减小 （2）缺点：没有供热的后备性能，即当管网某处发生故障时，将影响部分用户的供热
环状管网（主干线）	（1）优点：具有供热的后备性能 （2）缺点：投资和钢材耗量比枝状管网大得多
复线的枝状管网	对于不允许中断供汽的企业采用

二、敷设方式

（一）架空敷设

架空敷设见图 5-2-1。

图 5-2-1　架空敷设

架空敷设形式及特点见表 5-2-4。

表 5-2-4　架空敷设形式及特点

敷设形式	特点
架空敷设	（1）优点：便于施工、操作、检查和维修，是一种比较经济的敷设形式 （2）缺点：占地面积大，管道热损失较大 （3）按支架的高度不同分低支架、中支架和高支架三种敷设形式
低支架敷设	在不妨碍交通，不影响厂区扩建的地段可采用低支架敷设
中支架敷设	在人行频繁，非机动车辆通行的地方采用
高支架敷设	在管道跨越公路或铁路时采用，支架通常采用钢结构或钢筋混凝土结构
总结	地上敷设的管道坡度易于保证，所需的放水、排气设备少，可使用方形补偿器，土方量小，维护管理方便，但占地面积大，管道热损失大，不够美观

第五章

（二）地沟敷设

地沟敷设施工见图 5-2-2。

图 5-2-2　地沟敷设施工

（1）地沟敷设分为通行地沟、半通行地沟和不通行地沟三种敷设形式。

（2）不同地沟敷设适用情况见表 5-2-5。

表 5-2-5　地沟敷设类型及适用情况

类型	适用情况
通行地沟（见图 5-2-3a）	适用于热力管道通过不允许开挖的路段；热力管道数量多或管径较大；地沟内任一侧管道垂直排列宽度超过 1.5m 时。通行地沟净高≥1.8m，通道宽度≥0.7m
半通行地沟（见图 5-2-3b）	适用于热力管道通过的地面不允许开挖；管道数量较多、采用通行地沟难于实现或经济不合理时。半通行地沟一般净高为 1.2～1.4m，通道净宽 0.5～0.6m，长度＞60m 应设检修出入口
不通行地沟（见图 5-2-3c）	适用于管道数量少、管径较小、距离较短，以及维修工作量不大时。不通行地沟内管道一般采用单排水平敷设

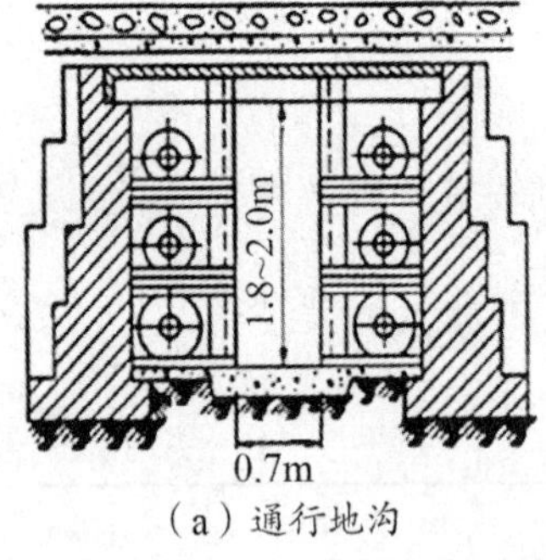

（a）通行地沟

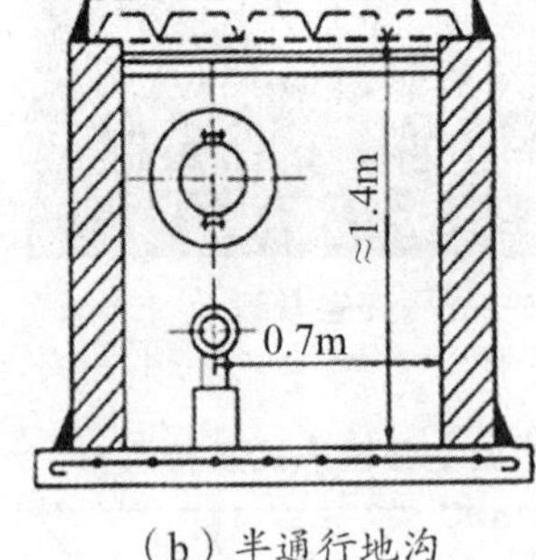

（b）半通行地沟

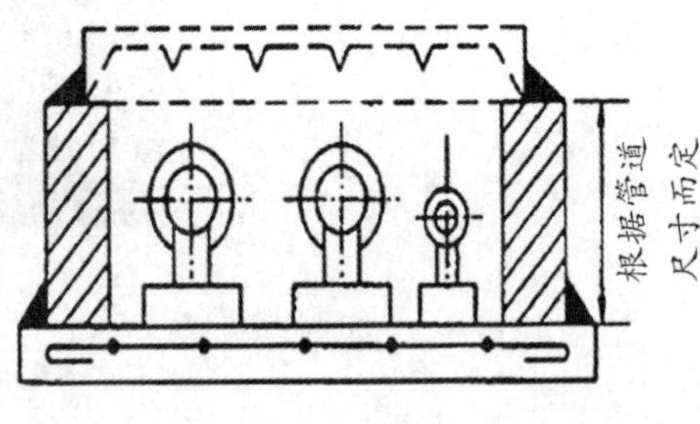

（c）不通行地沟

图 5-2-3　地沟敷设类型

（3）地沟内管道敷设时，管道保温层外壳与沟壁的净距宜为 150～200mm；与沟底的净距宜为 100～200mm；与沟顶的净距：不通行地沟为 50～100mm，半通行和通行地沟为 200～300mm。

（4）地沟内热力管道的分支处装有阀门、仪表、输排水装置、除污器等附件时，应设置检查井或人孔。

（三）直接埋地敷设

（1）直接埋地敷设一般采用预制直埋保温管，从里到外分为：工作钢管层（无缝钢管、螺旋焊钢管和直缝焊钢管），聚氨酯保温层（管中管发泡工艺，防水、保温、支撑热网自重）、高密度聚乙烯保护层（保护保温层、防腐防水）。

（2）在补偿器和自然转弯处应设不通行地沟，沟的两端宜设置导向支架，保证其自由位移。阀门等易损部件处设置检查井。

（3）优点：直接埋地敷设可利用地下的空间，使地面以上空间较为简洁，并且不需支承措施。

（4）缺点：管道易被腐蚀，检查和维修困难，在车行道处有时需特别处理以承受大的荷载，带隔热层的管道很难保持良好的隔热功能。

（5）适用环境：土壤腐蚀性小、地下水位低（低于管道保温层底部 0.5m 以上）、土壤具有良好渗水性以及不受腐蚀性液体侵入的地区。

·典型例题·

1.［2017 真题·单选（选做）］从技术和经济角度考虑，在人行频繁，非机动车辆通行的地方敷设热力管道，宜采用的敷设方式为（　　）。

A. 地面敷设　　B. 低支架敷设

C. 中支架敷设　　D. 高支架敷设

［解析］在不妨碍交通，不影响厂区扩建的地段可采用低支架敷设。在人行频繁，非机动车辆通行的地方采用中支架敷设。在管道跨越公路、铁路时采用高支架敷设。

2.［2014 真题·单选（选做）］热力管道直接埋地敷设时，在补偿器和自然转弯处应设置（　　）。

A. 通行地沟　　B. 半通行地沟

C. 不通行地沟　　D. 检查井

［解析］直接埋地敷设要求管道保温结构具有低的导热系数、高的耐压强度和良好的防火性能。管子与保温材料之间应尽量留有空气间层，以利管道的自由胀缩。在补偿器和自然转弯处应设不通行地沟，沟的两端宜设置导向支架，保证其自由位移。在阀门等易损部件处，应设置检查井。

3.［2012 真题·单选（选做）］热力管道直接埋地敷设时，在补偿器处应设不通行地沟，其两端宜设置的支架为（　　）。

A. 弹簧支架　　B. 固定支架

C. 活动支架　　D. 导向支架

［解析］本题考点是热力管道系统的敷设方式。直接埋地敷设要求管道保温结构具有低的导热系数、高的耐压强度和良好的防火性能。管子与保温材料之间应尽量留有空气间层，以利管道的自由胀缩。在补偿器和自然转弯处应设不通行地沟，沟的两端宜设置导向支架，保证其自由位移。在阀门等易损部件处，应设置检查井。

4.［2021 真题·多选（选做）］热力管道有多种形式，下列关于敷设方式的特点，说法正确的有（　　）。

A. 架空敷设方便施工操作检修，但占地面积大，管道热损失大

B. 埋地敷设可充分利用地下空间，方便检查维修，但费用高，需设排水管

C. 为节省空间，地沟内可合理敷设易燃易爆、易挥发、有毒气体管道

D. 直接埋地敷设可利用地下空间，但管道易被腐蚀，检查维修困难

［解析］在热力管沟内严禁敷设易燃易爆、易挥发、有毒、腐蚀性的液体或气体管道。如必须穿越地沟，应加装防护套管。地沟敷设可充分利用地下空间，方便检查维修，但费用高，

需设排水点，污物清理困难，地沟中易积聚可燃气体，增加不安全因素等。直接埋地敷设可利用地下的空间，使地面以上空间较为简洁，并且不需支承措施；其缺点是管道易被腐蚀，检查和维修困难，在车行道处有时需特别处理以承受大的荷载，带隔热层的管道很难保持良好的隔热功能等。架空敷设便于施工、操作、检查和维修，是一种比较经济的敷设形式。其缺点是占地面积大，管道热损失较大。

5.［2015 真题·多选（选做）］对于不允许中断供汽的热力管道敷设形式可采用（　　）。

A. 枝状管网　　B. 复线枝状管网

C. 放射状管网　　D. 环状管网

［解析］环状管网（主干线呈环状）的主要优点是具有供热的后备性能，但它的投资和钢材耗量比枝状管网大得多。对于不允许中断供汽的企业，也可采用复线的枝状管网，即用两根蒸汽管道作为主干线，每根供汽量按最大用汽量的 50%～75%来设计。

答案：1. C　2. C　3. D　4. AD　5. BD

知识点 3　热力管道安装

一、管道安装

（1）蒸汽支管应从主管上方或侧面接出，热水管应从主管下部或侧面接出。

（2）水平管道变径时应采用偏心异径管连接，当输送介质为蒸汽时，取管底平以利排水；输送介质为热水时，取管顶平，以利排气。

（3）蒸汽管道一般敷设在其前进方向的右侧，凝结水管道敷设在左侧。热水管道敷设在右侧，而回水管道敷设在左侧。

（4）管道穿墙或楼板应设置套管。

（5）管道安装完毕后，按设计或规范要求进行试压、冲洗。

二、补偿器安装

（1）方形补偿器安装时需预拉伸，对于输送介质温度低于 250℃的管道，拉伸量为计算伸长量的 50%；输送介质温度为 250～400℃时，拉伸量为计算伸长量的 70%。

（2）水平安装的方形补偿器应与管道保持同一坡度。垂直安装时，应有排水、疏水装置。

（3）方形补偿器两侧的第一个支架宜设置在距补偿器弯头起弯点 0.5～1.0m 处，支架为滑动支架。导向支架只宜设在离弯头 40*DN* 的管道直径以外处。

（4）填料式补偿器活动侧管道的支架应为导向支架，使管道不致偏离中心线，并保证能自由伸缩。

·典型例题·

［2020 真题·多选（选做）］关于热力管道安装要求正确的有（　　）。

A. 热力管道安装要有坡度

B. 蒸汽支管应从主管下方或侧面接出

C. 穿过外墙的时候应加设套管

D. 减压阀应垂直安装在水平管道上

［解析］热力管道应设有坡度，汽、水同向流动的蒸汽管道坡度一般为 3‰；汽、水逆向流动时坡度不得小于 5‰。热水管道应有不小于 2‰的坡度，坡向放水装置。蒸汽支管应从主

管上方或侧面接出，热水管应从主管下部或侧面接出。管道穿墙或楼板应设置套管。减压阀应垂直安装在水平管道上，安装完毕后应根据使用压力调试。

答案：ACD

知识点 4　压缩空气管道

一、压缩空气站设备

压缩空气站设备及应用见表 5-2-6。

表 5-2-6　压缩空气站设备及应用

压缩空气站设备	应用
空气压缩机	在一般的压缩空气站中，最广泛采用的是活塞式空气压缩机；在大型压缩空气站中，较多采用离心式或轴流式空气压缩机
空气过滤器	应用较广的有金属网空气过滤器、填充纤维空气过滤器、自动浸油空气过滤器和袋式过滤器
后冷却器	利于压缩空气中所含的机油和水分分离并被排除。常用的后冷却器有列管式、散热片式、套管式等
贮气罐	活塞式压缩机都配备有贮气罐，目的是减弱压缩机排气的周期性脉动，稳定管网压力，同时可进一步分离空气中的油和水分
油水分离器	分离压缩空气中的油和水分，压缩空气初步净化。常用的有环形回转式、撞击折回式和离心旋转式
空气干燥器	常用的压缩空气干燥方法有吸附法和冷冻法

二、压缩空气站管路系统

压缩空气站的管路系统分为空气管路、冷却水管路、油水吹除管路、负荷调节管路以及放散管路等。空气管路是从空气压缩机进气管到贮气罐后的输气总管。在压缩机与贮气罐之间的管路上需安装止回阀，防止压缩空气倒流。

（一）车间压缩空气管路敷设

车间压缩空气管路可采用架空敷设、地沟敷设、埋地敷设或架空、埋地相结合的敷设方式。为便于管理与维修，应以沿墙或柱子架空敷设为主，架空敷设高度以不妨碍交通为原则，但一般≥2.5m，并尽量减少对采光的影响。

（二）压缩空气管道的安装

（1）压缩空气管道输送低压流体常用焊接镀锌钢管、无缝钢管。某些特殊场合（医药、外部环境恶劣），使用不锈钢管或塑料管，或根据设计要求选用。公称通径＜50mm，采用螺纹连接，以白漆麻丝或聚四氟乙烯生料带作填料；公称通径＞50mm，采用焊接方式连接。

（2）管路弯头应尽量采用煨弯，其弯曲半径一般为 $4D$，不应小于 $3D$。

（3）从总管或干管上引出支管时，必须从总管或干管的顶部引出，接至离地面 1.2～1.5m 处，并装一个分气筒，分气筒上装有软管接头。

（4）管道应按气流方向设置≥2‰的坡度，干管的终点应设置集水器。

（5）压缩空气管道安装完毕后，应进行强度和严密性试验，试验介质一般为水。

第五章

（6）强度及严密性试验合格后进行气密性试验，试验介质为压缩空气或无油压缩空气。

·典型例题·

1.［2020 真题·单选（选做）］压缩空气系统管道进行强度及严密性试验的介质为（　　）。

A. 蒸汽　　B. 水

C. 压缩空气　　D. 无油空气

［**解析**］压缩空气管道安装完毕后，应进行强度和严密性试验，试验介质一般为水。强度及严密性试验合格后进行气密性试验，试验介质为压缩空气或无油压缩空气。

2.［2016 真题·单选（选做）］在一般的压缩空气站中，最广泛采用的空气压缩机形式为（　　）。

A. 活塞式　　B. 回转式

C. 离心式　　D. 轴流式

［**解析**］在一般的压缩空气站中，最广泛采用的是活塞式空气压缩机。在大型压缩空气站中，较多采用离心式或轴流式空气压缩机。

3.［2015 真题·单选（选做）］能够减弱压缩机排气的周期性脉动，稳定管网压力，同时可进一步分离空气中的油和水分，此压缩空气站设备是（　　）。

A. 后冷却器　　B. 减压阀

C. 贮气罐　　D. 油水分离器

［**解析**］贮气罐。活塞式压缩机都配备有贮气罐，目的是减弱压缩机排气的周期性脉动，稳定管网压力，同时可进一步分离空气中的油和水分。

4.［2013 真题·单选（选做）］在大型压缩空气站中，较多采用的压缩机除离心式空气压缩机外，还有（　　）。

A. 活塞式空气压缩机

B. 轴流式空气压缩机

C. 回转式空气压缩机

D. 往复式空气压缩机

［**解析**］空气压缩机。在一般的压缩空气站中，最广泛采用的是活塞式空气压缩机。在大型压缩空气站中，较多采用离心式或轴流式空气压缩机。

5.［2013 真题·单选（选做）］公称直径为 70mm 的压缩空气管道，其连接方式宜采用（　　）。

A. 法兰连接　　B. 螺纹连接

C. 焊接　　D. 套管连接

［**解析**］压缩空气管道一般选用低压流体输送用焊接钢管、低压流体输送用镀锌钢管及无缝钢管，或根据设计要求选用。公称通径小于 50mm，也可采用螺纹连接，以白漆麻丝或聚四氟乙烯生料带作填料；公称通径大于 50mm，宜采用焊接方式连接。

6.［2017 真题·多选（选做）］压缩空气站设备组成中，除空气压缩机、贮气罐外，还有（　　）。

A. 空气过滤器

B. 空气预热器

C. 后冷却器

D. 油水分离器

［**解析**］压缩空气站设备包括空气压缩机、空气过滤器、后冷却器、贮气罐、油水分离器、空气干燥器。

答案：1. B　2. A　3. C　4. B　5. C　6. ACD

知识点 5　夹套管道系统

（1）材质采用碳钢或不锈钢无缝钢管，内管输送的介质为工艺物料，外管的介质为蒸汽、热水、冷媒或联苯热载体等。

（2）夹套管道安装应注意的问题：

1）内管有焊缝时，该焊缝应进行 100%射线检测，经试压合格后，方可封入外管。

2）内管加工完毕后，焊接部位应裸露进行压力试验。

3）真空系统在严密性试验合格后，在联动试运转时，还应以设计压力进行真空度试验，时间为 24h，系统增压率不大于 5%为合格。

4）联苯热载体夹套的外管，应用联苯、氮气或压缩空气进行试验，不得用水进行压力试验。

5）夹套管安装构成系统后，应进行内、外管的吹扫工作，凡不能参与吹扫的管道、设备、阀门、仪表等，应拆除或用盲板隔离。

6）蒸汽夹套系统用低压蒸汽吹扫，吹扫顺序为先主管、后支管，最后进入夹套管的环隙。

·典型例题·

1.［2017 真题·单选（选做）］蒸汽夹套系统安装完毕后，应用低压蒸汽吹扫，正确的吹扫顺序应为（　　）。

A. 主管—支管—夹套管环隙

B. 支管—主管—夹套管环隙

C. 主管—夹套管环隙—支管

D. 支管—夹套管环隙—主管

［**解析**］蒸汽夹套系统用低压蒸汽吹扫，吹扫顺序为先主管、后支管，最后进入夹套管的环隙。

2.［2014 真题·多选（选做）］夹套管在石油化工、化纤等装置中应用较为广泛，其材质一般采用（　　）。

A. 球墨铸铁　　B. 耐热铸铁

C. 碳钢　　D. 不锈钢

［**解析**］夹套管在石油化工、化纤等装置中应用较为广泛，它由内管（主管）和外管组成。一般工作压力小于或等于 25MPa、工作温度−20～350℃，材质采用碳钢或不锈钢，内管输送的介质为工艺物料，外管的介质为蒸汽、热水、冷媒或联苯热载体等。

3.［2012 真题·多选（选做）］夹套管由内管和外管组成，当内管物料压力为 0.8MPa、工作温度为 300℃时，外管和内管之间的工作介质应选（　　）。

A. 联苯热载体　　B. 蒸汽

C. 热空气　　D. 热水

［**解析**］本题考点是夹套管道系统。夹套管在石油化工、化纤等装置中应用较为广泛，它由内管（主管）和外管组成，一般工作压力小于或等于 25MPa、工作温度−20～350℃，材质采用碳钢或

第五章

不锈钢，内管输送的介质为工艺物料，外管的介质为蒸汽、热水、冷媒或联苯热载体等。

答案：1. A 2. CD 3. ABD

知识点6 合金钢及不锈钢管道

一、合金钢管道安装

（1）合金钢管道的焊接，底层应采用手工氩弧焊，以确保焊口管道内壁焊肉饱满、光滑、平整，其上各层可用手工电弧焊接成型。

（2）合金管道宜采用机械方法切断，切口及坡口表面应平整。

二、不锈钢管道安装

（1）不锈钢管坡口宜采用机械、等离子切割机、砂轮机等制作，用等离子切割机加工坡口必须打磨掉表面的热影响层，并保持坡口平整。

（2）不锈钢管焊接一般可采用手工电弧焊及氩弧焊。为确保内壁焊接成型平整光滑，薄壁管可采用钨极惰性气体保护焊，壁厚大于3mm时，应采用氩电联焊。

（3）奥氏体不锈钢焊缝要求进行酸洗、钝化处理时，酸洗后的不锈钢表面不得有残留酸洗液和颜色不均匀的斑痕。钝化后应用水冲洗，呈中性后应擦干水迹。

（4）法兰连接可采用焊接法兰、焊环活套法兰、翻边活套法兰。

·典型例题·

1.［2017真题·单选（选做）］合金钢管道焊接时，底层应采用的焊接方式为（　　）。

A. 焊条电弧焊　　B. 埋弧焊

C. CO_2电弧焊　　D. 氩弧焊

［解析］合金钢管道的焊接，底层应采用手工氩弧焊，以确保焊口管道内壁焊肉饱满、光滑、平整，其上各层可用手工电弧焊接成型。

2.［2016真题·单选（选做）］不锈钢管道的切割宜采用的方式是（　　）。

A. 氧-乙烷火焰切割　　B. 氧-氢火焰切割

C. 碳氢气割　　D. 等离子切割

［解析］不锈钢宜采用机械和等离子切割机等进行切割。

3.［2015真题·单选（选做）］为保证薄壁不锈钢管内壁焊接成型平整光滑，应采用的焊接方式为（　　）。

A. 激光焊　　B. 氧-乙炔焊

C. 二氧化碳气体保护焊　　D. 钨极惰性气体保护焊

［解析］不锈钢管焊接一般可采用手工电弧焊及氩弧焊。为确保内壁焊接成型平整光滑，薄壁管可采用钨极惰性气体保护焊，壁厚大于3mm时，应采用氩电联焊；焊接材料应与母材化学成分相近，且应保证焊缝金属性能和晶间腐蚀性能不低于母材。

4.［2013真题·单选（选做）］壁厚为5mm的不锈钢管道安装时，应采用的焊接方法为（　　）。

A. 手工电弧焊　　B. 钨极氩弧焊

C. 埋弧焊　　D. 氩电联焊

［解析］不锈钢管焊接一般可采用手工电弧焊及氩弧焊。为确保内壁焊接成型平整光滑，

薄壁管可采用钨极惰性气体保护焊，壁厚大于 3mm 时，应采用氩电联焊；焊接材料应与母材化学成分相近，且应保证焊缝金属性能和晶间腐蚀性能不低于母材。

5.［2011 真题·单选（选做）］不锈钢用等离子切割机加工坡口后，应对其坡口处进行处理的方法是（　　）。

A. 低温退火　　　　B. 高温回火

C. 酸洗及钝化　　　　D. 打磨掉表面热影响层

［解析］本题的考点是不锈钢管道安装要求。不锈钢管坡口宜采用机械、等离子切割机、砂轮机等制作，用等离子切割机加工坡口必须打磨掉表面的热影响层，并保持坡口平整。

答案：1. D　2. D　3. D　4. D　5. D

知识点 7　有色金属管道

一、钛及钛合金管道安装

（1）切割：应采用机械方法，切割速度应以低速为宜，以免因高速切割产生的高温使管材表面产生硬化。

（2）焊接：应采用惰性气体保护焊或真空焊，不能采用氧-乙炔焊或二氧化碳气体保护焊，也不得采用普通手工电弧焊。

（3）钛及钛合金管不宜与其他金属管道直接焊接连接。当需要进行连接时，可采用活套法兰连接。使用的非金属垫片一般为橡胶垫或塑料垫，并应控制氯离子含量不得超过 25ppm。

（4）钛在海水及大气中具有良好的耐腐蚀性，对常温下浓度较稀的盐酸、硫酸、磷酸、过氧化氢及常温下的硫酸钠、硫酸锌、硫酸铵、硝酸、王水、铬酸、苛性钠、氨水、氢氧化钠等耐蚀性良好，但对浓盐酸、浓硫酸、氢氟酸等耐蚀性不良。

二、铝及铝合金管道安装

（1）铝及铝合金管连接一般采用焊接和法兰连接。

（2）管道支架间距应比钢管密一些，热轧铝管的支架间距可按相同管径和壁厚的碳钢管支架间距的 2/3 选取，冷轧硬化铝管按相应碳钢管 3/4 间距选取。管子与支架之间须垫毛毡、橡胶板、软塑料等进行隔离。

（3）管道保温时，不得使用石棉绳、石棉板、玻璃棉等带有碱性的材料，应选用中性的保温材料。

（4）铝的力学强度低，且随着温度升高，力学强度明显降低，铝管的最高使用温度不得超过 200℃；对于有压力的管道，使用温度不得超过 160℃，在低温深冷工程的管道中较多采用铝及铝合金管。

第五章

三、铜及铜合金管道安装

（1）铜及铜合金管的切断可采用手工钢锯、砂轮切管机；因管壁较薄且铜管质地较软，制坡口宜采用手工锉；厚壁管可采用机械方法加工；不得用氧-乙炔火焰切割坡口。

（2）铜及铜合金管因热弯时管内填充物不易清理，应采用冷弯。管径大于 100mm 者采用压制弯头或焊接弯头，弯管的直边长度不应小于管径，且不应小于 30mm。

（3）铜及铜合金管的连接方式有螺纹连接、焊接（承插焊和对口焊）、法兰连接（焊接法兰、翻边活套法兰和焊环活套法兰）。

（4）铜及铜合金管通常应用在深冷工程和化工管道上，用作仪表测压管线或传送有压液体管线，当温度大于250℃时不宜在有压力的情况下使用。

·典型例题·

1.［2022真题·单选（选做）］钛及钛合金管焊接可以采用的焊接方式是（　　）。

A. 氧-乙炔焊　　B. 二氧化碳气体保护焊

C. 真空焊　　D. 手工电弧焊

［解析］钛及钛合金管焊接应采用惰性气体保护焊或真空焊，不能采用氧-乙炔焊或二氧化碳气体保护焊，也不得采用普通手工电弧焊。

2.［2022真题·单选（选做）］在海水及大气中具有良好的耐腐蚀性，但不耐浓盐酸、浓硫酸的是（　　）。

A. 铜及铜合金管路　　B. 铅及铅合金管路

C. 铝及铝合金管路　　D. 钛及钛合金管路

［解析］钛在海水及大气中具有良好的耐腐蚀性，对常温下浓度较稀的盐酸、硫酸、磷酸、过氧化氢及常温下的硫酸钠、硫酸锌、硫酸铵、硝酸、王水、铬酸、苛性钠、氨水、氢氧化钠等耐蚀性良好，但对浓盐酸、浓硫酸、氢氟酸等耐蚀性不良。

3.［2014真题·单选（选做）］铜及铜合金管切割，宜采用的切割方式为（　　）。

A. 氧-乙炔火焰切割　　B. 氧-丙烷火焰切割

C. 氧-氢火焰切割　　D. 砂轮切管机切割

［解析］铜及铜合金管的切断可采用手工钢锯、砂轮切管机；因管壁较薄且铜管质地较软，制坡口宜采用手工锉；厚壁管可采用机械方法加工；不得用氧-乙炔火焰切割坡口。

4.［2017真题·多选（选做）］钛及钛合金管切割时，宜采用的切割方法有（　　）。

A. 弓锯床切割　　B. 砂轮切割

C. 氧-乙炔火焰切割　　D. 氧-丙烷火焰切割

［解析］钛及钛合金管的切割应采用机械方法，切割速度应以低速为宜，以免因高速切割产生的高温使管材表面产生硬化；钛管用砂轮切割或修磨时，应使用专用砂轮片；不得使用火焰切割。

答案：1. C　2. D　3. D　4. AB

知识点8　塑料管道安装

塑料管道安装应注意以下几点：

（1）管子切断采用机械方法。

（2）塑料管的连接方法：粘接、焊接、电熔合连接、法兰连接和螺纹连接。

（3）塑料管粘接：必须采用承插口形式；聚氯乙烯管道采用过氯乙烯清漆或聚氯乙烯胶作为黏接剂；黏接法主要用于硬PVC管、ABS管的连接，被广泛应用于排水系统。

（4）塑料管焊接：塑料管管径小于200mm时一般应采用承插口焊接。承受压力较高的管道，可先用粘接，外口再用焊条焊接补强。焊接一般采用热风焊。焊接主要用于聚烯烃管，如LDPE、HDPE及PP管。

（5）电熔合连接应用于PP-R管、PB管、PE-RT管、金属复合管等新型管材与管件连接，是目前家装给水系统应用最广的连接方式。

(6) 法兰连接应用广泛，*DN*15～*DN*2000 甚至以上的工业管道、城市热力管道等都可以用法兰连接。

· 典型例题 ·

1. ［2020 真题 · 多选（选做）］ 塑料管的连接方法中，正确的为（　　）。

A. 黏接法主要用于硬 PVC、ABS 管　　B. 电熔合连接应用于 PP－R 管、PB 管等

C. *DN*15 以上管道可以用法兰连接　　D. 螺纹连接适用于 *DN*50 以上管道

［**解析**］黏接法主要用于硬 PVC 管、ABS 管的连接，被广泛应用于排水系统。电熔合连接应用于 PP－R 管、PB 管、PE－RT 管、金属复合管等新型管材与管件连接，是目前家装给水系统应用最广的连接方式。*DN*15～*DN*2 000 甚至以上的工业管道、城市热力管道等都可以用法兰连接。螺纹连接主要用于 *DN*50 及以下管道的连接，或者仪表的表头与表座之间的连接、仪表布线所走的穿线管等压力等级不高场合。

2. ［2015 真题 · 多选（选做）］ 塑料管接口一般采用承插口形式，其连接方法可采用（　　）。

A. 粘接　　B. 螺纹连接

C. 法兰连接　　D. 焊接

［**解析**］塑料管的连接方法有粘接、焊接、电熔合连接、法兰连接和螺纹连接等。塑料管粘接必须采用承插口形式。塑料管管径小于 200mm 时一般应采用承插口焊接。

3. ［2014 真题 · 多选（选做）］ 聚氯乙烯管道粘接时，不宜采用的黏接剂为（　　）。

A. 酚醛树脂漆　　B. 过氯乙烯清漆

C. 环氧-酚醛漆　　D. 呋喃树脂漆

［**解析**］塑料管粘接必须采用承插口形式，承口不得有裂缝、歪斜及厚度不均的现象，管道承插接头必须插足；聚氯乙烯管道采用过氯乙烯清漆或聚氯乙烯胶作为黏接剂；聚丙烯管道粘接前需先做表面活化处理后才可进行粘接，承接口有油污染时应用丙酮溶液擦拭后才能进行粘接。

答案：1. ABC　2. AD　3. ACD

知识点 9　衬胶管道安装

一、衬胶管

衬里用橡胶一般不单独采用软橡胶，通常采用硬橡胶、半硬橡胶、硬橡胶（半硬橡胶）与软橡胶复合衬里。

二、衬胶管道的预制

(1) 衬胶管与管件的基体一般为碳钢、铸铁，要求表面平整，无砂眼、气孔等缺陷，大多采用无缝钢管。

(2) 管段及管件的机械加工，焊接、热处理等应在衬里前进行完毕，并经预装、编号、试压及检验合格。

三、衬胶管道的安装

(1) 衬胶管在安装前，应检查衬胶完好情况，并保持管内清洁。检查方法是用电解液、检

第五章

波器及目测来检查保护层的完整情况。

（2）衬里管道安装应采用软质或半硬质垫片，安装时垫片应放正，必要时可用斜垫片调正连接口。

·典型例题·

1. ［2012 真题·单选（选做）］在衬胶管道中，衬里用橡胶一般不单独采用（　　）。

A. 软橡胶　　B. 硬橡胶

C. 半硬橡胶　　D. 半硬橡胶与软橡胶复合

［解析］本题考点是衬胶管道的安装要求。衬里用橡胶一般不单独采用软橡胶，通常采用硬橡胶或半硬橡胶，或采用硬橡胶（半硬橡胶）与软橡胶复合衬里。

2. ［2011 真题·单选（选做）］衬胶管是在金属管内衬上橡胶，以达到耐腐蚀等目的，其管材大多采用（　　）。

A. 直缝焊管　　B. 螺旋缝焊管

C. 无缝钢管　　D. 镀锌钢管

［解析］本题的考点是衬胶管安装要求。衬胶管与管件的基体一般为碳钢、铸铁，要求表面平整，无砂眼、气孔等缺陷，故大多采用无缝钢管。

3. ［2013 真题·多选（选做）］衬胶管道的管段、管件经机械加工、焊接、热处理后，在衬胶前应进行的工序有（　　）。

A. 编号　　B. 预装

C. 充氮　　D. 试压及检验

［解析］管段及管件的机械加工，焊接、热处理等应在衬里前进行完毕，并经预装、编号、试压及检验合格。

答案：1. A　2. C　3. ABD

知识点 10　高压管道

一、高压管道应符合的要求

（一）高压钢管的检验

1. 高压钢管验收

（1）全部钢管逐根编号并检查硬度。

（2）从每批钢管中选出硬度最高和最低的各一根，每根制备五个试样，其中拉力试验两个、冲击试验两个、压扁或冷弯试验一个。

1）当管子外径≥35mm 时做压扁试验，试验用的管环宽度为 30～50mm，锐角应倒圆。

2）外径＜35mm 时做冷弯试验，弯芯半径为管子外径的 4 倍，弯曲 90°不得有裂缝、折断、起层等缺陷。

（3）化学分析试样应从做力学性能试验的钢管或试样上切取，化学成分和力学性能应符合规定或供货技术条件的要求。

2. 高压钢管外表面探伤方法

（1）公称直径大于 6mm 的磁性高压钢管采用磁力法。

（2）非磁性高压钢管，一般采用荧光法或着色法。

（二）高压管螺纹及阀门的检验

（1）高压阀门应逐个进行强度和严密性试验。强度试验压力等于阀门公称压力的 1.5 倍，严密性试验压力等于公称压力。

（2）高压阀门应每批取 10%且不少于一个进行解体检查，如有不合格则需逐个检查。

二、高压管道安装

（1）安装管道时应使用正式管架固定。

（2）高压管道的焊缝坡口应采用机械方法，坡口形式根据壁厚及焊接方法选择 V 形或 U 形，当壁厚小于 16mm 时，采用 V 形坡口；壁厚为 7～34mm 时，可采用 V 形坡口或 U 形坡口。

（3）高压管件的选用。高压管件是指三通、弯头、异径管、活接头、温度计套管等配件，一般采用高压钢管焊制、弯制和缩制。

（4）高压管子弯管加工。

1）奥氏体不锈钢管热弯时，加热温度以 900～1 000℃为宜，加热温度不应高于 1 100℃，终弯温度不得低于 850℃。

2）高压管子中心线弯曲半径 R 及最小直边长度 L 应符合要求：$R \geqslant 5D$（管子外径），$L \geqslant 1.3D$（但不大于 60mm）。

（5）高压管子的焊缝须经外观检查、X 射线透视或超声波探伤。

1）若采用 X 射线透视，转动平焊抽查 20%，固定焊 100%透视。

2）若采用超声波探伤，100%检查。

3）经外观检查、X 射线透视或超声波探伤不合格的焊缝允许返修，每道焊缝的返修次数不得超过一次，返修后，须再次进行以上项目检查。

·典型例题·

1.［2020 真题·单选（选做）］高压管道施工方法中，正确的为（　　）。

A. 不锈钢管应使用碳弧切割

B. 高压管道热弯的时候可以使用煤作燃料

C. 高压管在焊接前一般应进行预热，焊后应进行热处理

D. 焊缝采用超声波探伤，20%检查

［**解析**］不锈钢管不应使用碳弧切割，防止渗碳，选项 A 错误。高压管道热弯时，不得用煤或焦炭作燃料，应当用木炭作燃料，以免渗碳，选项 B 错误。为了保证焊缝质量，高压管在焊接前一般应进行预热，焊后应进行热处理，选项 C 正确。高压管的焊缝须经外观检查、X 射线透视或超声波探伤，若采用超声波探伤，100%检查，选项 D 错误。

2.［2015 真题·单选（选做）］高压管道阀门安装前应逐个进行强度和严密性试验，对其进行严密性试验时的压力要求为（　　）。

A. 等于该阀门公称压力　　B. 等于该阀门公称压力 1.2 倍

C. 等于该阀门公称压力 1.5 倍　　D. 等于该阀门公称压力 2.0 倍

［**解析**］高压阀门应逐个进行强度和严密性试验。强度试验压力等于阀门公称压力的 1.5 倍，严密性试验压力等于公称压力。阀门在强度试验压力下稳压 5min，阀体及填料函不得泄漏。然后在公称压力下检查阀门的严密性，无泄漏为合格。阀门试压后应将水放净，涂油防

第五章

锈，关闭阀门，封闭出入口，填写试压记录。

3.［2013 真题·单选（选做）］高压钢管验收时，当证明书与到货钢管的钢号或罐炉号不符、证明书的化学成分或力学性能不安全时，应进行核验性检查，当管外径大于或等于 35mm 时应做（　　）。

A. 断口试验　　B. 冷弯试验

C. 压扁试验　　D. 强度试验

［**解析**］从每批钢管中选出硬度最高和最低的各一根，每根制备五个试样，其中拉力试验两个、冲击试验两个、压扁或冷弯试验一个。拉力试验、冲击试验应按有关规定进行。当管子外径大于或等于 35mm 时做压扁试验，试验用的管环宽度为 30～50mm，锐角应倒圆。

4.［2011 真题·单选（选做）］奥氏体不锈钢管热弯时，加热温度范围为（　　）。

A. 800～900℃　　B. 900～1 000℃

C. 1 000～1 100℃　　D. 1 100～1 200℃

［**解析**］本题的考点是高压管道。奥氏体不锈钢管热弯时，加热温度以 900～1 000℃为宜，加热温度不应高于 1 100℃，终弯温度不得低于 850℃。

5.［2014 真题·多选（选做）］高压管道上的三通、弯头、异径管等管件制作方法一般为（　　）。

A. 高压钢管焊制　　B. 高压钢管弯制

C. 高压钢管缩制　　D. 高压钢管冲压制作

［**解析**］高压管件是指三通、弯头、异径管、活接头、温度计套管等配件，一般采用高压钢管焊制、弯制和缩制。

答案：1. C　2. A　3. C　4. B　5. ABC

知识点 11　工业管道工程计量

工业管道计量规则见表 5-2-7。

表 5-2-7　工业管道计量规则

名称	内容	计量单位
中、低压管件	包括弯头、三通、四通、异径管、管接头、管上焊接管接头、管帽、方形补偿器弯头、管道上仪表一次部件，仪表温度计扩大管制作安装等	个
说明	(1) 管件压力试验、吹扫、清洗、脱脂均包括在管道安装中 (2) 在主管上挖眼接管的三通和摔制异径管，均以主管径按管件安装工程量计算，不另计制作费和主材费；挖眼接管的三通支线管径小于主管径 1/2 时，不计算管件安装工程量；在主管上挖眼接管的焊接接头、凸台等配件，按配件管径计算管件工程量 (3) 三通、四通、异径管均按大管径计算	—
无损探伤	管材表面超声波探伤、磁粉探伤应根据项目特征（规格），按设计图示管材无损探伤长度计算，或按管材表面探伤检测面积计算	m 或 m^2
	管道焊缝 X 射线、γ 射线应根据项目特征（底片规格、管壁厚度）	张或口
	管道焊缝磁粉探伤、渗透探伤、焊口及其焊前焊后热处理，应根据规格、处理方法等特征	

第五章

续表

名称	内容	计量单位
阀门、法兰	（1）阀门：①减压阀直径按高压侧计算；②电动阀门包括电动机安装；③操纵装置安装按规范或设计技术要求计算 （2）低压、中压法兰：①法兰焊接时，要在项目特征中描述法兰的连接形式（平焊法兰、对焊法兰、翻边活动法兰及焊环活动法兰等），不同连接形式应分别列项；②配法兰的盲板不计安装工程量；③焊接盲板（封头）按管件连接计算工程量 （3）高压法兰：①配法兰的盲板不计安装工程量；②焊接盲板（封头）按管件连接计算工程量	个

相关问题：

（1）“工业管道工程”适用于厂区范围内的车间、装置、站、罐区及其相互之间各种生产用介质输送管道和厂区第一个连接点以内生产、生活共用的输送给水、排水、蒸汽、燃气的管道安装工程。

（2）厂区范围内的生活用给水、排水、蒸汽、燃气的管道安装工程执行给排水、采暖、燃气工程相应项目。

（3）组装平台搭拆、管道防冻和焊接保护、特殊管道充气保护、高压管道检验、地下管道穿越建筑物保护等措施项目，应按措施项目相关项目编码列项。

·典型例题·

1.［**2016真题·单选（选做）**］依据《通用安装工程工程量计算规范》（GB 50856—2013）的规定，执行“工业管道工程”相关项目的是（　　）。

A. 厂区范围内的各种生产用介质输送管道安装

B. 厂区范围内的各种生活用介质输送管道安装

C. 厂区范围内生产、生活共用介质输送管理安装

D. 厂区范围内的管道除锈、刷油及保温工程

［**解析**］“工业管道工程”适用于厂区范围内的车间、装置、站、罐区及相互之间各种生产用介质输送管道和厂区第一个连接点以内生产、生活共用的输送给水、排水、蒸汽、燃气的管道安装工程。

2.［**2014真题·单选（选做）**］依据《通用安装工程工程量计算规范》（GB 50856—2013）的规定，高压管道检验编码应列项在（　　）。

A. 工业管道工程项目　　B. 措施项目

C. 给排水工程项目　　D. 采暖工程项目

［**解析**］组装平台搭拆、管道防冻和焊接保护、特殊管道充气保护、高压管道检验、地下管道穿越建筑物保护等措施项目，应按《通用安装工程工程量计算规范》（GB 50856—2013）措施项目相关项目编码列项。

3.［**2013真题·多选（选做）**］根据项目特征，管材表面超声波探伤的计量方法有（　　）。

A. 按管材无损探伤长度以m为计量单位　　B. 按无损探伤管材的质量以t为计量单位

C. 按管材表面探伤检测面积以m^2为计量单位　　D. 按无损探伤管材的体积以m^3为计量单位

［**解析**］无损探伤，管材表面超声波探伤应根据项目特征（规格），按设计图示管材无损探伤长度计算，以“m”为计量单位，或按管材表面探伤检测面积计算，以“m^2”为计量单位；

焊缝 X 射线、γ 射线和磁粉探伤应根据项目特征（底片规格，管壁厚度），以“张（口）”为计量单位。探伤项目包括固定探伤仪支架的制作、安装。

答案：1. A　2. B　3. AC

第三节　通风空调工程安装技术与计量

知识点 1　通风方式

扫码听课

一、自然通风

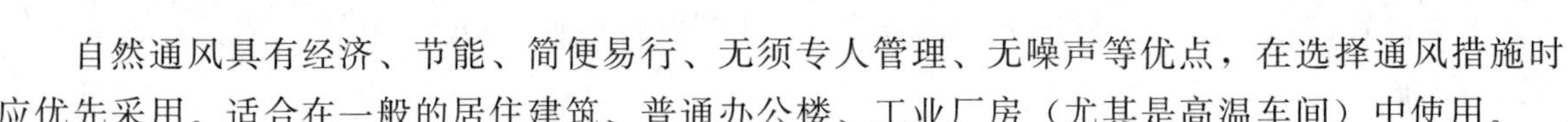

自然通风具有经济、节能、简便易行、无须专人管理、无噪声等优点，在选择通风措施时应优先采用。适合在一般的居住建筑、普通办公楼、工业厂房（尤其是高温车间）中使用。

二、机械通风

（一）机械送风

机械送风见图 5-3-1。

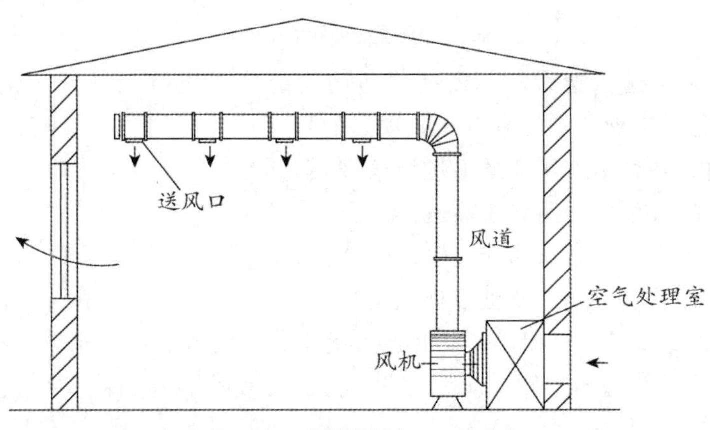

图 5-3-1　机械送风

采暖地区新风口入口处设置电动密闭阀，它与风机联动，当风机停止工作时，自动关闭阀门，以防冬季冷风渗入而冻坏加热器。

（二）机械排风

机械排风见图 5-3-2。

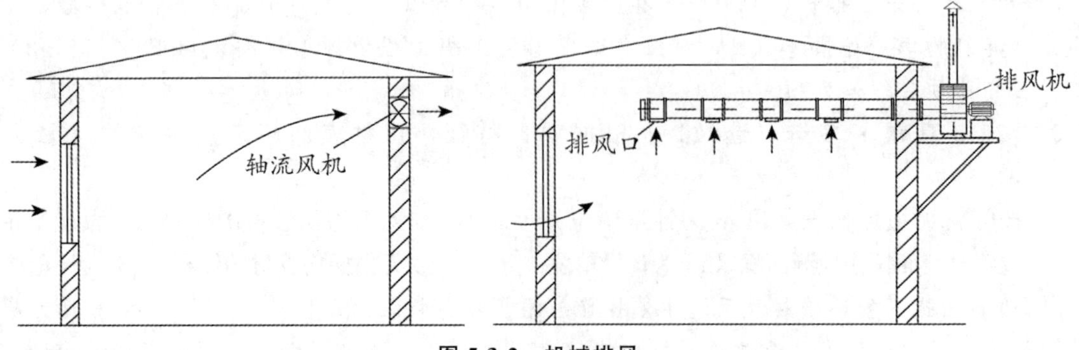

图 5-3-2　机械排风

（1）风口收集室内空气，为提高全面通风的稀释效果，风口宜设在污染物浓度较大的地方。污染物密度比空气小时，风口宜设在上方，而密度较大时，宜设在下方。

（2）风管为空气的输送通道，当排风是潮湿空气时，宜采用玻璃钢或聚氯乙烯板制作，一般排风系统可用钢板制作。

（3）在采暖地区为防止风机停止时倒风，或洁净车间防止风机停止时含尘空气进入房间，常在风机出口管上装电动密闭阀，与风机联动。

三、局部通风

（1）局部通风分为局部送风、局部排风。

（2）局部排风：当污染物集中于某处发生时，局部排风是最有效的治理污染物对环境危害的通风方式。

四、全面通风

全面通风可分为稀释通风、单向流通风、均匀流通风和置换通风等。其特性及特点见表 5-3-1。

表 5-3-1 全面通风的特性及特点

类别	特性	特点
稀释通风	对整个房间进行通风换气	所需要的全面通风量大，控制效果差
单向流通风	通过有组织的气流流动，控制有害物的扩散和转移	具有通风量小、控制效果好等优点
均匀流通风	利用速度和方向完全一致的均匀流把室内污染空气全部压出和置换	主要应用于汽车喷涂室等对气流、温度控制要求高的场所
置换通风	送风分布器通常都是靠近地板，送风口面积大，出风速度低	低速、低温送风与室内分区流态是置换通风的重要特点

五、除尘系统

除尘系统是一种局部机械排风系统，其类别、特点及应用见表 5-3-2。

表 5-3-2 除尘系统类别、特点及应用

类别	特点及应用
就地除尘	除尘器安放在生产设备附近，系统布置紧凑、简单、维护管理方便
分散除尘	排风点较分散时，可根据输送气体的性质，把几个排风点合成一个系统。系统风管较短，布置简单，系统压力容易平衡，由于除尘器分散布置，除尘器回收粉尘的处理较为麻烦
集中除尘	适用于扬尘点比较集中，有条件采用大型除尘设施的车间。除尘设备集中维护管理，回收粉尘易实现机械化。但管道复杂，压力平衡困难，初投资大，因此仅适用于少数大型工厂

六、净化系统

净化系统类别及特点见表 5-3-3。

表 5-3-3 净化系统类别及特点

类别	特点
洗涤法	适用于净化 CO、SO_2、NOx、HF、SiF_4、HCl、Cl_2、NH_3、Hg 蒸气、酸雾、沥青烟及有机蒸气
燃烧法	应用于有机溶剂蒸气和碳氢化合物的净化处理，也可用于除臭
吸收法	与其他净化方法相比，吸收法的费用较低，能同时进行除尘。缺点：要对排水进行处理，净化效率难以达到 100%。适用于处理气体量大的场合
吸附法	广泛应用于低浓度有害气体的净化，特别是各种有机溶剂蒸气。吸附法的净化效率能达到 100%。常用的吸附剂有活性炭、硅胶、活性氧化铝等
冷凝法	净化效率低，只适用于浓度高、冷凝温度高的有害蒸气。低浓度气体的净化通常采用吸收法和吸附法，是通风排气中有害气体的主要净化方法
袋滤法	高效净化方法，适用于工业气体的除尘净化
静电法	可净化较大气量，能够除去的粒子粒径范围较宽，可净化温度较高含尘烟气。广泛用于冶金、矿山、化工、制药、发电、冶炼等行业

七、事故通风系统

（1）事故排风的室内排风口应设在有害气体或爆炸危险物质散发量可能最大的地点。

（2）事故排风的室外排风口不应布置在人员经常停留或经常通行的地点，而且高出 20m 范围内最高建筑物的屋面 3m 以上。当其与机械送风系统进风口的水平距离小于 20m 时，应高于进风口 6m 以上。

八、建筑防火防排烟系统

建筑防排烟的方式有以下几种：

（1）自然排烟。自然排烟有两种方式：①利用外窗或专设的排烟口排烟；②利用竖井排烟。

（2）机械排烟。设施费用高，需经常保养维修。

（3）加压防烟系统。加压防烟是一种有效的防烟措施，但它的造价高，一般只在一些重要建筑和重要的部位才用这种加压防烟措施，目前主要用于高层建筑的垂直疏散通道和避难层（间）。

·典型例题·

第五章

1.［2021 真题·单选（选做）］广泛用于低浓度有害气体的净化，特别适用于有机溶剂蒸气，净化率达 100%的方法是（　　）。

A. 洗涤法　　B. 吸收法

C. 吸附法　　D. 冷凝法

［**解析**］吸附法是利用某种松散、多孔的固体物质（吸附剂）对气体的吸附能力除去其中某些有害成分（吸附剂）的净化方法。这种方法广泛应用于低浓度有害气体的净化，特别是各种有机溶剂蒸气。吸附法的净化效率能达到 100%。常用的吸附剂有活性炭、硅胶、活性氧化铝等。吸附法分为物理吸附和化学吸附。

2.［2018 真题·单选（选做）］通过有组织的气流流动，控制有害物的扩散和转移，保证操作人员呼吸区内的空气达到卫生标准要求。它具有通风量小，控制效果好等优点，这种通风方式为（　　）。

A. 稀释通风　　B. 单向流通风

C. 均匀流通风　　D. 置换通风

［**解析**］单向流通风是通过有组织的气流流动，控制有害物的扩散和转移，保证操作人员呼吸区内的空气达到卫生标准要求。这种方法具有通风量小、控制效果好等优点。

3.［**2018真题·单选（选做）**］事故通风系统中，室外排风口应布置在（　　）。

A. 有害气体散发量可能最大处

B. 建筑物外端靠近事故处

C. 高出20m范围内最高建筑物的屋面3m以上处

D. 人员经常通行处

［**解析**］事故排风的室内排风口应设在有害气体或爆炸危险物质散发量可能最大的地点。事故排风的室外排风口不应布置在人员经常停留或经常通行的地点，而且高出20m范围内最高建筑物的屋面3m以上。当其与机械送风系统进风口的水平距离小于20m时，应高于进风口6m以上。

4.［**2017真题·单选（选做）**］它能广泛应用于无机气体如硫氧化物、氮氢化物、硫化氢、氯化氢等有害气体的净化，同时能进行除尘，适用于处理气体量大的场合。与其他净化方法相比费用较低。这种有害气体净化方法为（　　）。

A. 吸收法　　B. 吸附法

C. 冷凝法　　D. 燃烧法

［**解析**］吸收法广泛应用于无机气体如硫氧化物、氮氢化物、硫化氢、氯化氢等有害气体的净化。它能同时进行除尘，适用于处理气体量大的场合。与其他净化方法相比，吸收法的费用较低。吸收法的缺点是还要对排水进行处理，净化效率难以达到100%。

5.［**2016真题·单选（选做）**］对建筑高度低于100m的居民建筑，靠外墙的防烟楼梯间及其前室、消防电梯间前室和合用前室，宜采用的排烟方式为（　　）。

A. 自然排烟　　B. 机械排烟

C. 加压排烟　　D. 抽吸排烟

［**解析**］除建筑高度超过50m的一类公共建筑和建筑高度超过100m的居民建筑外，靠外墙的防烟楼梯间及其前室、消防电梯间前室和合用前室，宜采用自然排烟的方式。

6.［**2012真题·单选（选做）**］送风温度低于室温，出风速度较低，送风气流与室内气流掺混量最小，且能够保存分层流态的通风方式为（　　）。

A. 单向流通风　　B. 均匀流通风

C. 稀释通风　　D. 置换通风

［**解析**］本题考点是全面通风的种类。置换通风是基于空气的密度差而形成热气流上升、冷气流下降的原理实现通风换气。置换通风的送风分布器通常都是靠近地板，送风口面积较大，出风速度较低（一般低于0.5m/s），在这样低的流速下，送风气流与室内空气的掺混量很小，能够保持分层的流态。置换通风用于夏季降温时，送风温度通常低于室内空气温度2～4℃。低速、低温送风与室内分区流态是置换通风的重要特点。置换通风对送风的空气分布器要求较高，它要求分布器能将低温的新风以较小的风速均匀地送出，并能散布开来。

7.［**2021真题·多选（选做）**］下列关于风口的说法正确的有（　　）。

A. 室外空气入口又称新风口，新风口设有百叶窗，以遮挡雨、雪、昆虫等

B. 通风（空调）工程中使用最广泛的是铝合金风口

C. 污染物密度比空气大时，风口宜设在上方

D. 洁净车间防止风机停止时含尘空气进入房间，在风机出口管上装电动密闭阀

[**解析**] 风口的基本功能是将气体吸入或排出管网，通风（空调）工程中使用最广泛的是铝合金风口，表面经氧化处理，具有良好的防腐、防水性能。室外空气入口又称新风口，新风口设有百叶窗，以遮挡雨、雪、昆虫等。风口是收集室内空气的地方，为提高全面通风的稀释效果，风口宜设在污染物浓度较大的地方。污染物密度比空气小时，风口宜设在上方，而密度较大时，宜设在下方。在采暖地区为防止风机停止时倒风，或洁净车间防止风机停止时含尘空气进入房间，常在风机出口管上装电动密闭阀，与风机联动。

8. [2016 真题·多选（选做）] 通风工程中，当排出的风是潮湿空气时，风管制作材料宜采用（　　）。

A. 钢板　　　　B. 玻璃钢板

C. 铝板　　　　D. 聚氯乙烯板

[**解析**] 风管为空气的输送通道，当排风是潮湿空气时，宜采用玻璃钢板或聚氯乙烯板制作，一般排风系统可用钢板制作。

9. [2015 真题·多选（选做）] 在通风排气时，净化低浓度有害气体的较好方法有（　　）。

A. 燃烧法　　　　B. 吸收法

C. 吸附法　　　　D. 冷凝法

[**解析**] 低浓度气体的净化通常采用吸收法和吸附法，它们是通风排气中有害气体的主要净化方法。

答案：1. C　2. B　3. C　4. A　5. A　6. D　7. ABD　8. BD　9. BC

知识点 2　气力输送系统

（1）暖通空调中常用气流将除尘器、冷却设备与烟道中收集的烟（粉）尘输送到要求的地点。按其装置的形式和工作特点分为吸送式、压送式、混合式和循环式四类。

（2）负压吸送系统多用于集中式输送，即多点向一点输送，由于真空度的影响，其输送距离受到一定限制。

（3）压送式输送系统的输送距离较长，适于分散输送，即一点向多点输送。

（4）混合式气力输送系统优点是吸料方便，输送距离长；可多点吸料，并压送至若干卸料点；缺点是结构复杂，带尘的空气要经过风机，故风机的工作条件较差。

·典型例题·

1. [2022 真题·单选（选做）] 多用于集中式输送，即多点向一点输送，输送距离短的系统是（　　）。

A. 吸送式系统　　　　B. 压送式系统

C. 混合式系统　　　　D. 循环式系统

[**解析**] 负压吸送系统多用于集中式输送，即多点向一点输送，由于真空度的影响，其输送距离受到一定限制。

2. ［**2017 真题·多选（选做）**］混合式气力输送系统的特点有（　　）。

A. 可多点吸料

B. 可多点卸料

C. 输送距离长

D. 风机工作条件好

［**解析**］混合式气力输送系统吸料方便，输送距离长；可多点吸料，并压送至若干卸料点；缺点是结构复杂，带尘的空气要经过风机，故风机的工作条件较差。

答案：1. A　2. ABC

知识点 3　通风机、风阀、局部排风罩

一、通风机

通风机的类别及特点见表 5-3-4。

表 5-3-4　通风机的类别及特点

类别		特点
按作用原理分	离心式通风机	用于一般的送排风系统，或安装在除尘器后的除尘系统。适宜输送温度低于 80℃，含尘浓度小于 150mg/m³ 的无腐蚀性、无黏性的气体
	轴流式通风机	适用于一般厂房的低压通风系统
	贯流式通风机（横流风机）（见图 5-3-3）	全压系数较大，效率较低，其进、出口均是矩形的，易于建筑配合，大量应用于空调挂机、空调扇、风幕机等设备产品中
按用途分	排尘通风机	适用于输送含尘气体。为了防止磨损，可在叶片表面渗碳、喷镀三氧化二铝、硬质合金钢等，或焊上一层耐磨焊层如碳化钨等
	防爆通风机（见图 5-3-4）	叶轮用铝板制作，机壳用钢板制作，对于防爆等级高的通风机，叶轮、机壳则均用铝板制作，并在机壳和轴之间增设密封装置
	防腐通风机	（1）用过氯乙烯、酚醛树脂、聚氯乙烯和聚乙烯等有机材料制作的通风机（塑料通风机、玻璃钢通风机） （2）特点：质量轻，强度大，防腐性能好，已广泛应用，但通风机刚度差，易开裂
	屋顶通风机（见图 5-3-5）	直接安装于建筑物的屋顶上。材料可用钢制或玻璃钢制
	射流通风机（见图 5-3-6）	与普通轴流通风机相比，在相同通风机重量或相同功率的情况下： （1）能提供较大的通风量和较高的风压。一般认为通风量可增加 30%～35%，风压增高约 2 倍 （2）具有可逆转特性，反转后风机特性只降低 5% （3）用于铁路、公路隧道的通风换气

注： 通风机按用途分为一般用途通风机、排尘通风机、高温通风机、防爆通风机、防腐通风机、防排烟通风机、屋顶通风机和射流通风机。

第五章

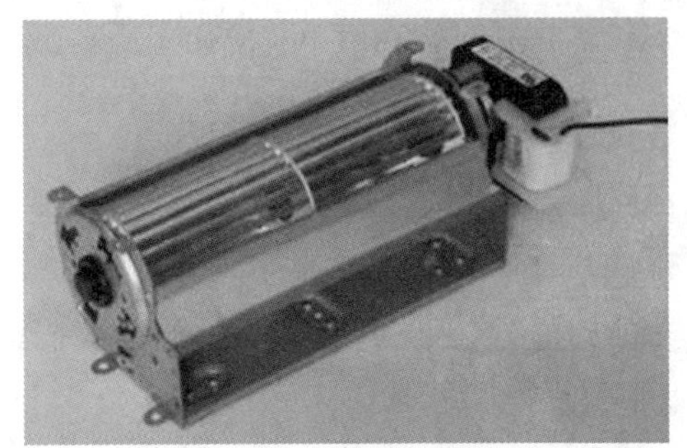
图 5-3-3　贯流式通风机

图 5-3-4　防爆通风机

图 5-3-5　屋顶通风机

图 5-3-6　射流通风机

二、风阀

风阀的类别及应用特点见表 5-3-5。

表 5-3-5　风阀的类别及应用特点

类别		应用特点	
具有控制和调节两种功能	蝶式调节阀、菱形单叶调节阀、插板阀、平行式多叶调节阀、对开式多叶调节阀、菱形多叶调节阀、复式多叶调节阀、三通调节阀等	主要用于小断面风管	蝶式调节阀、菱形单叶调节阀和插板阀
		主要用于大断面风管	平行式多叶调节阀、对开式多叶调节阀和菱形多叶调节阀
		用于管网分流或合流或旁通处的各支路风量调节	复式多叶调节阀、三通调节阀
只具有控制功能	止回阀、防火阀、排烟阀	防火阀	平常全开，火灾时关闭并切断气流，防止火灾通过风管蔓延，70℃关闭
		排烟阀	平常关闭，排烟时全开，排除室内烟气，80℃开启

三、局部排风罩

排风罩主要作用是排除工艺过程或设备中的含尘气体、余热、余湿、毒气、油烟等，见图 5-3-7。

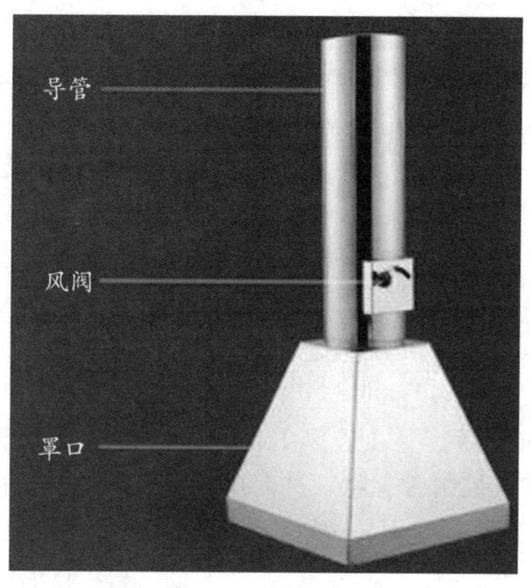

图 5-3-7　排风罩

排风罩的类别及特点见表 5-3-6。

表 5-3-6　排风罩的类别及特点

类别	特点
密闭罩	把有害物源全部密闭在罩内，从罩外吸入空气，使罩内保持负压。只需要较小的排风量就能对有害物进行有效控制。防尘密闭罩可分为三类：局部密闭罩、整体密闭罩和大容积密闭罩
接受式排风罩	有些生产过程或设备本身会产生或诱导一定的气流运动（高温热源上部的对流气流），只需把排风罩设在污染气流前方，有害物会随气流直接进入罩内
吹吸式排风罩	利用射流能量密集、速度衰减慢，而吸气气流速度衰减快的特点，使有害物得到有效控制的一种方法。它具有风量小，控制效果好，抗干扰能力强，不影响工艺操作等特点

·典型例题·

1.［2022 真题·单选（选做）］ 用于管网分流或合流或旁通处的各支路风量调节的是（　　）。

A. 平行式多叶调节阀

B. 对开式多叶调节阀

C. 菱形多叶调节阀

D. 复式多叶调节阀

［**解析**］平行式多叶调节阀、对开式多叶调节阀和菱形多叶调节阀主要用于大断面风管；复式多叶调节阀和三通调节阀用于管网分流或合流或旁通处的各支路风量调节。

2.［2017 真题·单选（选做）］ 防爆等级低的防爆通风机，叶轮和机壳的制作材料为（　　）。

A. 叶轮和机壳均用钢板　　B. 叶轮和机壳均用铝板

C. 叶轮用钢板、机壳用铝板　　D. 叶轮用铝板、机壳用钢板

［**解析**］防爆通风机。对于防爆等级低的通风机，叶轮用铝板制作，机壳用钢板制作；对于防爆等级高的通风机，叶轮、机壳则均用铝板制作，并在机壳和轴之间增设密封装置。

3. ［2016 真题·单选（选做）］某种通风机具有可逆转特性，在重量或功率相同的情况下，能提供较大的通风量和较高的风压，可用于铁路、公路隧道的通风换气。该风机为（　　）。

A. 离心式通风机　　B. 普通轴流式通风机

C. 贯流式通风机　　D. 射流式通风机

［解析］射流通风机与普通轴流通风机相比，在相同通风机重量或相同功率的情况下，能提供较大的通风量和较高的风压。一般认为通风量可增加 30%～35%，风压增高约 2 倍。此种风机具有可逆转特性，反转后风机特性只降低 5%。可用于铁路、公路隧道的通风换气。

4. ［2012 真题·单选（选做）］在通风工程中，利用射流能量的密集、速度衰减慢，而吸气气流衰减快的特点，有效控制有害物，进而排入排风管道系统的排风罩为（　　）。

A. 外部吸气罩　　B. 吹吸式排风罩

C. 柜式排风罩　　D. 整体密闭罩

［解析］本题考点是通风（空调）主要设备和部件的局部排风罩的种类。吹吸式排风罩是利用射流能量密集、速度衰减慢，而吸气气流速度衰减快的特点，使有害物得到有效控制的一种方法。它具有风量小，控制效果好，抗干扰能力强，不影响工艺操作等特点。

5. ［2018 真题·多选（选做）］通风工程中通风机的分类方法很多，属于按通风机用途分类的有（　　）。

A. 高温通风机　　B. 排尘通风机

C. 贯流式通风机　　D. 防腐通风机

［解析］通风机按其用途可分为一般用途通风机、排尘通风机、高温通风机、防爆通风机、防腐通风机、防、排烟通风机、屋顶通风机、射流通风机。

6. ［2018 真题·多选（选做）］风阀是空气输配管网的控制、调节机构，其基本功能是截断或开通空气流通的管路，调节或分配管路流量。主要用于大断面风管的风阀有（　　）。

A. 蝶式调节阀

B. 菱形单叶调节阀

C. 菱形多叶调节阀

D. 平行式多叶调节阀

［解析］平行式多叶调节阀、对开式多叶调节阀和菱形多叶调节阀主要用于大断面风管。

7. ［2017 真题·多选（选做）］风阀是空气输配管网的控制、调节机构，只具有控制功能的风阀为（　　）。

A. 插板阀　　B. 止回阀

C. 防火阀　　D. 排烟阀

［解析］蝶式调节阀、菱形单叶调节阀和插板阀主要用于小断面风管；平行式多叶调节阀、对开式多叶调节阀和菱形多叶调节阀主要用于大断面风管；复式多叶调节阀和三通调节阀用于管网分流或合流或旁通处的各支路风量调节。只具有控制功能的风阀有：止回阀、防火阀、排烟阀等。

答案：1. D　2. D　3. D　4. B　5. ABD　6. CD　7. BCD

知识点 4　除尘器、消声器、空气净化设备

一、除尘器

除尘器的类别及特点见表 5-3-7。

表 5-3-7　除尘器的类别及特点

类别	特点
重力除尘器	基本原理是利用重力作用使尘粒自然沉降。只适用于粗大的尘粒
湿式除尘器	除尘器结构简单，投资低，占地面积小，除尘效率高，能同时进行有害气体的净化，但不能干法回收物料，泥浆处理比较困难，有时要设置专门的废水处理系统
过滤式除尘器	按照过滤材料和工作对象的不同，可分为袋式除尘器、颗粒层除尘器、空气过滤器三种类型。过滤式除尘器属高效过滤设备，应用非常广泛
静电除尘器	利用静电力将气体中粉尘分离的一种除尘设备。除尘效率高、耐温性能好、压力损失低；但一次投资高，钢材消耗多、制造安装精度要求较高

二、消声器

消声器的分类、原理及特点见表 5-3-8。

表 5-3-8　消声器的分类、原理及特点

分类	原理及特点
阻性消声器（见图 5-3-8）	(1) 利用敷设在气流通道内的多孔吸声材料来吸收声能，降低沿通道传播的噪声 (2) 具有良好的中、高频消声性能。消声性能主要取决于吸声材料的种类，吸声层厚度及密度，气流通道的断面尺寸，通过气流的速度及消声器的有效长度等因素 (3) 阻性消声器有管式、片式、蜂窝式、折板式、弧形、小室式、矿棉管式、聚酯泡沫管式、卡普隆纤维管式、消声弯头等
抗性消声器（图 5-3-9）	(1) 利用声波通道截面的突变（扩张或收缩），使沿管道传递的某些特定频段的声波反射回声源，从而达到消声的目的 (2) 具有良好的低频或低中频消声性能，宜于在高温、高湿、高速及脉动气流环境下工作。膨胀型消声器是典型的抗性消声器
扩散消声器	在其器壁上设许多小孔，气流经小孔喷射后，通过降压减速，达到消声目的
缓冲式消声器	利用多孔管及腔室阻抗作用，将脉冲流转换为平滑流的消声设备
干涉型消声器	利用波的干涉原理，在气流通道上设一旁通管，使部分声能分岔到旁通管里，使主、旁通道中的声波在汇合处波长相同，相位相反，在传播过程中，相波相互削弱或完全抵消，达到消声目的
阻抗复合消声器	对低、中、高整个频段内的噪声均可获得较好的消声效果

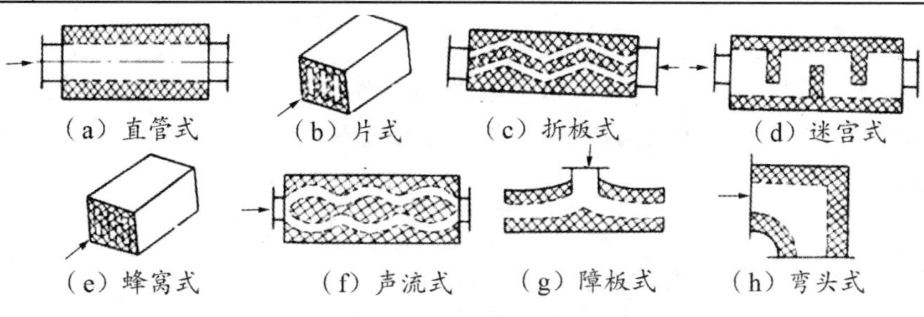

图 5-3-8　阻性消声器结构示意图

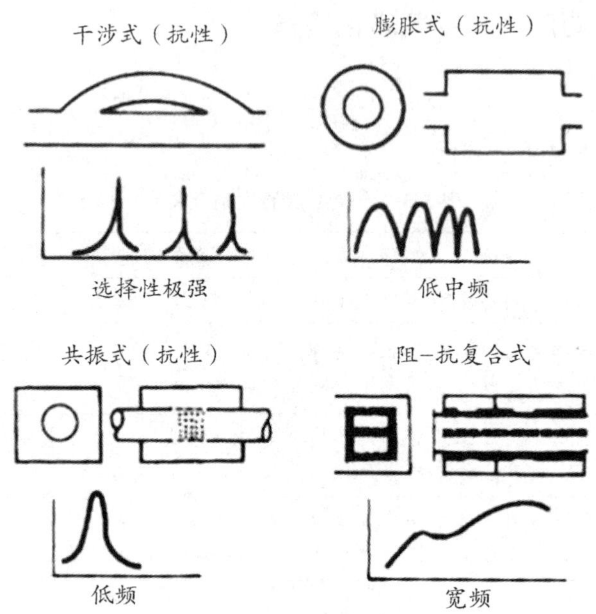

图 5-3-9 抗性消声器原理图

三、空气净化设备

（1）有害气体的处理方法有多种，常用的为吸收法和吸附法。

（2）吸收设备主要有以下两种：

1）喷淋塔。优点：阻力小，结构简单，塔内无运动部件。但是它的吸收率不高，仅适用于有害气体浓度低，处理气体量不大和同时需要除尘的情况。

2）湍流塔。塔内设有开孔率较大的筛板，筛板上放置一定数量的轻质小球，相互碰撞，吸收剂自上向下喷淋，加湿小球表面，进行吸收。由于气、液、固三相接触，小球表面液膜不断更新，增大吸收推动力，提高吸收效率。

·典型例题·

1.［2018 真题·单选（选做）］某空气净化塔内设有开孔率较大的筛板，筛板上放置一定数量的轻质小球，相互碰撞，吸收剂自上向下喷淋，加湿小球表面进行吸收。该空气净化设备为（　　）。

A. 筛板塔　　B. 喷淋塔

C. 填料塔　　D. 湍流塔

［解析］湍流塔。塔内设有开孔率较大的筛板，筛板上放置一定数量的轻质小球，相互碰撞，吸收剂自上向下喷淋，加湿小球表面，进行吸收。由于气、液、固三相接触，小球表面液膜不断更新，增大吸收推动力，提高吸收效率。

2.［2016 真题·单选（选做）］它利用声波通道截面的突变，使沿管道传递的某些特定频段的声波反射回声源，从而达到消声的目的。这种消声器是（　　）。

A. 阻性消声器　　B. 抗性消声器

C. 扩散消声器　　D. 缓冲式消声器

［解析］膨胀型消声器是典型的抗性消声器，它利用声波通道截面的突变（扩张或膨胀），使沿管道传递的某些特定频段的声波反射回声源，从而达到消声的目的。

第五章

3. ［2014 真题 · 单选（选做）］除尘效率高、耐温性能好、压力损失低，但一次投资高，制造安装精度高的除尘设备为（　　）。

A. 旋风除尘器　　B. 麻石水膜除尘器

C. 过滤式除尘器　　D. 静电除尘器

［解析］静电除尘器除尘效率高、耐温性能好、压力损失低；但一次投资高，钢材消耗多、要求较高的制造安装精度。

4. ［2013 真题 · 单选（选做）］利用敷设在气流通道内的多孔吸声材料来吸收声能，具备良好的中高频消声性能的消声器是（　　）。

A. 阻性消声器　　B. 抗性消声器

C. 扩散消声器　　D. 缓冲消声器

［解析］阻性消声器是利用敷设在气流通道内的多孔吸声材料来吸收声能，降低沿通道传播的噪声，具有良好的中、高频消声性能。

5. ［2019 真题 · 多选（选做）］利用敷设在气流通道内的多孔吸声材料来吸收声能，具有良好的中、高频消声性能，其形式有（　　）。

A. 矿棉管式　　B. 聚氨酯泡沫管式

C. 微穿孔板　　D. 卡普隆纤维管式

［解析］阻性消声器是利用敷设在气流通道内的多孔吸声材料来吸收声能，降低沿通道传播的噪声，具有良好的中、高频消声性能。消声性能主要取决于吸声材料的种类，吸声层厚度及密度，气流通道的断面尺寸，通过气流的速度及消声器的有效长度等因素。阻性消声器有管式、片式、蜂窝式、折板式、弧形、小室式，矿棉管式、聚氨酯泡沫管式、卡普隆纤维管式、消声弯头等。

6. ［2012 真题 · 多选（选做）］在空气净化设备中，喷淋塔的优点有（　　）。

A. 吸收率高　　B. 处理气体量较大

C. 阻力小　　D. 结构简单

［解析］本题考点是空气净化设备喷淋塔的特点。喷淋塔的优点是阻力小，结构简单，塔内无运动部件。但是它的吸收率不高，仅适用于有害气体浓度低，处理气体量不大和同时需要除尘的情况。

答案：1. D　2. B　3. D　4. A　5. ABD　6. CD

知识点 5 空调系统的组成及系统介绍

一、空调系统的组成

（1）空调系统基本由空气处理、空气输配、冷热源三部分组成，此外还有自控系统。

（2）空气处理部分包括能对空气进行热湿处理和净化处理的各种设备，如过滤器、表面式冷却器、喷水室、加热器、加湿器等。

二、空调系统的分类

（1）按空气处理设备的设置情况分类，见表 5-3-9。

表 5-3-9 按空气处理设备的设置情况分类

空调系统	性能	举例
集中式系统	空气处理设备、通风机集中设置在空调机房内，空气经处理后，由风道送入各房间	单风管系统、双风管系统
半集中式系统	集中处理部分或全部风量，然后送往各房间（或各区），在各房间（或各区）再进行处理的系统	风机盘管加新风系统
分散式系统（局部系统）	将整体组装的空调机组（包括空气处理设备、通风机、制冷设备）直接放在空调房间内的系统	单元式空调器

（2）按送风量是否变化分类：

1）定风量系统。

2）变风量系统。

（3）按承担室内负荷的输送介质分类，见表 5-3-10。

表 5-3-10 按承担室内负荷的输送介质分类

空调系统	性能	举例
全空气系统	房间的全部负荷均由集中处理后的空气负担	定风量或变风量的单风管中式系统、双风管系统、全空气诱导系统
空气–水系统	负荷一部分由集中处理的空气负担，一部分由水作为介质送入空调房间对空气进行再处理	带盘管的诱导系统、风机盘管机组加新风系统
全水系统	房间负荷全部由集中供应的冷、热水负担	风机盘管系统、辐射板系统
冷剂系统	以制冷剂为介质，直接用于对室内空气进行冷却、去湿或加热	单元式空调器

（4）按所处理空气的来源分类：

1）按所处理空气的来源分为封闭式系统、直流式系统、混合式系统。

2）混合式系统的特点：所处理的空气一部分来自室外新风，另一部分来自空调房间循环空气。

3）混合式系统在使用循环空气（回风）时，采用一次回风、二次回风两种形式，见表 5-3-11。

第五章

表 5-3-11 混合式系统的特点及应用

回风次数	特点	应用
一次回风	回风与新风在空气处理设备前混合，再一起进入空气处理设备	利用回风的冷量或热量降低或提高新风温度
二次回风	回风分为两部分，一部分是在空气处理设备前面与新风混合，另一部分不经过空气处理设备，直接与处理后的空气混合	二次混合目的在于代替加热器提高送风温度

三、典型空调系统介绍

（一）单风管集中式系统

（1）单风管集中式系统属于全空气式空调系统。室内温度由室内温度自动调节器控制冷却器或加热器的阀门开度来保证。

（2）优点：设备简单，初投资较省，设备集中设置，易于管理。

（3）缺点：当一个集中式系统供给多个房间，而各房间负荷变化不一致时，无法进行精确调节。另外，风管断面尺寸较大，占用空间大。

（4）适用于空调房间较大，各房间类似，当集中控制时，各房间的热湿负荷变化所引起的室内温、湿度波动不会超过各房间的允许波动范围的场合。

（二）双风管集中式系统

双风管集中式系统的优点：

（1）每个房间（或每个区）可以分别控制。

（2）室温调节速度较快。

（3）冬季和过渡季的冷源以及夏季的热源可以利用室外新风。

（4）因系全空气方式，空调房间内无末端装置，不出现水管、电气附属设备、过滤器等，对使用者无干扰。

（三）风机盘管系统

（1）设置风机盘管机组的半集中式系统。

（2）风机盘管系统适用于空间不大、负荷密度高的场合，如高层宾馆、办公楼和医院病房等。

（四）诱导器系统

诱导器系统能在房间就地回风，不必或较少需要再把回风抽回到集中处理室处理，减少了要集中处理和来回输送的空气量，因而有风管断面小、空气处理室小、空调机房占地少、风机耗电量少的优点。

·典型例题·

1. ［**2021 真题·单选（选做）**］某空调系统能够在空调房间内就地回风，减少了需要处理和输送的空气量，因而风管断面小，空气处理室小，空调机房占地小，风机耗电少，该空调系统是（　　）。

A. 单风管集中式系统　　　　B. 定风量系统

C. 诱导器系统　　　　D. 风机盘管系统

［**解析**］诱导器系统能在房间就地回风，不必或较少需要再把回风抽回到集中处理室处理，减少了要集中处理和来回输送的空气量，因而有风管断面小、空气处理室小、空调机房占地少、风机耗电量少的优点。

2. ［**2015 真题·单选（选做）**］按空气处理设备的设置情况分类，属于半集中式空调系统的是（　　）。

A. 整体式空调机组　　　　B. 分体式空调机组

C. 风机盘管系统　　　　D. 双风管系统

［**解析**］半集中式空调系统：集中处理部分或全部风量，然后送往各房间（或各区），在各房间（或各区）再进行处理的系统。如风机盘管加新风系统为典型的半集中式系统。

3. ［**2014 真题·单选（选做）**］空调系统按承担室内负荷的输送介质分类，属于空气-水系统的是（　　）。

A. 双风管系统　　　　B. 带盘管的诱导系统

C. 风机盘管系统　　　　D. 辐射板系统

［**解析**］空气-水系统：空调房间的负荷由集中处理的空气负担一部分，其他负荷由水作为

第五章

介质在送入空调房间时，对空气进行再处理（加热或冷却等）。如带盘管的诱导系统、风机盘管机组加新风系统等。

答案：1.C 2.C 3.B

知识点6 空调系统主要设备及部件、空调水系统

一、空调系统主要设备及部件

（一）喷水室

（1）优点：喷水室消耗金属少，容易加工。

（2）缺点：水质要求高、占地面积大、水泵耗能多，故在民用建筑中不再采用。

（3）以调节湿度为主要目的的空调中仍大量使用。

（二）空气过滤器

按过滤器性能分为粗效过滤器、中效过滤器、高中效过滤器、亚高效过滤器、高效过滤器和超低透过率过滤器，其类别及使用特点见表5-3-12。

表5-3-12 空气过滤器类别及使用特点

类别	使用特点
粗效过滤器	去除颗粒灰尘>5.0μm，在净化空调系统中做预过滤器。滤料一般为无纺布
中效过滤器	去除灰尘粒子>1.0μm，在净化空调系统和局部净化设备中作为中间过滤器。减少高效过滤器的负担，延长高效过滤器和设备中其他配件的寿命。滤料一般是无纺布，有一次性使用和可清洗的两种
高中效过滤器	去除灰尘粒子>1.0μm，净化空调系统的中间过滤器和一般送风系统的末端过滤器。滤料为无纺布或丙纶滤布，结构形式多为袋式，滤料多为一次性使用
亚高效过滤器	去除灰尘粒子>0.5μm，可作净化空调系统的中间过滤器和低级别净化空调系统的末端过滤器。滤料为超细玻璃纤维滤纸和丙纶纤维滤纸
高效过滤器（HEPA）和超低透过率过滤器（ULPA）	高效过滤器是净化空调系统的终端过滤设备和净化设备的核心。超低透过率过滤器是更高级别净化空调系统的末端过滤器。HEPA和ULPA的滤材都是超细玻璃纤维滤纸

（三）空调水系统设备

（1）空调水系统设备包括冷却塔和膨胀节两部分。下面重点掌握膨胀节的特点。

（2）无约束膨胀节：有通用型膨胀节、单式轴向型膨胀节、复式轴向型膨胀节、外压轴向型膨胀节、减振膨胀节、抗震型膨胀节。

（3）约束膨胀节：大拉杆横向型膨胀节能吸收横向位移；旁通轴向压力平衡型膨胀节能吸收轴向位移。

二、空调水系统

（一）同程式和异程式系统

（1）同程式系统各并联环路的管路总长度基本相等，各用户盘管的水阻力大致相等，所以系统的水力稳定性好，流量分配均匀。高层建筑的垂直立管通常采用同程式，水平管路系统范围大时也应尽量采用同程式。

（2）异程式系统管路简单，不需采用同程管，水系统投资较少，但水量分配、调节较难，

如果系统较小，适当减小公共管路的阻力，增加并联支管阻力，并在所有盘管连接支管上安装流量调节阀平衡阻力，则也可用异程式布置。

（二）凝结水系统

（1）冷凝水管道宜采用聚氯乙烯塑料管或热镀锌钢管，不宜采用焊接钢管。

（2）采用聚氯乙烯塑料管时，一般可以不加防二次结露的保温层；采用镀锌钢管时，应设置保温层。冷凝水立管的顶部，应有通向大气的透气管。

·典型例题·

1.［2018 真题·单选（选做）］某空调水系统，各并联环路的管路总长度基本相等，各用户盘管的水阻力大致相等，系统的水力稳定性好，流量分配均匀，适用于高层建筑垂直立管以及范围较大的水平管路系统，该空调水系统为（　　）。

A. 同程式系统

B. 异程式系统

C. 闭式系统

D. 定流量系统

［**解析**］同程式系统各并联环路的管路总长度基本相等，各用户盘管的水阻力大致相等，所以系统的水力稳定性好，流量分配均匀。高层建筑的垂直立管通常采用同程式，水平管路系统范围大时也应尽量采用同程式。

2.［2012 真题·单选（选做）］能较好去除 0.5μm 以上灰尘粒子，可作为净化空调系统的中间过滤器和低级别净化空调系统的末端过滤器的是（　　）。

A. 粗效过滤器　　B. 中效过滤器

C. 高效过滤器　　D. 亚高效过滤器

［**解析**］亚高效过滤器能较好地去除 0.5μm 以上的灰尘粒子，可作净化空调系统的中间过滤器和低级别净化空调系统的末端过滤器。

3.［2016 真题·多选（选做）］高中效过滤器作为净化空调系统的中间过滤器，其材料应有（　　）。

A. 无纺布　　B. 丙纶滤布

C. 丙纶纤维滤纸　　D. 玻璃纤维滤纸

［**解析**］中效过滤器滤料一般是无纺布，有一次性使用和可清洗的两种。高效过滤器滤料为无纺布或丙纶滤布，结构形式多为袋式，滤料多为一次性使用。

4.［2012 真题·多选（选做）］在空调水系统中，膨胀节分约束膨胀节和无约束膨胀节，属于约束膨胀节的有（　　）。

A. 单式轴向型膨胀节

B. 复式轴向型膨胀节

C. 大拉杆横向型膨胀节

D. 旁通轴向压力平衡型膨胀节

［**解析**］本题考点是空调水系统设备的膨胀节。约束膨胀节：大拉杆横向型膨胀节能吸收横向位移；旁通轴向压力平衡型膨胀节能吸收轴向位移。

答案：1. A　2. D　3. AB　4. CD

知识点7 空调系统的冷热源

一、冷水机组

离心式冷水机组见图5-3-10。

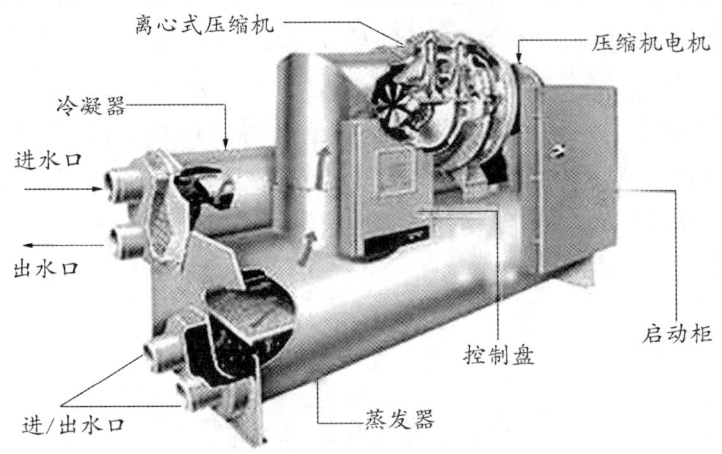

图5-3-10 离心式冷水机组

冷水机组的性能及特点见表5-3-13。

表5-3-13 冷水机组的性能及特点

类别	性能及特点
活塞式冷水机组	在民用建筑空调制冷中采用时间最长，使用数量最多；制造简单、价格低廉、运行可靠、使用灵活
离心式冷水机组	在大中型商业建筑空调系统中广泛使用；具有质量轻、制冷系数较高、运行平稳、容量调节方便、噪声较低、维修及运行管理方便等优点；主要缺点是小制冷量时机组能效比明显下降，负荷太低时可能发生喘振现象，使机组运行工况恶化
螺杆式冷水机组	结构简单、体积小、重量轻，可以在15%～100%的范围内对制冷量进行无极调节，且在低负荷时的能效比较高。运行比较平稳，易损件少，单级压缩比大，管理方便

二、热泵机组

根据低温热源的特点，通常把热泵分为空气源热泵和地源热泵。具体特点见表5-3-14。

表5-3-14 热泵机组特点

热泵机组	特点
空气源热泵	(1) 优点：安装方便，使用简单 (2) 缺点：室外空气温度愈低时，室内热量需求量愈大，机组供热量减少，效率低。冬季空气源热泵的室外盘管（蒸发器）结霜，影响制热效果，需要采用除霜循环消除
地源热泵	地源热泵与传统空调相比： (1) 优点：整个系统运行稳定，不受室外气候条件的影响；室温的分布合理，温差小，舒适感好；比传统空调节能40%～60%；没有室外机，解决了城市热岛效应，无污染排放 (2) 缺点：一次性投资高，使用受到场地限制，对地下水和地质有不好的影响，保护不好会污染地下水，设计难度大，施工工艺有待完善

·典型例题·

1. ［2020真题·单选（选做）］带有四通转换阀，可以在机组内实现冷凝器和蒸发器的转换，完成制冷热工况的转换，可以实现夏季供冷、冬季供热的机组为（　　）。

A. 离心冷水机组　　B. 活塞式冷风机组

C. 吸收式冷水机组　　D. 地源热泵

［解析］热泵机组的制冷机与常规制冷机的主要区别是带有四通转换阀，可以在机组内实现冷凝器和蒸发器的转换，完成制冷热工况的转换，可以实现夏季供冷、冬季供热。根据低温热源的特点，通常把热泵分为空气源热泵和地源热泵。

2. ［2017 真题·单选（选做）］它具有质量轻、制冷系数高、运行平稳、容量调节方便和噪声较低等优点，但小制冷量时机组能效比明显下降，负荷太低时可能发生喘振现象。目前广泛使用在大中型商业建筑空调系统中，该冷水机组为（　　）。

A. 活塞式冷水机组　　B. 离心式冷水机组

C. 螺杆式冷水机组　　D. 射流式冷水机组

［解析］离心式冷水机组是目前大中型商业建筑空调系统中使用最广泛的一种机组，具有质量轻、制冷系数较高、运行平稳、容量调节方便、噪声较低、维修及运行管理方便等优点，主要缺点是小制冷量时机组能效比明显下降，负荷太低时可能发生喘振现象，使机组运行工况恶化。

3. ［2015 真题·单选（选做）］民用建筑空调制冷工程中，采用时间最长、使用数量最多的冷水机组是（　　）。

A. 离心式冷水机组　　B. 活塞式冷水机组

C. 螺杆式冷水机组　　D. 转子式冷水机组

［解析］活塞式冷水机组由活塞式制冷压缩机、卧式壳管式冷凝器、热力膨胀阀和干式蒸发器组成，并配有自动能量调节和自动安全保护装置。活塞式冷水机组是民用建筑空调制冷中采用时间最长，使用数量最多的一种机组，它具有制造简单、价格低廉、运行可靠、使用灵活等优点，在民用建筑空调中占重要地位。

答案：1. D　2. B　3. B

知识点 8　通风、空调系统的安装

一、通风管道安装

（一）通风管道的分类

（1）按风管的材质可分为金属风管和非金属风管。

（2）金属风管包括钢板风管（普通薄钢板风管、镀锌薄钢板风管）、不锈钢板风管、铝板风管、塑料复合钢板风管等。

（3）风管类型及适用环境见表 5-3-15。

表 5-3-15　风管类型及适用环境

风管类型	适用环境
钢板、玻璃钢板	高、中、低压系统
不锈钢板、铝板、硬聚氯乙烯风管	中、低压系统
聚氨酯、酚醛复合风管	工作压力≤2kPa 的空调系统
玻璃纤维复合风管	工作压力≤1kPa 的空调系统

（4）风管系统的类别及密封要求见表 5-3-16。

第五章

表 5-3-16　风管系统的类别及密封要求

类别	风管系统工作压力 P/Pa		密封要求
	管内正压	管内负压	
微压	$P \leqslant 125$	$P \geqslant -125$	接缝和接管连接处应严密
低压	$125 < P \leqslant 500$	$-500 \leqslant P < -125$	接缝和接管连接处应严密，密封面宜设在风管的正压侧
中压	$500 < P \leqslant 1\ 500$	$-1\ 000 \leqslant P < -500$	接缝及接管连接处应加设密封措施
高压	$1\ 500 < P \leqslant 2\ 500$	$-2\ 000 \leqslant P < -1\ 000$	所有的拼接缝和接管连接处均应采取密封措施

（二）通风管道的断面形状

（1）通风管道的断面形状分为圆形和矩形。

（2）在同样断面积下，圆形管道耗钢量小、强度大，但占有效空间大，其弯管与三通需较长距离。

（3）矩形管道四角存在局部涡流，在同样风量下，矩形管道的压力损失要比圆形管道大，矩形管道占有效空间较小，易于布置，明装较美观。

（三）风管的制作和安装

（1）风管可现场制作或工厂预制，风管制作方法分为咬口连接、铆钉连接、焊接。咬口连接、焊接特点对比见表 5-3-17。

表 5-3-17　咬口连接、焊接特点对比

风管制作	特点
咬口连接	镀锌钢板及含有各类复合保护层钢板适用，不得焊接连接
焊接	通风空调风管密封要求较高或板材较厚不能用咬口连接时，板材的连接常采用焊接。常用焊接方法有：电焊、气焊、锡焊及氩弧焊

（2）风管连接有法兰连接和无法兰连接。

1）法兰连接。主要用于风管与风管或风管与部、配件间的连接。不锈钢风管法兰连接的螺栓，宜用同材质的不锈钢制成，如用普通碳素钢标准件，应按设计要求喷刷涂料。铝板风管法兰连接应采用镀锌螺栓，并在法兰两侧垫镀锌垫圈。硬聚氯乙烯风管和法兰连接，应采用镀锌螺栓或增强尼龙螺栓，螺栓与法兰接触处应加镀锌垫圈。

2）无法兰连接。①圆形风管无法兰连接：承插连接、芯管连接（见图 5-3-11）、抱箍连接（见图 5-3-12）。②矩形风管无法兰连接：插条连接、立咬口连接、薄钢材法兰弹簧夹连接。③软管连接：用于风管与部件（如散流器、静压箱、侧送风口等）的连接。④风管安装连接后，在刷油、绝热前应按规范进行严密性、漏风量检测。

第五章

图 5-3-11　芯管连接

图 5-3-12　抱箍连接

二、通风（空调）系统试运转及调试

通风（空调）系统试运转及调试一般包括设备单体试运转、联合试运转、综合效能试验。

（一）联合试运转

（1）通风机风量、风压及转速测定。通风（空调）设备风量、余压与风机转速测定。

（2）系统与风口的风量测定与调整。实测与设计风量偏差不应大于10%。

（3）通风机、制冷机、空调器噪声的测定。

（4）防排烟系统正压送风前室静压的检测。

（5）空气净化系统，应进行高效过滤器的检漏和室内洁净度级别的测定。对于大于或等于100级的洁净室，还需增加在门开启状态下，指定点含尘浓度的测定。

（6）空调系统带冷、热源的正常联合试运转应大于8h，当竣工季节条件与设计条件相差较大时，仅做不带冷、热源的试运转。通风、除尘系统的连续试运转应大于2h。

（二）综合效能试验

（1）通风（空调）系统带生产负荷的系统联合试运转的测定与调整。

1）通风、除尘系统综合效能试验包括：①室内空气中含尘浓度或有害气体浓度与排放浓度的测定；②吸气罩罩口气流特性的测定；③除尘器阻力和除尘效率的测定；④空气油烟、酸雾过滤装置净化效率的测定。

2）空调系统综合效能试验包括：①送、回风口空气状态参数的测定与调整；②空调机组性能参数测定与调整；③室内空气温度与相对湿度测定与调整；④室内噪声测定。

（2）对于恒温恒湿空调系统，还应包括室内温度、相对湿度场测定与调整、室内气流组织测定、室内静压测定与调整。

·典型例题·

1. **［2014真题·单选（选做）］**通风管道按断面形状分，有圆形、矩形两种。在同样的断面积下，圆形风管与矩形风管相比具有的特点是（　　）。

A. 占有效空间较小，易于布置　　B. 强度小

C. 管道周长最短，耗钢量小　　D. 压力损失大

［解析］通风管道的断面形状有圆形和矩形两种。在同样断面积下，圆形管道耗钢量小、强度大，但占有效空间大，其弯管与三通需较长距离。矩形管道四角存在局部涡流，在同样风量下，矩形管道的压力损失要比圆形管道大，矩形管道占有效空间较小，易于布置，明装较美观。在一般情况下通风风管（特别是除尘风管）都采用圆形管道，只是有时为了便于和建筑配合才采用矩形断面，空调风管多采用矩形风管，高速风管宜采用圆形螺旋风管。

2. **［2012真题·单选（选做）］**通风空调系统风管安装时，矩形风管无法兰连接可采用的连接方式为（　　）。

A. 立咬口连接　　B. 芯管连接

C. 抱箍连接　　D. 承插连接

［解析］本题考点是风管的制作与连接的安装要求。圆形风管无法兰连接：其连接形式有承插连接、芯管连接及抱箍连接。矩形风管无法兰连接：其连接形式有插条连接、立咬口连接及薄钢材法兰弹簧夹连接。

3. **［2021真题·多选（选做）］**空调联合试运转内容包括（　　）。

A. 通风自试运转

B. 制冷机试运转

C. 通风机风量、风压及转速测定

D. 通风机、制冷机、空调器噪声的测定

第五章

［解析］联合试运转主要内容包括：①通风机风量、风压及转速测定。通风（空调）设备风量、余压与风机转速测定。②系统与风口的风量测定与调整。实测与设计风量偏差不应大于10%。③通风机、制冷机、空调器噪声的测定。④制冷系统运行的压力、温度、流量等各项技术数据应符合有关技术文件的规定。⑤防排烟系统正压送风前室静压的检测。⑥空气净化系统，应进行高效过滤器的检漏和室内洁净度级别的测定。对于大于或等于100级的洁净室，还需增加在门开启状态下，指定点含尘浓度的测定。⑦空调系统带冷、热源的正常联合试运转应大于8h，当竣工季节条件与设计条件相差较大时，仅做不带冷、热源的试运转。通风、除尘系统的连续试运转应大于2h。

4.［2020真题·多选（选做）］用于制作风管的材质较多，适合制作高压风管的板材有（　　）。

A. 不锈钢板　　B. 玻璃钢板

C. 钢板　　D. 铝板

［解析］钢板、玻璃钢板适合高、中、低压系统；不锈钢板、铝板、硬聚氯乙烯等风管适用于中、低压系统；聚氨酯、酚醛复合风管适用于工作压力≤2 000Pa的空调系统，玻璃纤维复合风管适用于工作压力小于或等于1 000Pa的空调系统。

答案：1. C　2. A　3. CD　4. BC

知识点9 通风空调工程计量

一、通风空调设备及部件制作安装

通风空调设备及部件制作安装计量规则见表5-3-18。

表5-3-18　通风空调设备及部件制作安装计量规则

设备及部件	计量单位
空调器按设计图示数量计算	台或组
密闭门、挡水板、滤水器（溢水盘）、金属壳体按设计图示数量计算	个
过滤器的计量有两种方式：按设计图示数量或过滤面积计算	台或 m^2

二、通风管道制作安装

通风管道制作安装计量规则见表5-3-19。

表5-3-19　通风管道制作安装计量规则

通风管道	计量单位
碳钢通风管道、净化通风管道、不锈钢板通风管道、铝板通风管道、塑料通风管道等5个分项工程在进行计量时，按设计图示内径尺寸以展开面积计算	m^2
玻璃钢通风管道、复合型风管。工程量是按设计图示外径尺寸以展开面积计算	
柔性软风管的计量有两种方式：按设计图示长度或数量计算	m或节
弯头导流叶片有两种计量方式：按设计图示以展开面积或数量计算	m^2 或组
风管检查孔的计量按风管检查孔质量或设计图示数量计算	kg或个
温度、风量测定孔按设计图示数量计算	个

注：(1) 风管展开面积，不扣除检查孔、测定孔、送风口、吸风口等所占面积。

(2) 风管长度一律以设计图示中心线长度为准（主管与支管以其中心线交点划分），包括弯头、三通、变径管、天圆地方等管件的长度，但不包括部件所占的长度。

(3) 风管展开面积不包括风管、管口重叠部分面积。

(4) 风管渐缩管：圆形风管按平均直径，矩形风管按平均周长。

三、穿墙套管的计算

穿墙套管按展开面积计算，计入通风管道工程量中。穿墙套管按展开面积计算计量规则见表 5-3-20。

表 5-3-20　穿墙套管按展开面积计算计量规则

内容	项目	计量单位
通风管道部件计算	柔性接口按设计图示尺寸以展开面积计算	m^2
	静压箱的计量有两种，按设计图示数量（面积）计算；静压箱按设计图示尺寸以展开面积计算，不扣除开口的面积	个或 m^2
通风工程检测和调试	通风工程检测、调试：包括通风工程检测、调试和风管漏光试验、漏风试验两个分项工程	—
	通风工程检测、调试的计量按通风系统计算	系统
	风管漏光试验、漏风试验的计量按设计图纸或规范要求以展开面积计算	m^2

·典型例题·

1. ［2020 真题·单选（选做）］ 关于风管计算规则正确的是（　　）。

A. 不锈钢、碳钢风管按外径计算

B. 玻璃钢和复合风管按内径计算

C. 柔性风管按展开面积以“m^2”计算

D. 风管展开面积，不扣除检查孔、测定孔、送风口、吸风口等所占面积

［解析］ 碳钢通风管道、净化通风管道、不锈钢板通风管道、铝板通风管道、塑料通风管道等 5 个分项工程在进行计量时，按设计图示内径尺寸以展开面积计算，计量单位为“m^2”；玻璃钢通风管道、复合型风管也是以“m^2”为计量单位，但其工程量是按设计图示外径尺寸以展开面积计算。柔性软风管的计量有两种方式。以“m”计量，按设计图示中心线以长度计算；以“节”计量，按设计图示数量计算。风管展开面积，不扣除检查孔、测定孔、送风口、吸风口等所占面积。

2. ［2016 真题·单选（选做）］ 依据《通用安装工程工程量计算规范》（GB 50856—2013）的规定，工程量按设计图示外径尺寸以展开面积计算的通风管道是（　　）。

A. 碳钢通风管道　　B. 铝板通风管道

C. 玻璃钢通风管道　　D. 塑料通风管道

［解析］ 玻璃钢通风管道、复合型风管是按设计图示外径尺寸以展开面积计算。选项 A、B、D 是按内径尺寸以展开面积计算。

3. ［2013 真题·单选（选做）］ 根据《通用安装工程工程量计算规范》（GB 50856—2013），下列项目以“m”为计量单位的是（　　）。

A. 碳钢通风管　　B. 塑料通风管

C. 柔性软风管　　D. 净化通风管

［解析］ 碳钢通风管道、净化通风管道、不锈钢板通风管道、铝板通风管道、塑料通风管

道等5个分项工程在进行计量时，按设计图示内径尺寸以展开面积计算，计量单位为“m^2”；玻璃钢通风管道、复合型风管也是以“m^2”为计量单位，但其工程量是按设计图示外径尺寸以展开面积计算。柔性软风管的计量有两种方式：以“m”计量，按设计图示中心线以长度计算；以“节”计量，按设计图示数量计算。

4.［2017真题·多选（选做）］依据《通用安装工程工程量计算规范》（GB 50856—2013）的规定，通风空调工程中过滤器的计量方式有（　　）。

A. 以“台”计量，按设计图示数量计算

B. 以“个”计量，按设计图示数量计算

C. 以“m^2”计量，按设计图示尺寸的过滤面积计算

D. 以“m^2”计量，按设计图示尺寸计算

［解析］过滤器的计量有两种方式，以“台”计量，按设计图示数量计算；以“m^2”计量，按设计图示尺寸以过滤面积计算。

答案：1. D　2. C　3. C　4. AC

第四节　静置设备与工艺金属结构安装技术与计量

知识点1　压力容器的分类

一、按设备的设计压力（*P*）分类

按压力容器设计压力分为四个等级，见图5-4-1。

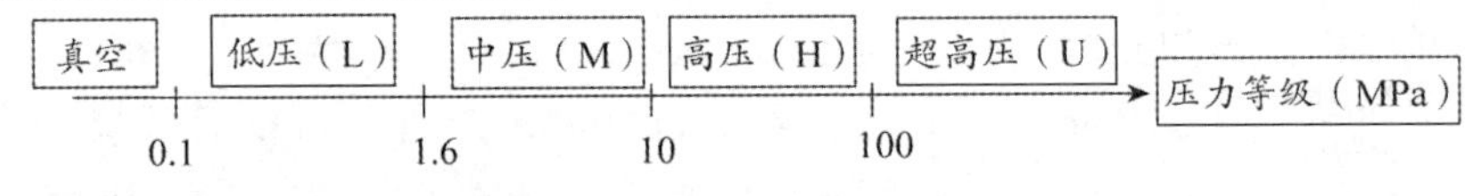

图5-4-1　压力容器设计等级

二、按设备在生产工艺过程中的作用原理分类

按设备在生产工艺过程中的作用原理分类见表5-4-1。

表5-4-1　设备在生产工艺过程中的作用原理分类

类别	具体类型
反应压力容器（R）	反应器、反应釜、分解锅、煤气发生炉
换热压力容器（E）	冷却器、冷凝器、热交换器、蒸发器（冷热蒸）
分离压力容器（S）	分离器、过滤器、集油器、洗涤器、吸收塔、干燥塔、分气缸、除氧器
储存压力容器（C）	储罐（球罐：B）

三、按结构材料分类

制造设备所用的材料有金属和非金属两大类。

（1）金属材料。目前应用最多的是低碳钢和普通低合金钢材料。在腐蚀严重或产品纯度要求高的场合使用不锈钢、不锈复合钢板或铝制造设备；在深冷操作中可用铜和铜合金；不承压的塔节或容器可采用铸铁。

（2）非金属材料。可用作设备的衬里，也可作独立构件。常用的有硬聚氯乙烯、玻璃钢、不透性石墨、化工搪瓷、化工陶瓷以及砖、板、橡胶衬里等。

·典型例题·

1.［2017 真题·单选（选做）］依据《固定式压力容器安全技术监察规程》（TSG 21—2016），高压容器是指（　　）。

A. 设计压力大于或等于 0.1MPa，且小于 1.6MPa 的压力容器

B. 设计压力大于或等于 1.6MPa，且小于 10MPa 的压力容器

C. 设计压力大于或等于 10MPa，且小于 100MPa 的压力容器

D. 设计压力大于或等于 100MPa 的压力容器

［**解析**］按设备的设计压力（P）分类：①超高压容器（代号 U）：设计压力大于或等于 100MPa 的压力容器；②高压容器（代号 H）：设计压力大于或等于 10MPa，且小于 100MPa 的压力容器；③中压容器（代号 M）：设计压力大于或等于 1.6MPa，且小于 10MPa 的压力容器；④低压容器（代号 L）：设计压力大于或等于 0.1MPa，且小于 1.6MPa 的压力容器。（$P<0$ 时，为真空设备）

2.［2020 真题·多选（选做）］关于压力容器选材，下列说法中正确的有（　　）。

A. 在腐蚀严重或产品纯度要求高的场合使用不锈钢

B. 在深冷操作中可以使用铜和铜合金

C. 化工陶瓷可以作为容器衬里

D. 橡胶可以作为高温容器衬里

［**解析**］制造设备所用的材料有金属和非金属两大类。金属设备，目前应用最多的是低碳钢和普通低合金钢材料。在腐蚀严重或产品纯度要求高的场合使用不锈钢、不锈复合钢板或铝制造设备；在深冷操作中可用铜和铜合金；不承压的塔节或容器可采用铸铁。非金属材料可用作设备的衬里，也可作独立构件，常用的有硬聚氯乙烯、玻璃钢、不透性石墨、化工搪瓷、化工陶瓷以及砖、板、橡胶衬里等。

答案：1. C　2. ABC

知识点 2　塔器

塔器见图 5-4-2。

图 5-4-2　塔器

（1）塔设备的基本功能：提供气、液两相充分接触的机会，使传质、传热过程能够迅速有效地进行。完成传质、传热过程之后的气、液两相能及时分开，互不夹带。

第五章

（2）根据塔内气、液接触部件的结构形式，可分为两大类：板式塔与填料塔。

一、板式塔形式

（1）按照塔内气、液流动方式，可将塔板分为错流塔板与逆流塔板两类，见图 5-4-3。

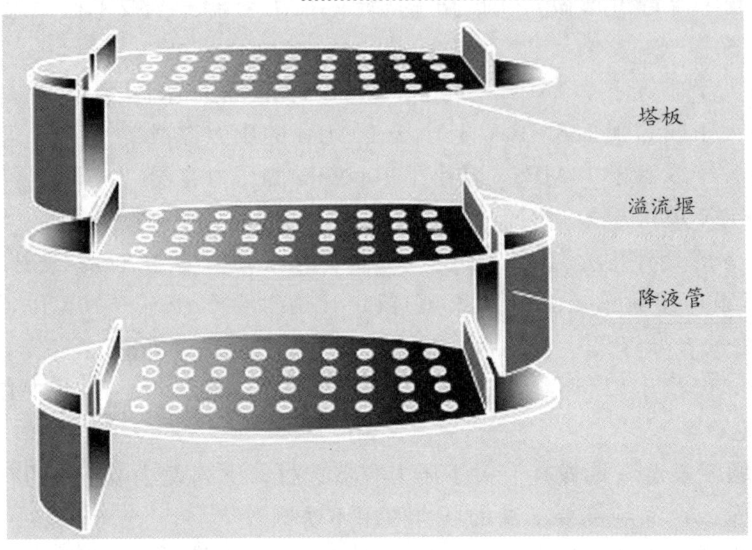

（a）塔板结构

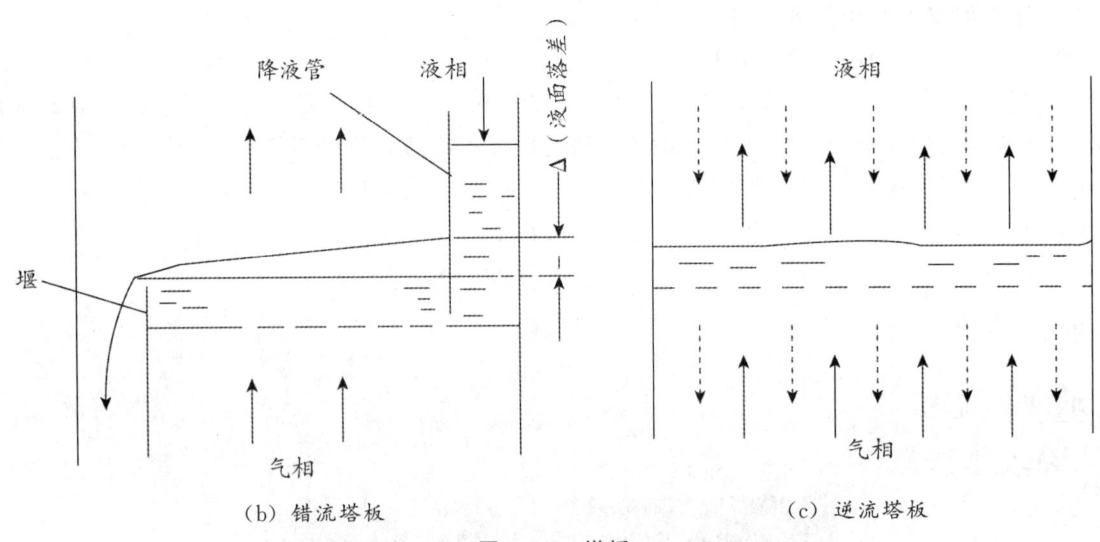

（b）错流塔板　　（c）逆流塔板

图 5-4-3　塔板

错流塔板与逆流塔板的性能对比见表 5-4-2。

表 5-4-2　错流塔板与逆流塔板的性能对比

塔板	性能
错流塔板	有液体流通的降液管（溢流管），效率高；降液管占塔板面积的 20%，影响塔的生产能力；液体横流过塔板要克服阻力，分离效率降低
逆流塔板	不设降液管，气、液同时由板孔道逆向穿流而过。结构简单，板上无液面落差，气体分布均匀，板面利用充分，可增大处理量及减小压降，但需要较高的气速才能维持板上液层厚度，操作弹性差、效率较低

（2）常用的板式塔有泡罩塔、筛板塔、浮阀塔、喷射型塔。具体性能特点见表 5-4-3。

表 5-4-3　常用板式塔性能特点

塔类别		特点	塔板直观图
泡罩塔		(1) 气体通道→升气管；液体通道→降液管 (2) 优点：不易发生漏液，操作弹性较好；塔板不易堵塞，对于各种物料适应性强 (3) 缺点：塔板结构复杂，金属耗量大，造价高；板上液层厚，气体流径曲折，塔板压降大，兼因雾沫夹带现象较严重，限制气速提高，故生产能力不大。板上液流阻力大，致使液面落差大，气体分布不均，影响板效率的提高	
筛板塔		(1) 液体通过降液管逐板流下 (2) 优点：结构简单，金属耗量小，造价低廉；气体压降小，板上液面落差也较小，其生产能力及板效率较泡罩塔高 (3) 缺点：操作弹性范围较窄，小孔筛板（3～8mm）易堵塞	
浮阀塔		(1) 结构特点：在带有降液管的塔板上开有若干大孔（标准孔径为39mm），每孔装一个可以上下浮动的阀片 (2) 优点：浮阀结构简单，制造方便。生产能力大；操作弹性大；塔板效率高；气体压降及液面落差较小；塔造价较低。广泛用于化工及炼油生产中	
喷射型塔	舌形塔板	(1) 气体通道→舌孔（20～30m/s），液体通道→降液管 (2) 优点：开孔率大，可采用较大气速，生产能力比泡罩、筛板等塔形都大，操作灵敏、压降小 (3) 缺点：当塔内气体流量较小时，不能阻止液体经舌孔泄漏。对负荷波动的适应能力较差。气相夹带严重，板效率低	
	浮动喷射塔板	(1) 结构特点：上升气流喷出方向与液流方向一致。浮动板的张开程度能随上升气体的流量而变化，使气流的喷出速度保持较高的适宜值，扩大操作的弹性范围 (2) 优点：生产能力大，操作弹性大，压降小，持液量小 (3) 缺点：操作波动较大时，液体入口处泄漏较多。液量小时，板上易“干吹”；液量大时，板上液体出现水浪式的脉动，影响接触效果，使板效率降低。塔板结构复杂，浮板也易磨损及脱落	

总结：(1) 浮阀塔、浮动喷射塔操作弹性大→泡罩塔操作弹性较好→筛板塔操作弹性范围较窄。

(2) 生产能力：舌形塔板（大）→筛板塔→泡罩塔（小）。

(3) 舌形塔板对负荷波动的适应能力较差。

(4) 泡罩塔塔板结构复杂，金属耗量大，造价高。

(5) 浮阀塔是蒸馏操作时最乐于采用的一种塔型。

二、填料塔

填料塔见图 5-4-4。

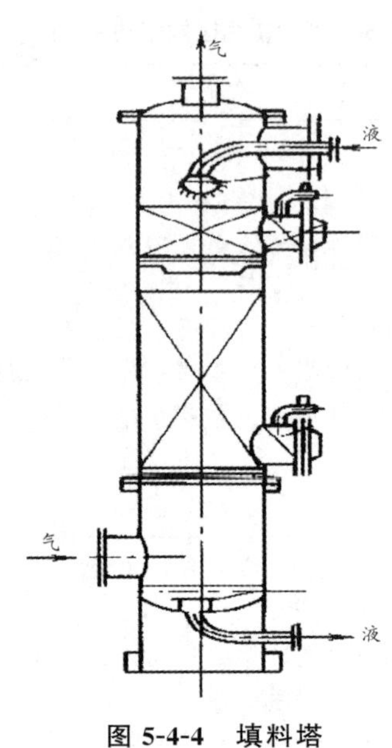

图 5-4-4　填料塔

（1）填料塔结构简单、阻力小、便于用耐腐材料制造，尤其对于直径较小的塔、处理有腐蚀性的物料或减压蒸馏系统，都表现出明显的优越性。对于某些液气比较大的蒸馏或吸收操作宜采用填料塔。

（2）填料是填料塔的核心，填料的种类很多，按填料的装填方式可分为散堆填料和规整填料两大类。

（3）为使填料塔发挥良好的效能，填料应符合以下要求：

1）有较大的比表面积。单位体积填料层所具有的表面积称为填料的比表面积，以 σ 表示，其单位为“m^2/m^3”。填料除了要有较大的比表面积之外，还要有良好的润湿性能及有利于液体在填料上均匀分布的形状。

2）有较高的空隙率。单位体积填料层所具有的空隙体积称为填料的空隙率，以ε表示，其单位为“m^3/m^3”。一般说来，填料的空隙率多在 0.45～0.95。当填料的空隙率较高时，气、液通过能力大且气流阻力小，操作弹性范围较宽。

3）从经济、实用及可靠的角度要求单位体积填料的重量轻、造价低、坚固耐用，不易堵塞，有足够的力学强度，对于气、液两相介质都有良好的化学稳定性等。

·典型例题·

第五章

1.［2016 真题·单选］填料是填料塔的核心，填料塔操作性能的好坏与所用的填料有直接关系。下列有关填料的要求，正确的是（　　）。

A. 填料不可采用铜、铝等金属材质制作

B. 填料对于气、液两相介质都有良好的化学稳定性

C. 填料应有较大密度

D. 填料应有较小的比表面积

［解析］选项 A，新型波纹填料可采用不锈钢、铜、铝、纯钛、钼钛等材质制作。选项 C，从经济、实用及可靠的角度出发，要求单位体积填料的重量轻（密度较小）、造价低，坚固耐用，不易堵塞，有足够的力学强度，对于气、液两相介质都有良好的化学稳定性等。选项 D，填料应有较大的比表面积。

2.［**2014 真题 · 单选**］该塔突出的优点是结构简单、金属耗量小、总价低，主要缺点是操作弹性范围较窄、小孔易堵塞，此塔为（　　）。

A. 泡罩塔　　　　B. 筛板塔

C. 喷射塔　　　　D. 浮阀塔

［**解析**］筛板塔的突出优点是结构简单，金属耗量小，造价低廉；气体压降小，板上液面落差也较小，其生产能力及板效率较泡罩塔高。主要缺点是操作弹性范围较窄，小孔筛板易堵塞。

3.［**2013 真题 · 单选**］塔结构简单，阻力小、可用耐腐蚀材料制造，尤其对于直径较小的塔，在处理有腐蚀性物料或减压蒸馏时，具有明显的优点。此种塔设备为（　　）。

A. 填料塔　　　　B. 筛板塔

C. 泡罩塔　　　　D. 浮阀塔

［**解析**］填料塔不仅结构简单，而且具有阻力小和便于用耐腐材料制造等优点，尤其对于直径较小的塔、处理有腐蚀性的物料或减压蒸馏系统，都表现出明显的优越性。另外，对于某些液气比较大的蒸馏或吸收操作，若采用板式塔，则降液管将占用过多的塔截面积，此时也宜采用填料塔。

答案：1. B　2. B　3. A

知识点 3　换热设备

换热器：完成各种传热过程，化工、石油、电力、食品行业应用广泛。

一、分类

（1）按作用原理或传热方式划分：混合式换热器、蓄热式换热器、间壁式换热器。

（2）按生产中的使用目的划分：加热器、冷凝器、蒸发器、汽化器（或再沸器）。

（3）按换热器所用材料划分：金属材料、非金属材料换热器。

二、几种常用换热器

（一）夹套式换热器

夹套式换热器见图 5-4-5，夹套式换热器内部结构图见图 5-4-6。

图 5-4-5　夹套式换热器

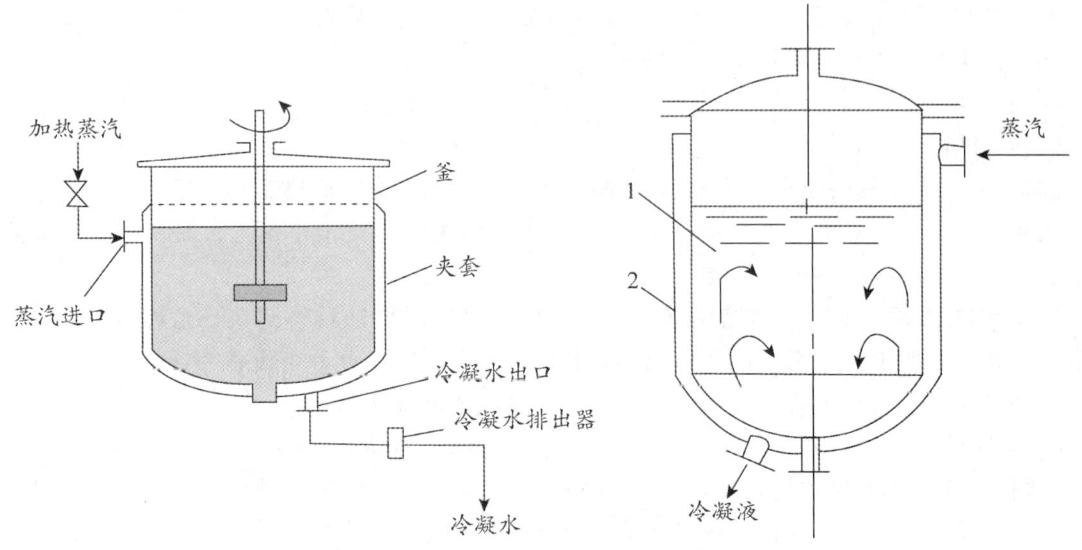

图 5-4-6　夹套式换热器内部结构图

该种换热器的传热系数较小，传热面受到容器限制，只适用于传热量不大的场合。为了提高其传热性能，可在容器内安装搅拌器，使容器内液体作强制对流；为了弥补传热面的不足，还可在容器内加装蛇管换热器。

（二）蛇管式换热器

1. 沉浸式蛇管换热器

沉浸式蛇管换热器结构图见图 5-4-7。

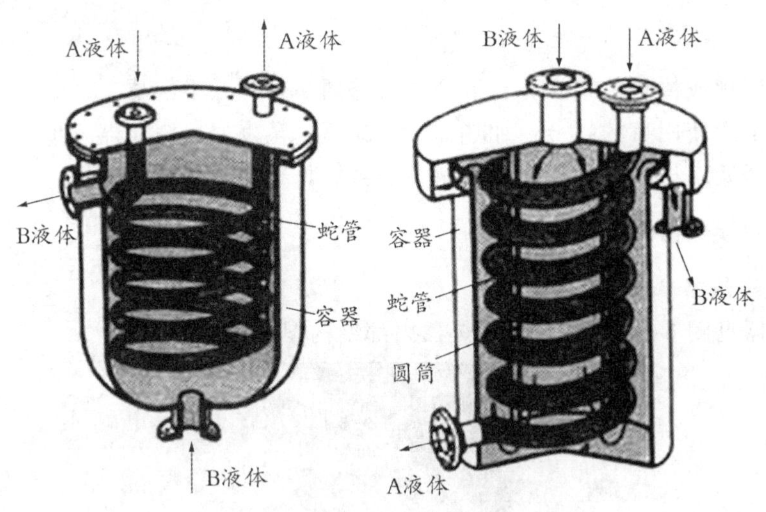

图 5-4-7　沉浸式蛇管换热器结构图

（1）优点：结构简单，价格低廉，便于防腐，能承受高压。

（2）缺点：对流换热系数较小，总传热系数 K 值小。如果在容器内加搅拌器或减小管外空间，则可提高传热系数。

2. 喷淋式蛇管换热器

喷淋式蛇管换热器结构图见图 5-4-8。

第五章

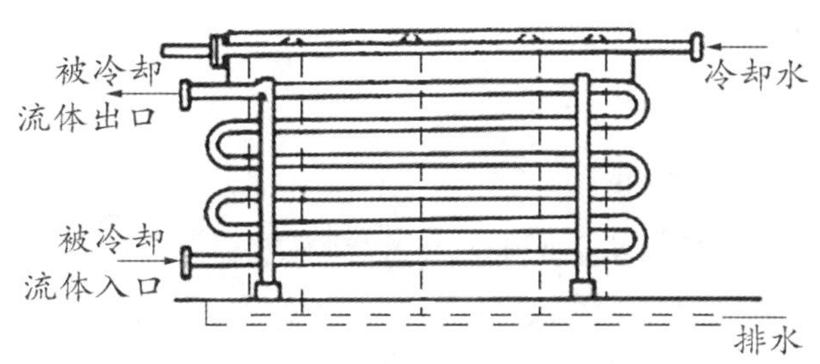

图 5-4-8　喷淋式蛇管换热器结构图

这种设备常放置在室外空气流通处，冷却水在汽化时，可带走部分热量，可提高冷却效果。它和沉浸式蛇管换热器相比，具有便于检修和清洗、传热效果较好等优点，缺点是喷淋不易均匀。

（三）套管式换热器

套管式换热器见图 5-4-9。

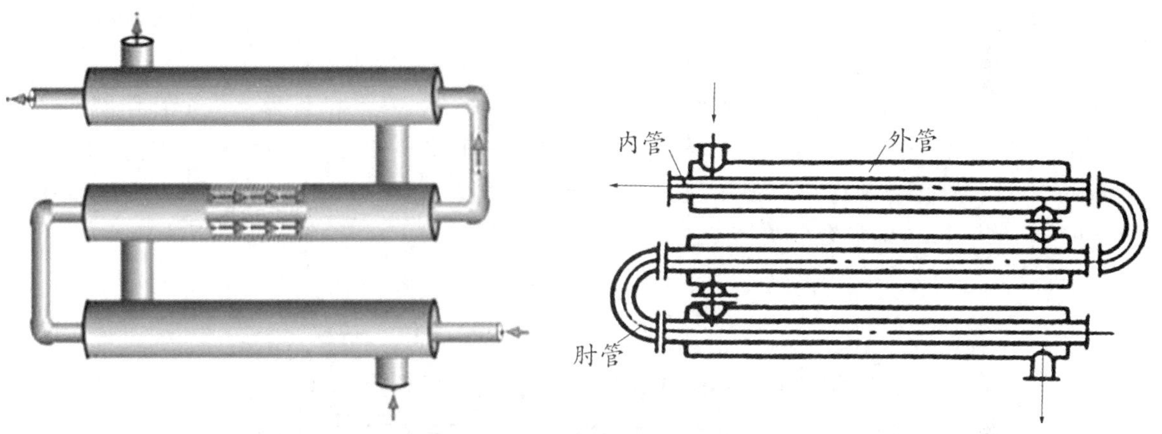

图 5-4-9　套管式换热器

套管式换热器优缺点见表 5-4-4。

表 5-4-4　套管式换热器优缺点

优点	缺点	适用环境
构造简单；耐高压；传热面积可增减；适当选择管子内径、外径，使流体的流速较大，且双方的流体可作严格的逆流，有利于传热	管间接头较多，易发生泄漏；单位换热器长度具有的传热面积较小	需要传热面积不大、要求压强较高或传热效果较好时，宜采用套管式换热器

（四）列管式换热器

列管式换热器是目前生产中应用最广泛的换热设备。与前述的各种换热管相比，主要优点是单位体积所具有的传热面积大、传热效果好，结构简单、制造的材料范围广、操作弹性较大。在高温、高压的大型装置上多采用列管式换热器。根据补偿器不同形式分为以下几种。

1. 固定管板式换热器

固定管板式换热器见图 5-4-10。

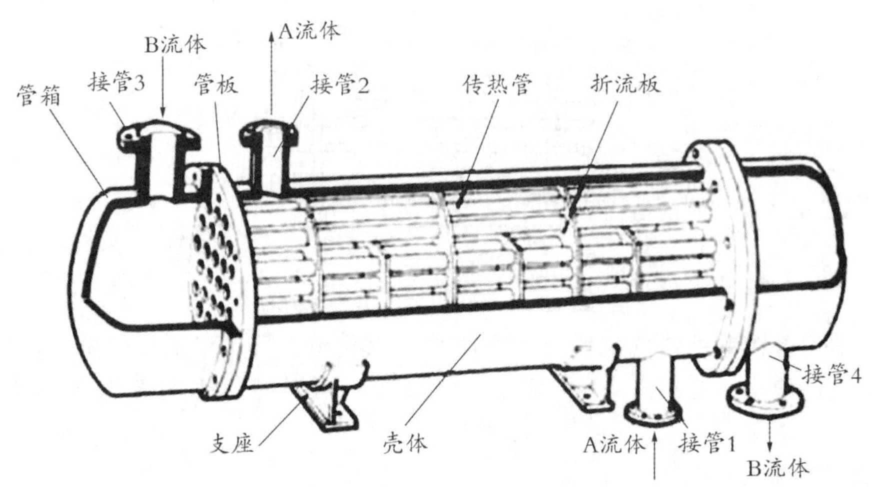

图 5-4-10　固定管板式换热器

（1）固定管板式换热器两端管板和壳体连接成一体，具有结构简单、造价低廉的优点。但由于壳程不易检修和清洗，因此壳方流体应是较洁净、不易结垢的物料。

（2）当两流体的温差较大时，应考虑热补偿，即在外壳的适当部位焊上一个补偿圈，当外壳和管束热膨胀不同时，补偿圈发生弹性变形（拉伸或压缩），以适应外壳和管束的不同的热膨胀程度，这种补偿方法简单，但不宜用于两流体的温差较大（大于 70℃）和壳方流体压强过高（高于 600kPa）的场合，见图 5-4-11。

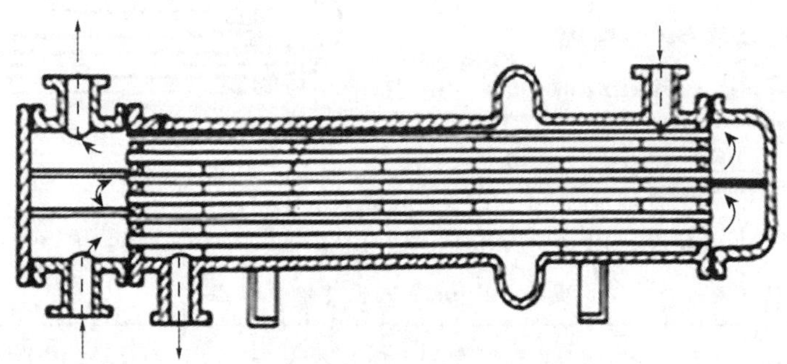

图 5-4-11　固定管板式换热器（有补偿圈）

2. U 形管换热器

U 形管换热器见图 5-4-12，U 形管换热器结构图见图 5-4-13。

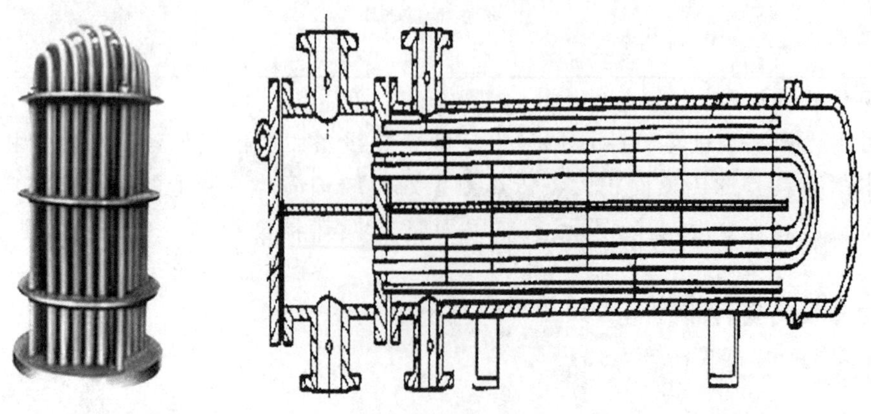

图 5-4-12　U 形管换热器　　图 5-4-13　U 形管换热器结构图

（1）优点：结构简单，重量轻，适用于高温和高压场合。

（2）缺点：管内清洗困难，因此管内流体必须洁净；管子需一定的弯曲半径，故管板的利用率差。

3. 浮头式换热器

浮头式换热器见图 5-4-14，浮头式换热器结构图见图 5-4-15。

图 5-4-14　浮头式换热器

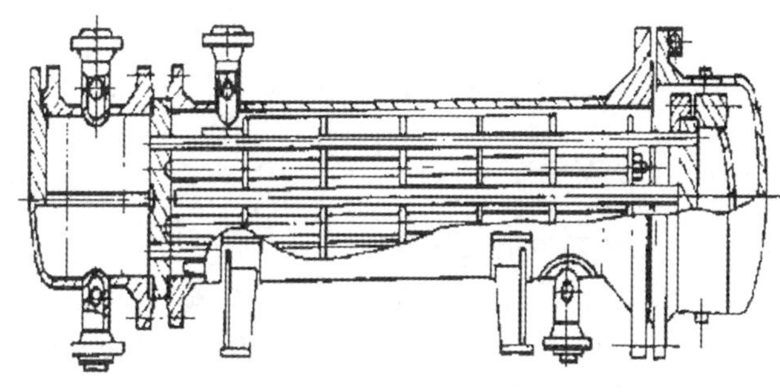

图 5-4-15　浮头式换热器结构图

浮头式换热器不但可以补偿热膨胀，而且由于固定端的管板是以法兰与壳体相连接的，因此管束可从壳体中抽出，便于清洗和检修，浮头式换热器应用较为普遍，但结构较复杂、金属耗量较多、造价较高。

4. 填料函式列管换热器

填料函式列管换热器结构图见图 5-4-16。

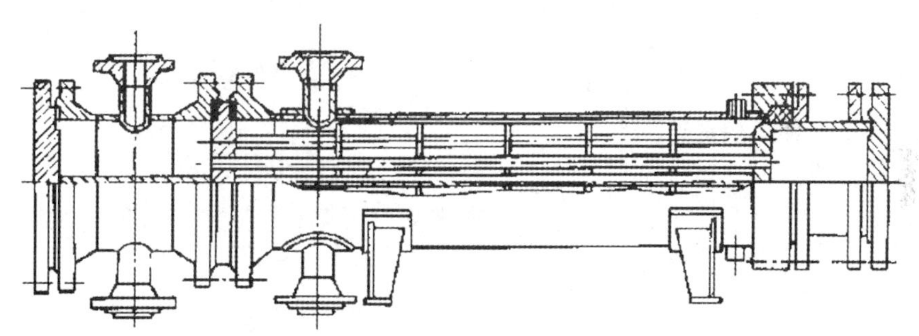

图 5-4-16　填料函式列管换热器结构图

该换热器的活动管板和壳体之间以填料函的形式加以密封。在温差较大、腐蚀严重且需经常更换管束的冷却器中应用较多，结构较浮头简单，制造方便，易于检修清洗。

·典型例题·

1. ［**2014 真题 · 单选**］传热系数较小，传热面受到容器限制，只适用于传热量不大的场合，该换热器为（　　）。

A. 夹套式换热器　　B. 蛇管式换热器

C. 列管式换热器　　D. 板片式换热器

［**解析**］夹套式换热器的传热系数较小，传热面又受到容器的限制，因此只适用于传热量不大的场合。为了提高其传热性能，可在容器内安装搅拌器，使容器内液体作强制对流；为了弥补传热面的不足，还可在容器内加装蛇管换热器。

2. ［**2013 真题 · 单选**］该换热设备结构简单，制造方便，易于检修清洗，应用于温差较大、腐蚀性严重的场合。此种换热器为（　　）。

A. 固定管板式换热器　　B. 浮头式换热器

第五章

C. 填料函式列管换热器　　　　D. U形管换热器

［**解析**］填料函式列管换热器的活动管板和壳体之间以填料函的形式加以密封。在一些温差较大、腐蚀严重且需经常更换管束的冷却器中应用较多，其结构较浮头简单，制造方便，易于检修清洗。

答案：1. A　2. C

知识点4　金属油罐的制作和安装

一、油罐的分类

（一）按油罐所处位置划分

按油罐所处位置分为地上油罐、半地下油罐和地下油罐三种。各类型的特点见表5-4-5。

表5-4-5　油罐各类型特点对比

油罐类型	特点
地上油罐	罐底位于设计标高±0.000及其以上或罐底在设计标高±0.000以下但不超过油罐高度的1/2
半地下油罐	油罐埋入地下深于其高度的1/2，而且油罐的液位的最大高度不超过设计标高±0.000以上0.2m
地下油罐	罐内液位处于设计标高±0.000以下0.2m

（二）按油罐的几何形状划分

按油罐的几何形状可划分为立式圆柱形罐、卧式圆柱形罐和球形罐。

（三）按油罐的不同结构形式划分

按油罐的不同结构形式可分为：

（1）固定顶储罐（见图5-4-17）。固定顶储罐又可分为锥顶储罐、拱顶储罐、自支撑伞形储罐。

图5-4-17　固定顶储罐

（2）无力矩顶储罐（悬链式无力矩储罐）。

（3）浮顶储罐。可分为浮顶储罐、内浮顶储罐（带盖内浮顶储罐）。

1）浮顶储罐。采用浮顶罐储存油品时，可比固定顶罐减少油品损失80%左右，见图5-4-18。

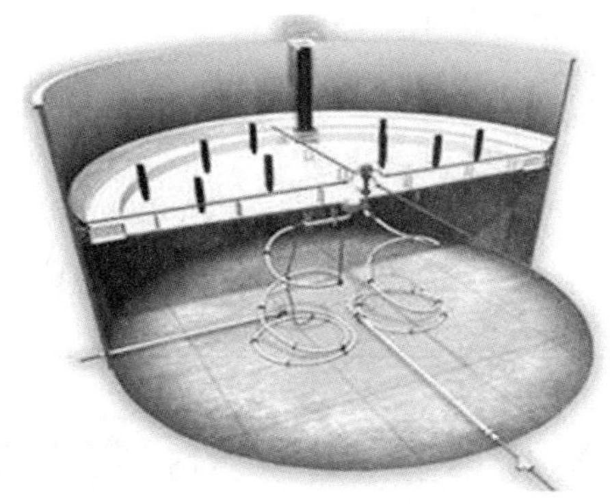

图 5-4-18　浮顶储罐

2）内浮顶储罐。内浮顶储罐是带有固定罐顶的浮顶罐，也是拱顶罐和浮顶罐相结合的新型储罐。内浮顶储罐结构图见图 5-4-19，其优缺点见表 5-4-6。

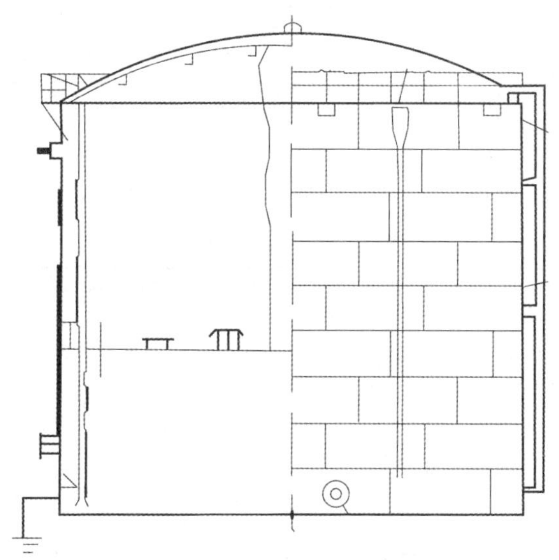

图 5-4-19　内浮顶储罐结构图

表 5-4-6　内浮顶储罐优缺点对比

优缺点	内容
优点	（1）与浮顶罐相比，绝对保证储液的质量；减少蒸发损失 85%～96%；减少空气污染，降低着火爆炸危险，特别适合于储存高级汽油和喷气燃料及有毒的石油化工产品；减少罐壁罐顶的腐蚀，延长储罐的使用寿命 （2）在密封相同情况下，与浮顶相比可以进一步降低蒸发损耗
缺点	与拱顶罐相比，钢板耗量多，施工要求高；与浮顶罐相比，维修不便（密封结构），储罐不易大型化，目前一般不超过 10 000m^3

二、金属油罐的制作安装

（一）罐底预制与安装

罐底安装时要注意的问题：

（1）中间条板的中心线必须与基础上的纵横中心线重合。

（2）相邻两条中幅板上的短缝应错开 500mm 以上，中幅板和边板的焊缝应错开 200mm 以上。

（3）底板铺设之前，应在底面涂防腐沥青漆（搭接部位可不刷涂）。

（4）罐底的焊接步骤是：先焊接中幅板，在丁字缝处用捻锤将焊缝打严，然后按焊接顺序对称施焊。

（二）金属油罐的安装施工方法

金属油罐的安装施工方法见表5-4-7。

表5-4-7　金属油罐的安装施工方法

油罐类型	施工方法			
	水浮正装法	抱杆倒装法	充气顶升法	整体卷装法
拱顶油罐/m^3	—	100～700	1 000～20 000	—
无力矩顶油罐/m^3	—	100～700	1 000～5 000	—
浮顶油罐/m^3	3 000～50 000	—	—	—
内浮顶油罐/m^3	—	100～700	1 000～5 000	—
卧式油罐/m^3	—	—	—	各种容量

总结：水浮正装法（浮顶）；充气顶升法（无力内浮拱顶）。

（三）金属油罐的试验

金属油罐各类型试验见表5-4-8。

表5-4-8　金属油罐各类型试验

试验类型	试验方法及内容
油罐焊缝质量的检验及验收	常用的无损探伤方法有：超声波探伤、射线探伤、磁粉探伤、渗透探伤等
油罐严密性试验	（1）罐底焊接完毕后，用真空箱试验法或化学试验法进行严密性试验 （2）罐壁严密性试验一般采用煤油试漏法 （3）罐顶用煤油试漏法或压缩空气试验法以检查其焊缝的严密性
油罐充水试验	油罐的罐底、罐壁、罐顶分别进行严密性试验→充水试验，并检查下列试验内容： （1）罐底严密性 （2）罐壁强度及严密性 （3）固定顶强度、稳定性及严密性 （4）浮顶及内浮面的升降试验及严密性 （5）中央排水管的严密性 （6）基础沉降观测

第五章

·典型例题·

［**2015真题·多选**］根据油罐结构的不同，可选用充气顶升法安装的金属油罐类型有（　　）。

A. 卧式油罐　　B. 内浮顶油罐

C. 拱顶油罐　　D. 无力矩顶油罐

［**解析**］可选用充气顶升法安装的金属油罐类型有拱顶油罐（1 000～20 000m^3）、无力矩顶油罐（1 000～5 000m^3）、内浮顶油罐（1 000～5 000m^3）。

答案：BCD

知识点 5　球罐的制作和安装

球罐见图 5-4-20，球罐结构示意图见图 5-4-21。

图 5-4-20　球罐

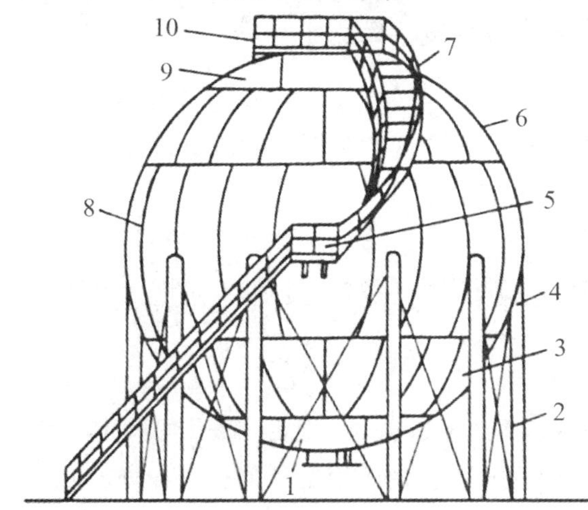

1—南极板；2—拉杆；3—下温带板；4—支柱；5—中间平台；
6—上温带板；7—螺旋盘梯；8—赤道带板；9—北极板；10—顶部平台

图 5-4-21　球罐结构示意图

一、球罐的特点与分类

（一）球罐的特点

球罐与立式圆筒形储罐相比，在相同容积和相同压力下，球罐的表面积最小，故所需钢材面积少；在相同直径情况下，球罐壁内应力最小，而且均匀，其承载能力比圆筒形容器大 1 倍，故球罐的板厚只需相应圆筒形容器壁板厚度的一半。

（二）球罐分类

（1）按形状分为圆球形、椭球形罐。椭球形罐是在常温下贮存蒸气压比大气压稍高的挥发性液体用的低压容器。特别适合于贮存车用汽油和天然汽油。

（2）按壳体层数分为单层壳体、双层壳体球罐。

1）单层壳体球罐。单层壳体球罐最常见，多用于常温高压和高温中压球罐。

2）双层壳体球罐。由外球和内球组成，由于双层壳体间放置了优质绝热材料，所以绝热保冷性能好，适用于液化气或超高压气体的储存。

二、球罐的安装施工

球罐安装的施工方法及特点见表 5-4-9。

表 5-4-9　球罐安装的施工方法及特点

施工方法	特点
分片组装法	(1) 优点：施工准备工作量少；组装速度快、应力小，组装精度易于掌握，不需要很大的吊装机械；占地小 (2) 缺点：高空作业量大，全位置焊接技术要求高，施焊条件差，劳动强度大 (3) 适用：适用于任意大小球罐的安装
拼大片组装法	地面组装焊接，减少高空作业，可采用自动焊，提高焊接质量
环带组装法	适用于中、小球罐的安装
拼半球组装法	(1) 特点：高空作业少，安装速度快，需用吊装能力较大的起重机械 (2) 适用：中、小型球罐安装
分带分片混合组装法	适用中、小型球罐安装

三、球罐焊前预热、焊后热处理及整体热处理

（一）焊前预热

主要目的：防止焊接金属的热影响区产生裂纹，减少应力变形量，防止金属热影响区的塑形、韧性降低，并且可以除去表面水分。

（二）焊后热处理

主要目的：释放残余应力，改善焊缝塑性和韧性；消除焊缝中的氢根，改善焊接部位的力学性能。

（三）整体热处理

（1）目的：消除由于球罐组焊产生的应力，稳定球罐几何尺寸，改变焊接金相组织，提高金属的韧性和抗应力能力，防止裂纹的产生。由于溶解氢的析出，防止延迟裂纹产生，预防滞后破坏，提高耐疲劳强度与蠕变强度。目前我国对壁厚大于 34mm 的各种材质的球罐都采用整体热处理。

（2）球罐整体热处理有两种方法：内燃法和电热法。

四、球罐的检验

球罐的检验方法及特点见表 5-4-10。

表 5-4-10　球罐的检验方法及特点

检验方法		特点
焊缝检查	外观检查	焊缝及热影响区表面不得有裂纹、气孔、夹渣、凹陷、熔合性飞溅物
	焊缝内在质量检验	采用无损探伤检验： (1) 球罐的对接焊缝 100%进行射线探伤和超声波探伤 (2) 100%射线探伤检查时，对球壳板厚度＞38mm 的焊缝还应作超声波探伤复检，复检长度≥20%所探焊缝总长 (3) 100%超声波探伤时，应对超声波探伤部位作射线探伤复检 (4) 水压试验后进行复查，复查数量≥20%焊缝全长。复查部位：全部“T”形接头、每个焊工各个焊接位置的对接焊缝和各种角焊缝
水压试验	(1) 水压试验压力＝1.25 倍设计压力。设计有特殊规定时按设计文件要求进行，但不应小于球罐设计压力的 1.25 倍 (2) 试验过程中进行基础沉降观测，观测阶段：充水前、充水到 1/3、充水到 2/3 球罐本体高度、充满水 24h、放水后，并做好实测记录	

第五章

续表

检验方法	特点
气密性试验	(1) 球罐水压试验合格→磁粉探伤（渗透探伤）→排除表面裂纹等缺陷→气密性试验 (2) 气密性试验是在球罐各附件安装完毕、压力表、安全阀、温度计经过校验合格后进行

·典型例题·

1.［**2015 真题·单选**］组装速度快，组装应力小，不需要很大的吊装机械和太大的施工场地，适用任意大小球罐拼装，但高空作业量大。该组装方法是（　　）。

A. 分片组装法　　B. 拼大片组装法

C. 环带组装法　　D. 分带分片混合组装法

［**解析**］采用分片组装法的优点是：施工准备工作量少，组装速度快，组装应力小，而且组装精度易于掌握，不需要很大的吊装机械，也不需要太大的施工场地。缺点是高空作业量大，需要相当数量的夹具，全位置焊接技术要求高，而且焊工施焊条件差，劳动强度大。分片组装法适用于任意大小球罐的安装。

2.［**2014 真题·多选**］球罐水压试验过程中要进行基础沉降观测，并做好实测记录。正确的观测时点为（　　）。

A. 充水前　　B. 充水到 1/2 球罐本体高度

C. 充满水 24h　　D. 放水后

［**解析**］球罐水压试验过程中要进行基础沉降观测，观测应分别在充水前、充水到 1/3、充水到 2/3 球罐本体高度、充满水 24h 和放水后各个阶段进行观测，并做好实测记录。

答案：1. A　2. ACD

知识点 6　气柜的制作和安装

一、气柜种类及结构形式

气柜分类见图 5-4-22。

- 气柜
  - 低压储气柜
    - 湿式低压储气柜
      - 直立式低压湿式气柜
      - 螺旋式低压湿式气柜
    - 干式低压储气柜
  - 高压储气柜

图 5-4-22　气柜分类

(一) 低压湿式气柜

低压湿式气柜见图 5-4-23。

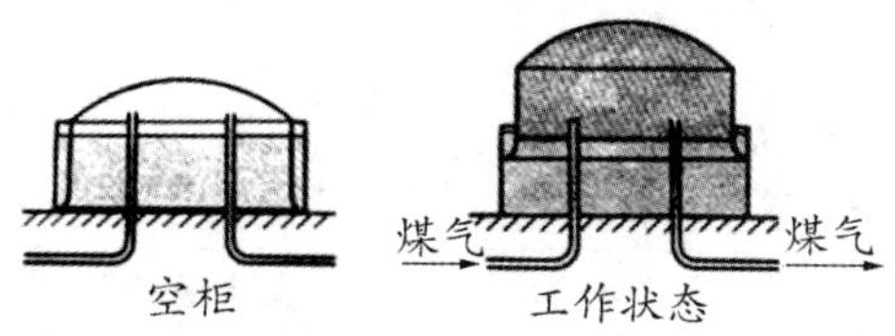

(a) 单节式

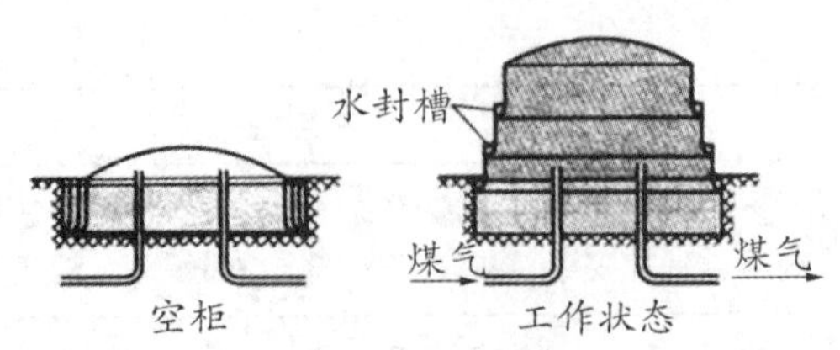

（b）多节式

图 5-4-23　低压湿式气柜

（1）低压湿式气柜包括直立式低压湿式气柜和螺旋式低压湿式气柜。

（2）湿式气柜构造简单，易于施工，但是其煤气压力波动大，土建基础费用高，冬季耗能大，检修时产生大量污水，寿命只有约 10 年。大容量贮气柜用此型不经济。

（二）低压干式气柜

低压干式气柜见图 5-4-24。

图 5-4-24　低压干式气柜

低压干式气柜的基础费用低，占地少，运行管理和维修方便，维修费用低，无大量污水产生，煤气压力稳定，寿命可长达 30 年。大容量干式气柜在技术与经济两方面均优于湿式气柜。

（三）高压气柜

高压气柜贮存压力最大约 16MPa，有球形和卧式圆筒形两种。高压气柜没有内部活动部件，结构简单。按其贮存压力变化而改变其贮存量。多用于贮存液化石油气、烯烃、液化天然气、液化氢气等。容量大于 120m^{3}时常选用球形，小于 120m^{3}则多用卧式圆筒形。

二、湿式气柜制作和安装方法

湿式气柜制作和安装方法包括气柜的预制、气柜的安装方法以及气柜安装质量检验三部分内容，这里着重掌握气柜的安装质量检验相关要求。

气柜安装质量检验要求见表 5-4-11。

表 5-4-11　气柜安装质量检验要求

质量检验阶段	检验要求
施工过程中的焊接质量检验	（1）气柜壁板所有对焊焊缝均应经煤油渗透试验 （2）下水封的焊缝应进行注水试验，不漏为合格 （3）当钢板厚度＞8mm，水槽壁对接焊缝应进行无损探伤检查，抽查数量，立焊缝≥10%，环缝≥5%

续表

质量检验阶段	检验要求
气柜底板的严密性试验	(1) 检查底板结构强度、焊缝严密性 (2) 底板的严密性试验采用真空试漏法或氨气渗漏法
气柜总体试验	(1) 气柜施工完毕→注水试验。检查预压基础、水槽焊接质量 (2) 钟罩、中节的气密试验和快速升降试验。目的：检查各中节、钟罩在升降时的性能和各导轮、导轨、配合及工作情况、整体气柜密封的性能

·典型例题·

1.［2014 真题·单选］ 气柜施工过程中，根据焊接规范要求，应对焊接质量进行检验，以下操作正确的是（　　）。

A. 气柜壁板所有对焊焊缝均应作真空试漏试验

B. 下水封的焊缝应进行注水试验

C. 水槽壁对接焊缝应作氨气渗漏试验

D. 气柜底板焊缝应作煤油渗透试验

［解析］ 气柜壁板所有对焊焊缝均应经煤油渗透试验，选项 A 错误。下水封的焊缝应进行注水试验，不漏为合格，选项 B 正确。当钢板厚度为 8mm 以上时，水槽壁对接焊缝应进行无损探伤检查，抽查数量，立焊缝不少于 10%，环缝不少于 5%，选项 C 错误。气柜底板的严密性试验同样是为了检查底板结构强度和焊缝的严密性，底板的严密性试验可采用真空试漏法或氨气渗漏法，选项 D 错误。

2.［2013 真题·单选］ 气柜施工过程中，其壁板所有对焊焊缝均应进行的试验为（　　）。

A. 压缩空气试验　　B. 煤油渗透试验

C. 真空试漏试验　　D. 氨气渗漏试验

［解析］ 气柜壁板所有对焊焊缝均应经煤油渗透试验。

答案：1. B　2. B

知识点 7　工艺金属结构制作安装及静置设备无损检测

一、工艺金属结构制作安装

工艺金属结构的制作和安装包括工艺金属结构件的种类和工艺金属结构的制作和安装两大部分内容，这里需要重点掌握工艺金属结构制作和安装中火炬及排气筒的制作和安装。

（一）塔架制作

塔架制作属于金属结构工程范围，主要包括钢材检查、焊接、焊缝检查、组对、刷油防腐等内容。

1. 钢材检查

（1）厚度≤12mm 的钢板，按张数的 10%进行磁粉探伤检查。

（2）厚度>14mm 的钢板，应 100%进行超声波检查，表面用磁粉探伤检查。

（3）塔柱钢管卷后，按卷筒数的 5%用磁粉全面检查。

（4）20 号无缝钢管，按每批根数的 10%抽查化学成分，每批抽查 3 根作力学性能检查。

2. 焊缝检查

(1) 塔柱对接焊缝用超声波100%检查，如有可疑点，再用X射线复查，按焊缝总数的25%检查，根据焊缝质量情况再增减检查比例。

(2) 预应力大直径腹杆的对接焊缝，用超声波100%检查，合格标准为缺陷面积与焊缝总面积比小于0.7%，且不允许有裂纹。

3. 钢结构刷油防腐

塔架通常可采用涂过氯乙烯漆的方法达到防腐蚀的目的。

(二) 塔架安装

塔架的安装方法较多，一般有分节段安装和整体吊装。整体吊装可采用双抱杆起吊方法或用人字抱杆扳倒法竖立。

二、静置设备无损检测

(一) 射线检测

射线检测适用于金属材料制承压设备熔化焊对接焊接接头的检测，用于制作对接焊接接头的金属材料包括：碳素钢、低合金钢、不锈钢、铜及铜合金、铝及铝合金、钛及钛合金、镍及镍合金。射线检测不适用于锻件、管材、棒材的检测。T形焊接接头、角焊缝以及堆焊层的检测一般不采用射线检测。

(二) 超声检测

超声检测适用于板材、复合板材、碳钢和低合金钢锻件、管材、棒材、奥氏体不锈钢锻件等承压设备原材料和零部件的检测，也适用于承压设备对接焊接接头、T形焊接接头、角焊缝以及堆焊层等的检测。

·典型例题·

[**2017真题·多选**] 某静置设备由奥氏体不锈钢板材制成，对其进行无损检测时，可采用的检测方法有（　　）。

A. 超声检测　　B. 磁粉检测

C. 射线检测　　D. 渗透检测

[**解析**] 超声检测适用于板材、复合板材、碳钢和低合金钢锻件、管材、棒材、奥氏体不锈钢锻件等承压设备原材料和零部件的检测。磁粉检测只能测铁磁性材料，而奥氏体不锈钢是非铁磁性的，不能检测。射线检测适用于金属材料制承压设备熔化焊对接焊接接头的检测，用于制作对接焊接接头的金属材料包括：碳素钢、低合金钢、不锈钢、铜及铜合金、铝及铝合金、钛及钛合金、镍及镍合金。射线检测不适用于锻件、管材、棒材的检测。T形焊接接头、角焊缝以及堆焊层的检测一般不采用射线检测。渗透检测适用于金属材料和非金属材料板材、复合板材、锻件、管材和焊接接头表面开口缺陷的检测。渗透检测不适用多孔性材料的检测。

答案：AD

知识点8 静置设备工程计量

静置设备工程量计算规则见表5-4-12。

表 5-4-12　静置设备工程量计算规则

项目		项目特征	工作内容	计量单位
静置设备制作	容器制作	名称，构造形式，材质，容积，规格，质量，压力等级，附件种类、规格及数量、材质，本体梯子、栏杆、扶手类型、质量，焊接方式，焊缝热处理设计要求	①本体制作；②附件制作；③塔本体平台、梯子、栏杆、扶手制作、安装；④预热、后热；⑤压力试验	台
	塔器制作			
静置设备安装	整体容器安装	名称，构造形式，质量，规格，压力等级，安装形式，安装高度，灌浆配合比	①安装；②吊耳制作、安装；③基础灌浆	台
	整体塔器安装	名称，构造形式，质量，规格，安装高度，塔盘结构类型，填充材料种类，灌浆配合比	①塔器安装；②吊耳制作、安装；③塔盘安装；④设备填充；⑤基础灌浆	台
	热交换器类设备安装	名称，构造形式，质量，安装高度，抽芯设计要求，灌浆配合比	①安装；②地面抽芯检查；③基础灌浆	台
	球罐组对安装	名称，材质，球罐容量，球板厚度，本体质量，本体梯子、栏杆、扶手类型、质量，焊接方式，焊缝热处理技术要求，压力试验设计要求，支柱耐火层材料，灌浆配合比	①球罐吊装；②产品试板试验；③焊缝预热、后热；④球罐水压试验；⑤球罐气密性试验；⑥基础灌浆；⑦支柱耐火层施工；⑧本体梯子、平台、栏杆制作安装	台
	火炬及排气筒制作安装	名称，构造形式，材质，质量，筒体直径，高度，灌浆配合比	①筒体制作组对；②塔架制作组装；③火炬、塔架、筒体吊装；④火炬头安装；⑤二次灌浆	座
	气柜制作安装	名称，构造形式，容量，质量，配重块材质、尺寸、质量，本体平台、梯子、栏杆类型、质量，附件种类、规格及数量、材质，充水、气密、快速升降试验设计要求，焊缝热处理设计要求，灌浆配合比	①气柜本体制作、安装；②焊缝热处理；③型钢圈煨制；④配重块安装；⑤气柜充水、气密、快速升降试验；⑥平台、梯子、栏杆制作安装；⑦附件制作安装；⑧二次灌浆	座

·典型例题·

［**2017 真题·单选**］依据《通用安装工程工程量计算规范》（GB 50856—2013）的规定，静置设备安装工程量计量时，根据项目特征以“座”为计量单位的是（　　）。

A. 金属油罐中拱顶罐制作安装

B. 球罐组对安装

C. 热交换器设备安装

D. 火炬及排气筒制作安装

［**解析**］火炬及排气筒制作安装应根据项目特征（名称、构造形式、材质、质量、筒体直径、高度、灌浆配合比），以“座”为计量单位，按设计图示数量计算。

答案：D

同步强化训练

答题须知：第五章“管道和设备安装工程技术与计量”在考试中以选做题的形式出现，为帮助考生更好地复习备考，以下试题不区分单选和多选。

1. 建筑给水系统设有水箱时，水泵的扬程设置应（　　）。
   A. 满足最不利处的配水点或消火栓所需水压
   B. 满足距水泵直线距离最远处配水点或消火栓所需水压
   C. 满足水箱进水所需水压和消火栓所需水压
   D. 满足水箱出水所需水压和消火栓所需水压
2. 在宾馆、高级公寓热水管网系统安装中，其管材宜采用（　　）。
   A. 热浸镀锌管　　B. 铝管
   C. 聚丙烯管　　D. 铜管
3. 管网控制方便，可实现分片供热，但投资和金属耗量大，比较适用于面积较小、厂房密集的小型工厂的热网敷设形式是（　　）。
   A. 枝状管网　　B. 环状管网
   C. 辐射状管网　　D. 星状管网
4. 在大型的高层建筑中，常将球墨铸铁管设计为总立管，其接口连接方式有（　　）。
   A. 橡胶圈机械式接口　　B. 承插接口
   C. 螺纹法兰连接　　D. 套管连接
5. 分户水平放射式系统的特点有（　　）。
   A. 每户入口设置小型分集水器
   B. 散热器支管呈辐射状埋地敷设至各组散热器
   C. 各组散热器串联
   D. 用于多层住宅多个用户的分户热计量系统
6. 与铸铁散热器相比，钢制散热器的特点有（　　）。
   A. 热稳定性好　　B. 耐压强度高
   C. 美观、尺寸小　　D. 耐腐蚀性好
7. 热水供应系统中，应安装管道止回阀的部位包括（　　）。
   A. 贮水器的给水管上　　B. 开式加热水箱给水管上
   C. 热水供应管网的回水管上　　D. 循环水泵进水管上
8. 热风采暖系统的特征有（　　）。
   A. 适用于耗热量大的建筑物
   B. 适用于连续使用的房间和有防火防爆要求的车间
   C. 热惰性小、升温快
   D. 设备简单、投资省
9. 全面通风方式中，基于冷热空气密度差进行通风换气的方式是（　　）。
   A. 机械通风　　B. 单向流通风
   C. 置换通风　　D. 局部通风
10. 除尘系统中，在除去粉尘颗粒的同时还可以进行有害气体净化的除尘设备为（　　）。
    A. 旋风除尘器　　B. 湿式除尘器

C. 过滤式除尘器　　D. 静电除尘器

11. 按空气处理设备的设置情况分类，风机盘管加新风系统应属于（　）。

A. 集中式系统　　B. 分散式系统

C. 局部系统　　D. 半集中式系统

12. 同时具有控制、调节两种功能的风阀有（　）。

A. 防火阀　　B. 排烟阀

C. 蝶式调节阀　　D. 菱形单叶调节阀

13. 加压防烟是一种有效的防烟措施，在高层建筑和重要的建筑中常被采用，其应用的部位有（　）。

A. 消防电梯

B. 防烟楼梯间

C. 内走道

D. 与楼梯间或电梯入口相连的前室

14. 通风（空调）系统试运转及调试一般包括的阶段有（　）。

A. 准备工作　　B. 设备单体试运转

C. 联合试运转　　D. 综合效能试验

15. 某热力管道敷设方式比较经济，且维修检查方便，但占地面积较大、热损失较大，其敷设方式为（　）。

A. 直接埋地敷设　　B. 地沟敷设

C. 架空敷设　　D. 直埋与地沟相结合敷设

16. 压缩空气管道输送低压流体常用焊接镀锌钢管及无缝钢管，公称通径大于 50mm，宜采用的连接方式是（　）。

A. 法兰连接　　B. 焊接方式

C. 螺纹连接　　D. 丝扣连接

17. 在一般的压缩空气站中，最广泛采用的空气压缩机是（　）。

A. 活塞式空气压缩机　　B. 离心式空气压缩机

C. 轴流式空气压缩机　　D. 螺杆式空气压缩机

18. 夹套管加工完毕应进行压力试验，套管部分的试验压力应取（　）。

A. 内管和夹套部分设计压力的大者

B. 内管和夹套部分设计压力的均值

C. 内管设计压力的 1.5 倍

D. 夹套部分设计压力的 1.5 倍

19. 衬胶管是在金属管内衬上橡胶，以达到耐腐蚀等目的，其管材大多采用（　）。

A. 合金钢管　　B. 螺旋缝焊管

C. 无缝钢管　　D. 双层卷焊钢管

20. 高压钢管检验时，对于管子外径大于或等于 35mm 的管材，除需进行拉力和冲击试验外，还应进行（　）。

A. 折断试验　　B. 压扁试验

C. 冷弯试验　　D. 热弯试验

21. 高压阀门应逐个进行强度和严密性试验。强度试验压力等于阀门公称压力的（　）倍，严密性试验压力等于公称压力的（　　）倍。

A. 1.5，1.0　　B. 2.5，1.5

C. 1.5，1.15　　D. 1.25，1.0

22. 钛及钛合金管应采用的焊接方法有（　　）。

A. 惰性气体保护焊　　B. 真空焊

C. 氧-乙炔焊　　D. 二氧化碳气体保护焊

23. 筛板塔的突出优点有（　　）。

A. 气体压降小　　B. 板上液面落差较小

C. 生产能力较泡罩塔高　　D. 操作弹性范围较宽

24. 传热系数较小，传热面受到容器限制，只适用于传热量不大的场合，该换热器为（　　）。

A. 夹套式换热器　　B. 蛇管式换热器

C. 列管式换热器　　D. 板片式换热器

25. 具有结构比较简单，重量轻，适用于高温和高压场合的优点；其主要缺点是管内清洗比较困难，因此管内流体必须洁净；且因管子需一定的弯曲半径，故管板的利用率差的换热器是（　　）。

A. 固定管板式热换器　　B. U 形管换热器

C. 浮头式换热器　　D. 填料函式列管换热器

26. 表征填料效能好的有（　　）。

A. 较高的空隙率　　B. 操作弹性大

C. 较大的比表面积　　D. 重量轻、造价低，有足够机械强度

27. 油罐焊接完毕后，检查罐顶焊缝严密性的方法一般采用（　　）。

A. 煤油试漏法　　B. 压缩空气试验法

C. 真空箱试验法　　D. 化学试验法

28. 下列金属球罐的拼装方法中，一般仅适用于中、小球罐安装的有（　　）。

A. 分片组装法　　B. 分带分片混合组装法

C. 环带组装法　　D. 拼半球组装法

29. 在气柜总体实验中，进行气柜的气密性试验和快速升降试验的目的是检查（　　）。

A. 各中节、钟罩在升降时的性能

B. 气柜壁板焊缝的焊接质量

C. 各导轮、导轨、配合及工作情况

D. 整体气柜密封性能

参考答案及解析

1. [答案] C

[解析] 在建筑给水系统中一般采用离心泵。水泵设置要求如下：给水系统无任何水量调节设施时，水泵应利用变频调速装置调节水压、水量，使其运行于高效段内；水泵的扬程应满足最不利处的配水点或消火栓所需的水压。系统有水箱时，水泵将水送至高位水箱，再由水箱送至管网，水泵的扬程应满足水箱进水所需水压和消火栓所需水压。

2. [答案] D

[解析] 热水管网应采用耐压管材及管件，一般可以采用热浸镀锌钢管或塑钢管、铝塑管、聚丁烯管、聚丙烯管、交联聚乙烯

管等。宾馆、高级公寓和办公楼等宜采用铜管和铜管件。

3. ［答案］C

［解析］辐射状管网是从热源内的集配器上引出多根管道将介质送往各管网。管网控制方便，可实现分片供热，但投资和材料耗量大，比较适用于面积较小、厂房密集的小型工厂。

4. ［答案］ABC

［解析］近年来，在大型的高层建筑中，将球墨铸铁管设计为总立管，应用于室内给水系统。球墨铸铁管较普通铸铁管壁薄、强度高。球墨铸铁管采用橡胶圈机械式接口或承插接口，也可以采用螺纹法兰连接的方式。

5. ［答案］ABD

［解析］分户水平放射式系统（又称章鱼式）：每户入口设置小型分集水器，各组散热器并联；从分水器引出的散热器支管呈辐射状埋地敷设至各组散热器。用于多层住宅多个用户的分户热计量系统。

6. ［答案］BC

［解析］与铸铁散热器相比，钢制散热器的特点有：①金属耗量少，传热系数高；耐压强度高，最高承压能力可达 0.8～1.0MPa，适用于高层建筑供暖和高温水供暖系统；外形美观整洁、占地小，便于布置。②除钢制柱形散热器外，钢制散热器的水容量较少、热稳定性较差，在供水温度偏低而又采用间歇供暖时，散热效果明显降低。③钢制散热器的主要缺点是耐腐蚀性差，使用寿命比铸铁散热器短；所以在蒸汽供暖系统中不应采用钢制散热器，对具有腐蚀性气体的生产厂房或相对湿度较大的房间，不宜设置钢制散热器。④钢制散热器是目前使用最广泛的散热器，适合大型别墅或大户型住宅使用。

7. ［答案］ABC

［解析］止回阀应装设在闭式水加热器、贮水器的给水供水管上、开式加热水箱给水管、加热水箱与其补给水箱的连通管上、热媒为蒸汽的有背压疏水器后的管道上、热水供应管网的回水管上、循环水泵出水管上，阻止水逆流输配。

8. ［答案］ACD

［解析］热风采暖适用于耗热量大的建筑物，间歇使用的房间和有防火防爆要求的车间。具有热惰性小、升温快、设备简单、投资省等优点。

9. ［答案］C

［解析］置换通风是基于空气密度差而形成热气流上升、冷气流下降的原理实现通风换气。置换通风的送风分布器通常都是靠近地板，送风口面积大，出风速度低。置换通风用于夏季降温时，送风温度通常低于室内温度 2～4℃。低速、低温送风与室内分区流态是置换通风的重要特点。置换通风对送风的空气分布器要求较高，它要求分布器能将低温的新风以较小的风速均匀送出，并能散布开来。

10. ［答案］B

［解析］湿式除尘器通过含尘气流与液滴或液膜的接触，在液体与粗大尘粒的相互碰撞、滞留，细微尘粒的扩散、相互凝聚等共同作用下，使尘粒从气流中分离出来净化气流。该除尘器结构简单、投资低、占地面积小、除尘效率高，能同时进行有害气体的净化，但不能干法回收物料，泥浆处理比较困难，有时要设置专门的废水处理系统。

11. ［答案］D

［解析］半集中式系统，集中处理部分或全部风量，然后送往各房间（或各区），在各房间（或各区）再进行处理的系统。如风机盘管加新风系统为典型的半集中式系统。

12. ［答案］CD

［解析］风阀是空气输配管网的控制、调节机构，基本功能是截断或开通空气流通的管路，调节或分配管路流量。同时具有控制、调节两种功能的风阀有蝶式调节阀、菱形单叶调节阀、插板阀、平行式多

叶调节阀、对开式多叶调节阀、菱形多叶调节阀、复式多叶调节阀、三通调节阀等。只具有控制功能的风阀有止回阀、防火阀、排烟阀等。

13. ［答案］ABD

［解析］加压防烟是一种有效的防烟措施，但它的造价高，一般只在一些重要建筑和重要的部位才用这种加压防烟措施，目前主要用于高层建筑的垂直疏散通道和避难层（间）。垂直通道主要指防烟楼梯间和消防电梯，以及与之相连的前室和合用前室。

14. ［答案］BCD

［解析］通风（空调）系统试运转及调试一般包括设备单体试运转、联合试运转、综合效能试验。

15. ［答案］C

［解析］架空敷设是将热力管道敷设在地面上的独立支架、桁架以及建筑物的墙壁上。架空敷设不受地下水位的影响，且维修、检查方便，适用于地下水位较高、地质不适宜地下敷设的地区。架空敷设便于施工、操作、检查和维修，是一种比较经济的敷设形式。其缺点是占地面积大，管道热损失较大。

16. ［答案］B

［解析］压缩空气管道输送低压流体用焊接镀锌钢管及无缝钢管，或根据设计要求选用。公称通径小于 50mm，也可采用螺纹连接，以白漆麻丝或聚四氟乙烯生料带作填料；公称通径大于 50mm，宜采用焊接方式连接。

17. ［答案］A

［解析］在一般的压缩空气站中，最广泛采用的是活塞式空气压缩机。

18. ［答案］D

［解析］夹套管加工完毕后，套管部分应按设计压力的 1.5 倍进行压力试验。

19. ［答案］C

［解析］衬胶管与管件的基体一般为碳钢、铸铁，要求表面平整，无砂眼、气孔等缺陷，故大多采用无缝钢管。

20. ［答案］B

［解析］当管子外径大于或等于 35mm 时做压扁试验。

21. ［答案］A

［解析］高压阀门应逐个进行强度和严密性试验。强度试验压力等于阀门公称压力的 1.5 倍，严密性试验压力等于公称压力。

22. ［答案］AB

［解析］钛及钛合金管焊接应采用惰性气体保护焊或真空焊，不能采用氧–乙炔焊或二氧化碳气体保护焊，也不得采用普通手工电弧焊。

23. ［答案］ABC

［解析］筛板塔是在塔板上开有许多均匀分布的筛孔，上升气流通过筛孔分散成细小的流股，在板上液层中鼓泡而出，与液体密切接触。筛板塔的突出优点是结构简单，金属耗量小，造价低廉，气体压降小，板上液面落差也较小，其生产能力及板效率较泡罩塔高。主要缺点是操作弹性范围较窄，小孔筛板易堵塞。

24. ［答案］A

［解析］夹套式换热器的传热系数较小，传热面又受到容器的限制，因此只适用于传热量不大的场合。为了提高其传热性能，可在容器内安装搅拌器，使容器内液体作强制对流；为了弥补传热面的不足，还可在容器内加装蛇管换热器。

25. ［答案］B

［解析］此题的考点是主要换热器的性能。U 形管换热器，管子弯成 U 形，管子的两端固定在同一块管板上，因此每根管子可以自由伸缩，而与其他管子和壳体均无关。这种形式换热器的结构也较简单，重量轻，适用于高温和高压场合。其主要缺点是管内清洗比较困难，因此管内流体必须洁净；且因管子需一定的弯曲半径，故管板的利用率差。

26. ［答案］ACD

［解析］表征填料塔填料性能好坏的指标

主要有以下几项：①要有较大的比表面积。单位体积填料层所具有的表面积称为填料的比表面积，以 σ 表示，其单位为 m^2/m^3，良好的润湿性能及有利于液体在填料上均匀分布的形状。②要有较高的空隙率。单位体积填料层所具有的空隙体积称为填料的空隙率，以 ε 表示，其单位为 m^3/m^3。③从经济、实用及可靠的角度出发，还要求单位体积填料的重量轻、造价低，坚固耐用，不易堵塞，有足够的机械强度，对于气、液两相介质都有良好的化学稳定性等。

27. [答案] AB

[解析] 罐底焊接完毕后，通常用真空箱试验法或化学试验法进行严密性试验，罐壁严密性试验一般采用煤油试漏法，罐顶则一般利用煤油试漏或压缩空气试验法以检查其焊缝的严密性。

28. [答案] BCD

[解析] 由于强装焊接后产生较大的应力，所以选项 B、C、D 只能适用于中、小球罐安装。

29. [答案] ACD

[解析] 本题考点是气柜安装质量检验。气柜的气密试验和快速升降试验的目的是检查各中节、钟罩在升降时的性能和各导轮、导轨、配合及工作情况、整体气柜密封的性能。

第六章
电气和自动化控制安装工程技术与计量

本章主要包括电气工程、自动化控制系统、通信设备和线路工程、建筑智能化工程四部分内容，历年所占分值为30分，属于选做内容，考题为单选、多选混考，考生需根据自己的掌握程度灵活作答。电气工程中，变电所的类别、高压变配电设备、电气线路工程、防雷接地系统属于必须掌握的考点，历年所占分值在9分左右。自动控制系统中，自动控制系统的原理及设备、常用的控制系统、检测仪表等内容属于必会考点，历年考查分值在7.5分左右。通信设备及线路工程中，网络传输介质和网络设备、有线电视信号的传输、电话通信系统的安装等内容为重点，所占分值为6分左右。建筑智能化工程重点包括智能建筑和建筑自动化系统的组成、常用入侵探测器、出入口控制系统、火灾探测器、办公自动化的层次等，历年所占分值为7.5分。

知识脉络

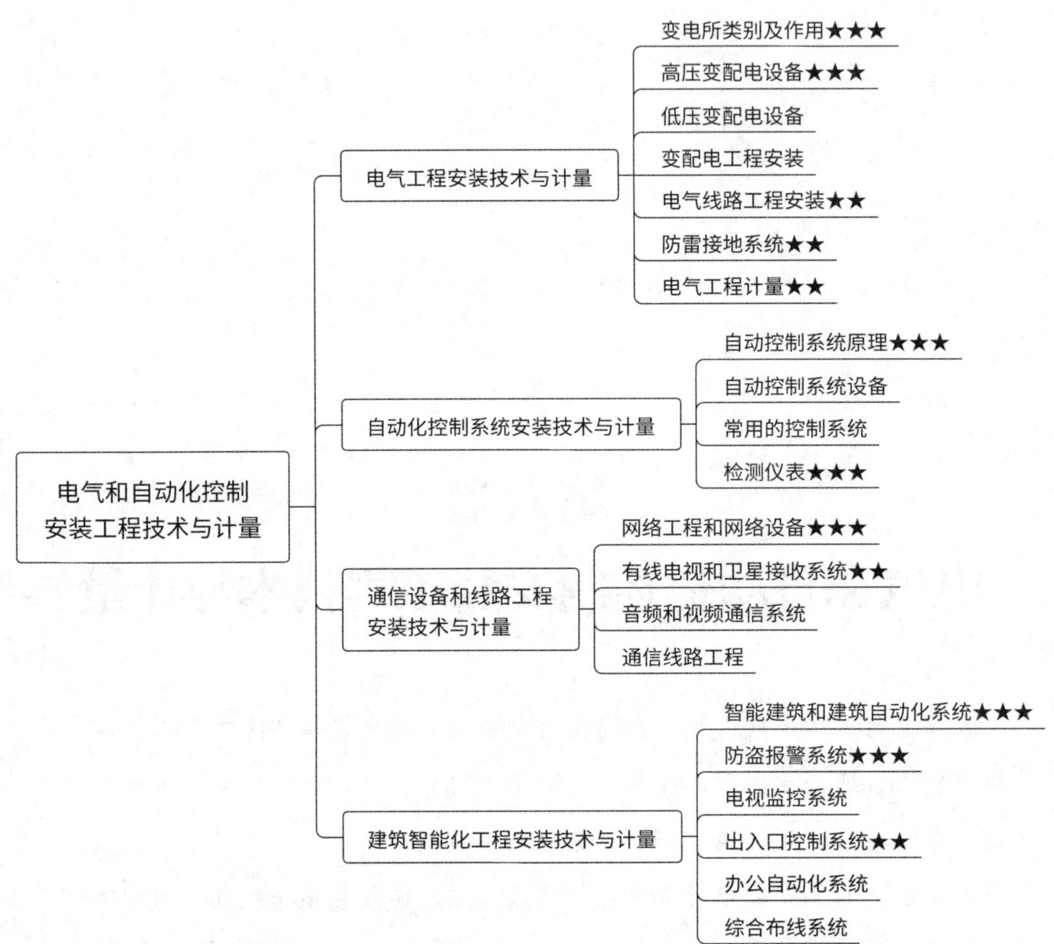
电气和自动化控制安装工程技术与计量
电气工程安装技术与计量
变电所类别及作用★★★
高压变配电设备★★★
低压变配电设备
变配电工程安装
电气线路工程安装★★
防雷接地系统★★
电气工程计量★★
自动化控制系统安装技术与计量
自动控制系统原理★★★
自动控制系统设备
常用的控制系统
检测仪表★★★
通信设备和线路工程安装技术与计量
网络工程和网络设备★★★
有线电视和卫星接收系统★★
音频和视频通信系统
通信线路工程
建筑智能化工程安装技术与计量
智能建筑和建筑自动化系统★★★
防盗报警系统★★★
电视监控系统
出入口控制系统★★
办公自动化系统
综合布线系统

第一节　电气工程安装技术与计量

知识点 1　变电所类别及作用

一、变电所工程组成及作用

(1) 变电所工程包括高压配电室、低压配电室、控制室、变压器室、电容器室五部分的电气设备安装工程。

(2) 配电所与变电所的区别：配电所内部没有装设电力变压器。

(3) 高压配电室作用是接受电力，变压器室的作用是把高压电转换成低压电，低压配电室的作用是分配电力，电容器室的作用是提高功率因数，控制室的作用是预告信号。

二、变电所类别

(1) 按其在供配电系统中的地位和作用以及装设位置可分为总降压变电所、车间变电所、独立变电所、杆上变电所、建筑物及高层建筑物变电所。

(2) 建筑物及高层建筑物变电所是民用建筑中经常采用的变电所形式，具有下列特点：

1) 变压器一律采用干式变压器。

2) 高压开关一般采用真空断路器，也可用六氟化硫断路器，但通风条件要好。

3) 从防火安全角度考虑，一般不采用少油断路器。

· 典型例题 ·

1. [2020 真题 · 单选（选做）] 关于变配电工程，以下说法正确的为（　　）。

A. 高压配电室的作用是把高压电转换成低压电

B. 控制室的作用是提高功率因数

C. 露天变电所要求低压配电室远离变压器

D. 高层建设物变压器一律采用干式变压器

[解析] 高压配电室的作用是接受电力，变压器室的作用是把高压电转换成低压电，低压配电室的作用是分配电力，电容器室的作用是提高功率因数，控制室的作用是预告信号。低压配电室要求尽量靠近变压器室，因为从变压器低压端子出来到低压母线这一段导线上电流很大，如果距离较远，电能损失会非常大。露天变电所也要求将低压配电室靠近变压器。建筑物及高层建筑物变电所、变压器一律采用干式变压器，高压开关一般采用真空断路器，也可采用六氟化硫断路器，但通风条件要好，从防火安全角度考虑，一般不采用少油断路器。

2. [2014 真题 · 单选（选做）] 变电所工程中，电容器室的主要作用是（　　）。

A. 接受电力　　B. 分配电力

C. 存储电能　　D. 提高功率因数

[解析] 电容器室的作用是提高功率因数。

3. [2016 真题 · 多选（选做）] 民用建筑中的变配电所，从防火安全角度考虑，一般应采用断路器的形式有（　　）。

A. 少油断路器　　B. 多油断路器

C. 真空断路器　　D. 六氟化硫断路器

［**解析**］建筑物及高层建筑物变电所是民用建筑中经常采用的变电所形式，变压器一律采用干式变压器，高压开关一般采用真空断路器，也可采用六氟化硫断路器，但通风条件要好，从防火安全角度考虑，一般不采用少油断路器。

答案：1. D　2. D　3. CD

知识点 2　高压变配电设备

扫码听课

一、配电变压器

变压器见图 6-1-1。

图 6-1-1　变压器

变压器分类：

（1）按冷却方式和绕组绝缘分为油浸式、干式两大类，见图 6-1-2、图 6-1-3。

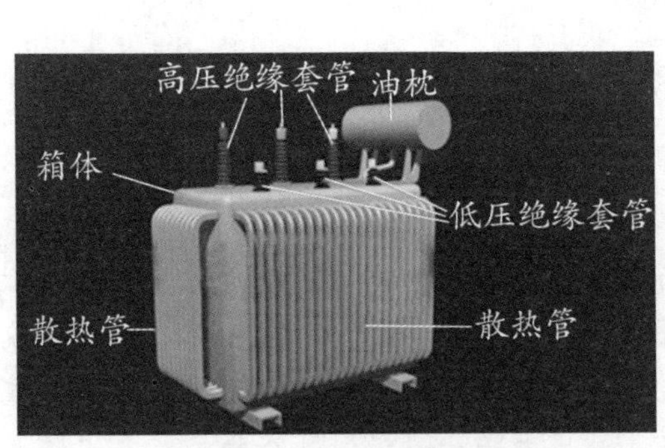

图 6-1-2　油浸式变压器

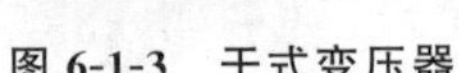
图 6-1-3　干式变压器

（2）油浸式变压器分为：油浸自冷式、油浸风冷式、油浸水冷式和强迫油循环冷却式。

（3）干式变压器分为：浇注式、开启式、充气式（SF_6）。

二、高压断路器

（一）作用

通断正常负荷电流，并在电路出现短路故障时自动切断电流，保护高压电线和高压电器设备的安全。

（二）分类

按采用的灭弧介质分为：油断路器、真空断路器、六氟化硫（SF_6）断路器。

(1) 油断路器分为多油和少油两大类，多油断路器油量多一些，油不仅作灭弧介质，而且还作为绝缘介质；少油断路器油量较少，仅作灭弧介质。多油断路器因油量多、体积大，断流容量小、运行维护比较困难，现已很少使用。

(2) 真空断路器有落地式、悬挂式、手车式三种形式。真空断路器特点为：体积小、重量轻、寿命长，能频繁操作，开断电容电流性能好，可连续多次重合闸，运行维护简单。

(3) 六氟化硫断路器见图 6-1-4。六氟化硫（SF_6）断路器是利用 SF_6 气体作灭弧和绝缘介质的断路器。SF_6 的优缺点及适用场所：

1) 无色、无味、无毒且不易燃烧，在 150℃以下时，其化学性能稳定。

2) 不含碳（C）元素，对于灭弧和绝缘介质来说，具有极为优越的特性。

3) 不含氧（O）元素，不存在触头氧化问题。

4) 具有优良的电绝缘性能，在电流过零时，电弧暂时熄灭后，SF_6 能迅速恢复绝缘强度，从而使电弧很快熄灭。

5) 在电弧的高温作用下，SF_6 会分解出氟（F_2），具有较强的腐蚀性和毒性。

6) 能与触头的金属蒸气化合为一种具有绝缘性能的白色粉末状的氟化物。

7) SF_6 断路器适用于需频繁操作及有易燃易爆危险的场所，要求加工精度高，对其密封性能要求更严。

8) SF_6 断路器主要特点：体积小、重量轻、寿命长、能进行频繁操作、可连续多次重合闸、开断能力强、燃弧时间短、运行中无爆炸和燃烧的可能、噪声小等，且运行维护简单，检修周期一般可达 10 年，价格较高。

图 6-1-4　六氟化硫断路器

三、高压负荷开关

高压负荷开关见图 6-1-5。

图 6-1-5　高压负荷开关

（1）高压负荷开关与隔离开关一样，具有明显可见的断开间隙。具有简单的灭弧装置，能通断一定的负荷电流和过负荷电流，但不能断开短路电流。

（2）主要用于 10kV 等级电网。

（3）高压负荷开关适用于无油化、不检修、要求频繁操作的场所。

（4）断路器可以切断工作电流和事故电流，负荷开关能切断工作电流，但不能切断事故电流。

四、互感器

互感器见图 6-1-6。

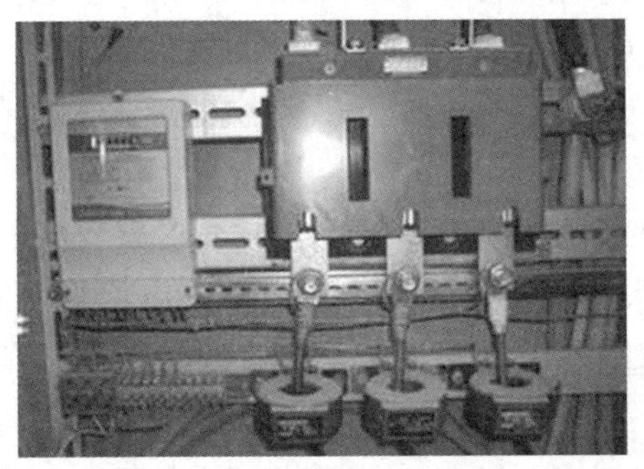

图 6-1-6　互感器

电流互感器和电压互感器的特点见表 6-1-1。

表 6-1-1　电流互感器和电压互感器的特点

互感器	组成	特点
电流互感器	由一次绕组、二次绕组、铁芯组成	一次绕组匝数少且粗，而二次绕组匝数很多，导体较细
电压互感器	由一次绕组、二次绕组、铁芯组成	一次绕组并联在线路上，一次绕组匝数较多，二次绕组的匝数较少

五、避雷器

避雷器类型有：保护间隙避雷器、管型避雷器、阀型避雷器、氧化锌避雷器（见图 6-1-7）。

（1）保护间隙避雷器是一种最简单和最经济的避雷器，由一对角形电极和其间的空气间隙组成。优点是结构简单，造价低；缺点是灭弧能力差，切断工频续流的能力差。主要用于 10kV 以下的配电线路中不太重要的保护。

（2）管型避雷器具有较高熄弧能力的保护间隙，灭弧能力与工频续流的大小有关，是一种保护间隙型避雷器，体积小、泄漏电流较大，大多用在供电线路上和变电站中低压进线端作避雷保护。

（3）阀型避雷器体积较大，泄漏电流小，一般用在变电站的高压侧 110kV 及以上。

（4）氧化锌避雷器保护性能优越、质量轻、耐污秽、性能稳定，主要利用氧化锌良好的非线性伏安特性，使在正常工作电压时流过避雷器的电流极小（微安或毫安级）；当过电压作用时，电阻急剧下降，泄放过电压的能量，达到保护的效果。

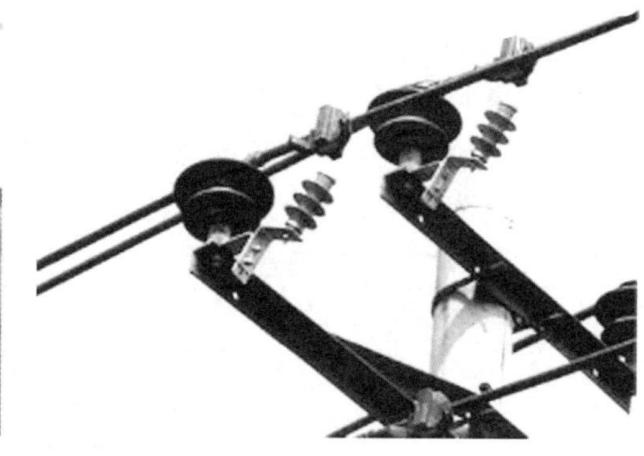

图 6-1-7　氧化锌避雷器

·典型例题·

1. ［2022 真题·单选（选做）］能通断正常负荷电流，并在电路出现短路故障时，自动切断故障电流的是（　　）。

A. 高压隔离开关　　B. 高压负荷开关

C. 高压熔断器　　D. 高压断路器

［解析］高压断路器的作用是通断正常负荷电流，并在电路出现短路故障时自动切断故障电流，保护高压电线和高压电器设备的安全。

2. ［2017 真题·单选（选做）］需用于频繁操作及有易燃易爆危险的场所，要求加工精度高，对其密封性能要求严的高压断路器，应选用（　　）。

A. 多油断路器　　B. 少油断路器

C. 六氟化硫断路器　　D. 空气断路器

［解析］六氟化硫（SF_6）断路器的操动机构主要采用弹簧、液压操动机构。SF_6 断路器适用于需频繁操作及有易燃易爆危险的场所，要求加工精度高，对其密封性能要求更严。

3. ［2016 真题·单选（选做）］10kV 及以下变配电室经常设有高压负荷开关，其特点为（　　）。

A. 能够断开短路电流

B. 能够切断工作电流

C. 没有明显的断开间隙

D. 没有灭弧装置

［解析］高压负荷开关与隔离开关一样，具有明显可见的断开间隙。具有简单的灭弧装置，能通断一定的负荷电流和过负荷电流，但不能断开短路电流。

4. ［2017 真题·多选（选做）］建筑物及高层建筑物变电所宜采用的变压器形式有（　　）。

A. 浇注式　　B. 油浸自冷式

C. 油浸风冷式　　D. 充气式（SF_6）

［解析］建筑物及高层建筑物变电所。这是民用建筑中经常采用的变电所形式，变压器一律采用干式变压器。而干式变压器有浇注式、开启式、充气式（SF_6）等。

5. ［2015 真题·多选（选做）］六氟化硫断路器的优点有（　　）。

A. 150℃以下时，化学性能相当稳定

B. 不存在触头氧化问题

C. 腐蚀性和毒性小，且不受温度影响

D. 具有优良的电绝缘性能

[**解析**] 六氟化硫（SF_6）断路器是利用 SF_6 气体作灭弧和绝缘介质的断路器。SF_6 的优缺点有：①无色、无味、无毒且不易燃烧，在 150℃以下时，其化学性能相当稳定；②不含碳（C）元素，对于灭弧和绝缘介质来说，具有极为优越的特性；③不含氧（O）元素，不存在触头氧化问题；④具有优良的电绝缘性能，在电流过零时，电弧暂时熄灭后，SF_6 能迅速恢复绝缘强度，从而使电弧很快熄灭；⑤在电弧的高温作用下，SF_6 会分解出氟（F_2），具有较强的腐蚀性和毒性；⑥能与触头的金属蒸气化合为一种具有绝缘性能的白色粉末状的氟化物。

答案：1. D　2. C　3. B　4. AD　5. ABD

知识点 3　低压变配电设备

（1）低压断路器能带负荷通断电路，又能在短路、过负荷、欠压或失压的情况下自动跳闸的一种开关设备。由触头、灭弧装置、转动机构和脱扣器等组成。

（2）低压断路器包括塑壳式低压断路器（见图 6-1-8）、万能式低压断路器（见图 6-1-9）。万能式低压断路器又称框架式自动开关，是敞开装设在金属框架上的，其保护和操作方案较多，装设地点很灵活，故有“万能式”或“框架式”之名。主要用作低压配电装置的主控制开关。

图 6-1-8　塑壳式低压断路器

图 6-1-9　万能式低压断路器

知识点 4　变配电工程安装

一、变压器的检查和安装

（一）变压器干燥

安装变压器是否需要进行干燥，应根据施工及验收规范的要求进行综合分析判断后确定。新装电力变压器及油浸电抗器不需干燥的条件是变压器及电抗器注入合格绝缘油后，符合下列要求：

（1）绝缘油电气强度及含水量试验应合格。

（2）绝缘电阻及吸收比（或极化指数）应合格。

（3）介质损耗角的正切值 $\tan\delta$ 合格，电压等级在 35kV 以下或容量在 4 000kV · A 以下者不作要求。

(二) 变压器安装

变压器安装分室外、柱上、室内三种场所。

(1) 室外安装。变压器、电压互感器、电流互感器、避雷器、隔离开关、断路器一般都装在室外。只有测量系统及保护系统开关柜、盘、屏等安装在室内。

(2) 室内安装。安装在混凝土的变压器基础上时，基础上的构件和预埋件由土建施工用扁钢与钢筋焊接，这种安装方式适合于小容量变压器的安装。变压器安装时要求变压器中性点、外壳及金属支架必须可靠接地。

二、漏电保护器的安装

(1) 漏电保护器应安装在进户线小配电盘上或照明配电箱内，安装在电度表之后，熔断器(或胶盖刀闸)之前。电磁式漏电保护器，也可装于熔断器之后。

(2) 运行中的漏电保护器，每月至少用试验按钮试验一次，以检查保护器的动作性能是否正常。

三、高压开关柜安装

(1) 高压开关柜在地坪上安装，有螺栓连接固定和点焊焊接固定两种方法。

(2) 用螺栓连接固定时，槽钢与预埋底板焊接，再将扁钢焊接在槽钢上，然后在扁钢上钻孔，用螺栓连接固定。其优点是易于调换新柜，便于维修。

四、母线安装

(一) 裸母线

(1) 裸母线分硬母线和软母线两种。硬母线又称汇流排，软母线包括组合软母线。

(2) 母线按材质可分为铝母线、铜母线和钢母线三种。

(3) 母线的连接有焊接和螺栓连接两种方式，见图 6-1-10。

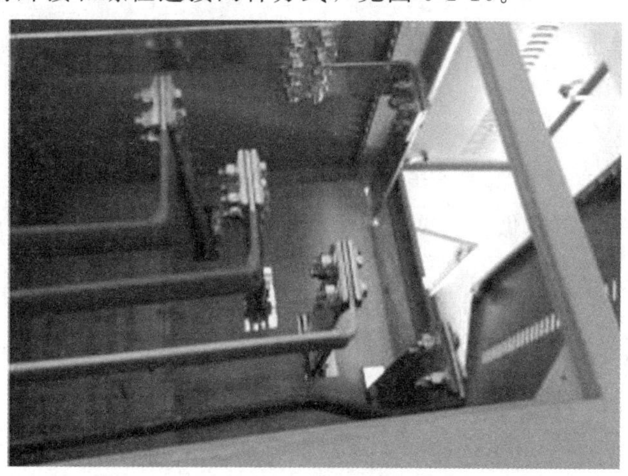

图 6-1-10 母线的连接

(4) 母线排列次序及涂漆的颜色，应符合表 6-1-2 的规定。

表 6-1-2　母线排列次序及涂漆的颜色

相序	涂漆颜色	排列次序		
		垂直布置	水平布置	引下线
A	黄	上	内	左
B	绿	中	中	中
C	红	下	外	右
N	黑	下	最外	最右

（二）低压封闭式插接母线

（1）封闭式母线配线适用于干燥和无腐蚀气体的室内，负载大的场所。

（2）母线安装时，必须按分段图、相序、编号、方向和标志予以正确放置，不得随意互换。

（3）母线与外壳间必须同心，其误差不得超过 5mm。

（4）封闭式母线的连接，不应在穿过楼板或墙壁处进行。当其穿越防火墙及防火楼板时，应采取防火隔离措施。

·典型例题·

1. ［2020 真题·单选（选做）］关于母线安装，以下说法正确的为（　　）。

A. 字母代表的颜色分别为：A 黄色、B 绿色、C 红色、N 黑色

B. 垂直布置上、中、下、下的顺序是 N、C、B、A

C. 水平布置内、中、外、最外的顺序是 N、C、B、A

D. 引下线布置左、中、右、最右顺序是 N、C、B、A

［解析］母线排列次序及涂漆的颜色见表 6-1-2。

2. ［2016 真题·单选（选做）］变配电工程中，硬母线的连接方式应为（　　）。

A. 扭纹链接　　B. 咬口连接

C. 螺栓连接　　D. 铆接链接

［解析］母线的连接有焊接和螺栓连接两种。

3. ［2017 真题·多选（选做）］变压器室外安装时，安装在室外部分的有（　　）。

A. 电压互感器

B. 隔离开关

C. 测量系统

D. 保护系统开关柜

［解析］变压器、电压互感器、电流互感器、避雷器、隔离开关、断路器一般都装在室外。只有测量系统及保护系统开关柜、盘、屏等安装在室内。

4. ［2015 真题·多选（选做）］母线的作用是汇集、分配和传输电能。母线按材质划分有（　　）。

A. 镍合金母线　　B. 钢母线

C. 铜母线　　D. 铝母线

［**解析**］裸母线分硬母线和软母线两种。硬母线又称汇流排，软母线包括组合软母线。母线按材质可分为铝母线、铜母线和钢母线三种；按形状可分为带形、槽形、管形和组合软母线四种；按安装方式，带形母线有每相1片、2片、3片、4片，组合软母线有2根、3根、10根、14根、18根、36根等。

5.［2012真题·多选（选做）］室内变压器安装时，必须实现可靠接地的部件包括（　　）。

A. 变压器中性点

B. 变压器油箱

C. 变压器外壳

D. 金属支架

［**解析**］室内变压器安装在混凝土的变压器基础上时，基础上的构件和预埋件由土建施工用扁钢与钢筋焊接，这种安装方式适合于小容量变压器的安装。变压器安装在双层空心楼板上，这种结构使变压器室内空气流通，有助于变压器散热。变压器安装时要求变压器中性点、外壳及金属支架必须可靠接地。

答案：1. A　2. C　3. AB　4. BCD　5. ACD

知识点5　电气线路工程安装

一、架空线路

架空线：主要用绝缘线或裸线。市区或居民区尽量用绝缘线。

二、电缆安装

（1）电缆安装前要进行检查。1kV以上的电缆要做直流耐压试验，1kV以下的电缆用500V摇表测绝缘，检查合格后方可敷设。

（2）电缆敷设的一般技术要求：

1）在三相四线制系统，必须采用四芯电力电缆，不应采用三芯电缆另加一根单芯电缆或以导线、电缆金属护套作中性线的方式。

2）电缆敷设时，在电缆终端头与电源接头附近均应留有备用长度，以便在故障时提供检修。直埋电缆尚应在全长上留少量裕度，并作波浪形敷设，以补偿运行时因热胀冷缩而引起的长度变化。

（3）电缆安装方法：

1）电缆在室外直接埋地敷设，见图6-1-11。埋设深度不应小于0.7m，经过农田的电缆埋设深度不应小于1.0m，埋地敷设的电缆必须是铠装并且有防腐保护层，裸钢带铠装电缆不允许埋地敷设。

2）电缆穿导管敷设。管道的内径等于电缆外径的1.5～2.0倍，管子的两端应做成喇叭口。交流单芯电缆不得单独穿入钢管内。敷设电缆管时应有0.1%的排水坡度。

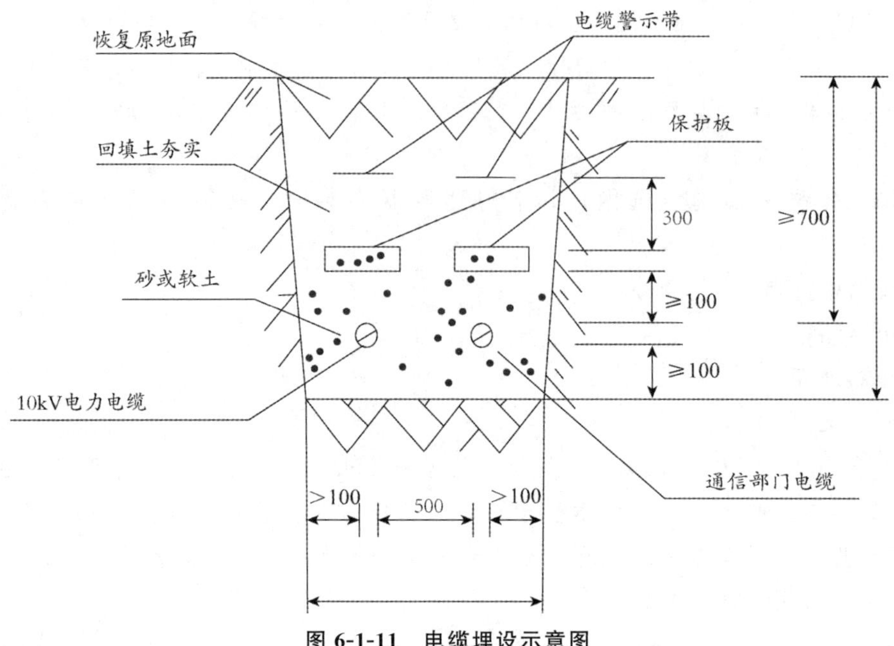

图 6-1-11　电缆埋设示意图

注：图中尺寸单位为 mm。

·典型例题·

1. ［2021 真题·多选（选做）］下列符合电缆安装技术要求的有（　　）。

A. 电缆安装前，1kV 以上的电缆要做直流耐压试验

B. 三相四线制系统，可采用三芯电缆另加一根单芯电缆作中性线进行安装

C. 并联运行的电力电缆应采用相同型号、规格及长度的电缆

D. 电缆在室外直接埋地敷设时，除设计另有规定外，埋设深度不应小于 0.5m

［解析］电缆安装前要进行检查。1kV 以上的电缆要做直流耐压试验，1kV 以下的电缆用 500V 摇表测绝缘，检查合格后方可敷设。在三相四线制系统，必须采用四芯电力电缆，不应采用三芯电缆另加一根单芯电缆或以导线、电缆金属护套作中性线的方式。在三相系统中，不得将三芯电缆中的一芯接地运行。并联运行的电力电缆应采用相同型号、规格及长度的电缆，以防负荷分配不按比例，从而影响运行。电缆在室外直接埋地敷设。埋设深度不应小于 0.7m（设计有规定者按设计规定深度埋设），经过农田的电缆埋设深度不应小于 1m，埋地敷设的电缆必须是铠装，并且有防腐保护层，裸钢带铠装电缆不允许埋地敷设。

2. ［2016 真题·多选（选做）］电气线路工程中电缆穿钢管敷设，正确的做法有（　　）。

A. 每根管内只允许穿一根电缆

B. 要求管道的内径为电缆外径的 1.2～1.5 倍

C. 单芯电缆不允许穿入钢管内

D. 敷设电缆管时应有 0.1%的排水坡度

［解析］电缆穿导管敷设时，先将管子敷设好（明设或暗设），再将电缆穿入管内，每一根管内只允许穿一根电缆，要求管道的内径等于电缆外径的 1.5～2.0 倍，管子的两端应做喇叭口。单芯电缆不允许穿入钢管内。敷设电缆管时应有 0.1%的排水坡度。

答案：1. AC　2. ACD

知识点 6 防雷接地系统

防雷接地系统见图 6-1-12。

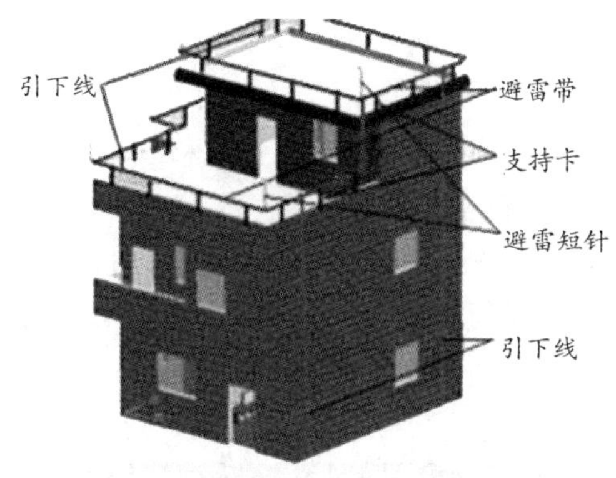

图 6-1-12 防雷接地系统

一、建筑物的防雷分类

建筑物应根据其重要性、使用性质、发生雷电事故的可能性和后果，按防雷要求分为三类。

（一）第一类防雷建筑物

制造、使用或贮存炸药、火药、起爆药、军工用品等大量爆炸物质的建筑物，因电火花而引起爆炸，会造成巨大破坏和人身伤亡者的建筑物等。

（二）第二类防雷建筑物

国家级重点文物保护的建筑物、国家级办公建筑物、大型展览和博览建筑物、大型火车站、国宾馆、国家级档案馆、大型城市的重要给水水泵房等特别重要的建筑物及对国民经济有重要意义且装有大量电子设备的建筑物等。

（三）第三类防雷建筑物

省级重点文物保护的建筑物及省级档案馆、预计雷击次数较大的工业建筑物、住宅、办公楼等一般性民用建筑物。

二、防雷系统安装方法及要求

（一）避雷针安装

（1）避雷针（带）与引下线之间的连接应采用焊接或热剂焊（放热焊接）。

（2）避雷针（网、带）及其接地装置应采取自下而上的施工程序。首先安装集中接地装置，然后安装引下线，最后安装接闪器。

（二）引下线安装

引下线可采用扁钢和圆钢敷设，也可利用建筑物内的金属体。单独敷设时，必须采用镀锌制品，且其规格必须不小于下列规定：扁钢截面积为 48mm^2、厚度为 4mm；圆钢直径为 12mm。

（三）均压环安装

（1）均压环是高层建筑为防侧击雷而设计的环绕建筑物周边的水平避雷带。

（2）用作均压环的圈梁钢筋应用同规格的圆钢接地焊接。没有圈梁的可敷设 40mm×4mm 扁钢作为均压环。

（3）用作均压环的圈梁钢筋或扁钢应与避雷引下线（钢筋或扁钢）连接，形成闭合回路。

三、接地系统安装方法及要求

（一）接地极制作、安装

（1）接地极制作、安装分为钢管接地极、角钢接地极、圆钢接地极、扁钢接地极、铜板接地极等。常用的为钢管接地极和角钢接地极。

（2）接地极水平敷设。在土壤条件极差的山石地区采用接地极水平敷设。接地装置全部采用镀锌扁钢，所有焊接点处均刷沥青。接地电阻应小于4Ω，超过时，应补增接地装置的长度。

接地体见图6-1-13。

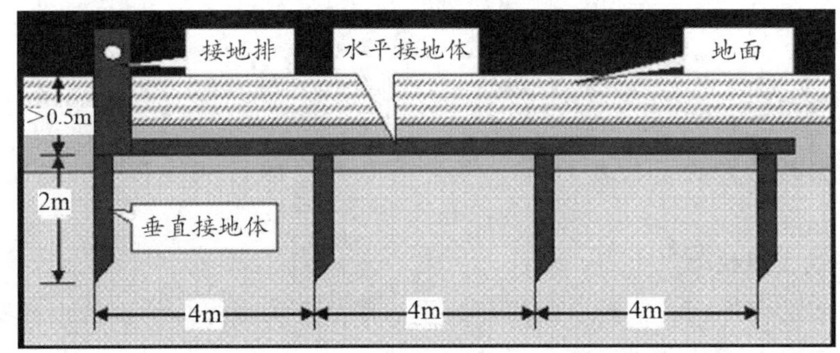

图 6-1-13　接地体（水平接地体、垂直接地体）

（二）户外接地母线敷设

（1）户外接地母线大部分采用埋地敷设。

（2）接地线的连接采用搭接焊，其搭接长度是：扁钢为宽度的2倍（且至少3个棱边焊接）；圆钢为直径的6倍；圆钢与扁钢连接时，其长度为圆钢直径的6倍。

（三）户内接地母线敷设

户内接地母线大多是明设，分支线与设备连接的部分大多数为埋设。

·典型例题·

1. ［**2020真题·单选（选做）**］关于防雷接地，以下说法正确的为（　　）。

A. 接地极只能垂直敷设，不能水平敷设

B. 所有防雷装置的各种金属件必须镀锌

C. 避雷针与引下线的连接不可以焊接

D. 引下线不可以利用建筑物内的金属体，必须单独设置

［**解析**］接地极可以垂直和水平安装，选项A错误。避雷针（带）的引下线及接地装置使用的紧固件均应使用镀锌制品，选项B正确。当采用没有镀锌的地脚螺栓时应采取防腐措施。避雷针（带）与引下线之间的连接应采用焊接或热剂焊（放热焊接），选项C错误。引下线可采用扁钢和圆钢敷设，也可利用建筑物内的金属体，选项D错误。

2. ［**2019真题·单选（选做）**］在高层建筑中，环绕建筑周边设置的，具有防止侧向雷击作用的水平避雷装置是（　　）。

A. 避雷网　　　　B. 避雷针

C. 引下线　　　　D. 均压环

[解析] 均压环是高层建筑为防侧击雷而设计的环绕建筑物周边的水平避雷带。

3. [**2017 真题 · 单选（选做）**] 防雷接地系统避雷针与引下线之间的连接方式应采用（　　）。

A. 焊接连接　　B. 咬口连接

C. 螺栓连接　　D. 铆接连接

[解析] 避雷针（带）与引下线之间的连接应采用焊接或热剂焊（放热焊接）。

4. [**2016 真题 · 单选（选做）**] 防雷接地系统户外接地母线大部分采用扁钢埋地敷设，其连接应采用的焊接方式为（　　）。

A. 端接焊

B. 对接焊

C. 角接焊

D. 搭接焊

[解析] 户外接地母线大部分采用埋地敷设，其接地线的连接采用搭接焊。

5. [**2013 真题 · 多选（选做）**] 按建筑物的防雷分类要求，属于第二类防雷建筑物的有（　　）。

A. 大型展览和博览建筑物

B. 大型火车站

C. 大型城市的重要给水水泵房

D. 省级重点文物保护的建筑物

[解析] 第二类防雷建筑物：国家级重点文物保护的建筑物、国家级办公建筑物、大型展览和博览建筑物、大型火车站、国宾馆、国家级档案馆、大型城市的重要给水水泵房等特别重要的建筑物及对国民经济有重要意义且装有大量电子设备的建筑物等。

答案：1. B　2. D　3. A　4. D　5. ABC

知识点 7　电气工程计量

一、控制设备及低压电器

盘、箱、柜的外部进出线预留长度见表 6-1-3。

表 6-1-3　盘、箱、柜的外部进出线预留长度　　（单位：m/根）

序号	项目	预留长度	说明
1	各种箱、柜、盘、板、盒	高＋宽	盘面尺寸
2	单独安装的铁壳开关、自动开关、刀开关、启动器、箱式电阻器、变阻器	0.5	从安装对象中心算起
3	继电器、控制开关、信号灯、按钮、熔断器等小电器	0.3	从安装对象中心算起
4	分支接头	0.2	分支线预留

二、防雷及接地装置

防雷及接地装置内容、计量单位等相关知识见表 6-1-4。

表 6-1-4 防雷及接地装置内容、计量单位

防雷及接地装置	内容	计量单位
接地极	区分名称、材质、规格、土质，基础接地形式，按设计图示数量计算	根（块）
接地母线、避雷引下线、均压环、避雷网	区分名称、规格、材质、安装形式、安装部位，断接卡子、箱材质、规格，混凝土块标号，按设计图示尺寸计算	m （含附加长度）
避雷针	区分名称，规格，材质，安装形式、高度，按设计图示数量计算	根
等电位端子箱、测试板	区分名称、规格、材质，按设计图示数量计算	台

说明：(1) 利用桩基础作接地极，应描述桩台下桩的根数，每桩台下需焊接柱筋根数，其工程量按柱引下线计算；利用基础钢筋作接地极按均压环项目编码列项。

(2) 利用柱筋作引下线的，需描述柱筋焊接根数。

(3) 利用圈梁筋作均压环的，需描述圈梁筋焊接根数。

三、配管、配线

配线进入箱、柜、板的预留长度见表 6-1-5。

表 6-1-5 配线进入箱、柜、板的预留长度 （单位：m/根）

序号	项目	预留长度	说明
1	各种开关箱、柜、板	高＋宽	盘面尺寸
2	单独安装（无箱、盘）的铁壳开关、闸刀开关、启动器、线槽进出线盒等	0.3	从安装对象中心算起
3	由地面管子出口引至动力接线箱	1.0	从管口计算
4	电源与管内导线连接（管内穿线与软、硬母线接点）	1.5	从管口计算
5	出户线	1.5	从管口计算

·典型例题·

1. ［**2022 真题·单选（选做）**］根据《通用安装工程工程量计算规范》（GB 50856—2013），关于电气工程量计算规则正确的是（　　）。

A. 架空线路与设备连接预留长度为 1.5m

B. 导线进入箱、柜预留长度为 0.5m

C. 电缆进入建筑物预留长度为 1.0m

D. 接地母线预留长度为全线长的 3.9%

［**解析**］选项 A 错误，架空线路与设备连接预留长度为 0.5m。选项 B 错误，导线进入箱、柜预留长度为宽＋高。选项 C 错误，电缆进入建筑物预留长度为 2.0m。

2. ［**2017 真题·单选（选做）**］依据《通用安装工程工程量计算规范》（GB 50856—2013）的规定，利用基础钢筋作接地极，应执行的清单项目是（　　）。

A. 接地极项目

B. 接地母线项目

C. 基础钢筋项目

D. 均压环项目

［**解析**］利用桩基础作接地极，应描述桩台下桩的根数，每桩台下需焊接柱筋根数，其工程量按柱引下线计算；利用基础钢筋作接地极按均压环项目编码列项。

答案：1. D　2. D

第二节　自动化控制系统安装技术与计量

知识点 1　自动控制系统原理

典型反馈控制系统原理图见图 6-2-1。

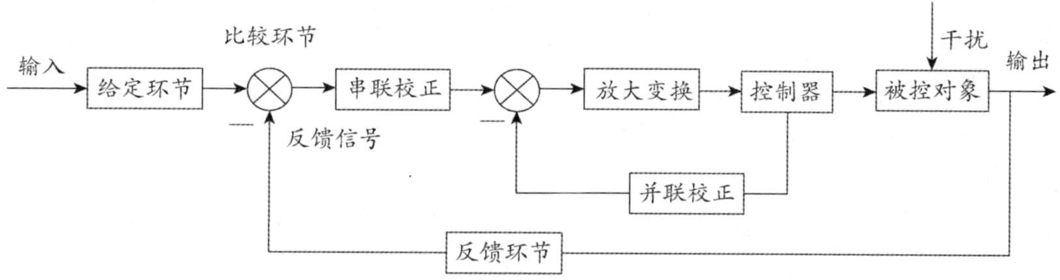

图 6-2-1　典型反馈控制系统原理图

自动控制各组成部分的特点见表 6-2-1。

表 6-2-1　自动控制各组成部分的特点

组成部分	特点
被控对象	控制系统所控制和操纵的对象，接受控制并输出被控量
控制器（调节装置）	将测量装置送来的被调参数与设定值在调节装置中进行比较，出现偏差后，按系统的不同要求，进行相应的调节，输出控制信号，去控制执行机构的运动
反馈环节	由传感器（测量装置）完成对湿度、压力、温度等非电物理量的检测，并将其转换成相应的电学量，而变换后的电量为被调节参数，送到控制器（调节装置）。反馈环节一般也称为测量变送环节
执行机构	根据控制器输出控制信号的方向、大小，控制执行机构的动作，如电机的变速、阀门的开启等，从而改变调节参数的数值

知识点 2　自动控制系统设备

一、传感器

测量某一非电的物理量，如温度、湿度、压力等常用的物理量时，先要把该非电量的参数转变为一电量参数，这种将非电量参数转变成电量参数的装置叫作传感器。

（一）温度传感器

（1）温度传感器包括热电势传感器和热电阻特性传感器两种。

（2）热电阻特性传感器是利用导体电阻随温度变化而变化的特性制成的传感器；用金属电

阻作为感温材料，要求金属电阻温度系数大，电阻与温度呈线性关系，只要确定电阻的变化就能得知温度的高低。

1）感温材料中首选铂、镍和铜。

2）在高精度、高稳定性的测量回路中通常用铂热电阻材料的传感器。

3）要求一般、具有较稳定性能的测量回路可用镍热电阻传感器。

4）档次低、只有一般要求时，可选用铜热电阻传感器。

（二）压力传感器

将压力转换成电流或电压的器件，可用于测量压力和物体的位移。

（三）流量传感器

常用的有节流式、速度式、容积式和电磁式。

1. 节流式

（1）在被测管道上安装一节流器件，如孔板、喷嘴、靶、转子等，使流体流过这些阻挡体时，根据流体对节流元件的推力和节流元件前后的压力差来测定流量的大小。节流式流量传感器包括压差式流量计、靶式流量计、转子流量计。

（2）压差式流量计中流体流经节流元件孔板时，流速加快，压力下降，测出孔板前后压力差，把压力差转换成相应的电压或电流量的大小。

2. 速度式

常用的是涡流流量计，该流量计是在导管中心轴上安装一个涡轮，流体推动涡轮转动，涡轮的转速正比于流体的流量。

3. 容积式

通常有椭圆齿轮流量计。

4. 电磁式

常用在测量导电液体流量上。

二、终端设备

传感器把温度、湿度、压力等物理量，转换成电量后，送到控制器中，控制器根据控制要求，把输入的电量与设定值相比较，将其偏差经相应的调节后输出一开/关或连续的控制信号，去调节控制相应的调节机构，使其达到控制目的。

·典型例题·

1. ［**2021 真题·单选（选做）**］自动控制系统中，能够将温度、湿度等非电量的物理量参数转变成电量参数的装置是（　　）。

A. 传感器

B. 调节装置

C. 执行机构

D. 控制器

［**解析**］测量某一非电量的物理量，如温度、湿度、压力等常用的物理量时，首先要把该非电量的参数转变为一电量参数，这种将非电量参数转变成电量参数的装置叫作传感器。

2. ［**2017 真题·单选（选做）**］在高精度、高稳定性的温度测量回路中，常采用的热电阻传感器为（　　）。

A. 铜热电阻传感器　　B. 锰热电阻传感器

C. 镍热电阻传感器　　　　　　　　D. 铂热电阻传感器

［**解析**］在高精度、高稳定性的测量回路中通常用铂热电阻材料的传感器。要求一般、具有较稳定性能的测量回路可用镍热电阻传感器。档次低、只有一般要求时，可选用铜热电阻传感器。

答案：1. A　2. D

知识点 3　常用的控制系统

一、集散控制系统

集散控制系统又名分布式计算机控制系统（DCS）。其特点是以分布在被控设备现场的计算机控制器完成对被控设备的监视、测量与控制。中央计算机完成集中管理、显示、报警、打印等功能。计算机网络把所有现场的计算机控制器与中央计算机联系在一个系统内，完成对系统集中管理与分散控制的功能。

（一）集散控制系统组成

集散控制系统由集中管理部分、分散控制部分和通信部分组成。

（二）现场控制器

集散型计算机控制系统是通过通信网络系统将现场控制器与中央管理计算机连接起来，共同完成各种采集、控制、显示、操作和管理功能。现场控制器采用了计算机技术，通常又称为直接数字控制器，简称 DDC。

在集散控制系统中，各种现场检测仪表（如各种传感器、变送器等）送来的测量信号均由现场控制器进行实时的数据采集、处理、上下限报警等。所有测量值和报警值经通信网络传送到中央计算机数据库，供实时显示、优化计算、报警打印等。

现场控制器通常设置在靠近控制设备的地方，应具有防尘、防潮、防电磁干扰、抗冲击、振动及耐高低温等恶劣环境的能力。

（三）中央管理计算机

集散型控制系统的中央管理计算机提供了集中监视、管理、系统生成以及诊断等功能。中央管理计算机系统由大屏幕监视器（CRT）、控制计算机以及相关软件组成。一个集散系统中可以配置多个中央管理计算机工作站。

（四）系统控制软件

系统控制软件是指完成操作、监控、管理、控制、计算和自诊断等功能的计算机程序。整个系统在软件指挥下协调工作。软件可分为系统管理软件和现场控制器管理软件。

二、现场总线控制系统

（1）现场总线控制系统（FCS）是以网络为基础的集散型控制系统。

（2）集散控制系统（DCS）是把控制网络连接到现场控制器（DDC），而现场总线控制系统（FCS）则把通信线一直连接到现场设备。它把单个分散的测量控制设备变成网络节点，以现场总线为纽带，组成一个集散型的控制系统。

（3）现场总线控制系统的特点：

1）系统的开放性。现场总线为开放式的互联网络，既能与同类网络互联，也能与不同类型网络互联。

2）互操作性。互操作性是指不同生产厂家性能类似的设备不仅可以相互通信，并能互相组态，相互替换构成相应的控制系统。

3）分散的系统结构。现场总线系统把集散性的控制系统中的现场控制功能分散到现场仪表，取消了DCS中的DDC，它把传感测量、补偿、运算、执行、控制等功能分散到现场设备中完成，体现了现场设备功能的独立性。

4）现场总线控制系统的优点。智能现场直接数字控制器（DDC）直接进行数据通信，总线取代传感器与DDC间的单独布线，现场仪表的功能与精度大为提高，多功能仪表大量出现，设备的选择范围大大扩展。

·典型例题·

1.［2020真题·多选（选做）］控制系统中，和集散控制系统相比，总线控制系统具有的特点有（　　）。

A. 以分布在被控设备现场的计算机控制器完成对被控设备的监视、测量与控制。中央计算机完成集中管理、显示、报警、打印等功能

B. 把单个分散的测量控制设备变成网络节点，以现场总线为纽带，组成一个集散型的控制系统

C. 控制系统由集中管理部分、分散控制部分和通信部分组成

D. 把传感测量、控制等功能分散到现场设备中完成，体现了现场设备功能的独立性

［**解析**］集散型计算机控制系统又名分布式计算机控制系统（DCS），简称集散控制系统。它的特点是以分布在被控设备现场的计算机控制器完成对被控设备的监视、测量与控制。中央计算机完成集中管理、显示、报警、打印等功能。集散控制系统由集中管理部分、分散控制部分和通信部分组成。总线控制系统把单个分散的测量控制设备变成网络节点，以现场总线为纽带，组成一个集散型的控制系统。现场总线系统把集散性的控制系统中的现场控制功能分散到现场仪表，取消了DCS中的DDC，它把传感测量、补偿、运算、执行、控制等功能分散到现场设备中完成，体现了现场设备功能的独立性。

2.［2017真题·多选（选做）］集散控制系统中，被控设备现场的计算机控制器完成的任务包括（　　）。

A. 对被控设备的监视

B. 对被控设备的测量

C. 对相关数据的打印

D. 对被控设备的控制

［**解析**］集散型计算机控制系统又名分布式计算机控制系统（DCS），简称集散控制系统。它的特点是以分布在被控设备现场的计算机控制器完成对被控设备的监视、测量与控制。

答案：1. BD　2. ABD

知识点4　检测仪表

一、温度检测仪表

温度检测仪表的类别、特点及适用环境见表6-2-2。

表 6-2-2 温度检测仪表的类别、特点及适用环境

仪表类别	特点及适用环境
压力式温度计（见图 6-2-2）	(1) 适用于工业场合测量各种对铜无腐蚀作用的介质温度，若介质有腐蚀作用应选用防腐型 (2) 防腐型压力式温度计采用全不锈钢材料，适用于中性腐蚀的液体和气体介质的温度测量
双金属温度计（见图 6-2-3）	(1) 由膨胀系数不同的两种金属片牢固结合在一起制成。其中一端为固定端，当温度变化时，由于两种材料的膨胀系数不同，而使双金属片的曲率发生变化，自由端的位移，通过传动机构带动指针指示出相应的温度 (2) 具有防水、防腐蚀、隔爆、耐震动、直观，易读数、无汞害、坚固耐用等特点
热电偶温度计	(1) 热电偶的工作端（热端）直接插入待测介质中以测量温度，热电偶的自由端（冷端）与显示仪表相连接，测量热电偶产生的热电势 (2) 测量各种温度物体，测量范围大，远远大于酒精、水银温度计 (3) 适用于炼钢炉、炼焦炉等高温地区，也可测量液态氢、液态氮等低温物体
热电阻温度计（见图 6-2-4）	(1) 中低温区最常用的一种温度检测器 (2) 主要特点：测量精度高，性能稳定 (3) 铂热电阻测量精确度最高，广泛应用于工业测温，制成标准的基准仪
玻璃液位温度计	包括棒式玻璃温度计、内标式玻璃温度计、外标式玻璃温度计
辐射温度计	(1) 测量精度高，测量不干扰被测温场，不影响温场分布 (2) 测量温度高，探测器的响应时间短，易于快速与动态测量 (3) 适用环境：核子辐射场、辐射测温场测量

图 6-2-2 压力式温度计

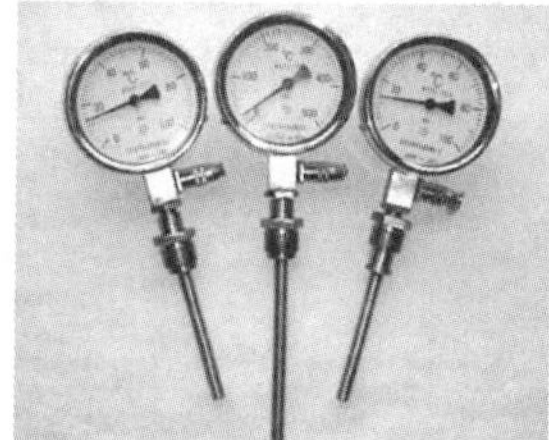
图 6-2-3 双金属温度计

图 6-2-4 热电阻温度计

二、压力检测仪表

压力检测仪表的类型、特点及适用环境见表 6-2-3。

表 6-2-3 压力检测仪表的类型、特点及适用环境

类型	特点及适用环境
一般压力表	(1) 适用于测量无爆炸危险、不结晶、不凝固及对钢及铜合金不起腐蚀作用的液体、蒸汽和气体等介质的压力 (2) 压力表按其作用原理分为液柱式、弹性式、电气式及活塞式四大类
液柱式压力计	(1) 结构简单，使用、维修方便，但信号不能远传。用于测量低压、负压 (2) 广泛用于实验室压力测量或现场锅炉烟、风通道各段压力及通风空调系统各段压力的测量
活塞式压力计	(1) 测量精度高，可达 0.02%～0.05% (2) 用来检测低一级的活塞式压力计或检验精密压力表，是一种主要的压力标准计量仪器

续表

类型	特点及适用环境
弹性式压力计	构造简单、牢固可靠、测压范围广、使用方便、造价低廉、有足够的精度，可与电测信号配套制成遥测遥控的自动记录仪表与控制仪表
电气式压力计	(1) 将被测压力转换成电量进行测量 (2) 用于压力信号的远传、发信或集中控制，和显示、调节、记录仪表联用，则可组成自动控制系统，广泛用于工业自动化和化工过程中
远传压力表	(1) 适用于测量对钢及铜合金不起腐蚀作用的液体、蒸汽和气体等介质的压力 (2) 可把被测值以电量传至远离测量的二次仪表上，以实现集中检测和远距离控制 (3) 就地指示压力，以便于现场工作检查
电接点压力表	(1) 工作原理：基于测量系统中的弹簧管在被测介质的压力作用下，迫使弹簧管之末端产生相应的弹性变形——位移，借助拉杆经齿轮传动机构的传动并予放大，由固定齿轮上的指示(连同触头)将被测值在度盘上指示出来 (2) 应用：石油、化工、冶金、电力、机械等工业部门或机电设备配套中测量无爆炸危险的各种流体介质压力
隔膜/膜片式压力表	专门供石油、化工、食品等生产过程中测量具有腐蚀性、高黏度、易结晶、含有固体状颗粒、温度较高的液体介质的压力

三、流量仪表

常用的流量仪表有电磁流量计、气远传转子流量计、涡轮流量计、椭圆齿轮流量计和电动转子流量计。各类流量计特征见表 6-2-4。

表 6-2-4　各类流量计特征

名称	适用场合	相对价格	特点
玻璃管转子流量计	空气、氮气、水及与水相似的其他安全流体小流量测量	较便宜	(1) 结构简单、维修方便 (2) 精度低 (3) 不适用于有毒性介质及不透明介质 (4) 属面积式流量计
涡轮流量计	适用于黏度较小的洁净流在宽测量范围的高精度测量	较贵	(1) 精度较高，适于计量 (2) 耐温耐压范围较广 (3) 变送器体积小，维护容易 (4) 轴承易磨损，连续使用周期短 (5) 是一种速度式流量计
椭圆齿轮流量计	用于精密地、连续或间断地测量管道中液体的流量或瞬时流量，特别适合于重油、聚乙烯醇、树脂等黏度较高介质的流量测量	较贵	(1) 精度较高 (2) 计量稳定 (3) 不适用于含有固体颗粒的液体 (4) 属容积式流量计
节流装置(压差式)流量计	非强腐蚀的单向流体流量测量，允许一定的压力损失	较便宜	(1) 使用广泛 (2) 结构简单 (3) 对标准节流装置不必个别标定即可使用 (4) 属压差计（流量计）

续表

名称	适用场合	相对价格	特点
均速管流量计	大口径大流量的各种液体流量测量	较便宜	(1) 结构简单 (2) 安装、拆卸、维修方便 (3) 压损小、能耗少 (4) 属压差计（流量计） (5) 输出压差较低

·典型例题·

1. ［**2021 真题·单选（选做）**］由一个弹簧管压力表和一个滑线电阻传送器构成，适用于测量对钢及铜合金不起腐蚀作用的液体、蒸汽和气体等介质的压力的是（　　）。

A. 液柱式压力计　　B. 电气式压力计

C. 远传压力表　　D. 电接点压力表

［**解析**］远传压力表由一个弹簧管压力表和一个滑线电阻传送器构成。电阻远传压力表适用于测量对钢及铜合金不起腐蚀作用的液体、蒸汽和气体等介质的压力。因为在电阻远传压力表内部设置一滑线电阻式传送器，故可把被测值以电量传至远离测量的二次仪表上，以实现集中检测和远距离控制。此外，本压力表也能就地指示压力以便于现场工作检查。

2. ［**2017 真题·单选（选做）**］用于测量低压、负压的压力表，被广泛用于实验室压力测量或现场锅炉烟、风通道各段压力及通风空调系统各段压力的测量。它结构简单，使用、维修方便，但信号不能远传，该压力检测仪表为（　　）。

A. 液柱式压力计　　B. 活塞式压力计

C. 弹性式压力计　　D. 电动式压力计

［**解析**］液柱式压力计一般用水银或水作为工作液，用于测量低压、负压的压力表，被广泛用于实验室压力测量或现场锅炉烟、风通道各段压力及通风空调系统各段压力的测量。液柱式压力计结构简单，使用、维修方便，但信号不能远传。

3. ［**2016 真题·单选（选做）**］能够对空气、氮气、水及与水相似的其他安全流体进行小流量测量，其结构简单、维修方便、价格较便宜、测量精度低。该流量测量仪表为（　　）。

A. 涡轮流量计

B. 椭圆齿轮流量计

C. 玻璃管转子流量计

D. 电磁流量计

［**解析**］玻璃管转子流量计的结构简单、维修方便，测量精度低，适用于空气、氮气、水及与水相似的其他安全流体小流量测量。

4. ［**2015 真题·单选（选做）**］特别适合于重油、聚乙烯醇、树脂等黏度较高介质流量的测量，用于精密地、连续或间断地测量管道流体的流量或瞬时流量，属容积式流量计。该流量计是（　　）。

A. 涡轮流量计

B. 椭圆齿轮流量计

C. 电磁流量计

D. 均速管流量计

［**解析**］用于精密地、连续或间断地测量管道中液体的流量或瞬时流量，它特别适合于重油、聚乙烯醇、树脂等黏度较高介质的流量测量。

5.［2014 真题·单选（选做）］ 基于测量系统中弹簧管在被测介质的压力作用下，迫使弹簧管的末端产生相应的弹性变形，借助拉杆经齿轮传动机构的传动并予以放大，由固定齿轮上的指示装置将被测值在度盘上指示出来的压力表是（　　）。

A. 隔膜式压力表

B. 压力传感器

C. 远传压力表

D. 电接点压力表

［**解析**］电接点压力表由测量系统、指示系统、磁助电接点装置、外壳、调整装置和接线盒（插头座）等组成。电接点压力表的工作原理是基于测量系统中的弹簧管在被测介质的压力作用下，追使弹簧管之末端产生相应的弹性变形——位移，借助拉杆经齿轮传动机构的传动并予放大，由固定齿轮上的指示（连同触头）将被测值在度盘上指示出来。

6.［2017 真题·多选（选做）］ 属于压差式流量检测仪表的有（　　）。

A. 玻璃管转子流量计　　B. 涡轮流量计

C. 节流装置流量计　　D. 均速管流量计

［**解析**］节流装置流量计和均速管流量计属于压差式流量仪表；玻璃管转子流量计属于面积式流量计；涡轮流量计属于速度式流量计。

答案：1. C　2. A　3. C　4. B　5. D　6. CD

第三节　通信设备和线路工程安装技术与计量

知识点 1　网络工程和网络设备

网络工程是集语音、数据、图像、监控设备、综合布线于一体的系统工程。它是通信、计算机网络以及智能大厦的基础。

一、网络传输介质及选型

常见的网络传输介质有：双绞线（见图 6-3-1）、同轴电缆（见图 6-3-2）、光纤（见图 6-3-3）。网络信息还利用无线电系统、微波无线系统和红外技术等传输。

图 6-3-1　双绞线

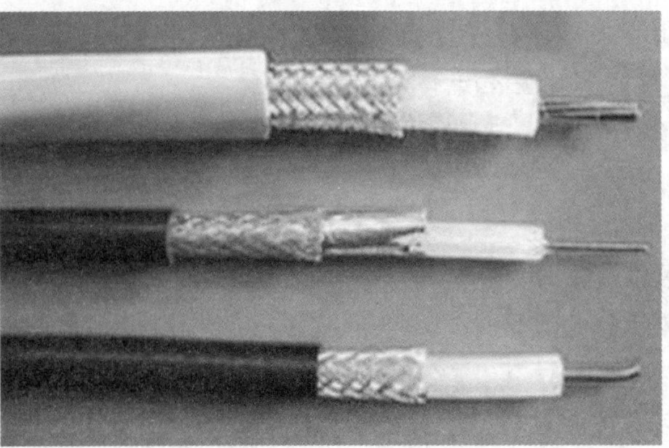

图 6-3-2　同轴电缆

图 6-3-3　光纤

与其他传输介质比较，光纤的电磁绝缘性能好、信号衰减小、频带宽、传输速度快、传输距离大。用于要求传输距离较长、布线条件特殊的主干网连接。

二、网卡及选型

网卡见图 6-3-4。

图 6-3-4　网卡

网卡是主机和网络的接口，用于提供与网络之间的物理连接。一般根据接口总线与传输速率等条件来选择。

三、集线器（HUB）及选型

集线器见图 6-3-5。

图 6-3-5　集线器

（1）集线器是对网络进行集中管理的重要工具，是各分支的汇集点。

（2）HUB 是一个共享设备，其实质是一个中继器，而中继器的主要功能是对接收到的信号进行再生放大，以扩大网络的传输距离。

（3）注意接口类型：

1）选用 HUB 时，还要注意信号输入口的接口类型，与双绞线连接时需要具有 RJ－45 接口。

2）如果与细缆相连，需要具有 BNC 接口。

3）与粗缆相连需要有 AUI 接口。

4）当局域网长距离连接时，还需要具有与光纤连接的光纤接口。

四、交换机及选型

交换机见图 6-3-6。

图 6-3-6 交换机

交换机是网络节点上话务承载装置、交换级、控制和信令设备以及其他功能单元的集合体。

五、路由器及选型

路由器见图 6-3-7。

图 6-3-7 路由器

（1）路由器（Router）是连接因特网中各局域网、广域网的设备。

（2）选择路由器时应注意：①安全性；②控制软件；③扩展能力；④网管系统；⑤带电插拔能力。

六、网络防火墙及选型

（1）防火墙是位于计算机和它所连接的网络之间的软件或硬件，是在内部网和外部网之间、专用网与公共网之间界面上构造的保护屏障。

（2）防火墙主要由服务访问规则、验证工具、包过滤和应用网关四个部分组成。

（3）防火墙可以是一种硬件、固件或者软件，如专用防火墙设备是硬件形式的防火墙，包过滤路由器是嵌有防火墙固件的路由器，而代理服务器等软件就是软件形式的防火墙。

（4）从结构上来分，防火墙有两种：代理主机结构和路由器＋过滤器结构。

（5）从原理上来分，防火墙则可以分成四种类型：特殊设计的硬件防火墙、数据包过滤型、电路层网关和应用级网关。

（6）安全性能高的防火墙系统都是组合运用多种类型的防火墙。

·典型例题·

1.［2021 真题·单选（选做）］某设备是主机和网络的接口，用于提供与网络之间的物理连接，该设备是（　　）。

A. 集线器　　B. 交换机

C. 服务器　　D. 网卡

［解析］网卡是主机和网络的接口，用于提供与网络之间的物理连接。一般根据接口总线与传输速率等条件来选择。

2.［2017 真题·单选（选做）］它是网络节点上话务承载装置、交换级、控制和信令设备以及其他功能单元的集合体，该网络设备为（　　）。

A. 网卡　　B. 集线器

C. 交换机　　D. 路由器

［解析］交换机是网络节点上话务承载装置、交换级、控制和信令设备以及其他功能单元的集合体。交换机能把用户线路、电信电路和（或）其他要互连的功能单元根据单个用户的请求连接起来。根据工作位置的不同，可以分为广域网交换机和局域网交换机。

3.［2016 真题·单选（选做）］集线器是对网络进行集中管理的重要工具，是各分支的汇集点。集线器选用时要注意接口类型，与双绞线连接时需要具有的接口类型为（　　）。

A. BNC 接口

B. AUI 接口

C. USB 接口

D. RJ－45 接口

［解析］选用集线器（HUB）时，要注意信号输入口的接口类型：与双绞线连接时需要具有 RJ－45 接口；如果与细缆相连，需要具有 BNC 接口；与粗缆相连需要有 AUI 接口；当局域网长距离连接时，还需要具有与光纤连接的光纤接口。

4.［2015 真题·单选（选做）］它是连接因特网中各局域网、广域网的设备，具有判断网络地址和选择 IP 路径功能，属网络层的一种互联设备。该网络设备是（　　）。

A. 网卡　　B. 集线器

C. 交换机　　D. 路由器

［解析］路由器（Router）是连接因特网中各局域网、广域网的设备。它根据信道的情况自动选择和设定路由，以最佳路径，按前后顺序发送信号的设备，广泛用于各种骨干网内部连接、骨干网间互联和骨干网与互联网互联互通业务。路由器具有判断网络地址和选择 IP 路径的功能，能在多网络互联环境中建立灵活的连接，可用完全不同的数据分组和介质访问方法连接各种子网。路由器只接受源站或其他路由器的信息，属网络层的一种互联设备。

5.［2013 真题·单选（选做）］可在 6～8km 距离内不使用中继器实现高速率数据传输，电磁绝缘性良好，衰减小，频带宽，传输速度快，主要用于布线条件特殊的通信网络主干网，该网络传输介质为（　　）。

A. 双绞线

B. 同轴电缆

C. 光纤

D. 大对数铜缆

［解析］与其他传输介质比较，光纤的电磁绝缘性能好、信号衰减小、频带宽、传输速度

快、传输距离大。用于要求传输距离较长、布线条件特殊的主干网连接。

6.［2016 真题·多选（选做）］ 防火墙是在内部网和外部网之间、专用网与公共网之间界面上构造的保护屏障。常用的防火墙有（　　）。

A. 网卡　　B. 包过滤路由器

C. 交换机　　D. 代理服务器

［解析］ 防火墙可以是一种硬件、固件或者软件，如专用防火墙设备是硬件形式的防火墙，包过滤路由器是嵌有防火墙固件的路由器，而代理服务器等软件就是软件形式的防火墙。

答案：1. D　2. C　3. D　4. D　5. C　6. BD

知识点 2　有线电视和卫星接收系统

一、有线电视系统

有线电视系统用同轴电缆、光缆或其组合作为信号传输介质，传输图像信号、声音信号和控制信号。这些信号在封闭的线缆中传输，不向空间辐射电磁波，所以称为闭路电视系统。

（一）有线电视的组成

有线电视由天线、前端装置、传输干线和用户分配网络组成。

1. 干线传输系统

干线传输分配部分除电缆以外，还有干线放大器、均衡器、分支器、分配器等设备。

2. 用户分配系统

用户分配部分的主要部件有分支器、分配器、终端电阻、支线放大器等设备。电视用户可通过连接线把电视机与用户盒相连，来接收全部电视节目。

（二）有线电视信号的传输

（1）有线电视信号的传输分为有线传输和无线传输。有线传输常用同轴电缆和光缆为介质。无线传输根据传输方式和频率分为多频道微波分配系统（MMDS）和调幅微波链路（AML）。

（2）用光缆传输电视信号具有传输损耗小、频带宽、传输容量大、频率特性好、抗干扰能力强、安全可靠等优点，是有线电视信号传输技术手段的发展方向。

（3）采用多成分玻璃纤维制成的光导纤维，性能价格比好，目前常用。塑料纤维制造的光纤成本最低，但传输损耗最大，可用于短距离通信。

二、卫星电视接收系统

（一）卫星电视接收系统的组成

卫星电视接收系统由接收天线、高频头和卫星接收机三大部分组成。接收天线与高频头通常放置在室外，称为室外单元设备。卫星接收机与电视机相接，称为室内单元设备。

（二）高频头（LNB）、功分器、调制器和混合器

1. 高频头

高频头是灵敏度极高的高频放大变频电路。作用是将卫星天线收到的微弱信号进行放大，并且变频到 950～1 450MHz 频段后放大输出。

2. 功分器

功分器的作用是把经过线性放大器放大后的第一中频信号（950～1 450MHz）均等地分成

若干路，以供多台卫星接收机接收多套电视节目，实现一个卫星天线能够同时接收几个电视节目或供多个用户使用。

3. 调制器

调制器是邻频调制器简称，也常称作射频调制器或电视调制器，是有线电视前端机房的主要设备之一。功能是把信号源所提供的视频信号（VIDEO）和音频信号（AUDIO）调制成稳定的高频射频振荡信号，视频为调幅调制方式，音频为调频调制方式。

4. 混合器

将两套以上的不同频率的射频信号混合在一起形成一路宽带的射频信号多频道节目输出的器件。

·典型例题·

1. ［**2020 真题·单选（选做）**］把经过线性放大器放大后的第一中频信号均等地分成若干路，以供多台卫星接收机接收多套电视节目的是（　　）。

A. 高频头　　B. 功分器

C. 调制器　　D. 混合器

［**解析**］高频头作用是将卫星天线收到的微弱信号进行放大，并且变频到950～1 450MHz后放大输出。功分器作用是把经过线性放大器放大后的第一中频信号均等地分成若干路，以供多台卫星接收机接收多套电视节目，实现一个卫星天线能够同时接收几个电视节目或供多个用户使用。调制器功能是把信号源所提供的视频信号和音频信号调制成稳定的高频射频振荡信号。混合器是将两套以上的不同频率的射频信号混合在一起形成一路宽带的射频信号多频道节目输出的器件。

2. ［**2015 真题·单选（选做）**］卫星电视接收系统中，它是灵敏度极高的高频放大变频电路。作用是将卫星天线收到的微弱信号进行放大，并且变频后输出。此设备是（　　）。

A. 放大器　　B. 功分器

C. 高频头　　D. 调制器

［**解析**］高频头是灵敏度极高的高频放大变频电路。高频头的作用是将卫星天线收到的微弱信号进行放大，并且变频到950～1 450MHz频段后放大输出。

3. ［**2017 真题·多选（选做）**］有线电视传输系统中，干线传输分配部分除电缆、干线放大器外，属于该部分的设备还有（　　）。

A. 混合器　　B. 均衡器

C. 分支器　　D. 分配器

［**解析**］干线传输分配部分除电缆以外，还有干线放大器、均衡器、分支器、分配器等设备。

4. ［**2010 真题·多选（选做）**］有线电视信号传输一般可采用的传输方式有（　　）。

A. 同轴电缆传输　　B. 光纤传输

C. 双绞线传输　　D. 微波传输

［**解析**］有线电视信号的传输分为有线传输和无线传输。有线传输常用同轴电缆和光缆为介质。无线传输根据传输方式和频率分为多频道微波分配系统（MMDS）和调幅微波链路（AML）。

答案：1. B　2. C　3. BCD　4. ABD

知识点3 音频和视频通信系统

一、电话通信系统的组成

（1）电话通信系统由用户终端设备、传输系统和电话交换设备组成。

（2）电话传输系统按传输媒介分为有线传输（电缆、光纤等）和无线传输（短波、微波中继、卫星通信等）。在有线传输的电话通信系统中，传输线路有用户线和中继线之分。用户线是指用户与交换机之间的线路。两台交换机之间的线路称为中继线。

二、电话通信系统安装

用户交换机与市电信局连接的中继线一般均用光缆，建筑内的传输线用性能优良的双绞线电缆。通信线缆安装应满足如下要求：

（一）建筑物内通信配线原则

（1）建筑物内竖向（垂直）电缆配线管允许穿多根电缆，横向（水平）电缆配线管应一根电缆配线管穿放一条电缆。

（2）通信电缆不宜与用户线合穿一根电缆配线管，配线管内不得合穿其他非通信线缆。

（二）建筑物内通信配线电缆

（1）建筑物内分线箱（组线箱）内接线模块（或接线条）宜采用普通卡接式或旋转卡接式接线模块。当采用综合布线时，分线箱（组线箱）内接线模块宜采用卡接式或RJ－45快接式接线模块。

（2）建筑物内普通市话电缆芯线接续应采用扣式接线子，不得使用扭绞接续。电缆的外护套分接处接头封合以冷包为主，亦可采用热可缩套管。

（三）建筑物内用户线

（1）建筑物内普通用户线宜采用铜芯0.5mm或0.6mm线径的对绞用户线，亦可采用铜芯0.5mm线径的平行用户线。

（2）有特殊屏蔽要求的电缆或电话线应穿钢管敷设，并将钢管接地。

·典型例题·

1.［2017真题·单选（选做）］建筑物内普通市话电缆芯线接续，应采用的接续方法为（　　）。

A. 扭绞接续

B. 旋转卡接式

C. 普通卡接式

D. 扣式接线子

［解析］建筑物内普通市话电缆芯线接续应采用扣式接线子，不得使用扭绞接续。电缆的外护套分接处接头封合以冷包为主，亦可采用热可缩套管。

2.［2016真题·单选（选做）］现阶段电话通信系统安装时，用户交换机至市电信局连接的中继线一般较多选用的线缆类型为（　　）。

A. 光缆　　B. 粗缆

C. 细缆　　D. 双绞线

［解析］目前，用户交换机与市电信局连接的中继线一般均用光缆，建筑内的传输线用性能优良的双绞线电缆。

3. ［**2015 真题·多选（选做）**］建筑物内通信配线的分线箱（组线箱）内接线模块宜采用（　　）。

A. 普通卡接式接线模块　　B. 旋转卡接式接线模块

C. 扣式接线子　　D. RJ－45 快接式接线模块

［**解析**］建筑物内分线箱（组线箱）内接线模块（或接线条）宜采用普通卡接式或旋转卡接式接线模块。当采用综合布线时，分线箱（组线箱）内接线模块宜采用卡接式或 RJ－45 快接式接线模块。

4. ［**2014 真题·多选（选做）**］通信线缆安装中，建筑物内电缆配线管的安装要求有（　　）。

A. 管线可以合穿其他非通信线缆

B. 垂直管允许穿多根电缆

C. 水平管应一根管穿放一条电缆

D. 水平管允许穿多根电缆

［**解析**］建筑物内通信配线原则。建筑物内竖向（垂直）电缆配线管允许穿多根电缆，横向（水平）电缆配线管应一根电缆配线管穿放一条电缆。通信电缆不宜与用户线合穿一根电缆配线管，配线管内不得合穿其他非通信线缆。

答案：1. D　2. A　3. AB　4. BC

知识点 4　通信线路工程

一、线路器材检验与安装

线路器材检验与安装包括对光缆进行光纤长度、衰减测试，电气性能测试，气压维护。

二、线路施工

（1）路由复测。

（2）光电缆配盘。

（3）光电缆敷设的一般规定：

1）光缆的弯曲半径不应小于光缆外径的 15 倍，施工过程中应不小于 20 倍。

2）布放光缆的牵引力不应超过光缆允许张力的 80%。瞬间最大牵引力不得超过光缆允许张力的 100%，主要牵引力应加在光缆的加强芯上，牵引端头与牵引索之间应加入转环。光缆布放完毕，应检查光纤是否良好，光缆端头应做密封防潮处理。

（4）机械牵引敷设光缆具体施工要求如下：

1）管道光电缆敷设。机械牵引敷设光缆：①在施工环境较好的情况下，一般采用机械牵引方法敷设光缆；②一次机械牵引敷设光缆的长度一般不超过 1 000m。

2）直埋光电缆敷设。直埋光缆敷设一般用人工抬放敷设和机械牵引敷设两种方法进行。

三、光、电缆接续及测试

光、电缆接续及测试包括光缆接续、光缆测试、电缆接续和电缆测试四部分内容。这里重点掌握光缆接续，其内容如下：分纤将光纤穿过热缩管。将不同束管、不同颜色的光纤分开，穿过热缩管。剥去涂覆层的光纤很脆弱，使用热缩管可以保护光纤熔接头。

·典型例题·

1. ［2017 真题·单选（选做）］光缆线路工程中，热缩管的作用为（　　）。

A. 保护光纤纤芯　　B. 保护光纤熔接头

C. 保护束管　　D. 保护光纤

［解析］分纤将光纤穿过热缩管。将不同束管、不同颜色的光纤分开，穿过热缩管。剥去涂覆层的光纤很脆弱，使用热缩管可以保护光纤熔接头。

2. ［2016 真题·单选（选做）］光缆穿管道敷设时，若施工环境较好，一次敷设光缆的长度不超过 1 000m，一般采用的敷设方法为（　　）。

A. 人工牵引法敷设　　B. 机械牵引法敷设

C. 气吹法敷设　　D. 顶管法敷设

［解析］在施工环境较好的情况下，一般采用机械牵引方法敷设光缆。一次机械牵引敷设光缆的长度一般不超过 1 000m，条件许可时中间应增加辅助牵引。

答案：1. B　2. B

第四节　建筑智能化工程安装技术与计量

知识点 1　智能建筑和建筑自动化系统

一、智能建筑系统

智能建筑体系的构成如下：

（1）智能建筑系统由上层的智能建筑系统集成中心（SIC）和下层的 3 个智能化子系统构成。

（2）智能化子系统包括建筑自动化系统（BAS）、通信自动化系统（CAS）和办公自动化系统（OAS）。

（3）BAS、CAS 和 OAS 三个子系统通过综合布线系统（PDS）连接成一个完整的智能化系统，由 SIC 统一监管。智能建筑系统组成和功能示意图见图 6-4-1。

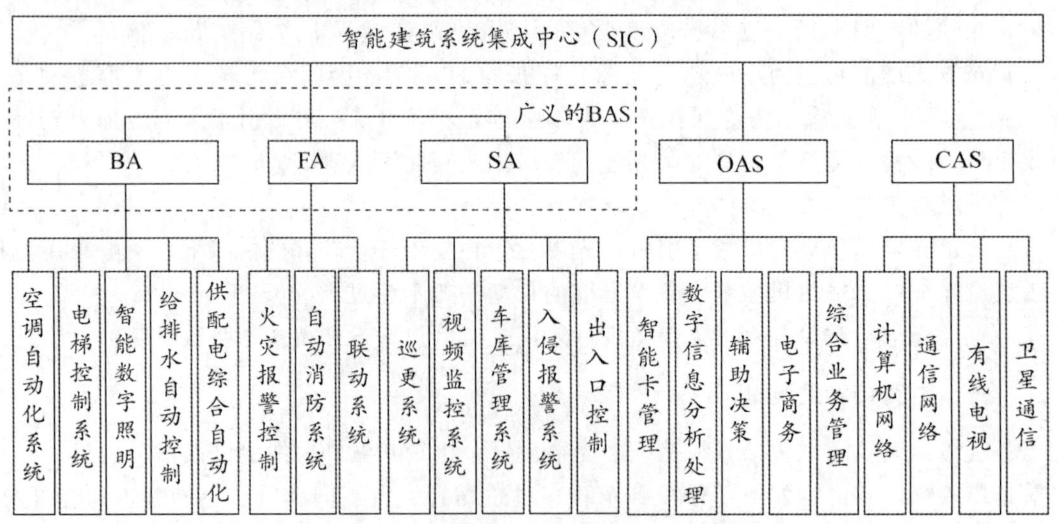

图 6-4-1　智能建筑系统组成和功能示意图

第六章

二、建筑自动化系统（BAS）

建筑自动化系统（BAS）包括供配电、给排水、暖通空调、照明、电梯、消防、安全防范、车库管理等监控子系统。

（一）暖通空调监控系统

通过对大楼环境温湿度的监测，对冷冻机组、空调机组及水泵等设备状态的监控，实现对空调系统所需冷热源的温度、流量等的自动调节。

（二）保安监控系统（SAS）

保安监控系统（SAS）包括出入口控制系统、防盗报警系统、闭路电视监视系统、保安人员巡逻管理系统。

（三）消防监控系统（FAS）

消防监控系统（FAS）主要由火灾自动报警系统和消防联动控制两部分构成。

·典型例题·

1. **［2020 真题·单选（选做）］** 建筑物内，能实现对供电、给排水、暖通、照明、消防安全防范等监控的系统为（　　）。

A. 建筑自动化系统（BAS）

B. 通信自动化系统（CAS）

C. 办公自动化系统（OAS）

D. 综合布线系统（PDS）

［解析］ 建筑自动化系统（BAS）是一套采用计算机、网络通信和自动控制技术，对建筑物中的设备、安保和消防进行自动化监控管理的中央监控系统。

2. **［2010 真题·单选（选做）］** 智能建筑系统结构的下层由三个智能子系统构成，这三个智能子系统是（　　）。

A. BAS、CAS、OAS　　B. BAS、PAS、OAS

C. BAS、CAS、FAS　　D. CAS、PDS、FAS

［解析］ 智能化子系统包括建筑自动化系统（BAS）、通信自动化系统（CAS）和办公自动化系统（OAS）。

3. **［2017 真题·多选（选做）］** 保安监控系统又称 SAS，包含（　　）。

A. 火灾报警控制系统　　B. 出入口控制系统

C. 防盗报警系统　　D. 电梯控制系统

［解析］ 保安监控系统又称 SAS，它一般包括：出入口控制系统、防盗报警系统、闭路电视监视系统、保安人员巡逻管理系统。

4. **［2014 真题·多选（选做）］** 按照我国行业标准，建筑自动化系统包括（　　）。

A. 设备运行管理与监控系统　　B. 通信自动化系统

C. 消防子系统　　D. 安全防范子系统

［解析］ 根据我国行业标准，建筑自动化系统（BAS）可分为设备运行管理与监控子系统（BA）、消防子系统（FA）和安全防范子系统（SA）。

答案：1. A　2. A　3. BC　4. ACD

第六章

知识点 2 防盗报警系统

一、防盗报警系统的组成

防盗报警系统由探测器、信道、控制器、控制中心（报警中心）组成。

二、常用入侵探测器

常用入侵探测器按防范的范围可分为点型、线型、面型和空间型（见表 6-4-1）。对入侵探测器要求为：应有防拆和防破坏保护，应有抗小动物干扰的能力，应有抗外界干扰的能力。

表 6-4-1 常用入侵探测器的类型和特点

探测器类型	特点	
点型入侵探测器	(1) 警戒范围仅是一个点的报警器（门、窗、柜台、保险柜）。包括：开关入侵探测器、震动入侵探测器（压电式、电动式） (2) 电动式震动入侵探测器，电动传感器具有较高的灵敏度，输出电动势较高，不需要高增益放大器，而且电动传感器输出阻抗低，噪声干扰小	
线型入侵探测器	常见类型：主动红外入侵探测器、激光入侵探测器	
	主动红外入侵探测器	特点：体积小、重量轻、便于隐蔽，采用双光路的主动红外探测器可大大提高其抗噪防误报的能力。寿命长、价格低、易调整，广泛使用
	激光入侵探测器	激光与一般光源相比较，特点有： (1) 方向性好，亮度高 (2) 激光的单色性和相干性好 (3) 激光具有高亮度、高方向性，适合于远距离的线控报警装置。由于能量集中，可在光路上加反射镜反射激光，围成光墙。从而用一套激光探测器可以封锁一个场地的四周，或封锁几个主要通道路口
面型入侵探测器	常用的有平行线电场畸变探测器，带孔同轴电缆电场畸变探测器	
空间型入侵探测器	分为：声入侵探测器（声控探测器、声发探测器）、次声探测器、超声波探测器、微波入侵探测器、视频运动探测器	

三、系统信号的传输

有线传输：当传输声音和图像复核信号时常用音频屏蔽线和同轴电缆。视频图像也可通过光缆进行传输，其特点是传输距离远、传输图像质量好、抗干扰、保密、体积小、重量轻、抗腐蚀、容易敷设，但造价较高。

·典型例题·

1.［2020 真题·单选（选做）］超声波探测器是利用多普勒效应，当目标在防范区域空间移动时，反射的超声波引起探测器报警。该探测器属于（　）。

A. 点型入侵探测器

B. 线型入侵探测器

C. 面型入侵探测器

D. 空间型入侵探测器

[解析] 空间型入侵探测器包括声入侵探测器、次声探测器、其他探测器（超声波探测器、微波入侵探测器、视频运动探测器）。

2.［2017 真题·单选（选做）］能够封锁一个场地的四周或封锁探测几个主要通道，还能远距离进行线控报警，应选用的入侵探测器为（　　）。

A. 激光入侵探测器　　B. 红外入侵探测器

C. 电磁感应探测器　　D. 超声波探测器

［解析］激光入侵探测器。激光与一般光源相比较，特点有：①方向性好，亮度高；②激光的单色性和相干性好；③激光具有高亮度、高方向性。所以激光探测器十分适合于远距离的线控报警装置。由于能量集中，可以在光路上加反射镜反射激光，围成光墙。从而用一套激光探测器可以封锁一个场地的四周，或封锁几个主要通道路口。

3.［2016 真题·多选（选做）］按入侵探测器防范的范围划分，属于点型入侵探测器的有（　　）。

A. 开关入侵探测器　　B. 震动入侵探测器

C. 声入侵探测器　　D. 激光入侵探测器

［解析］点型入侵探测器包括开关入侵探测器和震动入侵探测器。选项 C 属于空间型入侵探测器；选项 D 属于线型入侵探测器。

4.［2013 真题·多选（选做）］常用点型入侵探测器中，震动入侵探测器的类型有（　　）。

A. 电压式震动入侵探测器　　B. 压电式震动入侵探测器

C. 电流式震动入侵探测器　　D. 电动式震动入侵探测器

［解析］震动入侵探测器：①压电式震动入侵探测器；②电动式震动入侵探测器。

答案：1. D　2. A　3. AB　4. BD

知识点 3　电视监控系统

一、闭路监控的组成和特点

（1）闭路监控电视系统一般由摄像、传输、控制、图像处理和显示四个部分组成。

（2）传输部分：

1）作用：将摄像机（现场）和中心机房进行信息交互，传输控制信号，以控制现场的云台和摄像机工作。

2）控制信号传输方式：基带传输和频带传输。未经调制的视频信号为数字基带信号。基带传输不需要调制、解调，设备花费少，传输距离一般不超过 2km。

二、闭路监控系统的现场设备

闭路监控系统的现场设备包括摄像机、云台及防护罩、解码器。其中解码器能完成对摄像机镜头、全方位云台的总线控制。

三、闭路监控系统信号的传输

闭路监控系统信号传输的方式由信号传输距离、控制信号的数量等确定。当传输距离较近时采用信号直接传输（基带传输），当传输距离较远采用射频、微波或光纤传输等。

（一）基带传输

控制信号直接传输，常用多芯控制电缆对云台、摄像机进行多线制控制，也有通过双绞线采用编码方式进行控制的。

（二）射频传输

将摄像机输出的图像信号经调制器调制到射频段来进行传输。

（三）光纤传输

将摄像机输出的图像信号和对摄像机、云台的控制信号转换成光信号通过光纤进行传输，光纤传输的高质量、大容量、强抗干扰性、安全性是其他传输方式不可比拟的。

·典型例题·

1.［2017 真题·单选（选做）］ 传输信号质量高、容量大、抗干扰性强、安全性好，且可进行远距离传输。此信号传输介质应选用（　　）。

A. 射频线　　B. 双绞线

C. 同轴电缆　　D. 光缆

［解析］ 光纤传输是将摄像机输出的图像信号和对摄像机、云台的控制信号转换成光信号通过光纤进行传输，光纤传输的高质量、大容量、强抗干扰性、安全性是其他传输方式不可比拟的。

2.［2016 真题·单选（选做）］ 不需要调制、解调，设备花费少，传输距离一般不超过 2km 的电视监控系统信号传输方式为（　　）。

A. 微波传输　　B. 射频传输

C. 基带传输　　D. 宽带传输

［解析］ 基带传输不需要调制、解调，设备花费少，传输距离一般不超过 2km。

3.［2014 真题·单选（选做）］ 闭路监控系统中，能完成对摄像机镜头、全方位云台的总线控制，有的还能对摄像机电源的通断进行控制的设备为（　　）。

A. 处理器　　B. 均衡器

C. 调制器　　D. 解码器

［解析］ 解码器能完成对摄像机镜头、全方位云台的总线控制。有的还能对摄像机电源的通断进行控制。

答案：1. D　2. C　3. D

知识点 4　出入口控制系统

在大楼的入口处、档案室门、电梯等处安装出入控制装置，比如磁卡/IC 卡识别器或者密码键盘等。

一、门禁系统组成

门禁系统由管理中心设备（控制软件、主控模块、协议转换器、主控模块等）和前端设备（含门禁读卡模块、进/出门读卡器、电控锁、门磁开关及出门按钮）两大部分组成。

二、系统网络结构

门禁控制系统是典型的集散型控制系统。系统网络由两部分组成：监视、控制的现场网络和信息管理、交换的上层网络。

三、智能卡应用系统

IC 卡芯片可以写入数据与存储数据，根据芯片功能的差别，可以将其分为三类：存储型、逻辑加密型、CPU 型。

·典型例题·

1.［2015 真题·单选（选做）］出入口控制系统中的门禁控制系统是一种典型的（　　）。

A. 可编程控制系统

B. 集散型控制系统

C. 数字直接控制系统

D. 设定点控制系统

［**解析**］门禁控制系统是一种典型的集散型控制系统。系统网络由两部分组成：监视、控制的现场网络和信息管理、交换的上层网络。

2.［2017 真题·多选（选做）］智能 IC 卡种类较多，根据 IC 卡芯片功能的差别可以将其分为（　　）。

A. CPU 型

B. 存储型

C. 逻辑加密型

D. 切换型

［**解析**］IC 卡芯片可以写入数据与存储数据，根据芯片功能的差别，可以将其分为三类：存储型、逻辑加密型、CPU 型。

3.［2016 真题·多选（选做）］门禁系统一般由管理中心设备和前端设备两大部分组成，属于出入口门禁控制系统管理中心设备的有（　　）。

A. 主控模块

B. 门禁读卡模块

C. 进/出门读卡器

D. 协议转换器

［**解析**］门禁系统一般由管理中心设备（控制软件、主控模块、协议转换器、主控模块等）和前端设备（含门禁读卡模块、进/出门读卡器、电控锁、门磁开关及出门按钮）两大部分组成。

答案：1. B　2. ABC　3. AD

知识点 5　办公自动化系统

一、办公自动化（OA）系统的概念

OA 的特征是：

（1）计算机技术、通信技术、系统科学、行为科学是办公自动化四大支柱。以行为科学为主导，系统科学为理论基础，综合运用计算机技术及通信技术完成各项办公业务。

（2）办公自动化系统是人-机信息系统。

（3）办公自动化的目标是降低办公人员劳动强度，提高办公质量和办公效率，提高决策的科学性和准确性。

（4）办公自动化包括语音、数据、图像和文字等信息的一体化处理。办公自动化系统的功

能是信息采集、存储、加工、传递和辅助决策。语音、数据、图像和文字是办公信息的四种形式。

二、办公自动化的支撑技术

（1）计算机技术：办公自动化系统数据的采集、存储和处理都依赖于计算机技术。

（2）通信技术：通信系统是办公自动化系统的神经系统。它完成信息的传递任务。

（3）系统科学：系统科学为办公自动化系统提供各种与决策有关的理论方法，完成定量结构分析、预测未来、政策评价等。

（4）行为科学。

三、办公自动化的层次结构

办公自动化系统按处理信息的功能划分为三个层次：事务型办公系统、管理型办公系统、决策型办公系统（综合型办公系统）。

（1）事务型办公系统中，最为普遍的应用有文字处理、电子排版、电子表格处理、文件收发登录、电子文档管理、办公日程管理、人事管理、财务统计等。这些常用的办公事务处理的应用可做成应用软件包，包内的不同应用程序之间可以互相调用或共享数据，以提高办公事务处理的效率。

（2）决策支持型办公系统建立在信息管理级办公系统的基础上，使用由综合数据库系统所提供的信息，针对需要做出决策的问题，构造或选用决策数学模型，由计算机执行决策程序，做出相应的决策。

四、办公自动化系统的特点

（1）集成化：软硬件及网络产品的集成，人与系统的集成，单一办公系统同社会公众信息系统的集成。

（2）智能化：面向日常事务处理，辅助人们完成智能性劳动。

（3）多媒体化：包括对数字、文字、图像、声音和动画的综合处理。

（4）电子数据交换（EDI）：通过数据通信网，在计算机间进行交换和自动化处理。

·典型例题·

1.［2015 真题·单选（选做）］办公自动化系统按处理信息的功能划分为三个层次，以下选项属于第二层次的是（　　）。

A. 事务型办公系统　　B. 综合数据库系统

C. 决策型办公系统　　D. 管理型办公系统

［**解析**］办公自动化系统按处理信息的功能划分为三个层次：事务型办公系统、管理型办公系统、决策型办公系统（综合型办公系统）。

2.［2014 真题·单选（选做）］以数据库为基础，可以把业务做成应用软件包，包内的不同应用程序之间可以互相调用或共享数据的办公自动化系统为（　　）。

A. 事务型办公系统

B. 管理型办公系统

C. 决策型办公系统

D. 系统科学型办公系统

［**解析**］事务型办公系统中，最为普遍的应用有文字处理、电子排版、电子表格处理、文

件收发登录、电子文档管理、办公日程管理、人事管理、财务统计等。这些常用的办公事务处理的应用可做成应用软件包，包内的不同应用程序之间可以互相调用或共享数据，以提高办公事务处理的效率。

答案：1.D　2.A

知识点 6 综合布线系统

一、综合布线系统的网络结构

综合布线系统最常用的是分级星型网络拓扑结构。对具体的综合布线系统，其子系统的种类和数量由建筑群或建筑物的相对位置、区域大小及信息插座的密度而定。

二、综合布线系统的部件

结合布线系统的部件通常由传输媒介、连接件和信息插座组成。

（一）传输媒介

综合布线系统常用的传输媒介有双绞线和光缆。

（二）连接件

连接件在综合布线系统中按其使用功能来划分，可分为：

（1）配线设备。如配线架（箱、柜）等。

（2）交接设备。如配线盘（交接间的交接设备）等。

（3）分线设备。有电缆分线盒、光纤分线盒。

（三）信息插座

综合布线可采用不同类型的信息插座和插头的接插软线。这些信息插座和带有插头的接插软线相互兼容。如在工作区，用带有 8 针插头的接插软线一端插入工作区水平子系统的信息插座，另一端插入工作区设备接口。信息插座类型及特征见表 6-4-2。

表 6-4-2　信息插座类型及特征

信息插座类型	特征
3 类信息插座模块（见图 6-4-2）	支持 16Mbps 信息传输，适合语音应用；8 位/8 针无锁模块，可装在配线架或接线盒内
5 类信息插座模块（见图 6-4-3）	支持 155Mbps 信息传输，适合语音、数据、视频应用；8 位/8 针无锁信息模块，可安装在配线架或接线盒内
超 5 类信息插座模块	支持 622Mbps 信息传输，适合语音、数据、视频应用；可安装在配线架或接线盒内。一旦装入即被锁定
千兆位信息插座模块	支持 1 000Mbps 信息传输，适合语音、数据、视频应用；可装在接线盒或机柜式配线架内
光纤插座模块	支持 1 000Mbps 信息传输，适合语音、数据、视频应用
多媒体信息插座	支持 100Mbps 信息传输，适合语音、数据、视频应用

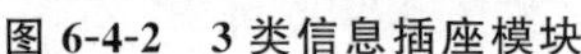

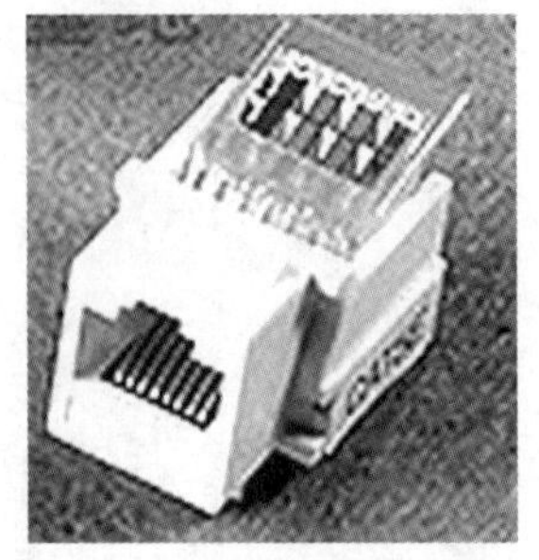

图 6-4-2　3 类信息插座模块　　图 6-4-3　5 类信息插座模块

三、综合布线系统设计

适配器是一种使不同尺寸或不同类型的插头与信息插座相匹配，提供引线的重新排列，把电缆连接到应用系统的设备接口的器件，见图 6-4-4。

图 6-4-4　适配器

四、垂直干线子系统

（1）在干线子系统中，采用双绞电缆时，根据环境可选用非屏蔽双绞电缆或屏蔽双绞电缆。

（2）采用 5 类双绞电缆时，传输速率超过 100Mbps 的高速应用系统，布线距离不宜超过 90m。否则宜选用单模或多模光缆。

（3）传输速率在 1Mbps 以下时，采用 5 类双绞电缆布线距离可达 2km 以上。

（4）采用 62.5/125μm 多模光纤，信息传输速率为 100Mbps 时，传输距离为 2km。采用单模光缆时，传输最大距离可以延伸到 3 000m。

·典型例题·

1.［2017 真题·单选（选做）］传输速率超过 100Mbps 的高速应用系统，布线距离不超过 90m，宜采用的综合布线介质为（　　）。

A. 3 类双绞电缆　　B. 5 类双绞电缆

C. 单模光缆　　D. 多模光缆

［解析］采用 5 类双绞电缆时，传输速率超过 100Mbps 的高速应用系统，布线距离不宜超过 90m。否则宜选用单模或多模光缆。传输速率在 1Mbps 以下时，采用 5 类双绞电缆布线距离可达 2km 以上。采用 62.5/125μm 多模光纤，信息传输速率为 100Mbps 时，传输距离为 2km。采用单模光缆时，传输最大距离可以延伸到 3 000m。

2.［2016 真题·单选（选做）］信息插座在综合布线系统中起着重要作用，为所有综合布线推荐的标准信息插座是（　　）。

A. 6 针模块化信息插座　　B. 8 针模块化信息插座

C. 10 针模块化信息插座　　D. 12 针模块化信息插座

［**解析**］8 针模块化信息插座（IO）是为所有的综合布线推荐的标准信息插座。

3.［2015 真题・单选（选做）］综合布线系统中，使不同尺寸或不同类型的插头与信息插座相匹配，提供引线的重新排列，把电缆连接到应用系统的设备接口的器件是（　　）。

A. 适配器　　B. 接线器

C. 连接模块　　D. 转接器

［**解析**］适配器是一种使不同尺寸或不同类型的插头与信息插座相匹配，提供引线的重新排列，把电缆连接到应用系统的设备接口的器件。

4.［2014 真题・单选（选做）］连接件是综合布线系统中各种连接设备的统称，下列选项不属于连接件的是（　　）。

A. 配线架　　B. 配线盘

C. 中间转接器　　D. 光纤分线盒

［**解析**］连接件是综合布线系统中各种连接设备的统称。连接件在综合布线系统中按其使用功能分为：①配线设备，如配线架（箱、柜）等；②交接设备，如配线盘（交接间的交接设备）等；③分线设备，有电缆分线盒、光纤分线盒。

5.［2013 真题・单选（选做）］综合布线可采用不同类型的信息插座，支持 155Mbps 信息传输，适合语音、数据、视频应用，8 位/8 针无锁信息模板，可安装在配线架或接线盒内的信息插座模块为（　　）。

A. 3 类信息插座模式　　B. 5 类信息插座模块

C. 超 5 类信息插座模块　　D. 千兆位信息插座模块

［**解析**］5 类信息插座模块支持 155Mbps 信息传输，适合语音、数据、视频应用；8 位/8 针无锁信息模块，可安装在配线架或接线盒内。

答案：1. B　2. B　3. A　4. C　5. B

同步强化训练

答题须知：第六章“电气和自动化控制安装工程技术与计量”在考试中以选做题的形式出现，为帮助考生更好地复习备考，以下试题不区分单选和多选。

1. 高压供电系统中，能在有负荷下接通或断开电路，并在系统发生短路故障时，能迅速切断短路电流的开关设备为（　　）。

A. 隔离开关　　B. 断路器

C. 负荷开关　　D. 熔断器

2. 下列关于高压负荷开关的功能与用途，叙述正确的有（　　）。

A. 具有明显可见的断开间隙

B. 能断开短路电流

C. 适用于无油化、不检修、要求频繁操作的场所

D. 送电时先合隔离开关，再合负荷开关

3. 进行变电所工程设计时，为避免电能损失增大，应采取的措施为（　　）。

A. 控制室靠近高压配电室　　B. 控制室靠近变压器室

C. 低压配电室靠近变压器室　　D. 高压配电室靠近低压配电室

4. 六氟化硫断路器具有的优点有（　　）。

A. 150℃以下时，化学性能相当稳定　　B. 不存在触头氧化问题

C. 腐蚀性和毒性小，且不受温度影响　　D. 具有优良的电绝缘性能

5. 下列关于低压断路器的叙述，不正确的是（　　）。

A. 能带负荷通断电路

B. 能在短路、过负荷的情况下自动跳闸

C. 能在欠压或失压的情况下自动跳闸

D. 没有灭弧装置

6. 高压断路器的作用有（　　）。

A. 通断正常负荷电流　　B. 过负荷保护

C. 短路时自动切断电流　　D. 保护高压电器设备的安全

7. 配电所与变电所的区别在于其内部没有装设（　　）。

A. 电力变压器　　B. 低压配电屏

C. 隔离开关　　D. 高压断路器

8. 下面关于电流互感器的说法正确的是（　　）。

A. 在工作时二次绕组允许开路

B. 二次绕组侧有一端必须接地

C. 一次绕组匝数多

D. 二次绕组串接在一次电路中

9. 制造、使用或贮存炸药、火药、起爆药、军工用品等大量爆炸物质，因电火花会引起爆炸，造成巨大破坏和人身伤亡者的建筑物属于（　　）。

A. 第一类防雷建筑物　　B. 第二类防雷建筑物

C. 第三类防雷建筑物　　D. 第四类防雷建筑物

10. 适用于高黏度介质流量测量的流量计为（　　）。

A. 玻璃管转子流量计　　B. 涡轮流量计

C. 差压计　　D. 椭圆齿轮流量计

11. 测量精度高、性能稳定，是中低温区最常用的温度测量仪表的是（　　）。

A. 压力式温度计　　B. 双金属温度计

C. 玻璃液位温度计　　D. 热电阻温度计

12. 玻璃管转子流量计的特点包括（　　）。

A. 结构简单、维修方便　　B. 精度高

C. 适用于有毒性介质及不透明介质　　D. 属于面积式流量计

13. 集线器的本质功能是（　　）。

A. 用于提供与网络之间的物理连接

B. 对接收到的信号进行再生放大，以扩大网络的传输距离

C. 把用户线路、电信电路和（或）其他要互连的功能单元根据单个用户的请求连接起来

D. 连接因特网中各局域网、广域网

14. 适用于网络流量较大的高速网络协议应用的网络传输介质是（　　）。
A. 屏蔽双绞线　　B. 非屏蔽双绞线
C. 粗缆　　D. 细缆

15. 对网络进行集中管理，是各分支的汇集点的网络互联设备是（　　）。
A. 双绞线　　B. 网卡
C. 集线器　　D. 交换机

16. 电磁绝缘性能好、信号衰减小、频带宽、传输速度快、传输距离大的网络传输介质是（　　）。
A. 双绞线　　B. 粗缆
C. 细缆　　D. 光纤

17. 闭路电视系统中大量使用（　　）作为传输介质。
A. 光缆　　B. 多频道微波分配系统
C. 同轴电缆　　D. 调幅微波链路系统

18. 电话通信系统的主要组成部分包括（　　）。
A. 用户终端设备　　B. 传输系统
C. 用户分配网　　D. 电话交换设备

19. 建筑物内采用综合布线时，分线箱内接线模块宜采用（　　）。
A. 扣接式　　B. 卡接式
C. RJ－45 快接式　　D. 扭绞接续式

20. 通信设备中软光纤的计量单位是（　　）。
A. m　　B. 个
C. 条　　D. 套

21. 利用先进的科学技术，不断使人的部分办公业务活动物化于人以外的各种设备中，并由这些设备与工作人员构成服务于某种目标的人机信息处理系统，此系统简称为（　　）。
A. BAS　　B. CAS
C. OAS　　D. FAS

22. 智能建筑系统中，采用计算机、网络通信和自动控制技术，对建筑物中的设备进行自动化监控管理的中央监控系统称为（　　）。
A. 系统集成中心　　B. 建筑自动化系统
C. 办公自动化系统　　D. 安全防范系统

23. 智能建筑系统集成中心的下层智能化子系统包括（　　）。
A. 楼宇自动化系统　　B. 安全防范自动化系统
C. 通信自动化系统　　D. 办公自动化系统

24. 保安监控系统又称 SAS，是建筑设备自动化的重要部分，一般包括（　　）。
A. 出入口控制系统　　B. 闭路电视监视系统
C. 保安人员巡逻管理系统　　D. 电梯（自动扶梯）运行状态监视

25. 主动红外探测器的特点是（　　）。
A. 体积小、重量轻　　B. 抗噪防误报能力强
C. 寿命长　　D. 价格高

26. 供配电监控系统属于（　　）。

A. 智能建筑系统集成中心　　B. 建筑自动化系统

C. 通信自动化系统　　D. 办公自动化系统

27. 为办公自动化系统提供各种与决策有关的理论方法，完成定量结构分析、预测未来、政策评价的办公自动化支撑技术是（　　）。

A. 计算机技术　　B. 通信技术

C. 系统科学　　D. 行为科学

28. 随着网络通信技术、计算机技术和数据库技术的成熟，办公自动化系统已发展进入到新层次，其特点中不包括（　　）。

A. 集成化　　B. 智能化

C. 多媒体化　　D. 数字化

参考答案及解析

1. ［答案］B

［解析］高压断路器具有一套完善的灭弧装置，能在有负荷的情况下接通或断开电路；在系统发生短路故障时，能迅速切断短路电流。

2. ［答案］ACD

［解析］高压负荷开关与隔离开关一样，具有明显可见的断开间隙。具有简单的灭弧装置，能通断一定的负荷电流和过负荷电流，但不能断开短路电流。高压负荷开关适用于无油化、不检修、要求频繁操作的场所。断路器可以切断工作电流和事故电流，负荷开关能切断工作电流，但不能切断事故电流，隔离开关只能在没电流时分合闸。送电时先合隔离开关，再合负荷开关。停电时先分负荷开关，再分隔离开关。

3. ［答案］C

［解析］变电所工程是包括高压配电室、低压配电室、控制室、变压器室、电容器室五部分的电气设备安装工程。在设计时，要求低压配电室尽量靠近变压器室，因为从变压器低压端子出来到低压母线这一段导线上电流很大，如果距离较远，电能损失增大。

4. ［答案］ABD

［解析］选项C错误，在电弧高温作用下，六氟化硫会分解出氟，具有较强的腐蚀性和毒性。

5. ［答案］D

［解析］低压断路器是一种能带负荷通断电路，又能在短路、过负荷、欠压或失压的情况下自动跳闸的开关设备。它由触头、灭弧装置、转动机构和脱扣器等部分组成。

6. ［答案］ACD

［解析］高压断路器的作用是通断正常负荷电流，并在电路出现短路故障时自动切断电流，保护高压电线和高压电器设备的安全。选项B是高压熔断器的功能。

7. ［答案］A

［解析］变电所工程包括高压配电室、低压配电室、控制室、变压器室、电容器室五部分的电气设备安装工程。配电所与变电所的区别就是其内部没有装设电力变压器。

8. ［答案］B

［解析］一次绕组匝数少且粗，有的型号没有一次绕组，利用穿过其铁芯的一次电路作为一次绕组（相当于1匝）；而二次绕组匝数很多，导体较细。电流互感器的一次绕组串接在一次电路中，二次绕组与仪表、继电器电流线圈串联，形成闭合回路，由于这些电流线圈阻抗很小，工作时电流互感器二次回路接近短路状态。电流互感器使用注意事项：①电流互感器在工作时二次绕组侧不得开路；②电流互感器二次绕组侧有一端必须接地；③电流互感器在接线时，必须注意其端子的极性。

9. ［答案］A

［解析］第一类防雷建筑物是指制造、使用或贮存炸药、火药、起爆药、军工用品等大量爆炸物质的建筑物，因电火花而引起爆炸，会造成巨大破坏和人身伤亡者的建筑物等。

10. ［答案］D

［解析］椭圆齿轮流量计又称排量流量计，是容积式流量计的一种，在流量仪表中是精度较高的一类。它利用机械测量元件把流体连续不断地分割成单个已知的体积部分，根据计量室逐次、重复地充满和排放该体积部分流体的次数来测量流量体积总量，也可将流量信号转换成标准的电信号传送至二次仪表。用于精密的连续或间断的测量管道中液体的流量或瞬时流量，它特别适合于重油、聚乙烯醇、树脂等黏度较高介质的流量测量。

11. ［答案］D

［解析］热电阻温度计是中低温区最常用的一种温度检测器。它的主要特点是测量精度高、性能稳定。其中铂热电阻的测量精确度是最高的，它不仅广泛应用于工业测温，而且被制成标准的基准仪。

12. ［答案］AD

［解析］玻璃管转子流量计的特点有：①结构简单、维修方便；②精度低；③不适用于有毒性介质及不透明介质；④属于面积式流量计。

13. ［答案］B

［解析］集线器（HUB）是对网络进行集中管理的重要工具，是各分支的汇集点。HUB是一个共享设备，其实质是一个中继器，而中继器的主要功能是对接收到的信号进行再生放大，以扩大网络的传输距离。使用HUB组网灵活，它处于网络的一个星型节点，对节点相连的工作站进行集中管理，不让出问题的工作站影响到整个网络的正常运行。

14. ［答案］A

［解析］双绞线是现在最普通的传输介质。双绞线分为屏蔽双绞线和非屏蔽双绞线。非屏蔽双绞线适用于网络流量不大的场合中。屏蔽双绞线适用于网络流量较大的高速网络协议应用。

15. ［答案］C

［解析］集线器（HUB）是对网络进行集中管理的重要工具，是各分支的汇集点。HUB是一个共享设备，其实质是一个中继器，而中继器的主要功能是对接收到的信号进行再生放大，以扩大网络的传输距离。

16. ［答案］D

［解析］与其他传输介质比较，光纤的电磁绝缘性能好、信号衰减小、频带宽、传输速度快、传输距离大，主要用于要求传输距离较长、布线条件特殊的主干网连接。

17. ［答案］C

［解析］闭路电视系统中大量使用同轴电缆作为传输介质。

18. ［答案］ABD

［解析］电话通信系统由用户终端设备、传输系统和电话交换设备三大部分组成。

19. ［答案］BC

［解析］建筑物内分线箱（组线箱）内接线模块（或接线条）宜采用普通卡接式或旋转卡接式接线模块。当采用综合布线时，分线箱（组线箱）内接线模块宜采用卡接式或RJ－45快接式接线模块。

20. ［答案］AC

［解析］设备电缆、软光纤区分名称、规格、型号、安装方式，按设计图示尺寸中心线长度以“m”计算，或按设计图示数量以“条”计算。

21. ［答案］C

［解析］本题的考点是楼宇智能化技术组成部分的功能。从题干的信息可以看出，该系统是办公自动化系统，即OAS。选项A是建筑自动化系统；选项B是通信自动化系统；选项D是消防监控系统，属于BAS系统中。

22.［答案］B

［解析］建筑自动化系统（BAS）是一套采用计算机、网络通信和自动控制技术，对建筑物中的设备、安保和消防进行自动化监控管理的中央监控系统。

23.［答案］ACD

［解析］智能建筑系统的结构由上层的智能建筑系统集成中心（SIC）和下层的三个智能化子系统构成。智能化子系统包括楼宇自动化系统（BAS）、通信自动化系统（CAS）和办公自动化系统（OAS）。

24.［答案］ABC

［解析］保安监控系统又称 SAS，它一般包括：①出入口控制系统；②防盗报警系统；③闭路电视监视系统；④保安人员巡逻管理系统。

25.［答案］ABC

［解析］主动红外探测器体积小、重量轻、便于隐蔽，采用双光路的主动红外探测器可大大提高其抗噪防误报的能力。而且主动红外探测器寿命长、价格低、易调整，因此被广泛使用在安全技术防范工程中。

26.［答案］B

［解析］建筑自动化系统（BAS）包括供配电、给排水、暖通空调、照明、电梯、消防、安全防范、车库管理等监控子系统。

27.［答案］C

［解析］办公自动化的支撑技术包括：①计算机技术。办公自动化系统数据的采集、存储和处理都依赖于计算机技术。②通信技术。通信系统是办公自动化系统的神经系统，它完成信息的传递任务。③系统科学。系统科学为办公自动化系统提供各种与决策有关的理论方法，完成定量结构分析、预测未来、政策评价等。④行为科学。行为科学重点研究社会环境中个人和群体行为产生的原因及规律，以解释、说明、预测、引导、控制人的行为。在办公自动化系统设计中借鉴行为科学组织结构、组织设计、组织变革和发展中的理论与方法，以保证办公自动化系统的有效性。

28.［答案］D

［解析］办公自动化系统具有四个新特点：①集成化；②智能化；③多媒体化；④电子数据交换（EDI）。

参考文献

[1] 全国一级建造师执业资格考试用书编写委员会. 机电工程管理与实务 [M]. 北京：中国建筑工业出版社，2017.

[2] 工程量清单计价造价员培训教程编委会. 安装工程 [M]. 北京：中国建筑工业出版社，2004.

[3] 史耀武. 焊接技术手册 [M]. 北京：化学工业出版社，2009.

[4] 胡笳，等. 通风与空调设备施工技术手册 [M]. 北京：中国建筑工业出版社，2012.

[5] 熊文生. 建筑电气照明系统安装 [M]. 北京：机械工业出版社，2007.

[6] 秦兆海. 智能楼宇安全防范系统 [M]. 北京：清华大学出版社，2007.

[7] 中华人民共和国住房和城乡建设部. 通用安装工程工程量计算规范：GB 50856—2013 [S]. 北京：中国计划出版社，2013.

[8] 中华人民共和国住房和城乡建设部. 电力变压器、油浸电抗器、互感器施工及验收规范：GB 50148—2010 [S]. 北京：中国计划出版社，2010.

[9] 中华人民共和国住房和城乡建设部. 电力工程电缆设计标准：GB 50217—2018 [S]. 北京：中国计划出版社，2018.

[10] 全国焊接标准化技术委员会. 不锈钢焊条：GB/T 983—2012 [S]. 北京：中国标准出版社，2012.

[11] 中华人民共和国住房和城乡建设部. 消防给水及消火栓系统技术规范：GB 50974—2014 [S]. 北京：中国计划出版社，2014.

[12] 中华人民共和国住房和城乡建设部. 工业建筑采暖通风与空气调节设计规范：GB 50019—2015 [S]. 北京：中国计划出版社，2015.

[13] 中华人民共和国住房和城乡建设部. 工业设备及管道绝热工程施工规范：GB 50126—2008 [S]. 北京：中国计划出版社，2008.

[14] 中华人民共和国住房和城乡建设部. 建筑排水塑料管道工程技术规程：CJJ/T 29—2010 [S]. 北京：中国建筑工业出版社，2010.

[15] 中华人民共和国住房和城乡建设部. 1kV 及以下配线工程施工与验收规范：GB 50575—2010 [S]. 北京：中国计划出版社，2010.

[16] 谭飞. 建筑机电安装施工技术管理 [J]. 中国新技术新产品，2011.

亲爱的读者：

如果您对本书有任何感受、建议、纠错，都可以告诉我们。我们会精益求精，为您提供更好的产品和服务。

祝您顺利通过考试！

扫码参与调查

造价工程师考试研究院